继电保护专业技术人员技能培训系列教材

发电机励磁系统与安全自动装置

李玮 编著

中国电力出版社
CHINA ELECTRIC POWER PRESS

内 容 提 要

为提高大型发供电系统的安全、稳定、经济运行，提高专业技术人员和技术管理人员的技术素质与管理水平，适应继电保护专业技术人员专业技能培训的需求，结合作者近三十年的专业学习管理经验，编写了《继电保护专业技术人员技能培训系列教材》。

本书是此系列教材的第三卷。着重介绍同步发电机励磁系统与安全自动装置，涉及自动励磁调节系统、电力系统稳定器 PSS 和限制器、励磁系统调试试验、大型发电机励磁系统的运行维护要点、发电厂设置的安全自动装置等内容，涵盖了发电厂继电保护专业原理知识、整定计算及故障诊断方法、试验与调试等方面。全书共两篇、七章，理论与现场实际相结合对发电厂安全自动装置系统进行讲解。

本书旨在引导继电保护相关的技术、生产管理部门、专业技术人员以及设计、工程调试人员，加强和规范发供电保护安全管理工作，提高防御和抵御发电厂乃至电网事故的能力。

本套培训教材适用于发电系统运行与维护人员、设计院、电科院以及大学院校专业人员学习、借鉴，可供设计、安装、调试、运行、检修、维护的工程技术人员和管理人员阅读，并可供高等院校相关专业师生参考。

图书在版编目（CIP）数据

发电机励磁系统与安全自动装置/李玮编著. —北京：中国电力出版社，2019.9
ISBN 978-7-5198-3710-5

Ⅰ. ①发… Ⅱ. ①李… Ⅲ. ①发电机－励磁系统－安全装置 Ⅳ. ①TM310.12

中国版本图书馆 CIP 数据核字（2019）第 206521 号

出版发行：中国电力出版社
地　　址：北京市东城区北京站西街 19 号（邮政编码 100005）
网　　址：http://www.cepp.sgcc.com.cn
责任编辑：宋红梅（010-63412383）
责任校对：黄　蓓　闫秀英
装帧设计：赵姗姗
责任印制：吴　迪

印　　刷：三河市万龙印装有限公司
版　　次：2020 年 4 月第一版
印　　次：2020 年 4 月北京第一次印刷
开　　本：787 毫米×1092 毫米　16 开本
印　　张：20.75
字　　数：511 千字
印　　数：0001—1500 册
定　　价：98.00 元

前　言

　　电力系统的不断发展和安全稳定运行给国民经济和社会发展带来了巨大的动力和效益。随着我国电力系统向高电压、大容量、高参数、现代化大电网发展，继电保护技术及其装置应用水平获得很大提高。多年实践证明，继电保护装置正确动作率的高低，除了装置质量因素外，还在很大程度上取决于设计、安装、调试和运行维护人员的技术水平和敬业精神。为了有效提高继电保护人员素质，充分实现继电保护保障电网安全稳定运行的作用，结合作者近三十年的专业技术及专业管理经验，编写了这套《继电保护专业技术人员技能培训系列教材》。

　　本书是此系列教材的第三卷，结合多年专业实践工作经验、带领学员进行专业技术培训并参加各级专业技能大赛所取得的培训经验的基础上进行编写的，充分体现了"内容完整、概念清晰、学习培训、注重实用"的原则。

　　本书的编写出版，必将有助于推进继电保护专业人员的学习和培训工作，有助于各级继电保护的技术人员、技术工作和电力系统运行、管理人员以及有关设计、研制人员完整地了解、掌握继电保护装置安全、可靠运行，以及实现快速、正确动作的基本要求，有助于提高专业人员素质，从而提高继电保护装置的运行水平。希望本书的出版能够对提高专业技术人员的技术技能水平、安全防控意识以及异常事件的分析、应对处理能力的提高有所帮助。

　　本书的出版问世不仅仅是编写者辛勤劳作的结果，更凝聚了众多为电力行业持之以恒努力奋斗的同仁、专家们的智慧和经验。囿于教材的体例，书中引用的专业理论、事例难以一一注明出处，谨在此向在我编写该书过程中给予帮助的电科院、设备厂家以及大唐集团公司、基层发电企业的同仁、专家们表示衷心的感谢！并希望有更多的专业技术人员结合电网运行的实际，不断总结新经验，为使中国电网有一流的运行业绩而坚持不懈地努力。

编　者

2019 年 9 月

目　录

前言

第一篇　同步发电机励磁系统

第一章　概述 ……………………………………………………………………………… 2

第一节　同步发电机工作机理 ………………………………………………………… 2

一、发电机的电磁机理 / 二、同步发电机的电磁功率与功角特性

第二节　发电机工作状态、励磁调节、有功功率调节的关系 ………………………… 5

一、发电机工作状态与励磁调节的关系 / 二、发电机工作状态与有功功率调节的关系

第三节　励磁系统的任务与作用 ……………………………………………………… 7

一、励磁系统的主要设备 / 二、相关概念 / 三、励磁控制系统的主要任务 / 四、励磁
控制在同步发电机运行中的主要作用

第二章　自动励磁系统 …………………………………………………………………… 17

第一节　微机型自动励磁调节器 ……………………………………………………… 17

一、概述 / 二、自动励磁调节装置的作用 / 三、对自动励磁调节器的一般要求 / 四、
励磁调节器的性能 / 五、微机型自动励磁调节器的构成特点 / 六、微机型自动励磁调
节器的工作原理

第二节　自动励磁调节工作原理 ……………………………………………………… 22

第三节　自动励磁调节及自动灭磁装置的性能及要求 ……………………………… 24

一、自动调节励磁装置 / 二、自动灭磁装置

第四节　励磁系统辅环控制 …………………………………………………………… 25

一、低励磁限制 / 二、U/f（V/Hz）限制 / 三、过励磁限制 / 四、反时限强励磁限制 /
五、励磁系统的过电压及其抑制 / 六、轴电压及其抑制 / 七、调差系数

第三章　电力系统稳定器 PSS 和限制器 ……………………………………………… 33

第一节　基本原理 ……………………………………………………………………… 34

一、低频振荡原理 / 二、PSS 作用原理

第二节　PSS 的实现方法及整定原则 ………………………………………………… 38

一、对 PSS 的基本要求 / 二、PSS 实现的方法 / 三、PSS 的整定原则

第三节　PSS 试验 ……………………………………………………………………… 40

一、PSS 的整定试验 / 二、PSS 投入试验 / 三、相关注意事项

第四节　PSS新技术——PSS4B多频段电力系统稳定器·······················46

第四章　励磁系统调试试验·······························49

第一节　励磁系统及装置的试验标准和方法·······················49

第二节　励磁系统各元件试验·······························52

第三节　静态试验·······························56

第四节　动态试验·······························62

一、空载试验／二、并网后试验

第五节　发电机励磁设备常规维护与检修·······················71

一、励磁设备的巡检／二、元件测试／三、励磁设备的整体检查试验／四、励磁设备的特殊试验

第五章　大型发电机励磁系统的运行维护·······················82

一、发电机静态自并励系统励磁调节器回路的运行要点／二、无刷励磁的运行要点／三、发电机励磁系统现场运维注意事项／四、励磁系统的启动励磁问题及解决方法／五、励磁系统特性现场关注要点

第六章　典型事故实例及分析·······························122

第二篇　安全自动装置

第七章　发电厂设置的安全自动装置·······················138

第一节　自动重合闸·······························139

一、自动重合闸的基本要求／二、输电线路的三相一次自动重合闸／三、高压输电线路的单相自动重合闸／四、单相、三相重合闸分析比较／五、高压输电线路的综合重合闸／六、3/2断路器接线方式对重合闸和断路器失灵保护的要求／七、现场动作实例

第二节　厂用电源切换·······························169

一、厂用电系统失电影响与切换分析／二、厂用电源的切换方式／三、厂用电源切换装置／四、备用电源自动投入装置

第三节　发电机准同期并列·······························218

一、发电机的同期并列方式／二、发电机准同期并列／三、准同期装置／四、同期装置在DCS系统中的逻辑组态／五、调试方法和注意事项／六、发电厂同期装置与快切装置功能的合理匹配／七、数字化准同期新技术

第四节　故障录波器装置·······························235

一、故障录波器简介／二、故障录波器的特点与技术指标／三、装置的软、硬件功能／四、故录装置的整定原则／五、调试方法和注意事项

第五节　继电保护及故障信息子站·······························243

一、保护及故障信息子站装置功能与配置／二、现场调试试验

第六节　电力系统的自动电压控制（AVC）·······················250

一、概述／二、电力系统的无功功率与电压调整／三、自动电压控制／四、AVC调节原理／五、AVC算法及控制模式／六、AVC异常响应及调节性能要求／七、AVC安全约束条件和保护策略／八、AVC子站实现方法及与发电机组励磁系统、DCS的关系／

九、AVC 装置调试方法和注意事项 / 十、AVC 系统投运 / 十一、EGS 系统

第七节　自动发电控制（AGC） ··· 290

一、自动发电控制的重要功能 / 二、电力系统频率波动的原因 / 三、自动发电控制系统的构成 / 四、AGC 的技术特点 / 五、AGC 的其他方式 / 六、AGC 性能指标计算及补偿考核度量办法 / 七、一次调频性能

第八节　同步相量测量装置（PMU） ··· 305

一、PMU 装置 / 二、PMU 功能 / 三、PMU 的用途 / 四、PMU 关键技术 / 五、PMU 的实施方案 / 六、PMU 调试

第九节　发电机功率突降保护 ··· 318

一、发电机功率突降保护的作用 / 二、发电机功率突降保护动作条件 / 三、整定原则与取值建议 / 四、各种工况下的保护行为 / 五、提高保护动作可靠性措施 / 六、调试

参考文献 ··· 326

第一篇

同步发电机励磁系统

第一章 概　　述

在现代化的电力系统中，提高和维持同步发电机运行的稳定性，是保证电力系统安全、经济运行的基本条件之一。在众多改善同步发电机稳定运行的措施中，运用现代控制理论、提高励磁系统的控制性能是公认的经济而有效的手段之一。

励磁系统的最基本作用是向发电机转子绕组输送可以任意控制其大小的直流电流，是综合多门学科，即电力系统及其自动化、电机学、模拟电子技术、数字电子技术、半导体变流技术、自动控制原理、电工技术、工业自动化、微机原理及接口技术、继电保护等的高科技产品。自 20 世纪 50 年代以来，随着时代的发展，不论是在控制理论还是在半导体器件的研制和实际应用方面，均取得长足的进展，这些成果进一步促进了励磁控制技术的发展。

同步发电机是发电厂及电力系统的主要设备，它的工作原理是基于物理学中的电磁感应定律，即"当闭合电路中导体作切割磁力线运动时，产生电动势和电流"。运行中，发电机转子形成正、负磁极，通过原动机带动旋转，产生一个旋转磁场，在定子绕组中感应产生电动势和电流，即将旋转形式的机械功率转换成电磁功率。为完成这一转换，发电机本身需要在它的转子绕组中建立一个直流磁场，产生这个磁场的直流电流称为同步发电机的励磁电流。同步发电机的励磁系统主要由两部分构成：一部分是励磁功率单元，它向同步发电机的转子绕组（或称励磁绕组）提供直流励磁，建立直流磁场；另一部分是励磁控制单元，它包括励磁调节器、强行励磁、强行减磁、灭磁等功能模块，励磁调节器通过测量发电机运行工况，构成一个反馈控制系统。正常运行时，将发电机的运行参数测量值（电压、电流、励磁电流、功率因数等）作为输入信号，根据给定的调节准则，自动控制、调节励磁功率单元输出的励磁电流；当系统或是本机组发生故障时，将根据故障的性质、地点等情况，通过强行励磁、强行减磁或灭磁等功能模块，迅速自动改变励磁电流的输出或自动灭磁（自动切除励磁电压并释放转子绕组储存的能量），以满足系统稳定及机组安全的要求，因此，从这个角度来讲，励磁系统更是电力系统的调节工具。

所以励磁控制系统的定义可以简述为：供给同步发电机励磁电流的电源及其附属设备，统称为发电机的励磁系统，是由励磁调节器、励磁功率单元和发电机本身一起组成的整个系统。

第一节　同步发电机工作机理

励磁系统的控制性能是提高和维持发电机运行稳定性、保证电力系统安全经济运行的基本条件之一，因此，在介绍励磁系统设备之前，有必要先了解一下发电机的基本工作特性。

一、发电机的电磁机理

应用电磁理论，导体在磁场中切割磁力线产生电动势（电压）：$\xi=BLv$，B 为磁场强度；

L 为导体长度；v 为切割速度。简单地说：导体在磁场中做切割磁力线运动，产生感应电动势，当形成闭合回路时，就会感生电流。

对于发电机：转子产生的磁场旋转切割定子线圈，在定子线圈上产生电动势（电压），$\xi=BLv$ 可以理解为：①导体长度 L 相当于匝数乘单圈长度，固定不变；②假定转速不变，切割速度 $v=r\omega$ 也可以理解为不变；③电动势（机端电压）只与旋转的转子磁场强度成正比，其他基本不变。

对于载流导线的磁场：任一载流导线在 P 处的磁感强度为

$$B = \int \mathrm{d}B = \frac{\mu_0}{4\pi}\int_{CD} \frac{I d_z \sin\theta}{r^2}$$

电流 I 在直导线周围 P 产生的磁场为

$$B = \frac{\mu_0 I}{4\pi r}(\cos\theta_1 - \cos\theta_2)$$

无限长载流导体的磁感强度为

$$B = \frac{\mu_0 I}{2\pi r}$$

当转子本身固有特性不变时，转子电流磁场在定子导线处感生的磁场强度为

$$B = KI$$

式中　I——励磁电流值；

　　　K——综合系数。

综上所述，可以理解为发电机定子产生的电动势为

$$U = BLv = KI$$

电动势 U 与励磁电流 I 的大小成正比。

电动势与机端电压有区别，电动势等于机端电压加定子线圈内阻抗的压降，当发电机空载运行时，定子电流为 0，内阻抗的压降也为 0，此时发电机的电动势等于机端电压，调节发电机的励磁电流，直接作用于调节发电机的机端电压；当发电机并网后，定子线圈与负荷组成闭合回路，由于定子两端电动势的作用在闭合回路中产生定子电流，内阻抗的压降等于定子电流乘以内阻抗，机端电压等于发电机的电动势减去内阻抗的压降。

由电磁理论可知，电流流过定子线圈产生磁场，而定子电流的磁场又反作用于转子上，对转子产生磁场力作用，可以正交分解为定子有功电流磁场力和定子无功电流磁场力两个作用力，其中定子有功电流磁场力对转子的机械扭力起平衡作用，定子无功电流磁场力对转子的转子电流磁场力起平衡作用，最终达到平衡状态。

发电机在旋转的转子磁场中发电，把机械能转化为电能，在发电机并网前（空载），调节发电机的励磁电流，作用于调节发电机的机端电压，发电机并网后，调节发电机的励磁电流，作用于调节发电机的无功负荷（无功电流），有功不变，调节主汽门作用于有功功率（有功电流）的变化，与励磁电流的大小无关。

二、同步发电机的电磁功率与功角特性

对于同步发电机而言，由原动机供给的机械功率从转子侧经气隙合成磁场传递到定子侧，将机械能量转换为电能量，此部分功率称为电磁功率 P_e，电磁功率在扣除定子绕组中的铜损

及空载机械损耗后，剩余功率即为发电机输出的有功功率 P，在稳定运行情况下各功率之间保持平衡关系。

对于大型发电机组，额定负荷时的定子绕组铜损占额定功率的比例极小，为此可以近似地忽略不计，此时可以认为发电机电磁功率近似等于发电机的有功功率，即

$$P_e \approx P = 3UI\cos\varphi$$

发电机的各功率与转矩之间的关系表达式为

$$P = \omega T$$
$$\omega = n_c / 60$$

式中 ω——发电机转子的机械角速度；

  n_c——同步转速。

发电机的拖动转矩 T_1 与机械损耗制动转矩 T_0 和电磁制动转矩 T_e 之间存在转矩平衡关系，即

$$T_1 = T_0 + T_e$$

如前所述，当忽略发电机的定子损耗时，机组输出的有功功率将等于其电磁功率。此时电磁功率可理解为由两部分组成，即与励磁有关的电磁功率 P_{e1} 和与励磁无关的附加电磁功率 P_{e2}。P_{e2} 与励磁无关，而与电网电压和发电机的纵、横轴同步电抗有关，即当转子励磁绕组无励磁电流时，只要系统电压存在、功角不为零，就会产生 P_{e2}，它完全是由于发电机 d、q 轴方向磁阻不相等所引起的，因此也称为磁阻功率或凸极功率，其幅值随 X_d 与 X_q 值之差增大而增加，与 P_{e2} 对应的转矩称为磁阻转矩或凸极转矩。

电磁功率随 δ 角而变化的关系称为功角特性或功率特性。在电网电压恒定并保持并网运行发电机的励磁电流恒定时，电磁功率的大小只取决于功角 δ 值。同步电机的功角特性曲线如图 1-1 所示。

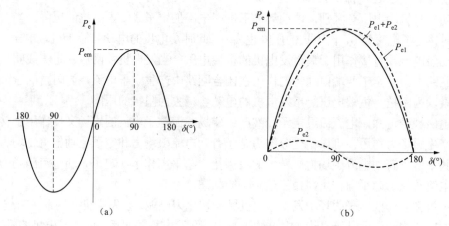

图 1-1　同步发电机的功角特性曲线

（a）隐极发电机；（b）凸极发电机

电磁功率表达式可表示为

$$P = \frac{UE_q}{X_{d\Sigma}}\sin\delta$$

式中 U——发电机定子电压；

　　　E——发电机定子电动势；

　　　X_d——发电机同步电抗。

式中 U、E、P 均用标幺值表示。

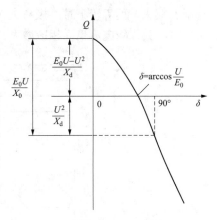

图 1-2　隐极发电机 $Q = f(\delta)$ 关系曲线

　　可见，功角是反映发电机内部能量转换的一个重要参数，功角的改变将引起同步发电机有功功率、无功功率的变化。图 1-1 反映了功角变化引起的同步发电机有功功率变化曲线，类似的方法还可以推导并获得同步发电机无功功率变化曲线。

　　例如，运行中的隐极发电机，因 X_d 已确定，当电网电压恒定，保持并网运行的隐极发电机励磁电流不变时，其 $Q = f(\delta)$ 为余弦函数，如图 1-2 所示。

第二节　发电机工作状态、励磁调节、有功功率调节的关系

一、发电机工作状态与励磁调节的关系

　　在电力系统中，如果无功功率不足，就会导致整个系统电压水平下降，这是不能允许的。因此同步发电机与系统并网后，不但要向系统输送有功功率，而且要向系统输送一定的无功功率。

　　当发电机与无限大容量系统并联运行时，假定有功功率输出不变，只要调节励磁电流，就可达到调节无功功率的目的。

　　调节励磁电流时，发电机电动势 E_q 将按其空载特性发生相应的变化，如图 1-3 所示。

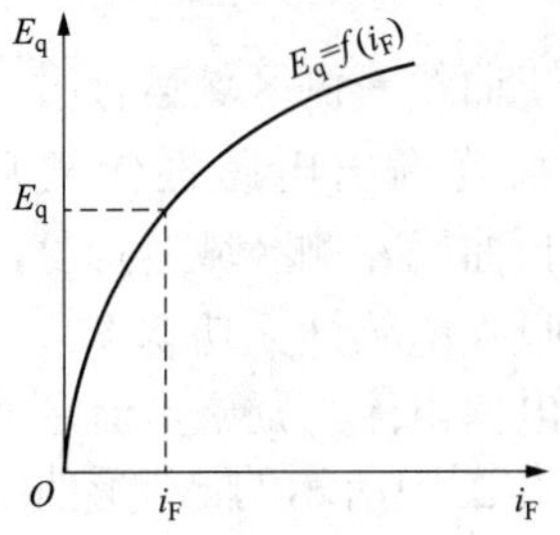

　　在有功功率 P=常数、U 和 X_d 不变的条件下，励磁电流变化引起 E_q 改变时，发电机运行的其他电气参数：Q、I、δ、$\cos\varphi$ 都发生相应变化。图1-4 示出了 P 为某给定值时，E_q 与有关参数的变化关系。

图 1-3　发电机空载特性

　　当有功功率改变时，如 $P=P_2$，$P=P_3\cdots$，则 E_q 的变化轨迹将移动，同时图 1-4 中 $I = f(E_q)$ 曲线也将随 P 值的改变而发生位移，这样，就可得到一组 $I = f(E_q)$ 的曲线，如图 1-5 所示。由于其形状好似字母"U"，故常称为 U 形曲线，也有的称其为 V 形曲线。实际上，发电机的 V 形曲线一般是指有功功率保持不变时，发电机电枢电流和励磁电流之间的关系曲线 $I = f(E_q)$。

　　V 形曲线在发电机设计和运行中都是很有用的曲线。由图 1-5 可以看出：

　　（1）各条 V 形曲线的最低点，对应的 $\cos\varphi$ 值均为 1，是只输出有功功率的工作状态。连接各条 V 形曲线上 $\cos\varphi$=1 的点，便得出一条稍微向右倾斜的虚线，说明当输出为纯有功功率时，要想增大有功功率输出，必须相应增大励磁电流。

　　（2）同步发电机存在一个不稳定运行区，边缘就是在各个 P 值时曲线中 δ=90°点的连线。由图看出，当 P 越大时，维持稳定运行所需的励磁电流亦越大，也就是说，若输出有功

功率 P 较大，而 I_f 较小时，极易进入不稳定运行区。所以在实际运行中，发电机在增大有功负荷时，其励磁电流也需相应增大，且必须大于所允许的最小励磁电流值。

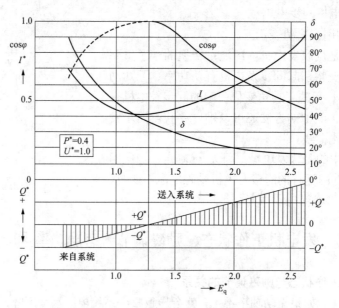

图 1-4　P 为某给定值，E_q 变化时 Q、I、δ、$\cos\varphi$ 的变化曲线

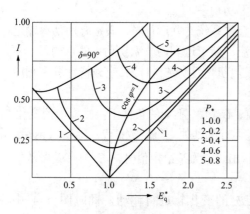

图 1-5　定子电流 I 随励磁变化的 V 形曲线

（3）当发电机在 $\cos\varphi=1$ 曲线右侧区域运行时，是处于过励磁状态，向系统输出电感性无功功率；而当发电机在 $\cos\varphi=1$ 曲线左侧区域运行时，处于欠励磁状态，从系统吸收电感性无功功率。

通常说的 V 形曲线指电枢电流与励磁电流之间的关系曲线 $I=f(I_f)$，它与图中所示的 V 形曲线稍有不同，因为励磁电流 I_f 与发电机电动势 E_q 并非完全线性关系，而是存在饱和特性关系。在欠励磁区，铁芯不饱和，E_q 正比于 I_f，$I=f(I_f)$ 与 $I=f(E_q)$ 的特性相似；而在过励磁区，随着励磁电流增大，受铁芯饱和影响，$I=f(I_f)$ 的特性曲线将逐渐低于 $I=f(E_q)$ 曲线。

二、发电机工作状态与有功功率调节的关系

同步发电机与系统并联运行时，其输出的有功功率决定于汽轮机输出的轴功率。发电机输出的有功功率等于汽轮机的输出功率减去发电机的空载损耗。当发电机需要增大输出功率时，就需要加大汽轮机转矩，即加大汽轮机汽门，使转子加速，功角增大，当原动机（汽轮机）的输出转矩与发电机电磁转矩（制动转矩）相互平衡时，功角才能稳定。因此，调节原动机的功率，就可以改变发电机的输出功率。

图 1-6 示出了 $P=P_1$、$P=P_2$、$P=P_3$ 时，相应的三个电压相量三角形。电压相量三角形中的电抗压降 jIX_d 在纵轴上的投影 $IX_d\cos\varphi$ 与有功功率成比例，即代表有功功率 P。在横轴

上的投影 $IX_d \sin\varphi$ 代表无功功率。因此，有功功率 P 变化时，数值不变的 E_q 相量端点的轨迹就是以 O 为圆心、E_q 为半径的圆弧，相应的以有功功率 P 为 P_1、P_2、P_3 的运行点分别为 A 点、B 点、C 点，当 $P=P_2$ 时的运行点 B 相应的电压相量三角形为直角三角形。

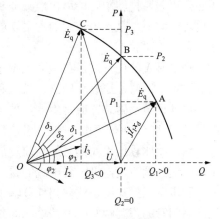

图 1-6 　$P=P_1$、$P=P_2$、$P=P_3$ 时相应的三个电压相量三角形

从电压相量三角形图可以看出，当 E_q =常数，P 由 P_1 增至 P_2，再增至 P_3 时：①无功功率 Q，由 $Q_1>0$ 发出无功功率变至 $Q_2=0$，只发出有功功率，再变至 $Q_3<0$ 吸收无功功率；②功角 δ，由 δ_1 增至 δ_2，再增至 δ_3，逐步增大；③定子电流 I，由 I_1 增至 I_2，再增至 I_3，也逐步增大；④功率因数 $\cos\delta$，由 $\cos\delta_1$ 滞后（发出无功功率）变至 $\cos\delta_2=1$（只发出有功功率），再变至 $\cos\delta_3$ 超前（吸收无功功率）。

在 E_q =常数、U=常数的条件下，P 变化时，上述各量的变化趋势，除可通过上述电压相量进行分析外，亦可利用有关数学公式或图形曲线分析它们之间的变化关系。

值得指出的是，随着输出功率 P 增大，δ 亦增大。当输出功率增大到使 δ 愈接近 $90°$ 时，静稳定储备就愈小。因最大输出的功率极限 P_{max} 与 E_q 成正比，所以在增加有功负荷时，需相应增大励磁电流，即增大 P_{max}，以保持一定的静稳定储备。

第三节　励磁系统的任务与作用

一、励磁系统的主要设备

励磁变压器：油变压器、干式变压器、测温元件、呼吸器等附件。

整流柜：晶闸管、熔断器、阻容保护、霍尔传感器、整流冷却风机、脉冲隔离放大板、接口板（测量、脉冲、控制、显示等智能控制）和电流表（故障显示）等。

电源转换柜：交流母线接线、启动励磁回路、隔离变压器、励磁电流测量 TA 等。

灭磁开关柜：灭磁开关、灭磁电阻、转子过电压检测控制板、转子过电压晶闸管、励磁电流和励磁电压测量等。

调节器：输入输出接口板、测量板、主控板、后备紧急手动板、变送器、电源模块、控制回路等。

1. 励磁装置

根据不同的规格、型号和使用要求，励磁装置分别由调节屏、灭磁屏、整流屏、励磁变压器、机端电压及电流互感器等几部分组合而成。

励磁装置需要提供厂用交流电源、厂用直流控制电源、厂用直流合闸电源；需要提供自动开机、自动停机、并网信号触点；需要提供发电机机端电压、发电机机端电流、母线电压、励磁装置输出等模拟信号；需提供励磁变压器过电流、发电机失磁、励磁装置异常等报警信号。

励磁控制、保护及信号回路由灭磁开关、整流柜、风机、励磁变压器过电流、调节器故障、发电机工况异常、电量变送器等组成。在同步发电机发生内部故障时除了必须解列外，还必须灭磁，把转子磁场尽快地减弱到最小程度，在保证转子不过电压的情况下，使灭磁时间尽可能缩短，是灭磁装置的主要功能。根据额定励磁电压的大小可分为线性电阻灭磁和非线性电阻灭磁。

励磁装置的任务，是在电力系统正常工作的情况下，维持同步发电机机端电压于一给定的水平上，同时，还具有增磁、减磁和灭磁功能。

自动调节励磁装置通常由测量单元、同步单元、放大单元、调差单元、稳定单元、限制单元及一些辅助单元构成。被测量信号（如电压、电流等）经测量单元变换后与给定值相比较，然后将比较结果（偏差）经前置放大单元和功率放大单元放大，用于控制晶闸管的导通角，以达到调节发电机励磁电流的目的。

同步单元的作用是使移相部分输出的触发脉冲与晶闸管整流器的交流励磁电源同步，以保证晶闸管的正确触发；调差单元的作用是为了使并联运行的发电机能稳定和合理地分配无功负荷；稳定单元是为了改善电力系统的稳定而引进的单元；限制单元是为了使发电机不在过励磁或欠励磁的条件下运行而设置的。

必须指出，并不是每一种自动调节励磁装置都具有上述各种单元，一种调节器装置所具有的单元与其担负的具体任务有关。

2. 灭磁开关

励磁回路中的灭磁开关，简称 FCB（Field Circuit Breaker），用于快速降低励磁回路中的电流的开关，其作用是迅速切断发电机励磁绕组与励磁电源的通路，迅速消除发电机内部的磁场。因为励磁回路感抗很大，切断电流是很困难的，所以要安装专用的灭磁开关。开机建压前，就要投入灭磁开关，在发电机停机或事故情况下，跳开灭磁开关切断励磁回路电流，达到快速降低发电机电压的目的。

灭磁开关的灭磁过程，是在灭磁开关主触点断开前先通过一个灭磁触点接入灭磁电阻，使转子回路并联灭磁电阻，然后断开主触点；在灭磁开关主触点断开后由于灭磁触点将灭磁电阻与转子并联在一起，励磁绕组能量转移到灭磁电阻上，由灭磁电阻发热消耗完成灭磁。

3. 逆变灭磁

逆变灭磁是在灭磁命令发出后，励磁调节器控制晶闸管的控制角大于 90°，此时晶闸管处于逆变状态，励磁绕组能量通过励磁变压器及定子绕组消耗掉。通常正常停机采用逆变灭磁功能，逆变灭磁无机械动作、无火花、无污染，但如果调节器及晶闸管有故障时将不能成功灭磁。

4. 事故灭磁

发电机事故情况下利用跳灭磁开关以迅速消耗发电机磁场的能量（转化为热能），以达到迅速灭磁的作用，即使调节器及晶闸管等有故障，也能成功灭磁。

5. 整流电路

整流电路是励磁系统中必备的部件，其作用是将交流电压转换成直流电压，供给发电机励磁绕组或励磁机励磁绕组。发电机自并励系统中采用三相桥式全控整流电路，励磁机励磁回路通常采用三相桥式半控整流电路或三相桥式全控整流电路。

6. 控制系统

包括同步发电机及其励磁系统的反馈控制系统。

7. 励磁系统

提供同步发电机磁场电流的装置，包括所有调节与控制元件、励磁功率单元、磁场过电压抑制和灭磁装置以及其他保护装置。

励磁功率单元：提供同步发电机磁场电流的功率电源。

励磁控制：根据包括同步发电机、励磁功率单元以及与之连接的电网在内的系统状态的信号特性，对励磁功率进行控制（同步发电机端电压是优先考虑的被控制量）。

8. 自并励静止励磁系统

静止励磁功率单元的电源来自发电机机端的励磁系统中的励磁变压器二次侧绕组。

二、相关概念

交流励磁机：一种为同步发电机提供励磁电源的同轴交流发电机。

副励磁机：一种为交流励磁机提供励磁电源的同轴交流发电机。

功率整流装置：一种将交流变换为直流、为同步发电机或交流励磁机提供磁场电流的装置，它可以是可控的，也可以是不可控的。

功率整流装置的均流系数：功率整流装置并联运行各支路电流的平均值与最大支路电流值之比。

励磁系统的稳态增益：发电机电压缓慢变化时励磁系统的增益。

发电机负荷阶跃响应的波动次数和调节时间：发电机有功功率波动发生至波动衰减到最大波动幅值的 5% 的波动次数和调节时间。

发电机空载阶跃响应的上升时间：发电机空载阶跃扰动中，发电机电压从前一次稳态量到后一次稳态量之间的差值为 10%～90% 的时间。

自然灭磁：发电机灭磁时磁场电流经励磁装置直流侧短路或二极管旁路、磁场电压接近为零的灭磁方式。

逆变灭磁：利用三相全控桥的逆变工作状态令励磁电源以反电动势形式加到励磁变压器，使转子电流迅速衰减到零的灭磁方式。

跳灭磁开关灭磁：励磁系统跳灭磁开关将磁场能量转移到灭磁电阻上的灭磁方式。

额定励磁电流（I_{fN}）：同步发电机运行在额定电压、电流、功率因数与转速下，其转子绕组中的直流电流。

额定励磁电压（U_{fN}）：在励磁绕组上产生额定励磁电流所需的发电机励磁绕组端部的直流电压。这时励磁绕组的温度应是在额定负荷、额定工况以及初级冷却介质在最高温度条件下的温度。

空载励磁电流（I_{f0}）：同步发电机运行在空载、额定转速下产生额定电压所需的励磁电流，如图 1-7 所示。

气隙磁场电流（I_{fg}）：在空载气隙线上产生同步发电机额定电压理论上所需的磁场绕组

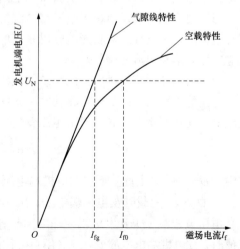

图 1-7 空载磁场电流 I_{f0} 和气隙磁场电流 I_{fg} 的确定

中的直流电流。

空载磁场电压（U_{f0}）：在磁场绕组温度为 25℃时，产生空载磁场电流所需要的发电机磁场绕组端部的直流电压。

气隙磁场电压（U_{fg}）：当磁场绕组电阻等于 U_{fN}/I_{fN} 时，产生气隙磁场电流所需的同步发电机磁场绕组端部的直流电压。

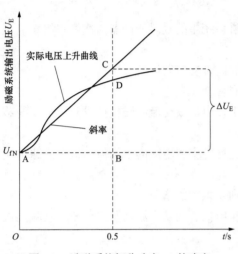

图 1-8　励磁系统标称响应 U_E 的确定

励磁系统顶值电流（I_p）：在规定的时间内，励磁系统从它的输出端能够连续提供的最大直流电流。

励磁系统顶值电压（U_p）：在规定的时间内，励磁系统从它的输出端能够连续提供的最大直流电压。

励磁系统顶值电流倍数（K_{IP}）：励磁系统顶值电流与额定磁场电流的比值。

励磁系统顶值电压倍数（K_{UP}）：励磁系统顶值电压与额定磁场电压的比值。

励磁系统的标称响应（U_E）：由励磁系统的电压响应曲线确定的励磁系统输出电压的增量与额定磁场电压的比值。如图 1-8 所示。这个比值，如假定保持恒定，所扩展的电压-时间面积，与在第一个 0.5s 时间间隔内得到的实际面积相等。

$$V_E = \frac{\Delta U_E}{0.5 U_{fN}} (\text{s}^{-1})$$

注意：（1）在励磁系统带有电阻等于 U_{fN}/I_{fN} 及足够的电感负载下，确定励磁系统标称响应，要考虑电压变化的影响及电流与电压的波形。

（2）励磁系统标称响应是指励磁系统电压等于同步发电机的额定磁场电压后，输入一个特定的电压偏差阶跃，使得很快获得励磁系统顶值电压。

（3）对于从同步发电机机端取得电源的励磁系统，电力系统扰动的性质与励磁系统和同步发电机的特定设计参数将影响励磁系统的输出。对这样的系统，确定励磁系统标称响应要考虑电压降落及电流的增长。

（4）对于使用旋转励磁机的系统，在额定转速下确定励磁系统的标称响应。

电压静差率（ε）：负荷电流补偿单元切除、原动机转速及功率因数在规定范围内变化，发电机负荷从额定变化到零时端电压变化率（用百分比表示），即

$$\varepsilon = \frac{U_0 - U_N}{U_N} \times 100\%$$

式中　U_N——额定负荷下的发电机端电压，V；

　　　U_0——空载时发电机端电压，V。

电压调差率（D）：发电机在功率因数等于零的情况下，无功电流从零变化到额定定子电流值时，发电机端电压的变化率（用百分比表示）。负荷电流补偿器退出后的电压调差率称为自然电压调差率，用 D_0 表示。

$$D = \frac{U_0 - U}{U_N} \times 100\%$$

式中 U_0——空载时发电机端电压，V；

$\quad\quad U$——功率因数等于零、无功电流等于额定定子电流值时的发电机端电压，V。

励磁系统电压响应时间：发电机带额定负荷运行于额定转速下，突然改变机端电压给定值，励磁电压达到顶值电压与额定磁场电压之差的95%所需要的时间。

励磁系统误强励：因励磁系统失控导致励磁系统输出异常升高。

三、励磁控制系统的主要任务

励磁系统是向同步发电机转子绕组提供励磁电流的系统，一般包括产生发电机励磁电流的励磁功率单元、自动励磁调节器、手动调节部分以及灭磁、保护、监视装置和仪表等。自动励磁调节器则是根据发电机电压和电流的变化以及其他输入信号，按事先给定的调节准则控制励磁功率单元输出的装置。由励磁调节器、励磁功率单元和发电机本身一起组成的整个系统称为励磁控制系统，如图1-9所示。它是由同步发电机及其电压互感器（TV）、电流互感器（TA）和励磁系统组成的一个反馈自动控制系统。

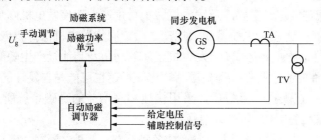

图1-9 同步发电机励磁控制系统构成示意图

励磁系统是发电机的重要组成部分，它对电力系统及发电机本身的安全稳定运行有很大的影响。励磁系统的自动励磁调节器对提高电力系统并联机组的稳定性具有相当大的作用。

1. 维持发电机或其他控制点（例如发电厂高压侧母线）的电压在给定水平

维持电压水平是励磁控制系统的最主要的任务，有以下三个主要原因：

（1）保证电力系统运行设备的安全。电力系统中的运行设备都有其额定运行电压和最高运行电压。保持发电机端电压在允许水平上，是保证发电机及电力系统设备安全运行的基本条件之一，这就要求发电机励磁系统不但能够在静态下，而且能在大扰动后的稳态下保证发电机电压在给定的允许水平上。发电机运行规程规定，大型同步发电机运行电压不得高于额定值的110%。

（2）保证发电机运行的经济性。发电机在额定值附近运行是最经济的。如果发电机电压下降，则输出相同的功率所需的定子电流将增加，从而使损耗增加。规程规定大型发电机运行电压不得低于额定值的90%；当发电机电压低于95%时，发电机应限负荷运行。其他电力设备也有此问题。

（3）提高电力系统的稳定性。提高维持发电机电压能力的要求和提高电力系统稳定的要求在许多方面是一致的。励磁控制系统对静态稳定、动态稳定和暂态稳定的改善，都有显著的作用，而且是最为简单、经济而有效的。

2. 控制并联运行机组无功功率合理分配

并联运行机组无功功率合理分配与发电机端电压的调差率有关。发电机端电压的调差率有无调差、负调差和正调差三种调差特性。

两台或多台有差调节的发电机并联运行时，按调差率大小分配无功功率。调差率小的分配的无功多，调差率大的分配的无功少。为使并列机组按容量合理分配无功，一般设为正调差。

若发电机变压器单元在高压侧并联，因为变压器有较大的电抗，如果采用无差调节，经变压器到高压侧后，该单元就成了有差调节。若变压器电抗较大，为使高压母线电压稳定，就要使高压母线上的调差率不至太大，这时发电机可采用负调差特性，其作用是部分补偿无功电流在主变压器上形成的电压降落，这也称为负荷补偿。调差特性由自动电压调节器中附加的调差环节整定。与大系统联网的机组，调差率 K_u 在 $\pm$（3%～10%）之间调整。

3. 提高电力系统的稳定性

电力系统的稳定性一般划分为静态、动态和暂态稳定性三种方式。

（1）静态稳定性：指当电力系统的负荷（或电压）发生微小扰动时，系统本身保持稳定传输的能力。这一稳定性定义主要涉及发电机转子功角过大而使发电机同步能力减少的情况。

（2）动态稳定性：主要指系统遭受大扰动之后，同步发电机保持和恢复到稳定运行状态的能力。失去动态稳定的主要形式有：发电机之间的功角及其他量产生随时间而增长的振荡，或者由于系统非线性的影响而保持等幅振荡。这一振荡也可能是自发性的，其过程较长。

应该说明的是，在大扰动事故后，采用快速和高增益的励磁系统所引起的振荡频率在 0.2～3Hz 的自发振荡稳定性，属于动态稳定范畴。

（3）暂态稳定性：当系统受到大扰动（如各种短路、接地、断线故障以及切断故障线路）后系统保持稳定的能力，发生暂态不稳定的过程时间较短，主要发生在事故后发电机转子第一个摇摆周期内。经过长期的探索与论证，世界各国电力工作者对稳定性的定义已趋向于按小干扰和大扰动两种定义来划分。

小干扰稳定性，涉及在无限小的干扰作用下，系统中发电机保持同步运行的能力，在分析时可以用线性化微分方程来表述。当发生小干扰不稳定时，如果发电机的励磁保持不变，此时失步的过程表现为单调的增长；当发电机在有励磁调节的情况下，失去稳定的表现形式将为爬行或振荡失步，这一定义与传统的静态稳定性定义相对应。

大扰动稳定性，涉及在诸如系统短路、接地、断相等事故作用下所发生的与同步发电机的同步能力相关的稳定性问题，对此，传统上称之为暂态稳定性。

4. 励磁调节对电力系统静态稳定、动态稳定、暂态稳定的影响

（1）励磁调节对静态稳定的影响与改善。

在正常运行情况下，同步发电机的机械输入功率与电磁输出功率之间保持平衡，同步发电机以同步转速运转，其特征通常可用功—角特性表示。通过自动励磁调节，能维持发电机电压为额定值时线路输送的极限功率比无励磁调节发电机内电动势为常数时的传输功率高60%，比暂态电动势为常数时的传输功率高 23%（计算过程可参考相关文献资料，在此不赘述）。

可见，自动励磁控制系统对维持发电机电压水平与提高电力系统静态稳定性方面具有十分重要的作用，当励磁控制系统能够维持发电机电压为恒定值时，不论是快速励磁系统，还是常规励磁系统，其静态稳定极限都可以达到传输功率极限值。

（2）励磁调节对暂态稳定的影响与改善。

提高暂态稳定性有减小加速面积或增大减速面积两种方法。减小加速面积的有效措施之一是加快故障切除时间，而增加减速面积的有效措施是在提高励磁系统励磁电压响应比的同时，提高强行励磁电压倍数，使故障切除后的发电机内电动势迅速上升，增加功率输出，以达到增加减速面积的目的。

在改善暂态稳定性方面，励磁控制系统的作用主要由以下因素决定：

1）励磁系统强励顶值倍数。提高励磁系统强励倍数可以提高电力系统暂态稳定性，但是提高强励倍数将使励磁系统的造价增加并对发电机的绝缘要求提高，因此，在故障切除时间极短的情况下，过分强调提高强励倍数是没有必要的。

2）励磁系统顶值电压响应比。励磁系统顶值电压响应比又称励磁电压上升速度，响应比越高励磁系统输出电压达到顶值的时间越短，对提高暂态稳定越有利，励磁系统顶值电压响应比是励磁系统的性能主要指标之一。

3）励磁系统强励倍数的利用程度。充分利用励磁系统强励倍数，也是励磁系统改善暂态稳定的一个重要因素，如果电力系统在发电厂附近发生故障，励磁系统的输出电压达不到顶值，或者达到顶值的时间很短，在发电机电压还没有恢复到故障前的水平时已经停止强励，使励磁系统的强励作用未充分发挥，降低了改善暂态稳定的效果。充分利用励磁系统顶值电压的措施之一是提高励磁控制系统的开环增益，开环增益越大，调压精度越高，强励倍数利用越充分，也就越有利于改善电力系统暂态稳定。

（3）励磁调节对动态稳定的影响与改善。

动态稳定是研究电力系统受到大扰动后，恢复到原始平衡点或过渡到新的平衡点过程的稳定性，探讨的前提是，原始平衡点（或新的平衡点）具有静态稳定性，以及大扰动过程中可保持暂态稳定性。

电力系统的动态稳定性问题，可以理解为电力系统机电振荡的阻尼问题，阻尼为正时，动态是稳定的；阻尼为负时，动态是不稳定的；阻尼为零时，处于临界状态。对于负阻尼、零阻尼或很小的正阻尼，均为电力系统运行中的不安全因素，应采取措施提高正阻尼。

励磁控制系统中的自动电压调节作用，是造成电力系统机电振荡阻尼变弱（甚至变负）的最重要的原因之一。在一定的运行方式及励磁系统参数下，电压调节作用在维持发电机电压恒定的同时，亦会产生负的阻尼作用。在正常范围内，励磁电压调节器的负阻尼作用会随着开环增益的增大而加强，因此提高电压调节精度的要求与提高动态稳定性的要求是不相容的。

解决电压调节精度和动态稳定性之间矛盾的有效措施，是在励磁控制系统中增加其他控制信号。这种控制信号可以提供正的阻尼作用，使整个励磁控制系统提供的阻尼是正的，而使动态稳定极限的水平达到和超过静态稳定的水平。这种控制信号不影响电压调节通道的电压调节功能和维持发电机端电压水平的能力，不改变其主要控制的地位，因此，称为附加励磁控制。

兼顾解决电压调节精度和动态稳定性之间矛盾的措施有：

1）降低调压精度要求，减少励磁控制系统的开环增益。此措施对静态稳定性和暂态稳定性均有不利的影响，因此是不可取的。

2）电压调节通道中，增加一个动态增益衰减环节。此方法既可保持电压调节精度，又可减少电压通道引起的负阻尼作用，但是，动态增益衰减环节实际上是一个大的惯性环节，会使励磁电压的响应比减少，影响强励倍数的利用，而不利于暂态稳定，为此在实际应用中应全面衡量其利弊。

3）在励磁控制系统中，增加附加励磁控制通道，采用电力系统稳定器 PSS 是有效措施之一。这种附加信号可以通过相位调节使整个励磁系统在低频振荡范围内具有正阻尼作用。

4）采用线性和非线性励磁控制理论，改善励磁系统的动态品质。

综上所述，励磁系统的主要任务是维持发电机电压在给定水平和提高电力系统的稳定性。励磁系统能够维持发电机机端电压为恒定值，能够有效提高系统静态稳定的功率极限；励磁系统的强励顶值倍数越高、强励顶值电压响应比越大，顶值倍数的利用程度就越充分，系统的暂态稳定水平就越高，但保护动作时间和开关动作时间的缩短对暂态稳定的改善起主要作用，在故障开断时间很短的情况下，励磁系统对暂态稳定的贡献是有限的；励磁系统中的电压调节作用是造成电力系统机电振荡阻尼变弱的重要原因，在一定的运行方式及励磁系统参数下，电压调节器维持发电机电压恒定的同时，产生负的阻尼作用，因此励磁系统降低了系统的动态稳定水平。

四、励磁控制在同步发电机运行中的主要作用

电力系统在正常运行时，发电机励磁电流的变化主要影响电网的电压水平和并联运行机组间无功功率的分配。在某些故障情况下，发电机端电压降低，将导致电力系统稳定水平下降。为此，当系统发生故障时，要求发电机迅速增大励磁电流，以维持电网的电压水平及稳定性。同步发电机励磁系统的自动控制在保证电能质量、无功功率的合理分配和电力系统运行的可靠性方面起着十分重要的作用。

同步发电机的运行特性与它的空载电动势 E_q 值的大小有关，而 E_q 值是发电机励磁电流的函数，所以调节励磁电流就等于调节发电机的运行特性。在正常运行和事故运行状态时，同步发电机的励磁系统对电力系统和发电机的安全稳定运行起着十分重要的作用。主要体现在以下几个方面：

1. 电压控制（即调压作用）

根据发电机运行工况的变化调节励磁电流，维持发电机机端电压为给定水平。电力系统在正常运行时，负荷总是经常波动的，随着负荷的波动，电压就会发生变化，为了使电压在某一允许值范围，则需要对励磁电流进行调节以维持机端或系统中某一点的电压在给定的水平。因此励磁自动控制系统担负了维持电压水平的任务。

2. 稳定、合理地分配机组间的无功功率

并列运行的发电机间无功功率分配涉及发电机端电压的调差率，即在自动励磁调节系统的作用下，发电机端电压将随发电机输出无功的变化而变化。大机组通常为单元接线，通过升压变压器在高压母线上并联运行，一般要求有负的调差率，以部分补偿无功电流在升压变压器上形成的压降。

电力系统中有许多台发电机并联运行。为了保证系统的电压质量和无功潮流合理分布，要求合理控制电力系统中并联运行发电机输出的无功功率，即每台发电机发出的无功功率数量要合理；当系统电压变化时，每台发电机输出的无功功率要随之自动调节，调节量要满足运行要求。在实际运行中，与发电机并联运行的母线并不是无限大母线，系统等效阻抗也不等于零，因此母线的电压将随着负荷波动而改变。一台发电机的励磁电流的改变不但影响它自身的电压和无功功率，而且也将影响与之并联运行机组的无功功率，因此，同步发电机的励磁自动控制系统还担负着并列运行各发电机间无功功率合理分配的任务。

3. 稳定性

电力系统在运行中随时都可能遭受各种干扰，在各种扰动发生后，发电机组能够恢复到原来的运行状态或者过渡到另一个新的运行状态，则称系统是稳定的。其主要标志是在扰动结束后，同步发电机能够维持或恢复同步运行。通过电力系统分析可知，电力系统的稳定可分为静态稳定和暂态稳定。

（1）提高发电机并列运行的静态稳定性。在由多台发电机并联运行组成的电力系统中，各机组的静态稳定，是电力系统正常稳定运行的基本条件。当发电机的空载电动势 E_q 恒定（即励磁不变），发电机的有功功率 P 是功率角 δ 的正弦函数，P 与功率角 δ 之间的这种关系称为同步发电机的功角特性，当 $\delta \leqslant 90°$，即在功角特性曲线的上升段运行时，发电机是静态稳定的；当在功角特性曲线的下降段运行时（$\delta \geqslant 90°$），则是不稳定的。如果励磁系统中设置的自动励磁调节器具有较高的灵敏度和快速特性，当电压降低，通过调节，保持发电机端电压不变，即改变了功角特性（使曲线上移），提高了功率极限，并且最大功率角也向右移动，即可在人工稳定区运行，提高了静稳储备系数，提高静态稳定性。

实际系统中，随着负荷的变化机端电压就会发生变化，为了维持机端电压，励磁控制系统就会不断调节励磁电流，这样就形成一簇不同的功角特性，将其不同的运行点连接起来，就得到励磁电流调节后新的功角特性，如图 1-10 中的曲线 2，这条功角特性与原来曲线相比，有三点不同之处：①极限输送功率增加；②系统的静稳态储备增加；③稳定运行区域扩大，其扩大的部分称为人工稳定运行区。

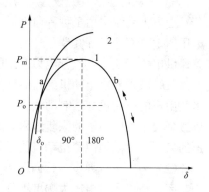

图 1-10 同步发电机的功率特性

可见，增加励磁调节器后系统的静态稳定性大大提高了，所以运行的发电机组都要装设自动励磁调节器。

（2）提高发电机并列运行的暂态稳定性。电力系统在正常运行状态下突然遭受大扰动后，发电机组能否继续保持同步运行，是暂态稳定所研究的课题。以单机并列到无限大系统为例，设在正常运行情况下，发电机输送功率为 P_{G0}，在功角特性的 a 点运行，如图 1-11 所示。当突然受到某种扰动后，系统运行点由曲线 I 上的 a 点突然变到曲线 II 上的 b 点。由于动力输入部分存在惯性，输入功率仍为 P_{G0}，但是输出所需功率减少，于是发电机轴上将出现过剩转矩使转子加速，系统运行点由 b 点沿曲线 II 向 F 点移动。过了 F 点后，发电机输出功率大于 P_{G0}，转子轴上将出现制动转矩，使转子减速。在此加速、减速的变化摇摆过程中，发电机最终能否稳定运行取决于曲线 II 与 P_{G0} 直线间

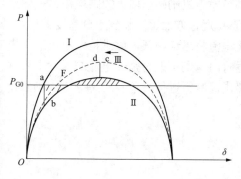

图 1-11 发电机的暂态稳定分析图

所形成的上、下两块面积能否相等，即所谓等面积法。

在暂态过程中，发电机如能强行增加励磁，使受到扰动后的发电机组的运行点移到功角曲线Ⅲ上运行，这样不但减小了加速面积，而且还增大了减速面积。因而使发电机第一次摇摆时功率角 δ 的幅值减小，之后逐渐进一步减小。这样就有效地改善了同步发电机的暂态稳定性。当然，这要求发电机励磁系统具备快速响应特性，即：一是要减小励磁系统时间常数，二是要尽可能提高强行励磁倍数。

4. 提高继电保护（带时限的过电流保护）的动作灵敏度

由于强励作用会使短路电流增大，也就等于增加保护装置的灵敏度了，故可使其动作更可靠。

5. 快速灭磁

当发电机或升压变压器等内部出现故障时，自动快速地灭磁，迅速消除转子绕组储存的能量，以减小故障对发电机或升压变压器等所造成的损害程度。当机组甩负荷时，可能会造成发电机端电压异常升高，危害定子绕组绝缘，此时，亦要求励磁系统有快速减磁或灭磁的能力。

6. 确保电能质量并改善电力系统运行条件

当电力系统中由于种种原因，出现短时低电压时，励磁自动控制系统为维持发电机的端电压恒定，充分发挥其调节功能，大幅度增加励磁电流，有利于维持电力系统的电压水平，确保供电电能质量，改善电力系统的运行条件。

（1）改善异步电动机的自启动条件。电网发生短路等故障时，电网电压降低，必然使大多数用户的电动机处于制动状态。故障切除后，由于电动机自启动时需要吸收大量无功功率，以致延缓了电网电压的恢复过程。此时如系统中所有发电机都强行励磁，就可以加速电网电压的恢复，有效地改善电动机的运行条件。

（2）为发电机异步运行创造条件。同步发电机失去励磁时，需要从系统中吸收大量的无功功率，造成系统电压大幅度下降，严重时甚至危及系统的安全运行。在此情况下，如果系统中其他发电机组能提供足够的无功功率，以维持系统电压水平，则失磁的发电机还可以在一定时间内以异步运行方式维持运行，这不但可以确保系统安全运行而且有利于机组热力设备的正常连续运行。

（3）提高继电保护装置工作的可靠性。当系统处于低负荷运行状态时，发电机的励磁电流不大，若系统此时发生短路故障，其短路电流较小，且随时间衰减，以致使带时限的继电保护不能正确工作。励磁自动控制系统就可以通过调节发电机励磁以增大短路电流，使继电保护正确工作。发电机励磁自动控制系统在改善电力系统运行方面可以起到十分重要的作用。

（4）当系统电压突然升高，自动励磁调节器励磁电流将迅速降低，以维持发电机的端电压恒定，连接在超高压电网的发电机，夜间低负荷运行时，则可能将励磁电流减至发电机进相运行，即从系统吸收无功功率，为避免发电机励磁电流减得过低，危及静态稳定，励磁调节器均设有最小励磁限制功能。

第二章 自动励磁系统

第一节 微机型自动励磁调节器

一、概述

自 20 世纪 60 年代，模拟式励磁调节器在应用中一直占主导地位，其功能也基本上满足大型同步发电机对励磁控制的要求。但是，随着同步发电机单机容量的不断增大，远距离输电线路不断增多，使得电力系统稳定问题日益严重。同时，因为工业生产对拖动系统的要求愈来愈高，交流调速（同步及异步电动机）的应用日益广泛，就同步电动机来说，其调速控制（包括励磁控制）尤为复杂。为了保证同步发电机和同步电动机的可靠运行，对励磁调节系统的要求更加严格。如要求运行高度可靠、具有优良的技术和经济性能指标、能完成某些专门的控制功能等，用模拟式励磁调节器很难完成这些任务。众所周知，模拟式励磁调节器的所有功能均通过各种印刷电路板来完成，要求的功能愈多，用的印刷电路板就愈多，所使用的元器件、焊点和接插件数量大大增加，线路复杂，可靠性降低，维护困难。为此，需设置多种专用功能组件以满足不同的控制要求。

上述情况一直延续到 20 世纪 80 年代中期，数字化微处理机技术的飞速发展，使得采用模拟技术的传统励磁调节器逐步开始向数字化方向转变。

由于微处理机技术在所有工业范围内均获得了广泛的应用，使得过去由许多硬件实现的多种功能可以集成在一个芯片上，这种基于微处理机构成的装置在运算速度和功能方面均有了极大的提高与改进。除了必要的硬件外，所有功能均通过软件来完成，要增加新的功能，只要相应增加有关的子程序，而硬件不做任何修改。这样可大大节省元器件，而功能也可按需要来取舍，十分灵活方便。此外，某些在模拟式励磁调节器难以实现或无法实现的功能，在微机励磁调节器上就容易实现。比如按发电机运行情况自动改变调节器的某些参数，以达到优化运行，微机励磁采用新的现代控制理论，为最佳控制和自适应控制提供了极大的可能性。

随着世界各国电子制造形成领域内的国际标准，工程上越来越倾向于应用数字电子技术来实现对现代励磁系统的控制与保护功能。这些数字式励磁系统或自动励磁调节器并非只是模拟装置的数字变型，而是提供了更加完善的复杂的控制功能。由于数字技术的普遍推广应用和数字控制技术的飞跃发展，使得实现数字控制励磁系统在技术上已成为可能。此外，优异的性能价格比和高度可靠性，也为数字控制励磁系统奠定了有利的基础。

二、自动励磁调节装置的作用

自动励磁调节装置是自动励磁控制系统中的重要组成部分，其逻辑框图如图 2-1 所示。

励磁调节器检测发电机的电压、电流或其他状态量，然后按给定的调节准则对励磁电源设备发出控制信号，实现控制功能。

励磁调节器最基本的功能是调节发电机的端电压。调节器的主要输入量是发电机端电压，

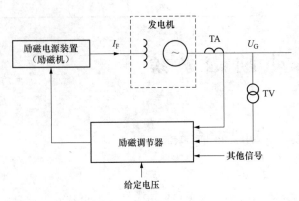

图 2-1　励磁控制系统框图

它将发电机端电压（被调量）与给定值（基准值或称参考值）进行比较，得出偏差值 ΔU，然后再按 ΔU 的大小输出控制信号，改变励磁机的输出（励磁电流），使发电机端电压达到给定值。励磁控制系统（由励磁调节器、励磁电源装置和发电机一起构成）通过反馈控制（又称闭环控制）达到发电机输出电压自动调节的目的。

自动励磁调节器，除输入发电机端电压进行反馈控制完成调压任务外，还可以输入其他补偿调节信号，例如，自复励系统中还加入定子电流作为输入信号，以补偿由于定子电流变化引起的发电机端电压的波动。此外，还可以补偿输入电压变化速率（$\mathrm{d}U/\mathrm{d}t$）信号，以获得快速反应（时间常数小）的效果；也可以输入其他限制补偿信号、稳定补偿信号等。

自动励磁调节器的基本任务是实现发电机电压的自动调节，所以，通常又简称其为自动电压调节器 AVR。

三、对自动励磁调节器的一般要求

自动励磁调节器除能完成前文所述的任务和要求外，还必须满足以下要求：

（1）具有较小的时间常数，能迅速响应输入信息的变化。

（2）调节精确。自动励磁调节器调节电压的精确度，指发电机负荷、频率、环境温度及励磁电源电压等在规定条件内发生变化时，受控变量（即被调的发电机端电压）与给定值之间的相符程度。电压调节精确度有如下指标：

1）负荷变化时的电压调节精确度。负荷变化时的电压调节精确度（或称稳态电压调整率），指在无功补偿单元（即调差装置）不投入的情况下，发电机负荷从零增长至额定值时端电压变化率。此变化率即励磁控制系统调压特性曲线的自然调差系数 δ_0。调压精确度的大小主要与励磁控制系统稳态电压放大倍数有关。稳态电压放大倍数越大，自然调差系数 δ_0 就越小，即调压精确度越高。从发电机稳定运行分析中可知，增大励磁控制系统的电压放大倍数，可显著提高发电机的同步转矩系数，有利于提高电力系统的动态稳定。因此，要求自动励磁调节装置必须保证一定的调压精确度。对于现代的励磁调节装置，其调压精确度（即自然调差系数）一般在 ±1% 之内。

2）频率变动时的电压调节精确度。指发电机在空载状态下，频率在规定范围内变动 1% 时，发电机端电压的变化率。对于现代的半导体型自动励磁调节装置的励磁系统，频率变动 1% 时发电机端电压的变化率小于 0.5%。

3）要求调节灵敏，即失灵区要小或几乎没有失灵区。这样才能保证并列运行的发电机间无功负荷分配稳定，才能在人工稳定区运行而不产生功角振荡。

4）保证调节系统运行稳定、可靠，调整方便，维护简单。

四、励磁调节器的性能

要使励磁调节器在系统中起到作用，对调节器的性能有以下几点要求：

（1）有符合系统要求的强励能力和一定的励磁电压上升速度（电压响应比）。需要对同步发电机进行强励时，要求调节器能以最快的速度提供最大的励磁电流（或顶值电压）。衡量调节器强励性能有强行励磁倍数和励磁电压上升速度或电压响应比两个因素。

（2）具有较高的调节稳定性。在调节励磁的过程中，调节器本身不应产生自励磁作用和不衰减的振荡。调节器本身的不稳定，会破坏电力系统的稳定运行。

（3）应具有较快的反应速度，以利于提高电力系统的静态稳定。当系统遭受小干扰引起电压波动时，调节器应以最快速度恢复系统电压至原有水平，以提高电力系统静态稳定能力。现代半导体励磁调节器的响应速度比老式励磁系统调节器要快很多倍。

（4）应能根据运行要求对主机实行最大励磁限制及最小励磁限制。

（5）用于同步调相机（或同步电动机）的励磁，要求其输出无功有较大的调节范围，并能满足启动时的相应要求。

此外，励磁调节器还应当具有失灵区最小、灵敏度较高的性能。当然，设计励磁调节器时还应考虑结构简单可靠，运行操作、维修方便以及通用性强、价格低等，在可能条件下尽量采用微机励磁调节器。

五、微机型自动励磁调节器的构成特点

微机型励磁调节器是一台专用计算机控制系统，由硬件和软件两部分组成。

以自并励静止励磁系统为例，典型的励磁调节器结构如图 2-2 所示。

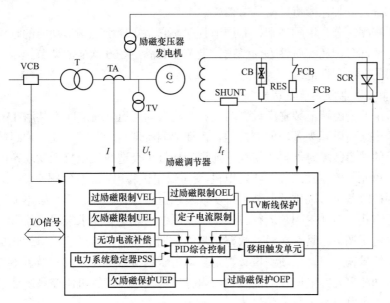

图 2-2 典型的励磁调节器结构

1. 硬件结构

系统硬件结构由主机、接口电路和输入、输出过程通道等环节组成。

（1）主机。由微处理器（CPU）、RAM、ROM 存储器组成，是调节器的核心部分。其作用是根据输入通道采集来的发电机运行状态变量的数值调节计算和逻辑判断，按照预定的程序进行信息处理求得控制量，通过数字移相脉冲接口电路发出与控制角 α 对应的脉冲信号，实现对励磁电流的控制。

（2）模拟量输入通道。为了实现维持机端电压水平和机组间无功功率的合理分配，需测量发电机电压、无功功率、有功功率和励磁电流等，选用合适的传感器和输入通道与 A/D 接口电路相匹配。

（3）开关量输入、输出通道。调节器需采集发电机运行状态信息，如主断路器、灭磁开关、调节器直流侧开关等的状态信息，这些状态量信号经转换后与数字量输入接口电路连接。励磁控制系统运行中异常情况的报警或保护等动作信号从接口电路输出后也需变换，以便驱动相应的设备，如灯光、音响等。

（4）脉冲输出通道。输出的控制脉冲信号需经中间放大、末级放大后，才能触发大功率晶闸管并控制其电路输出。

（5）接口电路。在计算机控制系统中，用于完成输入、输出过程通道与主机的信息传递任务。微机调节器除采用通用的并行和管理接口（中断、计数/定时等）外，还设置了专用的数字移相脉冲特殊接口。

（6）运行操作设备。供运行人员操作的控制设备，用于增、减励磁和监视调节器的运行。另外还有一套供程序员使用的操作键盘，用于调试程序、设定参数等。

2. 软件结构

（1）系统软件。包括操作系统、编译系统和监控程序等。其中，监控程序是与计算机系统有关的程序，主要实现对程序的调试和修改功能，与励磁调节没有直接的关系，但仍作为软件的组成部分，安装在微机励磁调节器中。

（2）应用程序。分为主程序和控制调节程序，它是实现励磁调节功能的程序，是调节器软件设计的主要部分，从实时性方面考虑，调节器要满足 300 次/s 的调节控制，它直接反映了微机调节器的功能和性能。

3. 微机型自动电压调节器功能

（1）大机组的励磁调节装置应设有两个独立的自动通道，通道间不共用 TV、TA 和稳压电源。通常两个通道以互为备用的方式运行，通道间实现自动跟踪。任一通道故障时均能发出信号，运行的通道故障时能自动切换，通道的切换不会造成发电机无功功率的明显波动。手动励磁控制单元一般作励磁装置和发电机-变压器组试验用，并具有跟踪功能，可兼作自动通道故障时的短时备用。励磁调节装置可实现机端恒压运行方式、恒励磁电流运行方式、恒无功功率运行方式、恒功率因数运行方式，根据系统的规定和要求选用。

（2）自动电压调节器具有在线参数整定功能、调节器输出信号的模拟量测量口以及电压相加点模拟量信号输入口，以便测量、整定自动电压调节器特性参数。微机型自动电压调节器各参数及各功能单元的输出量均能显示，串行口与发电厂计算机监控系统连接，接收控制和调节指令，提供励磁系统状态和量值。

（3）具有 TV 回路失压时防止误强励的功能。

（4）具备自诊断功能和检验调试各功能用的软件及接口，具有事故记录功能。自动电压调节器的任一元件故障不应造成发电机停机。

六、微机型自动励磁调节器的工作原理

目前，国内外普遍采用的是 PID+PSS 控制方式的微处理机励磁调节器。下面以南京南瑞电控公司的 SAVR-2000 型微机励磁调节器为例说明其工作原理。

图 2-3 所示为 SAVR-2000 在自并励磁系统中的典型应用。发电机励磁调节器的主要任务是控制发电机机端电压稳定，同时根据发电机定子及转子侧各电气量进行限制和保护处理，

励磁调节器还要对自身进行不断的自检和自诊断，发现异常和故障，及时报警并切换到备用通道。为此，SAVR-2000 发电机励磁调节器需完成的工作如下：

（1）模拟量采集。采集发电机定子交流电压 U_a、U_b、U_c，定子交流电流 I_a、I_b、I_c，转子电流等模拟量，计算出发电机定子电压、发电机定子电流、发电机有功功率、无功功率、发电机转子电流。调节装置通过模拟信号板（ANA）将高电压（100V）、大电流（5A）信号进行隔离并调制为 ±5V 等级电压信号，传输到主机板（CPU）上的 A/D 转换器，将模拟信号转换为数字信号（DIG）。一个周波内（20ms）采样 36 个点，进行实时直角坐标转换，计算出机端电压基波的幅值及频率、有功功率、无功功率、转子电流。

（2）闭环调节。励磁控制的目标是：使被控制量=对应的给定量，软件的计算模块根据控制调节方式，从而选择调节器测量值与给定值的偏差进行 PID 计算，最终获得整流桥的触发角度。

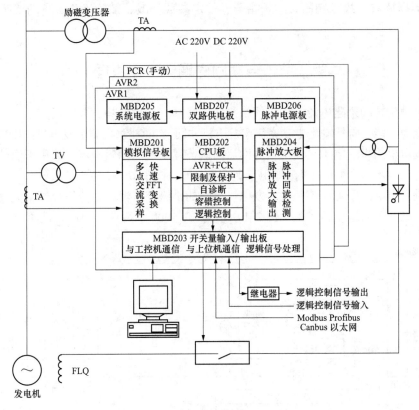

图 2-3　自并励磁系统原理图

（3）脉冲输出。将 PID 计算得到的控制角度数据，送至脉冲形成环节，以同步电压 U_T 为参考，产生对应触发角度的触发脉冲（SW），经脉冲输出回路输出至晶闸管整流装置。

（4）限制和保护。调节装置将采样及计算得到的机组参数值，与调节装置预先整定的限制保护值相比较，分析发电机组的工况，限制发电机组运行在正常安全的范围内，保证发电机组安全可靠运行。

（5）逻辑判断。在正常运行时，逻辑控制软件模块不断地根据现场输入的操作信号进行逻辑判断，主要判别：是否进入励磁运行；是否进行逆变灭磁；是空载工况运行还是负荷工况运行。

（6）给定值设定。正常运行时，软件不断地检测增磁、减磁控制信号，并根据增磁、减磁的控制命令修改给定值。

（7）双机通信。备用通道自动跟踪主通道的电压给定值和触发角。正常运行中，一个自动通道为主通道，另一自动通道为从通道，只有主通道触发脉冲输出去控制晶闸管整流装置。为保证两通道切换时发电机电气量无扰动，从通道需要自动跟踪主通道的控制信息，即主通道通过双机通信（COM）将本通道控制信息输送出，从通道通过双机通信读入主通道来的控制信息，从而保证两通道在任何情况下控制输出一致。

（8）自检和自诊断。运行中调节装置对电源、硬件、软件进行自动不间断检测，并能自动对异常或故障进行判断和处理，以防止励磁系统的异常和事故的发生。

（9）人机交换界面。发电机励磁调节装置设置有中文人机交换界面实现人机对话，该界面提供数据读取、故障判断、维护指导、整定参数修改、试验操作、自动或手动录波等功能。

第二节　自动励磁调节工作原理

发电机由旋转的励磁电流产生磁场切割定子线圈产生电动势，并网后产生定子电流，将机械能转化为电能，向外输出电功率。在发电机并网前（空载），调节发电机的励磁电流，作用于调节发电机的机端电压，发电机并网后，调节发电机的励磁电流，作用于调节发电机无功负荷（无功电流），调节主汽门作用于调节有功功率（有功电流）。

自并励发电机的励磁电流是接于发电机机端的励磁变压器和整流桥控制整流输出的直流电流，合灭磁开关后送至转子上。图 2-4 所示为 UN5000 励磁调节柜原理框图。

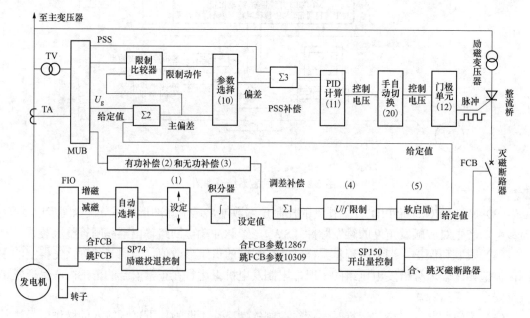

图 2-4　UN5000 励磁调节柜原理框图

图 2-4 中，DCS 增减励磁命令经 FIO 快速输入，再经自动选择，输入到自动调节给定单元，经设定增减励磁和积分器（斜坡函数）累加计算后输出给定值，此给定值经调差系数补偿后经 U/f 限制、软启励再送入 PID 的比较器（Σ2 加法器），与来自 MUB 板的机端电压 U_g 比较计算，Σ2 加法器输出主偏差值，再与各限制器比较，选择合适的 PID 参数和偏差值，经加法器 Σ3 再加入 PSS 的补偿偏差值，Σ3 加法器输出的偏差值由 PID 计算器计算对应偏差值的控制角和控制电压，输出的控制电压经手自动选择到门极控制器产生控制脉冲控制整流桥的输出。

整流桥输出励磁电流大小与控制角 α 的余弦值成正比，当 α 角增大时，$\cos\alpha$ 值减小，整流桥输出电流（励磁电流）也减小，反之亦然。大于 90°整流桥逆变灭磁，逆变灭磁的控制角 α 取 135°。

运行方式切换：DCS 手自动、叠加控制投退、恒功率因数或恒无功操作命令经 FIO 快速输入，送入主控板 COB，定义为相应的参数，再经运行方式控制的逻辑条件判断，选择输出相应的运行方式。

自动给定值的设定：DCS 增减励磁命令经 FIO 快速输入，送入主控板 COB，定义为相应的参数，再经自动方式选择，增减励磁命令选择输入到自动调节给定单元，经给定单元的积分累计输出给定值。

自动给定值的补偿和保护：DCS 增减励磁命令经自动方式选择，输入到自动调节给定单元，由给定单元的积分累计输出给定设定值 Y，经调差补偿、U/f（V/Hz）限制、软启动励磁等环节后输出给定值 Z，送至自动调节输入模块 X，将与发电机机端电压比较计算，产生偏差。

机端电压、电流、有功功率、无功功率等的测量：在调节器输入模块中，经过标幺值计算后发电机机端电压输出定义为 U 参数，发电机机端电压标幺值 U 是根据实际测量的数据与额定电压设定值比值进行计算而得，直接送至自动调节器输入模块，与给定值 X 比较计算，产生偏差；其他测量定子电流、频率、有功功率、无功功率、功率因数等标幺值，应用到其他模块中，过程相似。

自动调节器偏差、限制保护和控制：给定值输入与发电机机端电压采样值进行减法计算，输出主偏差值，经过限幅模块的限制与保护，输出自动调节的偏差值定义为 G 参数，被传递赋值给模块的参数 H，作为调节器比例积分微分（PID）模块的输入参数。

在调节器输入模块中，给定值 X 除了与机端电压 G 偏差计算外，还与附加值和跟踪输入进行计算，输出带附加值 P 或跟踪偏差的偏差值，再送入限制器限幅。

在调节器比例积分微分（PID）模块中，PID 调节控制输入偏差值（调节器控制电压）与附加值和 PSS 控制器输出进行加法比较后按选定的参数值（如放大倍数、积分时间常数、微分时间常数等）进行比例放大、积分和微分计算，输出控制电压定义为 F 参数，PID 模块的控制电压值被直接传递给自动跟踪模块的输入参数（AUTO）。

PID 控制器的输入是实际值对给定值的偏差。PID 控制器的输出电压（即控制电压 U_c）为门极控制单元的输入信号。调节器根据限制器的动作情况自动选择 PID 控制器的相应参数，达到优化同步发电机控制性能的目的。参数选择逻辑从 PID 参数组中自动选择合适的参数，以增进同步发电机的动态稳定性。

在自动跟踪模块中，输入的控制电压与来自手动控制的控制电压经控制方式选择后输出控制电压被定义为参数 D，被传递赋值给门极控制单元（脉冲形成）。在逆变灭磁命令动作时，直接断开调节计算的输出控制电压，参数 D 直接被设定为负的最大（−100%），输出给门极控制单元。

在门极控制单元（脉冲形成）模块中，控制电压 U_c 经同步电压和脉冲形成单元，产生脉冲量 1（去整流柜的 CIN 板和脉冲放大后驱动整流桥的晶闸管）和脉冲量 2（导通控制角 α，用于显示）。门极控制单元（脉冲形成）模块产生的脉冲经脉冲总线传送到脉冲放大模块，在脉冲的作用下，整流柜的直流励磁电流输出相应地改变，从而调节励磁电流和机端电压或无功电流。

第三节　自动励磁调节及自动灭磁装置的性能及要求

一、自动调节励磁装置

所有的发电机均应装设自动调节励磁装置，且自动励磁调节装置应具有下列功能：

1）励磁系统的电流和电压不大于 1.1 倍额定值的工况下，其设备和导体应能连续运行、励磁系统的短时过励磁时间应按照发电机励磁绕组允许的过负荷能力和发电机允许的过励磁特性限定；

2）在电力系统发生故障时，根据系统要求提供必要的强行励磁倍数，强励磁时间应不小于 10s；

3）在正常运行情况下，按恒机端电压方式运行；

4）在并列运行的发电机之间，按给定要求分配无功负荷；

5）根据电力系统稳定要求加装电力系统稳定器（PSS）或其他有利于稳定的辅助控制。PSS 应配备必要的保护和限制器，并有必要的信号输入和输出接口；

6）具有过励磁限制、低励磁限制、励磁过电流反时限制和 U/f 限制等功能。

发电机自动电压调节器及其控制的励磁系统，其性能应符合 GB/T 7409 的规定，同时还要满足以下要求：

（1）大型发电机的自动电压调节器应具备的性能：

1）应有两个独立的自动通道；

2）宜能实现与自动准同期装置、数字式电液调节器（DEH）和分布式汽轮机控制系统（DCS）之间的通信；

3）应附有过励磁、低励磁、励磁过电流反时限制和 U/f 限制及保护，最低励磁限制的动作应能先于励磁自动切换和失磁保护的动作；

4）应设有测量电压回路断相、触发脉冲丢失和强励磁时的就地和远方信号；

5）电压回路断相（线）时应闭锁强励磁。

（2）励磁系统的自动电压调节器应配备励磁系统接地的自动检测器。

水轮发电机的自动调节励磁装置，应能限制由于转速升高引起的过电压。当需要大量降低励磁时，自动调节励磁装置应能快速减磁，否则应增设单独快速减磁装置。

发电机的自动调节励磁装置，应接到两组不同的机端电压互感器上，即励磁专用电压互感器和仪用测量电压互感器。

带冲击负荷的同步电动机，宜装设自动调节励磁装置，不带冲击负荷的大型同步电动机，也可装设自动调节励磁装置。

二、自动灭磁装置

自动灭磁装置应具有灭磁功能，并根据需要具备过电压保护功能。在最严重的状态下灭磁时，发电机转子过电压不应超过转子额定励磁电压的 3~5 倍。当灭磁电阻采用线性电阻时，灭磁电阻值可为磁场电阻热态值的 2~3 倍。

转子过电压保护应简单可靠，动作电压应高于灭磁时的过电压值、低于发电机转子励磁额定电压的 5~7 倍。

同步电动机的自动灭磁装置的具体性能及要求，与同类型发电机相同。

第四节 励磁系统辅环控制

一、低励磁限制

低励磁限制（也称欠励磁限制），是一种补充电压调节器作用的装置，目的是在减少励磁时，限制它不越过发电机运行稳定极限，或限制它不越过由发电机定子端部铁芯发热要求的允许值。

低励磁限制的功能，是将同步发电机最小励磁电流值限制在临界失步稳定极限允许的范围内（且静稳定极限留储备系数不小于 10%），或发电机进相运行时定子端部发热在允许的范围内。低励限制保护是在低励限制失去作用时将调节器切到备用通道以维持机组继续运行。

当发电机进相运行时，一方面，它将从系统吸收感性无功功率，在发电机输出一定有功功率时，随着励磁电流的减小，发电机的感应电动势将下降，同时发电机的感应电动势与系统等值电动势之间的功率角 δ 将增大。当 $\delta > 90°$ 时，发电机将不能保持静态稳定运行；另一方面，发电机端部漏磁通也将随着励磁电流的减小而增加，引起定子端部元件的涡流损耗，发热严重。因此，发电机输出一定的有功功率时，进相运行的深度（进相无功 Q_c 的大小）也要受到定子端部发热的限制。

低励限制动作曲线是按发电机不同有功功率的静稳定极限和发电机端部发热条件确定的。该限制值实际整定时，通常是在充分满足发电机静态稳定极限条件的前提下，主要依据发电机进相运行时定子铁芯端部构件发热因素的允许范围来设定的。低励磁限制通常输入的变量，是同步发电机的有功功率、无功功率和发电机端电压，或者是励磁电流，或者是功角。

低励磁限制特性有低励磁电流限制型、P-Q 限制型、功角限制型。

最低励磁电流的限制值不应是个定数，而是随着所带有功功率的多少而变化的。有功功率较小时，容许进相的无功功率 Q 较大，也就是容许最小励磁电流的限制值可以取小些。根据实际的有功功率（如设为 P），由该机组的 P-Q 特性曲线查得对应的最大允许进相无功功率 Q_{cc}，对最低励磁电流的限制值予以整定。当以有功功率 P 运行时，如果实际进相无功功率 $Q_c > Q_{cc}$，则经短延时（如 0.2s），发出低励磁限制信号。

低励磁限制的动作曲线和保护要与发电机失磁保护相匹配。在各种运行或故障工况下，励磁系统的低励磁限制应先于低励磁限制保护动作；而低励磁限制保护应先于失磁保护动作；它们之间配合要留有足够的裕度。

低励磁限制动作后，将信号送到综合放大器，驱动限制控制程序中的低励磁限制控制程序，使励磁电流维持在限额曲线上，从而使进相无功功率限制在设定的允许值 Q_{cc}。当发电机运行点回到限额曲线之内时，自动电压调节器恢复正常。

由系统静稳定条件确定进相曲线时，应根据系统最小运行方式下的系统等效阻抗，确定该励磁系统的低励磁限制动作曲线。如果对进相没有特别要求时一般可按有功功率 $P = P_N$ 时允许无功功率 $Q = -0.05Q_N$ 和 $P = 0$ 时 $Q = -0.3Q_N$ 两点来确定低励磁限制的动作曲线。其中，P_N、Q_N 分别为额定有功功率和额定无功功率。要求有较大进相时一般可按静稳定极限值留 10%左右储备系数整定，但不能超过制造厂提供的 P-Q 运行曲线。低励限制的动作曲线应注意与失磁保护的配合。

为了防止在电力系统暂态过程中低励磁限制动作，而影响励磁调节，低励磁限制回路应设有一定的时间延迟。在磁场电流过小或失磁时低励磁限制应首先动作；如限制无效，则应在失磁保护动作前自动投入备用通道。

限制器的作用是维护发电机的安全稳定运行，避免由于保护继电器动作而造成事故停机。每个限制器都有其限制量和限制值，当限制量的数值达到限制值时，限制器动作。每个限制器均产生一个限制量与限制值之间的偏差信号。

限制器竞比门确定了过励磁限制或欠励磁限制的对 AVR 的优先地位。为避免系统故障时两组限制器同时动作，可通过优先级设定选择过励磁限制器或欠励磁限制器优先作用。

过励磁限制器动作后，会把励磁减小到一个最大允许水平，而欠励磁限制器动作后，则将励磁增加到所需要的最小水平。在正常工况时，发电机运行在功率图的允许范围内。PID 控制器的输入是机端电压的偏差信号，即主偏差信号。如果运行工况变化使励磁限制器偏差信号低于主误差信号，它的优先级将高于主偏差信号。这样，PID 控制器就得到各偏差信号中的最小值。

这种原理也同样适用于欠励磁限制器，但方向相反。

竞比门逻辑分别比较过励磁限制器的偏差信号、欠励磁限制器的偏差信号和主偏差信号，以决定其优先权。为保证限制器动作后发电机的稳定运行，限制器分别设匹配系数 K 用于偏差信号增益调整。同时，参数选择器还可以根据限制器的实际动作情况自动改变电压调节器的 PID 参数。

二、U/f（V/Hz）限制

U/f 限制又称发电机电压-频率比值限制，U/f（V/Hz）限制功能是为防止发电机及出口与它相连的变压器、高压厂用变压器，在机组启动、空载、甩负荷等情况下，由于电压升高或频率降低使发电机和主变压器等铁芯饱和、励磁电流过大引起的铁芯和绕组发热，甚至引起过热。

U/f 限制保护是在 U/f 限制失去作用时，将调节器切到备用通道以维持机组继续运行，当频率小于 45Hz 时，则逆变灭磁。

监测发电机的端电压和频率，限制发电机的端电压与频率的比值，其目的是防止同步发电机或变压器过励磁。U/f 限制和保护要与发电机和主变中过励磁能力低的元件过励磁特性相匹配，U/f 限制应先于 U/f 限制保护动作；而 U/f 限制保护要早于发电机和主变过励磁保护动作，并具有反时限特性，它们之间要留有足够的裕度。U/f 限制启动值应大于发电机电压正常运行上限，限制值和复归值可以等于或略低于发电机电压正常运行上限。

三、过励磁限制

过励磁限制是补充励磁调节器功能的装置，将同步发电机和励磁装置的电流限制到允许值以内。过励限制功能是当励磁电流超过允许的励磁顶值电流时，将其限制到允许的励磁顶值电流，用于防止发电机励磁电流过大，避免转子绕组过热。

过励磁限制保护是在过励磁限制失去作用时，根据故障判断、分析动作出口，或将调节器切到备用通道以维持机组继续运行或直接作用于发电机解列、灭磁。

通常输入变量是同步发电机的励磁电流，如果励磁电流已升高到某一预定值，它将限制发电机的励磁电流的增加，其目的是防止发电机励磁电流过大。过励磁限制特性应与发电机转子绕组短时过负荷发热特性匹配，具有反时限特性。达到动作值时，限制励磁电流到长期允许运行电流值。过励磁限制启动值应与发电机励磁绕组过负荷启动值相配合，一般为 1.1 倍的额定励磁电流，限制值一般为 0.95～1.05 倍额定励磁电流。

发电机输出一定的有功功率 P 时，其允许输出的最大滞相无功功率，将受到允许的额定励磁电流和允许的额定定子电流两方面的限制，特别是当发电机高于额定功率因数运行时，输出的最大滞相无功 Q 将受允许的额定定子电流的限制。为保证发电机的安全运行，根据发电机的 P-Q 特性曲线通过过励磁限制特性来限制发电机在一定有功功率 P 下输出的滞相最大允许无功功率 Q。

（1）过励磁限制整定的一般原则：

1）励磁系统顶值电流一般应等于发电机标准规定的最大磁场过电流值，当两者不同时按小者确定。

2）过励磁反时限特性函数类型与发电机励磁绕组过电流特性函数类型一致（即算法一致）。

3）过励磁反时限特性与发电机转子绕组过负荷保护特性之间留有级差。顶值电流下的过励磁反时限延时应比发电机转子过负荷保护延时适当减小，但不宜过大，一般可取 2s。

4）过励磁反时限启动值小于发电机转子过负荷保护的启动值，一般为 105%～110%发电机额定磁场电流。启动值不影响反时限特性。

5）过励磁反时限限制值一般比启动值减小 5%～10%发电机额定磁场电流，以释放积累的热量。也可以限制到启动值，再由操作人员根据过励磁限制动作信号，减少磁场电流。

（2）以发电机磁场电流作为过励磁限制控制量的过励磁限制整定原则：

1）静止励磁系统和有刷交流励磁机励磁系统采用发电机磁场电流作为过励磁限制的控制量。

2）顶值电流瞬时限制值等于励磁系统顶值电流。

3）顶值电流下的过励磁反时限延时与发电机转子过负荷保护的反时限延时满足级差的要求，并按照整个过电流范围与转子过负荷保护匹配选取合适的过励磁限制过热常数。

（3）以励磁机磁场电流作为过励磁限制控制量的过励磁限制整定原则：

1）无刷励磁系统采用励磁机磁场电流作为过励限制的控制量。

2）确定励磁机磁场瞬时限制值时需要考虑励磁机的饱和。由发电机的顶值电流得到对应的发电机磁场电压，从励磁机负荷特性曲线上得到对应的励磁机磁场电流瞬时限制值。

3）确定过励磁反时限限制的过热常数时一般不计发电机磁场回路时间常数。按照下述步骤进行整定计算：

（a）由励磁机负荷特性得到发电机磁场电压与励磁机磁场电流的关系。

（b）按照与励磁系统顶值电流对应的励磁机磁场电流、发电机额定运行时的励磁机磁场电流和励磁系统顶值电流下允许时间，计算励磁机磁场绕组过电流过热常数为

$$C_\mathrm{e} = [(I_\mathrm{ef.max} / I_\mathrm{ef.N})^2 - 1]t_\mathrm{p}$$

式中　$I_\mathrm{ef.max}$——与励磁系统顶值电流对应的励磁机磁场电流，A；

　　　$I_\mathrm{ef.N}$——发电机额定运行时的励磁机磁场电流，A；

　　　t_p——励磁系统顶值电流持续时间，s。

（c）检查励磁机磁场过电流持续时间与发电机磁场过电流持续时间配合情况，如不配合则调整C_e。

（d）按照C_e整定发电机转子过负荷保护。

（e）励磁机磁场电流为$I_\mathrm{ef.max}$时的过励磁反时限延时与发电机转子过负荷保护的反时限延时满足级差的要求，选取合适的过励磁限制过热常数。

（4）当不采用发电机转子过负荷保护时过励限制仍按上述方法确定。

四、反时限强励磁限制

强励磁限制是防止发电机强励磁时，转子绕组过负荷发热而采取的限制励磁电流的措施。发电机强励磁过程中，当转子励磁过电流超过许可强励磁电流，并到达对应的允许时间时，通过强励磁电流限制功能，瞬时限制励磁（转子）电流，维持在设定的强励磁电流倍数内。这是一个转子励磁电流的闭环控制。对于无刷励磁系统，该功能通过限制励磁机输出来实现。

监测发电机的励磁电流，比较励磁电流实际值I_fd与额定励磁电流I_fdn。若$I_\mathrm{fd} > I_\mathrm{fdn}$，则根据反时限曲线表查得对应的允许强励磁时间$t$，若$I_\mathrm{fd} > I_\mathrm{fdn}$连续时间大于$t$，则置强励磁限制标志，从而驱动强励磁限制控制程序，将励磁电流I_fd限制在额定允许值。限制器应当和发电机转子热容量特性相匹配，从转子绕组发热考虑，当强励磁时，其允许的强励磁时间t随励磁电流I_fd的增大而减小，呈反时限特性。

强励磁电流瞬时限制对于高起始（顶值）励磁系统是必要的，对高起始励磁系统（尤其是交流励磁机旋转或静止整流器励磁方式），为了提高强励磁电流上升速度，设计了高于强励磁电流倍数的强励磁电压倍数，当励磁系统达到规定的强励磁电流倍数时，通过限制器控制调节器输出以维持在规定的强励磁电流倍数。

五、励磁系统的过电压及其抑制

励磁系统过电压产生原因主要是雷击、操作、换相、拉弧、失步、非全相合闸等，主要在励磁变压器二次侧和转子侧，即整流装置的交流侧和直流侧。针对交流侧可以采用硒堆、阻容、非线性电阻、阻断式阻容等；直流侧可以采用阻容、非线性电阻，跨接器等。

交流侧过电压设置压敏电阻尖峰电压抑制器一套，抑制操作、雷击过电压；采用集中阻断式过电压吸收装置一套，抑制晶闸管整流桥的换流、反向恢复过电压；直流侧在灭磁开关两侧分别放置一套过电压保护装置，其中灭磁开关电源侧，过电压保护主要是抑制能量比较小的瞬间过电压，灭磁开关转子侧，过电压保护主要抑制非全相运行和短时异步运行过电压。

集中阻断式阻容保护，不仅接线简单，减轻晶闸管开通的负担，增强晶闸管的过电压保护可靠性，而且能够缩短整流桥换相重叠时间，加速换流过程。

励磁系统过电压装置的配置如图2-5所示。

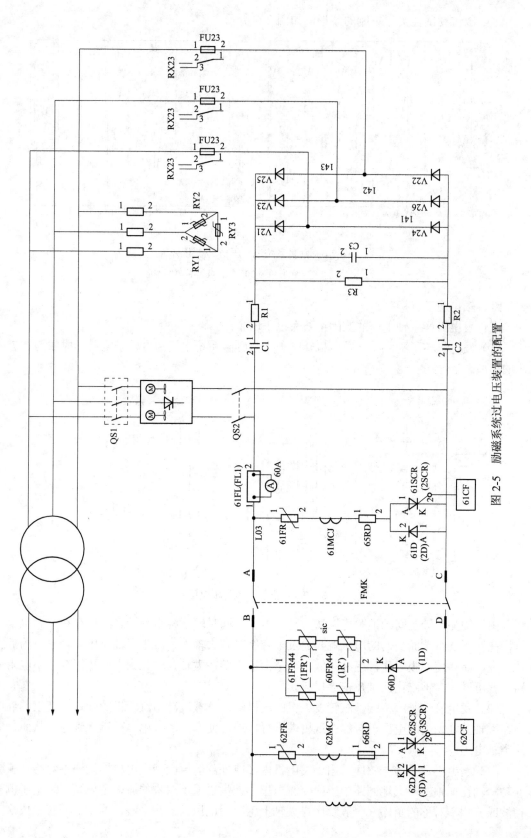

图 2-5 励磁系统过电压装置的配置

过电压仿真试验实际录制的波形，如图2-6所示。

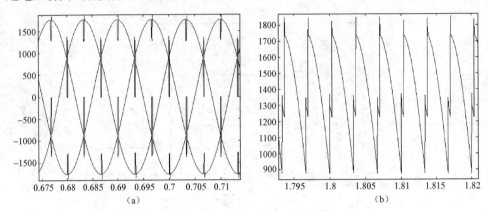

图 2-6　励磁系统过电压仿真波形图
（a）交流侧波形（触发角为30°时）；（b）直流侧波形

六、轴电压及其抑制

汽轮发电机产生轴电压的原因主要有以下四个：

（1）发电机转子励磁端。发电机转子大轴与励磁系统之间通过转子绕组形成如图 2-7 所示的模型。

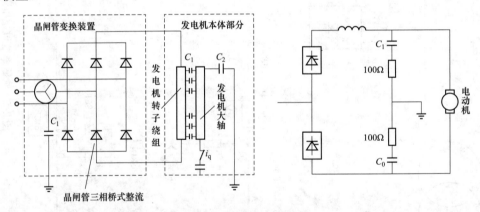

图 2-7　晶闸管整流与轴电压

由于轴瓦与轴之间的油膜可以认为是一电容，同时转子绕组与轴之间也存在分布电容，这样在转子绕组上面交变的电压就要通过电容感应到大轴上，产生了轴电压。轴电压的危害非常大，能够使油膜老化，绝缘降低，甚至击穿，若在大轴、轴瓦到大地之间存在小电阻通路，就可以使大轴磁化，轴瓦击穿损坏。

（2）发电机转子汽机端。汽轮发电机的汽机端由于蒸汽冲击汽轮机的叶片，产生的静电会在大轴上堆积高的电压。一般在汽机端进行接地，使产生的静电电荷迅速到地，从而抑制这类轴电压。

（3）发电机定子转子感应。由于发电机内部或外部的原因使发电机主磁通不对称，就会在轴—轴瓦—轴座—大地回路中感应交流电压。产生磁通不对称的原因主要是：①定子侧有谐波或三相不对称的负序（一般负序在大轴上感应的电压为三次谐波，各次谐波含量依次产生轴电压与谐波次数差1次的谐波分量）；②发电机制造时铁芯叠片存在周期性的接头，将产生偶次谐波；③转子偏离中心，使得大轴感应偶次谐波；④大轴有辐条断、短，使磁场不平衡产生偶次交流，电枢反映到大轴回路产生三次谐波。

（4）大轴轴向剩磁。大轴的剩磁也将在大轴回路中产生电压。针对轴电压产生的机理，目前采用了汽端接地防止静电、励磁端采用图2-7所示的办法抑制轴电压，通过电容接地将其钳位到地电位。对于因为感应的原因产生轴电压，其功率比较大，不容易采用组容吸收的办法实现轴电压抑制，在发电机本身不能够进行改进的情况下，需要对轴瓦、轴座的绝缘等级进行加强和监视，防止在轴瓦与大轴之间流过大电流连续腐蚀油膜。

七、调差系数

1. 明确几个概念

（1）发电机调压精度：指在自动电压调节器投入、调差单元退出、电压给定值不进行人工调整的情况下，发电机负荷从额定视在功率值变化到零，以及环境温度、频率、功率因数、电源电压波动等在规定的范围内变化时，所引起的发电机机端电压的最大变化，用发电机额定电压的百分数表示（由于测量困难，通常用发电机电压静差率的测试来替代发电机调压精度）。

（2）发电机电压静差率（负荷变化时的调压精度）：指在自动电压调节器的调差单元退出、电压给定值不变、在额定功率因数下，负荷从额定视在功率值减到零时发电机机端电压的变化率。

发电机电压静差率按下式计算

$$E(\%) = [(U_{G0} - U_{GN})/U_{GN}] \times 100\%$$

式中　U_{G0}——视在功率值为零时的发电机机端电压；

　　　U_{GN}——额定视在功率值时的发电机机端电压。

（3）发电机电压调差率：指在自动电压调节器调差单元投入、电压给定值固定、功率因数为零的情况下，无功电流的变化所引起的发电机电压变化的变化率。用任选两点无功功率值下的电压变化率除以两点的电流变化率的百分数来表示。

发电机电压调差率按下式计算

$$D(\%) = \{[(U_{G0} - U_{G1})/U_{G1}]/[(I_{G0} - I_{G1})/I_{G1}]\} \times 100\%$$

式中　U_{G0}、U_{G1}——发电机电压（对应于I_{G0}、I_{G1}）；

　　　I_{G0}、I_{G1}——发电机电流（发电机不同无功功率下所对应的电流）。

（4）调节时间：指从给定阶跃信号到发电机机端电压值和稳态值的偏差不大于稳态值的±2%所经历的时间。

2. 电压调差率的整定原则

电网调度按照发电机所在电网对高压母线电压维持水平的要求规定电压调差率D，在调度未作出规定前电压调差率宜按以下方法整定：

（1）并列点的电压调差率宜按照5%～10%整定，在无功分配稳定的情况下取小值，同母线下的发电机电压调差率应相同。

（2）主变压器高压侧并列的发电机-变压器组应采用补偿变压器电抗压降的措施，其电压调差率满足以下条件：当发电机无功电流由零增加到额定无功电流时，发电机电压变化不大于 5%额定电压。

主变压器高压侧并列发电机变压器组的调差率 D_T（折算到主变压器容量为基准）计算式为

$$D_T = U_K + D \frac{U_{GN}}{U_{TN}} \cdot \frac{I_{TN}}{I_{GN}}$$

式中　　D_T ——主变压器高压侧并列的发电机-变压器组在有功电流为零时的电压调差率，%；

U_K ——主变压器短路电压，%；

D ——发电机电压调差率，%；

I_{GN}、I_{TN} ——发电机额定定子电流和主变压器额定电流，A；

U_{GN}、U_{TN} ——发电机额定定子电压和主变压器额定电压，V。

第三章 电力系统稳定器 PSS 和限制器

在正常运行条件下，以发电机端电压为负反馈量的发电机闭环励磁调节系统是稳定的。当转子功率角发生振荡时，励磁系统提供的励磁电流的相位滞后于转子功率角。在某一频率下，当滞后角度达到180°时，原来的负反馈变为正反馈，励磁电流的变化进一步导致转子功率角的振荡，即产生了所谓的"负阻尼"。

如果励磁系统采用 PID 控制方式，以发电机电压偏差信号进行调节励磁，有助于改善发电机电压的动态和静态稳定性。同时，向励磁系统提供的超前相位输出，会在一定程度上补偿励磁电流的滞后相位和克服负阻尼转矩。但是 PID 调节主要是针对电压偏差信号而设计的，它所产生的超前相位频率未必与低频振荡频率同相，亦即未必能满足补偿负阻尼所需的相位。此外，在 PID 调节系统中为了控制电压，必须连续地对电压偏差进行调节，因此无法区别阻尼转矩在正、负之间变化的两种截然不同的情况，以及难以兼顾发电机电压调节及保证阻尼转矩为正值的要求。为此，PID 调节方式对于抑制系统低频振荡的作用是有限的。

随着全国各省、各地区电网的快速发展扩大，以及电网之间的联网输电，电力系统低频振荡的现象时有发生；特别是西电东输工程以及三峡机组的建成发电，低频振荡的频率有向0.15Hz 或更低发展的趋势。这种情况下，势必要求电网中有更多的中、大型机组投入电力系统稳定器（PSS）。

电力系统稳定器 PSS 是一种系统稳定装置，其输出信号加入到电压控制器的输入，借助自动电压调节器控制励磁系统的输出，来阻尼同步发电机的功率振荡，输入变量可以是转速、频率、功率或多个变量的综合。

电力系统稳定器 PSS 作为一种附加装置设在自动电压调节器中，能产生正阻尼转矩以抵消同步发电机转子振荡时，励磁控制系统所引起的负阻尼转矩，从而抑制电力系统低频谐振。

电力系统稳定器应满足以下要求：

（1）有快速调节机械功率要求的机组应选择具有防止反调功能的电力系统稳定器模型；

（2）应提供试验用信号接口；

（3）具有输出限幅功能；

（4）具有手动和自动投、切功能；

（5）当采用转速信号时应具有衰减轴承扭振信号的谐波措施。

电力系统稳定器为抑制系统低频振荡和提高电力系统动态稳定性而设置。当前，PID+PSS 的控制方式在励磁系统中获得了广泛的应用。

PSS 是在自动电压调节的基础上以转速偏差、功率偏差、频率偏差中的一种或两种信号作为附加控制条件，其作用是增加对电力系统机电振荡的阻尼，以增强电力系统动态稳定性，它显然与 ESS 不同，ESS 主要是解决励磁控制回路的稳定性，对于发电机空载稳定性良好的快速励磁系统，在采用 PSS 提高正阻尼后，可以不采用 ESS。

同步发电机自动电压调节器是按电压偏差进行比例调节的，但励磁控制系统具有惯性，因此当发电机输出功率有扰动时，转子相位角发生小的低频振荡，并引起端电压偏差反相位的波动。由于自动电压调节器提供的附加励磁电流的相位滞后于转子相位角的变化，具有使转子振荡角度加大的趋势，即励磁控制系统产生负阻尼转矩，将使发电机总的阻尼转矩变负，助长了低频振荡，而快速励磁系统的这种负阻尼效应更大。因此近年来在自动电压调节器中大多附加电力系统稳定器。它由敏感单元、相位补偿、信号复归、放大限幅等环节组成，其输入信号可以选用转子角加速度或角速度、频率、机端功率等；其输出信号送到自动电压调节器的综合放大单元，使电压调节器提供超前的附加励磁电流，产生正阻尼转矩，从而抑制低频振荡，改善电力系统运行的稳定性。

第一节 基 本 原 理

一、低频振荡原理

发电机电磁力矩可分为同步力矩和阻尼力矩，同步力矩 P_E 与 $\Delta\delta$ 同相位，阻尼力矩与 $\Delta\omega$ 同相位。如果同步力矩不足，将发生滑行失步；阻尼力矩不足，将发生振荡失步。

低频振荡是发生在弱联系的互联电网之间或发电机群与电网之间，或发电机群与发电机群之间的一种有功振荡，其振荡频率在 0.2～2Hz 之间，低频振荡发生有 4 种可能的原因：

（1）系统弱阻尼时，在受到扰动后，其功率发生振荡且长时间才能平息。

（2）系统负阻尼时，发生扰动而振荡或系统发生自激而引起自激振荡。这种振荡，振荡幅度逐渐增大，直至达到某平衡点后，成为等幅振荡，长时间不能平息。

（3）系统振荡模与某种功率波动的频率相同，引起特殊的强迫振荡，这种振荡随功率波动的消除而消除。

（4）由发电机转速变化引起的电磁力矩变化和电气回路耦合产生的机电振荡，其频率为 0.2～2Hz。

低频功率振荡的发生，可能会引起联络线过电流跳闸或造成系统与系统或机组与系统之间的失步而解列，造成电网事故扩大化，解决低频振荡问题是电网安全运行的重要课题。研究表明，大型弱联系的电力系统本身的固有自然阻尼小，现代电力系统中，大容量发电机组普遍使用快速励磁调节器或使用自并激晶闸管快速励磁系统，这些设备的大量使用，其作用常常是削弱了系统阻尼，甚至使系统产生负阻尼，为提高系统稳定性，在励磁系统中利用附加控制，产生附加阻尼转矩，增加正阻尼抑制低频振荡，这就是使用电力系统稳定（PSS）的目的。

二、PSS 作用原理

1. 励磁装置的负阻尼作用

所谓阻尼就是阻止扰动，平息振荡，而负阻尼恰恰相反。励磁装置的负阻尼，是指励磁装置对于系统功角摆动所作出的调节作用，会加大这种摆动，不利于系统的稳定。并联在电力系统中运行的同步发电机，其稳定运行的充分必要条件是有正的阻尼转矩和正的同步转矩。阻尼转矩 ΔM_D 为负时将会因为出现自发增幅振荡而最终失去稳定，而当同步转矩 ΔM_S 为负时，发电机将出现爬步失步。在同步发电机受到小扰动引起系统振荡期间，电磁转矩 M、功角 δ 和角频率 ω 都作周期性变化，故可以在 $\Delta\delta$-$\Delta\omega$ 坐标中表示 ΔM、ΔM_D 和 ΔM_S。ΔM_D 与

$\Delta\omega$ 基本同相，ΔM_S 与 $\Delta\delta$ 同相，二者之和就是 ΔM，就是说电磁转矩既包含同步转矩分量又包含阻尼转矩分量。分析低频振荡时，通常用频域法将电磁转矩 ΔM 分为同步转矩 ΔM_S 和阻尼转矩 ΔM_D，即 $\Delta M = \Delta M_S + j\Delta M_D$，用 $\Delta M_S > 0$，$\Delta M_D > 0$ 作为稳定判据。

在不考虑励磁装置的负阻尼情况下，阻尼转矩就是阻止发电机转速偏离同步转速的一种转矩，其作用力的方向总是指向阻止转子偏离同步速度的方向，当转速高于同步速度时，阻尼转矩是制动的；当转速低于同步转速时，阻尼转矩却是驱动的，正是这两种作用，才使得振荡衰减。阻尼转矩包括两种：

（1）机械性阻尼（通常忽略不计），它反映了机械运动的惯性原理；

（2）发电机转子中阻尼绕组产生的阻尼，这种阻尼是在发电机转速不同于同步转速时，二者在转子上产生相对运动，阻尼绕组中就感应出一个转差频率的感应电流，并产生感应电动机那样的转矩，即阻尼转矩。

在单机对无穷大系统（如图 3-1 所示）简化线性模型的电磁转矩矢量图（如图 3-2 所示）中，ΔM_{D1} 是不考虑调节器负阻尼情况下的阻尼转矩，能抑制系统振荡。

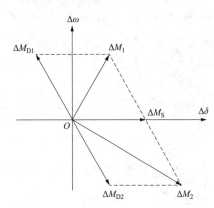

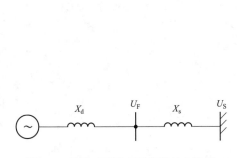

图 3-1 单机对无限大系统等效电路图 　　　　图 3-2 电磁转矩矢量图

在考虑励磁装置的负阻尼情况下，阻尼转矩就有了正、负之分。当励磁装置产生的负阻尼大于阻尼绕组产生的正阻尼时，阻尼转矩就变成图 3-2 中的 ΔM_{D2}，ΔM_2 则不能抑制系统振荡。

自动电压调节器按照发电机端电压偏差 ΔU_t 调节，当系统发生振荡时，$\Delta\delta$ 的变化就会引起 ΔU_t 变化，调节器就会依据 ΔU_t 进行调节，由于发电机转子绕组具有较大的时间常数，其励磁输出所产生的转矩相对于输入信号 $\Delta\delta$ 必然有一定的延时，正是这种延时才使励磁装置产生负阻尼转矩。

当然，并不是所有励磁装置都产生负阻尼，理论和实践都证明，在单机-无穷大系统的完整的线性模型（又称 Phillips-Heffron 模型）中，只有当某些附加转矩参数为负时，阻尼转矩才为负。在远距离重负荷输电的单机-无穷大系统中，由于某些附加转矩参数可能变负值，并且由于高放大倍数快速响应励磁系统的存在，可能导致系统中的阻尼为负，这时如果实际存在的发电机电气的和机械的正阻尼较小，则该系统可能发生低频振荡。

2. PSS 的基本原理

如前文所述，励磁调节器在某些运行条件下可能提供负阻尼，对稳定不利。在考虑励磁

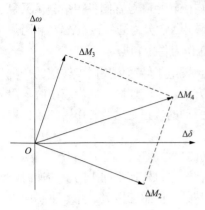

图 3-3 PSS 附加转矩矢量图

装置产生负阻尼情况下，单机-无穷大系统的电磁转矩位于 $\Delta\delta$-$\Delta\omega$ 坐标的第四象限，因与转速相位方向相反，它给系统提供的是负阻尼转矩，如图 3-3 中的 ΔM_2。这时如果能提供一个位于第一象限的附加电磁转矩 ΔM_3，则 ΔM_2 和 ΔM_3 的矢量和 ΔM_4 就可以在第一象限，此时的 ΔM_4 给系统提供具有正的同步转矩和阻尼转矩，低频振荡将受到抑制。这个第一象限的附加电磁转矩 ΔM_3 可以由引进附加控制信号的 PSS 来获得，这就是 PSS 的基本原理。

下面以数学模型及公式推导的方式再说明一下 PSS 的工作原理。

当发电机为自并励方式时，其小扰动的线性化数学模型传递函数，如图 3-4 所示。

由传递函数框图可得：$\Delta M_e = \Delta M_D + \Delta M_S + \Delta M_{ex}$

令 $\Delta M_e' = \Delta M_D + \Delta M_S = D\Delta\omega + K_1\Delta\delta$，则有图 3-5 所示的相量图。

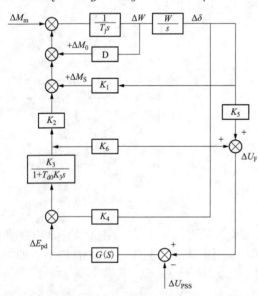

图 3-4 自并励发电机小扰动线性模型传递函数框图

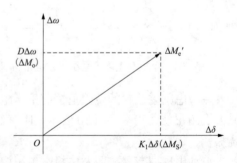

图 3-5 无励磁调节时电磁转矩相量图

其中 $\Delta M_e'$ 是不考虑有快速励磁调节和电枢反应时的电磁转矩增量。

当有调节器作用后，根据传递函数框图有 $\Delta U_F = K_S\Delta\delta + K_6\Delta E_q'$，当 $K_S < 0$ 时有 $\Delta M_{ex} = D_A\Delta W + K_A\Delta\delta$，可见调节器产生了负阻尼 $D_A\Delta W$。

为抵消快速励磁调节所带来的负阻尼转矩并加强机组的正阻尼，需引入一附加控制输入，通过设计和计算，使该附加输入产生的附加转矩与 $\Delta\omega$ 同相，则该附加转矩即对低频振荡起阻尼作用。

PSS 励磁附加控制器是一种附加反馈控制，即在励磁调节器中除了引入发电机端电压作为主要控制信号外，再引入一个与 $\Delta\omega$ 同相位的信号，产生一个正的几乎和 $\Delta\omega$ 同相位的电磁转矩 ΔM_3（超前 $\Delta\delta$ 附加控制信号，作用于调节器），PSS 的其他信号用于改变励磁输出，使整个励磁装置产生正阻尼转矩，从而提高系统稳定性，如图 3-6 所示。

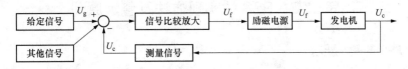

图 3-6　同步发电机的励磁调节器工作原理框图

在 PSS 函数计算模块中，频率变化量和功率变化量按一定的函数关系计算输出 PSS 调节控制值，经最大、最小限幅和低励磁限制器的限幅，输出 PSS 调节控制电压值，被直接传递赋值给 PSS 控制模块。PSS 控制模块的控制条件要求如下：

（1）就地或远方投入；

（2）无闭锁条件；

（3）并网运行和开关量输入；

（4）有功电流（有功功率）标幺值大于设定值；

（5）发电机电压标幺值大于最小设定值，小于最大设定值，并经一定的延时。

同时达到以上条件后报 PSS 投入并将 PSS 的控制电压直接传递赋值给自动调节 PID 模块的附件输入模块，改变自动调节器的控制电压，改变励磁电流，阻尼励磁振荡。

3. PSS 的组成

PSS 一般由两部分组成，第一部分是附加信号的检测单元，常用的附加输入信号有 Δf 和 ΔP，这两种信号都可以采用电气测量方法得到，实施比较简单，且二者很容易转换成 $\Delta \omega$ 和 $\Delta \delta$。为了保证 PSS 只在低频振荡发生时起作用，测量单元必须有一个低通滤过器和直流信号隔离环节，只让低频振荡信号输入。第二部分是附加信号放大和相位超前单元，合理选择 PSS 的放大倍数和相位补偿角，使 PSS 输出一个超前于 $\Delta \delta$ 的附加控制电压，该控制电压通过调节器改变励磁控制电压，最终达到励磁装置输出正阻尼转矩的目的。

PSS 的构成：信号变换器、陷波器［轴系扭振滤波器（受到瞬时干扰而突然卸载或加载时，轴系按固有扭振频率产生的扭转振动）］，窄频带滤波器、扭振频率（防止扭振频率经 PSS 放大与发电机谐振）、隔直环节（实用微分环节）、超前滞后环节、限幅单元、保护单元（PSS 自动投退）等组成。

4. 反调问题

所谓反调是指当原动机输出功率增加（或减少）时，由于 PSS 的调节作用引起励磁电压、同步发电机电压和无功功率同时减少（或增加）的现象。

当发生功率振荡时，电功率增加，PSS 输出负值使励磁电流减小，从而使电功率减小，起阻尼振荡的作用；但是当调节原动机使机械功率增加时，电功率也相应增加，此时 PSS 使励磁电流减小，这对静稳不利。汽轮发电机的机械功率变化不大，反调作用不明显，对于水轮发电机反调作用较明显，需要在改变原动机功率的瞬间闭锁 PSS 输出。当取 ΔP_e 及 $\Delta \omega$ 两个输入信号时，机械功率增加，ΔP_e 加大使 PSS 输出减小，$\Delta \omega$ 增加使 PSS 输出加大，可以相互补偿以减小超调。

PSS 反调会导致机组突然甩负荷时增加输出的励磁电流，造成定子过电压。机组突然升负荷时会导致励磁电流输出减小，低励磁限值或者失磁动作（主要存在于 PSS-1A 模型）。

第二节　PSS 的实现方法及整定原则

一、对 PSS 的基本要求

（1）PSS 的类型应符合下列要求：

1）水轮发电机和燃气轮发电机应首先选用无反调作用的 PSS，如加速功率信号或转速（或频率）信号的 PSS；其次选用反调作用较弱的 PSS，如有功功率和转速（频率）双信号的 PSS。

2）具有快速调节机械功率作用的大型汽轮发电机应选用无反调作用的 PSS，其他汽轮发电机可选用单有功功率信号的 PSS。当采用转速信号时应具有衰减轴系扭振信号的滤波措施。

制造厂应提供 PSS 和自动电压调节器数学模型，宜采用 GB/T 7409 标准规定的 PSS 数学模型。

（2）PSS 及其他有相似功能的附加控制应具备以下性能和试验手段：

1）PSS 信号测量环节的时间常数小于 20ms。

2）有 1～2 个隔直环节，对输入信号为有功功率的 PSS 隔直环节时间常数可调范围不小于 0.5～10s，对输入信号为转速（频率）的 PSS 隔直环节时间常数可调范围不小于 5～20s。

3）有 2 个及以上超前—滞后环节。

4）PSS 增益可连续、方便调整，对输入信号为有功功率的 PSS 增益可调范围不小于 0.1～10（标幺值）；对输入信号为转速（频率）的 PSS 增益可调范围不小于 5～40（标幺值）。

5）有输出限幅环节，输出限幅在发电机电压标幺值的 ±0.05～±0.10 范围可调。

6）具有手动投退 PSS 功能以及按发电机有功功率自动投退 PSS 功能，并显示 PSS 投退状态。

7）PSS 输出噪声小于 ±0.005（标幺值）。

8）PSS 调节无死区。

9）能进行励磁控制系统有、无补偿相频特性测量。

10）能接收外部试验信号，并在 PSS 输入端设置信号选择开关，在 AVR 内 PSS 输出嵌入点设置信号选择开关。

11）能定义内部变量输出，供外部监测和录波。

12）数字式 PSS 应能在线显示、调整和保存参数，时间常数以 s 表示，增益和限幅值以标幺值表示，参数以十进制表示。

二、PSS 实现的方法

为抵消快速励磁调节器所带来的负阻尼转矩（相量如图 3-7 所示）并加强机组的正阻尼，附加控制输入必须是与低频振荡相关的一个电气量，如 $-\Delta P_e$。附加控制输入经过一定的超前或滞后的相位校正，再按一定的增益倍数放大后，叠加到励磁调节环节，该附加控制分量在发电机

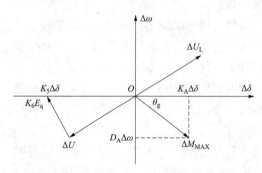

图 3-7　励磁调节器产生的负阻尼转矩相量图

中产生一附加转矩，通过设计和计算，使该附加转矩与 $\Delta\omega$ 同相，则该附加转矩即对低频振荡起阻尼作用。励磁调节系统传递函数如图 3-8 所示。

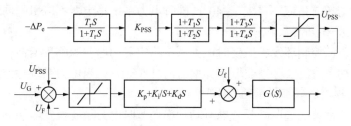

图 3-8　励磁调节系统传递函数框图

$G(s)$—发电机传递函数；U_{PSS}—电力系统稳定器（PSS）输出

南瑞电气控制公司生产的数字式 PSS，无专门的硬件模块，仅在原调节器上设置一个功能软件模块，输入采用 $-\Delta P_e$，利用励磁调节器所测的 P_e 形成。因此该嵌入于励磁调节器的数字式 PSS，硬件无任何增加，保持了调节器的高可靠性，比之专门的 PSS 装置或 PSS 功能插件，具有较大的优越性。

为了使 PSS 附加控制在 0.1～2.5Hz 范围内都产生准确的相位校正，一阶超前/滞后环节是不能满足要求的，大部分厂家生产的励磁的 PSS 均含有两阶超前/滞后环节。PSS 的增益及二阶超前和滞后时间均为数字式整定，在调节器人机界面上直接写入所需的参数，直观可靠。

目前，各国开发的电力系统稳定器 PSS 的输入信号有以下几种：

（1）$-\Delta P$ 型 PSS。以有功功率作为输入信号的 PSS，当有功功率降低时，附加信号将使发电机的励磁向增加方向调整，其线路传递函数模型如图 3-9 所示。

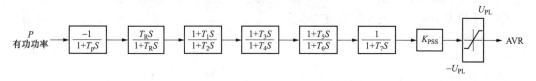

图 3-9　$-\Delta P$ 型 PSS 传递函数模型

对于以轴转速 $-\Delta\omega$ 或者频率 $-\Delta f$ 为信号的 PSS，为避免汽轮发电机轴系扭振引起谐振，采用扭振频率阻断滤波器，其阶数由主机机械计算给出。

（2）$-\Delta\omega$ 型 PSS。以发电机转子转速作为输入信号的 PSS，在我国引进美国西屋公司技术生产的 300MW、600MW 汽轮发电机组中获得了应用，美国 GE 公司所开发的 PSS 也采用了 $-\Delta\omega$ 作为输入信号，当发电机转速降低时，PSS 将使励磁向减小方向调整。

（3）$-\Delta f$ 型 PSS。以发电机的端电压或者发电机内部电动势的频率 $-\Delta f$ 作为 PSS 的输入信号，此时，当频率下降时将使励磁向减小方向调整。

三、PSS 的整定原则

无补偿相频特性即励磁控制系统滞后特性，为自动电压调节器中电力系统稳定器输出点到由电力系统稳定器产生附加力矩间的相频特性，工程上可用发电机电压代替该力矩，无补偿相频特性宜实测。有补偿相频特性可以计算，由无补偿相频特性与电力系统稳定器单元相频特性相加得到，通过调整电力系统稳定器相位补偿，应使有补偿相频特性在该电力系统低频振荡区内电力系统稳定器产生的力矩向量对应 $\Delta\omega$ 轴超前不大于 $10°$、迟后不大于 $45°$，并应使本机振荡频率的力矩向量迟后 $\Delta\omega$ 轴 $0°\sim30°$。当该电力系统低频振荡区有低于 0.2Hz 频率要求时，最大的超前角应不得大于 $40°$，同时电力系统稳定器不应引起同步力矩显著削弱而导致振荡频率进一步降低、阻尼进一步减弱。

逐渐加大增益，控制环发生振荡时电力系统稳定器的增益为临界增益。电力系统稳定器的输入信号为电功率时，实际增益取临界增益的 $1/5\sim1/3$；当电力系统稳定器的输入信号为 Δf 或 $\Delta\omega$ 时，实际增益取临界增益的 $1/3\sim1/2$。

隔直环节时间常数的选取既要考虑有功功率调节时电力系统稳定器能够很快复归，也要考虑不恶化电力系统稳定器的频率特性。

电力系统稳定器输出的限幅一般可选用 $\pm0.05\sim\pm0.1$（标幺值）。

电力系统稳定器应在发电机有功功率超过一定值时自动投入，低于一定值时自动退出，以防止系统甩负荷时由于电力系统稳定器的作用使发电机过电压。

第三节 PSS 试 验

一、PSS 的整定试验

（一）PSS 参数的预计算

宜在实际电网数据上或单机对无穷大系统上进行如下内容的 PSS 参数预计算：

（1）本系统存在的最低机电振荡频率以及与本机组相关的低频振荡模式；

（2）系统结构和工况变化时励磁控制系统无补偿相频特性的变化范围；

（3）励磁控制系统两种无补偿相频特性（$\Delta U_t / \Delta U_s$ 和 $\Delta T_{c2} / \Delta U_s$）的差异；

（4）计算 PSS 参数，并观察 PSS 参数对系统扰动的影响和反调情况；

（5）复核制造厂提供的 PSS 整定参数。

（二）PSS 的整定试验

1. 试验内容

试验内容依据下列要求确定：

（1）新建或改造后的励磁系统应进行完整的 PSS 整定试验。

（2）当 PSS 参数需要重新整定（只调整增益时除外）时，应进行完整的 PSS 整定试验。

2. PSS 环节模型参数的确认

PSS 环节模型参数和功能的确认应在励磁调节器型式试验阶段完成，并且在产品使用说明书中给出有关说明。

3. 信号标定和部分参数整定要求

PSS 输入和输出信号标定和部分参数整定应满足下列要求：

（1）PSS 输入信号应标定发电机额定转速为 1（标幺值）、额定频率为 1（标幺值）、额定视在功率为 1（标幺值）（当额定有功功率标幺值为 1 时，需要在试验报告中说明）。

（2）对 PSS 输出信号，当 PSS 输出加入到 AVR 电压相加点上时，PSS 输出信号的基准值应与发电机电压的基准值相同；当 PSS 输出加入到 AVR 电压相加点后的某环节的输出点时，PSS 输出信号的基准值与该输出点信号的基准值相同，以保证计算模型的正确性。

（3）PSS 输出限幅值的范围宜为 $\pm0.05\sim\pm0.1$（标幺值）。

（4）PSS 自动投退的有功功率应大于发电机正常运行的最小有功功率。

（5）隔直环节参数应不造成低频振荡频率范围内 PSS 信号相位和幅值的明显变化。

4. 励磁控制系统无补偿相频特性的确定

励磁控制系统无补偿相频响应特性是指，无 PSS 时励磁调节产生的力矩分量 T_{c2} 对于 PSS 输出信号 U_s 的励磁控制系统频率响应特性（ $\Delta T_{c2} / \Delta U_s$ ）。工程上常用机端电压 U_t 代替力矩分量 T_{c2}，即用 $\Delta U_t / \Delta U_s$ 来表述，U_s 为在 PSS 输出信号嵌入点加入的激励信号。

（1）对励磁控制系统无补偿相频特性的要求。励磁控制系统无补偿相频特性应通过实际测量确定，当实际励磁系统不具备进行励磁控制系统无补偿相频特性测量条件时，在励磁系统模型参数确认后，可通过计算确定励磁控制系统无补偿相频特性。

（2）实测励磁控制系统无补偿相频特性。实测励磁控制系统无补偿相频特性的条件是励磁调节器应具备外加模拟信号入口，将外加信号取代 PSS 输出信号加入到 AVR 中。

实测励磁控制系统无补偿相频特性的方法和主要步骤：

1）用频谱分析仪测量：①选择试验信号源种类（随机噪声信号或周期性调频信号），选择频率范围；②将试验信号输出接到 AVR 的 PSS 嵌入点；③增大试验信号输出直至发电机电压有微小摆动，一般小于 2%额定电压；④测量频率响应特性（ $\Delta U_t / \Delta U_s$ ）；⑤观察、记录测量结果；曲线形状应符合规律、基本光滑、激励函数在关注频段内仅个别值可小于 0.8，否则应调整试验信号幅值或采用其他类型信号源。

2）用低频正弦信号发生器和波形记录分析仪测量：①在 0.1～3.0Hz 范围内取 10 个以上频率点，在所有选定的频率点上测量调节器 PSS 嵌入点到发电机电压的相频特性；②选定低频正弦试验信号的频率；③将试验信号输出接到 AVR 的 PSS 嵌入点；④逐步增大试验信号输出直至发电机电压有微小摆动（一般小于 2%额定电压），波形稳定后用波形分析记录仪记录波形，测量结束后减少试验信号输出至零，并切除该信号；⑤选定新的试验信号频率，重复本条步骤③、④直至所有频率点测量完毕；⑥计算各个频率点下发电机电压相对于输入信号的相位，计算相频特性。

（3）计算励磁控制系统无补偿相频特性。可根据实际情况选用 Phillips-Heffron 模型计算法、单机无穷大系统计算法和实际电网计算法中的一种方法进行励磁控制系统无补偿相频特性计算，计算时可忽略机组阻尼系统和转动惯量偏差对励磁控制系统无补偿相频特性的影响。

5. 励磁控制系统有补偿相频特性的确定

励磁控制系统有补偿相频响应特性是指，由 PSS 产生的同步发电机附加转矩增量 ΔT_{c2} 对于 PSS 输入信号 U_{sI} 的励磁控制系统频率响应特性。工程上常用机端电压 ΔU_t 来代替 ΔT_{c2}，用机端电压 $\Delta U_t / \Delta U_{sI}$ 来表述，ΔU_{sI} 为在 PSS 输入端加入的激励信号。

（1）对励磁控制系统有补偿相频特性的要求。应实测励磁控制系统有补偿相频特性，无测试条件时可通过计算的方法确定。

通过调整 PSS 相位补偿，使本机振荡频率的力矩相量滞后 $\Delta\omega$ 轴 0°～30°；在 0.3～2.0Hz 频率的力矩相量滞后 $\Delta\omega$ 轴在超前 20°至滞后 45°之间；当有低于 0.2Hz 频率要求时，最大的超前角不应大于 40°，同时 PSS 不应引起同步力矩显著削弱而导致振荡频率进一步降低、阻尼进一步减弱。

（2）确定励磁控制系统有补偿相频特性的方法和主要步骤。

1）计算励磁控制系统有补偿相频特性。当 PSS 的输入为单信号时，按 PSS 传递函数计算 PSS 相频特性。当 PSS 的输入为多信号时，按信号之间关系转换为单信号 PSS 后再计算 PSS 相频特性。PSS 相频特性应包含 PSS 信号测量环节相频特性在内，励磁系统有补偿时，相频特性等于 PSS 相频特性与励磁控制系统无补偿相频特性之和，调整 PSS 相位补偿参数使励磁控制系统有补偿相频特性满足上述 1）的要求。

实测励磁控制系统有补偿相频特性条件：①PSS 为单信号输入；②可切除原 PSS 输入信号后外加测量信号；③具备外加模拟信号入口；④具备频谱分析仪或低频正弦信号发生器及相关的记录分析仪器。

2）实测励磁控制系统有补偿相频特性的主要步骤：①经计算确定一组基本满足要求的 PSS 参数，增益可选择为频率等于 1Hz 时的交流增益 0.2（标幺值）。②选择试验信号源种类（随机噪声信号或周期性调频信号），选择频率范围。③断开 PSS 量测环节的输出，将试验信号接到 PSS 的输入点，替代量测的输出。④增大试验信号输出直至发电机电压有微小摆动，一般小于 2%额定电压。⑤测量发电机电压对于 PSS 输入点的频率响应特性。⑥减少试验信号输出至零。⑦观察、记录测量结果，曲线形状应符合规律、基本光滑、激励函数在关注频段内仅个别值可小于 0.8，否则应调整试验信号幅值或采用其他类型信号源。⑧检查有补偿相频特性是否满足①的要求，不满足要求时，调整 PSS 参数后重新进行测量，直到满足要求为止。

6. PSS 增益的确定

（1）PSS 增益的整定要求：

1）PSS 应提供适当的阻尼，有 PSS 的发电机负荷阶跃试验的有功功率波动衰减阻尼比应小于 0.1。

2）按 DL/T 843 的规定：PSS 的输入信号为功率时 PSS 增益可取临界增益的 1/5～1/3（相当于开环频率特性增益裕量为 9～14dB），PSS 的输入信号为频率或转速时可取临界增益的 1/3～1/2（相当于开环频率特性增益裕量为 6～9dB）。

3）实际整定的 PSS 增益应考虑反调大小和调节器输出波动幅度。

（2）PSS 增益的整定方法。确定 PSS 增益可采用现场试验法或估算确认法，现场试验法有临界增益法、PSS 开环输出/输入频率响应特性稳定裕量法和负荷阶跃试验法。

（3）临界增益法。临界增益法可获得增益稳定裕量，适用于增益易于调整的、具有手动投切功能的 PSS。具体的临界增益法试验步骤如下：

1）设置频率等于 1Hz 时的交流增益为 0.2（标幺值）；

2）观察 PSS 输出为零时投入 PSS；

3）观察励磁调节器的输出或发电机转子电压有无持续振荡；

4）退出 PSS；

5）如无持续振荡则增大 PSS 增益；如有持续振荡则减少 PSS 增益，对双输入信号的 PSS 要求按比例增加或减少两个信号的增益；

6）重复上述步骤，直至励磁调节器的输出或发电机转子电压出现持续振荡时为止，此时的增益即为临界增益；

7）按增益要求确定 PSS 增益，PSS 投入后运行应稳定，发电机电压的波动应不大于额定电压的 1%。

（4）PSS 开环输出/输入频率响应特性稳定裕量法。稳定裕量法可获得 PSS 开环频率特性的增益稳定裕量和相位稳定裕量，适用于解开 PSS 闭环并进行信号测试的 PSS。

具体的按以下步骤进行该项试验：

1）在 PSS 任两个环节间将 PSS 开环，原信号流入端即为测量开环频率响应特性时的信号输入点，原信号流出端即为测量开环频率响应特性时的结果输出端；

2）对数字式调节器设置 A/D 和 D/A 变换器参数；

3）给定目标增益裕量 $L_{\text{M.EXP}}$（dB）；

4）设置 PSS 增益为 K_0；

5）逐步增大频谱仪噪声信号输出，直到所测频率特性在 1～10Hz 范围内较为光滑，穿越频率明确；

6）测量输出/输入相位差为 180° 处的增益 $L_{\text{M.0}}$（dB）；

7）按下式分别计算目标增益 K_{EXP} 及所需增益调整量 ΔK：

$$K_{\text{EXP}} = 10^{(L_{\text{M.0}} - L_{\text{M.EXP}})/20} K_0$$
$$\Delta K = (10^{L_0 - L_{\text{ME}}/20} - 1)K_0$$

8）投入 PSS 后运行应稳定，发电机电压和无功功率的波动应不大。

（5）负荷阶跃试验法。本方法适用于增益不易于跳闸或临界增益值受内部增益上限定值限制的 PSS。本方法可获得有、无 PSS 时的振荡频率变化量及阻尼比改变量。

1）按以下步骤进行试验：①设置参考电压阶跃量 0.01～0.04（标幺值）；②进行小阶跃量无 PSS 的阶跃试验。如有功功率波动不明显，应加大阶跃量再进行试验；③进行同阶跃量下有 PSS 的阶跃试验；④计算有功功率振荡频率和阻尼比，当振荡频率不符合要求时应调整 PSS 相位补偿参数，当阻尼比不符合要求时应增大增益，再次进行有 PSS 的阶跃试验直至满足要求；⑤PSS 增益扩大 3 倍进行负荷阶跃试验，不出现持续振荡现象；⑥投入 PSS 后运行应稳定，发电机电压和无功功率的波动应不大。

2）试验结果应满足如下要求：①比较有无 PSS 负荷阶跃有功功率的振荡频率，检验 PSS 相位补偿和增益是否合理，有 PSS 的振荡频率应是无 PSS 的振荡频率的 80%～120%；②有 PSS 应比无 PSS 的负荷阶跃响应的阻尼比有明显提高，其中有 PSS 的负荷阶跃响应的阻尼比应大于 0.1。

（三）PSS 整定效果的检验

PSS 整定效果应通过现场发电机负荷阶跃响应检验，还可根据情况补充进行系统扰动、低频段适用性计算等其他检验方法。

（1）发电机负荷阶跃响应检验。发电机负荷阶跃响应检验的目的在于：

1）检验对应地区性振荡的 PSS 相位补偿参数是否正确有效；

2）检验 PSS 放大倍数是否适当。

发电机负荷阶跃响应检验的方法：

1）设置参考电压阶跃量为 0.01～0.04（标幺值）；

2）进行同阶跃量下有 PSS 和无 PSS 的阶跃试验；

3）比较有 PSS 和无 PSS 时发电机负荷阶跃响应的结果，应符合"负荷阶跃试验"结果要求。

（2）系统扰动检验的方法。在系统条件许可时根据需要还可采用无故障切除发电厂一条出线或系统的某一条联络线、切机、切负荷等系统扰动，分别在有 PSS 和无 PSS 下各做一次扰动，录取线路和发电机的有功功率等量波形。有 PSS 的振荡次数应明显少于无 PSS 的振荡次数。

（3）检验 PSS 参数在低频段适应性的计算方法。对于需要特别重视低频段阻尼作用的机组，可进行下述计算以说明 PSS 在低频段的作用：在单机对无穷大系统或者在多机系统中增大被试机组的转动惯量，使振荡频率降低到所需范围，进行有、无 PSS 的扰动计算，通过比较可获得 PSS 对区域性低频振荡阻尼的影响，判断 PSS 在区域性低频振荡的阻尼作用。

二、PSS 投入试验

1. 实验前的准备

（1）根据系统稳定的需求，确定需投入 PSS 功能的机组。由相关部门编制相关的调度方案、现场试验运行方案和安全措施。

（2）准备必需的试验仪器（频谱仪、录波仪等）和工具，确定试验前机组的励磁系统无故障或异常现象。

（3）退出试验过程中可能引起误动的保护装置。

（4）励磁系统设置 PSS 投入和切除开关，用于 PSS 的投入和退出。

2. 励磁系统的频率特性测试

调整机组的有功功率应大于 80%额定值，无功功率应小于 20%额定值。在励磁调节器电压闭环控制状态下，加入白噪声信号并叠加到电压给定值上，利用频谱仪对机端电压和白噪声信号进行分析，获得励磁系统在 0.1～2.5Hz 范围内的相频特性。

（1）参数整定。根据前述的 PSS 原理，针对励磁系统的相频特性，整定 PSS 环节的相频特性，也即整定二阶超前和滞后时间及增益。

（2）效果验证。做机组的电压扰动试验［一般在 0.01～0.04（标幺值）］，使机组产生有功功率振荡，比较不投 PSS 和投入不同参数的 PSS 的各个波形，根据有功功率的振荡次数、幅值等，分析不同参数下的 PSS 抑制低频振荡的效果，选取最优的一组为最终参数。

（3）临界增益试验。投入 PSS 功能，不断增加 PSS 的增益 K_{PSS}，直至励磁电压和电流在稳定运行时发生波动，此即为 PSS 的临界增益值。选取 1/4 或 1/5 为 K_{PSS} 的实际整定值。

（4）反调试验。投入 PSS 功能，调整机组有功功率（$20\%P_N$ / min），观察有无"反调"现象，若反调现象明显，则应在有功功率增、减时闭锁 PSS 输出。

部分试验录波如图 3-10～图 3-13 所示。

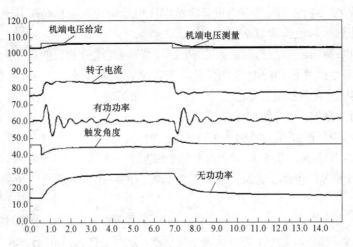

图 3-10 某台机组无 PSS 功能 3%阶跃试验

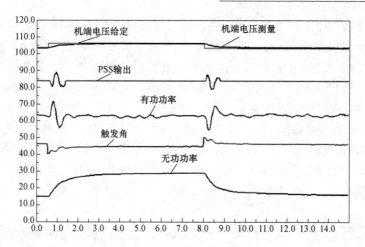

图 3-11 某台机组有 PSS 功能 3%阶跃试验

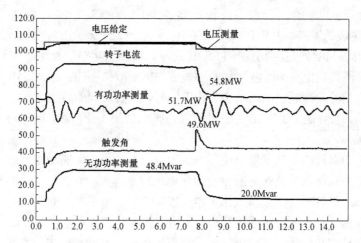

图 3-12 某 100MW 水轮机组无 PSS 功能的阶跃试验

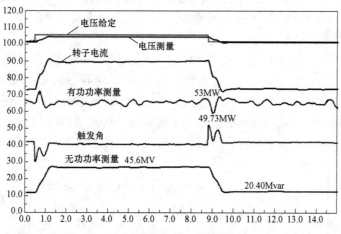

图 3-13 某 100MW 水轮机组 PSS 试验录波图（$K_{\text{PSS}}=1.0$）

三、相关注意事项

PSS 对稳态运行没有影响，该装置只当有功功率振荡实际发生时才启动并干涉电压控制。

干涉信号的大小涉及相位和增益，因而当发电机与电网间有功功率振荡时能基本抑制。装置的允许干涉限制为参考特殊运行点的电压设定点的±20%偏差，不能超越。

　　PSS 与快速响应的励磁系统一起作用，还能抑制系统事故时第一周期振荡，并使以后的振荡很快衰减，这样就保证了快速励磁系统能更好地起到提高电力系统暂态稳定性的作用。经验指出，多台发电机的 PSS 会相互影响，要想得到理想的效果是相当复杂的，配合不当反而产生负阻尼。还有经验指出，PSS 有可能引起轴系的扭转振荡，需增加一逻辑元件，当 PSS 助长次同步谐振时，将 PSS 退出，也有的在 PSS 中加设针对扭振频率的滤波器。

　　为了使 PSS 引起的附加转矩能与引入的补偿信号基本同相位，就必须采用超前回路，使补偿信号的相位移前，一般需要移前 60°～100°。

第四节　PSS 新技术——PSS4B 多频段电力系统稳定器

　　PSS 模型经历了单输入电力系统稳定器 PSS1A、PSS2B 和多频段电力系统稳定器（PSS4B）三个阶段的发展。其中，PSS1A 在电网 0.1～2.5Hz 范围内的低频振荡中起到良好的抑制效果，但同时也带来反调现象；PSS2B 通过合成加速功率巧妙地解决了 PSS1A 的反调问题，但在斜坡函数截止频率过渡区频段对振荡的抑制效果不佳；而 PSS4B 低频段、中频段采用转速为输入信号，高频段采用功率为输入信号，通过合理的参数配置，既解决了 PSS1A 存在的反调问题，又解决了 PSS2B 存在的过渡区抑制效果不佳问题，同时对全频段振荡具有良好的抑制效果。

　　随着国内电力系统的不断发展，电网结构日益复杂，系统动态稳定问题（如低频振荡）也日益突出，电力系统稳定器对电网稳定的作用也越来越大，对当前主流的双输入电力系统稳定器（PSS2B）和多频段电力系统稳定器（PSS4B）提出了更高的要求。因此，专业技术人员通过 RTDS 建立单机无穷大系统模型，采用相位和幅值协调整定的方法，对 PSS4B 相位和幅值参数进行整定和优化，并通过切除发电机出线中的一回线产生功率振荡的试验方法，对比不同参数和不同中心频率下有功功率振荡波形收敛的阻尼比，验证参数整定（同样适用于多机电网系统）的合理性及 PSS4B 对系统的阻尼效果和反调效果。

　　1. 系统建模

　　在 RTDS 平台上建立包括发电机及其励磁、调速系统、PSS4B、主变压器、主开关以及等效无穷大电源的电力系统仿真环境（如图 3-14 所示），向 NES5100 励磁调节装置提供所需要的发电机定子电压、定子电流、转子电流、转子电压、发电机主开关位置节点等模拟信号和数字信号，将励磁调节装置输出的控制电压模拟信号输入 RTDS，经过励磁模型和描述整流器特性的一阶滞后及其限制特性环节后，得到发电机转子电压，构成闭环试验环境。

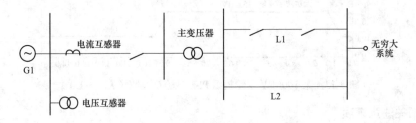

图 3-14　仿真系统模型

PSS4B 是 2000 年由加拿大魁北克电力局提出的新型稳定器，它在 PSS2B 的基础上加以改进而形成，其最大特点在于将转速、功率信号分为低频、中频和高频三个频段，它们都可以单独调节增益、相位、输出限幅值及滤波器参数，为不同频段的低频振荡提供合适的阻尼。

所谓低频段是指系统中全部机组共同波动的频段，相当于频率飘动的模式（0.04～0.1Hz），中频段指区域模式（0.1～1.0Hz），高频段指本地模式（1.0～4.0Hz）。其中，低频带用于抑制全局振荡，中频带用于抑制区域间振荡，高频带用于抑制本地振荡。

2. 参数整定及相应的效果验证

以一台 600MW 汽轮发电机组为例，发电机有功功率达到 80% 以上、无功功率接近 0 的工况下，励磁系统退出 PSS 功能，以外加模拟噪声信号为输入信号，机端电压为输出信号，测得发电机在无补偿时的相频特性。

之后对带通环节参数、相位幅值参数进行整定，得到 PSS4B 作用后发电机有补偿时的相频特性。进行参数整定后发电机带 PSS4B 环节有补偿特性的相位符合要求，均在 −90°～±30° 范围内，将整定好的参数输入 NES5100 励磁调节器，发电机并网有功功率达到 600MW，无功功率接近 0，模拟电网切线路造成功率扰动，进行 PSS4B 抑制效果和反调效果试验，得到发电机有功无功补偿时的相频特性如图 3-15 所示。

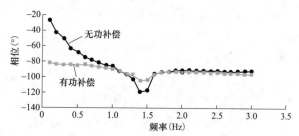

图 3-15 发电机有功无功补偿时的相频特性图

通过对比功率振荡波形及收敛的阻尼比可以看出，投入 PSS4B 后，系统全频段下阻尼效果良好，低频段阻尼比提高了 0.1，满足国内标准要求，解决了 PSS2B 在低频段抑制效果不好的问题。但低频段阻尼效果仍不如高频段，由于幅值叠加后对相位补偿有影响，不能用只提高低频段增益的方法来提高低频段阻尼效果，只能进一步优化。

PSS 反调效果只与有功功率通道函数有关。选择两种中心频率，以相同的速率下调同样的有功功率，得到的无功功率波动情况却差别很大。

3. 结论

（1）励磁系统投入 PSS4B 后，系统全频段阻尼效果良好，低频段（0.5Hz 以下）阻尼效果不及高频段，而只提高低频段增益时，会影响其他频段相位补偿效果，因此，实际运用中应兼顾两者，寻求最合适的参数。

（2）选取中心频率为 0.1、0.5、3.0Hz 确定参数比选取中心频率为 0.07、0.7、8.0Hz 确定参数的阻尼效果好。

（3）相同速率下调有功功率，中心频率为 0.07、0.7、8.0Hz 时较中心频率为 0.1、0.5、3.0Hz 时无功功率波动小，高频段有功功率通道带通函数在低频段时幅值更接近 0，所以反调效果好；同时，可以缩小 0.1、0.5、3.0Hz 时的带通宽度以提高其反调效果。

（4）匹配 PSS4B 幅值参数可以使 PSS 增益在全频段下均有相同的增益，但要综合考虑对相频变化的影响。

（5）在相同的增益下 PSS4B 对电网全频段阻尼比均较大，全频段使用性方面较常规 PSS2B 的抑制效果好，常规 PSS2B 在频率为 1Hz 以上时抑制效果与 PSS4B 相当，在频率为 1Hz 以下时抑制效果较差。因此，PSS4B 较 PSS2B 的优势在于其低频段抑制效果较好。

　　另外，由于 PSS4B 传递函数较其他模型复杂，要求励磁系统控制器的调节精度和速度较高，且模型依赖 ω_l 和 ω_l 通道测量的精确性，因此，后续还需要对这些问题以及 PSS4B 与其他模型的比较验证进行分析研究，以实现工程的大范围推广应用。

第四章 励磁系统调试试验

第一节 励磁系统及装置的试验标准和方法

励磁系统及装置的各项试验，其标准和方法应符合 DL/T 843—2010 有关条款的规定。

励磁的试验分为型式试验、出厂试验、交接试验、大修试验。

励磁装置的定型生产，应经过型式试验，型式试验按 GB/T 7409 和相关行业标准进行。每种型式的励磁装置每隔 5 年应抽取一台做型式试验。

励磁装置交货时应按 GB/T 7409 和相关国家标准、行业标准进行出厂试验并提供出厂试验报告，给出对励磁系统部件和整体的试验方法、参数整定及特性要求。

发电机投产前，励磁系统应在现场按 GB/T 7409 和相关国家标准、行业标准进行交接试验，交接试验应核对厂家提供的试验结果，并按发电厂具体情况和电力系统（由当地省调、网调提出的）要求整定某些参数。

发电机大修后，励磁系统应按 GB/T 7409 和相关国家标准、行业标准进行复核性试验以检查各部分是否正常。

经过部分改造的励磁系统，应参照出厂试验和交接试验项目进行试验后，才能投入运行。具体的型式试验、出厂试验、交接试验和大修试验应进行的励磁系统试验项目，如表 4-1 所示。

表 4-1 励磁系统试验项目表

序号	试 验 项 目	型式试验	出厂试验	交接试验	大修试验
1	励磁系统各部件绝缘试验	√	√	√	√
2	励磁系统环境试验和电磁兼容试验	√			
3	交流励磁机带整流装置时空载试验和负荷试验	√		√	
4	交流励磁机励磁绕组时间常数测定	√			
5	副励磁机负荷特性试验	√	√	·	√
6	自动及手动电压调节范围测量	√		√	√
7	励磁系统模型参数确认试验	√		√[a]	
8	电压静差率及电压调差率测定	√		√	
9	自动电压调节通道切换及自动/手动控制方式切换	√	√	√	√
10	发电机电压/频率特性	√			
11	自动电压调节器零起升压试验	√		√	√
12	自动电压调节器各单元特性试验	√	√	√	√
13	操作、保护、限制及信号回路动作试验	√	√	√	√
14	发电机空载阶跃响应试验	√		√	√

续表

序号	试 验 项 目	型式试验	出厂试验	交接试验	大修试验
15	发电机负荷阶跃响应试验	√		√	√
16	电力系统稳定器试验	√		√①	
17	甩无功负荷试验	√		√	
18	灭磁试验及转子过电压保护试验	√		√	√
19	发电机各种工况（包括进相）时的带负荷调节试验	√			
20	功率整流装置额定工况下均流试验	√		√	
21	励磁系统各部件温升试验	√			
22	励磁装置老化试验	√	√		
23	功率整流装置噪声试验	√			
24	励磁装置的抗扰度试验	√			
25	励磁系统仿真试验	√			
26	励磁系统顶值电压和顶值电流测定、励磁系统电压响应时间和标称响应测定	√ª			
27	发电机轴电压测量	√		√	√

① 特殊试验项目，不包括在一般性型式试验和交接试验项目内，需作专项安排。

励磁系统及装置的试验方法与要求：

（1）励磁装置、元件的常规试验。按 GB/T 3797—2016、GB/T 3859—2013、DL/T 596—2015、DL 478—2001、JB/T 7784—1995、JB/T 9578—1999、GB 19517—2009 标准执行。被测试设备表面应整洁，励磁系统各设备电气回路接线应正确，应选择测试电压正确的绝缘电阻表。励磁系统各部件绝缘试验内容和评价标准如表 4-2 所示，各回路的绝缘电阻应满足 GB 50150—2016 的要求。

表 4-2　　　　　　　　　励磁系统各部件绝缘试验内容和评价标准

测 试 部 位	测试电压（V）	绝缘电阻（MΩ）
端子排对机柜外壳（断电条件下）	500	≥1.0
交流母排对机柜外壳	1000	≥1.0
共阴极对机柜外壳	500	≥1.0
共阳极对机柜外壳	500	≥1.0
直流正、负极之间	500	≥1.0
励磁变压器高压绕组（与发电机、主变压器断开）对地	2500	≥20
励磁变压器高压绕组（与发电机、主变压器连接）对地	2500	≥1.0
励磁变压器低压绕组对地	1000	≥1.0
控制电源回路对地	500	≥1.0
TV、TA 回路对地	500	≥1.0
发电机-变压器组保护跳闸信号回路对地	500	≥1.0

（2）操作、保护、限制及信号回路动作试验。进行操作、保护、限制及信号回路传动试验时，应确认各回路接线正确后才允许接通电源，通电前应确认各开关等元件处于开路状态。

对励磁系统的全部操作、保护、限制及信号回路应按照逻辑图进行传动检查；应对技术条件和合同规定的相关内容进行检查；判断设计图和竣工图的正确性。操作、保护、限制及信号回路动作试验内容如表 4-3 所示。

表 4-3　　　　　　　　操作、保护、限制及信号回路传动试验内容

试验类别		检 查 项 目	结果
控制操作	1	分、合灭磁开关	
	2	启动励磁、灭磁	
	3	自动通道间，自动与手动通道间切换	
	4	PSS 投退	
	5	就地、远方切换	
	6	就地、远方增减励磁	
	7	运行方式选择	
	8	恒无功、恒功率因数选择	
运行状态	9	励磁调节装置调节方式	
	10	运行通道	
	11	PSS 投/切	
	12	磁场断路器分/合	
	13	发电机电压、电流	
	14	有功功率和无功功率	
	15	励磁电压和励磁电流	
故障显示	16	励磁机故障	
	17	励磁变压器故障	
	18	功率整流装置故障	
	19	电压互感器断线	
	20	励磁装置工作电源消失	
	21	励磁调节装置故障	
	22	触发脉冲故障	
	23	调节通道自动切换动作	
	24	欠励磁限制动作	
	25	过励磁限制动作	
	26	U/f 限制动作	
	27	定子电流限制动作	
	28	启动励磁故障	
	29	旋转整流元件故障	

续表

试验类别		检 查 项 目	结果
故障显示	30	发电机-变压器组故障跳闸	
	31	转子接地报警	
	32	控制器切换闭锁	
	33	励磁风机电源故障	

第二节　励磁系统各元件试验

1．交流励磁机

（1）空载特性曲线。交流励磁机连接整流器，整流器的负荷电流以满足整流器正常导通为限。转速为额定值，励磁机空载，逐渐改变励磁机磁场电流，测量励磁机输出电压上升、下降特性曲线。

试验时测量励磁机磁场电压、磁场电流、励磁机交流输出电压和整流电压，试验时的最大整流电压可取励磁系统顶值电压。

制造厂实测空载特性曲线应试验到饱和值，不小于顶值电压对应的交流励磁机电枢电压值。

（2）负荷特性曲线。可以在发电机空载、负荷试验的同时，测量励磁机磁场电压、电流、发电机磁场电压等，作出励磁机负荷特性曲线。

（3）空载时间常数。交流励磁机空载额定转速时，突然改变励磁机磁场电压，测量交流励磁机的输出直流电压或交流励磁机磁场电流的变化曲线，计算励磁机励磁回路包括引线和整流元件的空载时间常数。

2．副励磁机

（1）测量空载情况下额定转速时的三相电压值和相序。

（2）负荷特性试验按以下方法进行：副励磁机以可控整流器为负荷，整流装置输出连接等效负荷，逐渐增加负荷电流，直至达到发电机顶值电压对应的调节器输出电流为止，记录副励磁机电压和整流负荷电流；也可以在运行中测量空载和不同负荷时副励磁机的电压和整流负荷电流。

3．功率整流装置

（1）功率整流装置均流试验。当功率整流装置输出为额定磁场电流时，测量各并联整流桥或每个并联支路的电流。

（2）功率整流装置噪声试验。噪声测量采用 A 声级噪声计，测量时应在较小的环境噪声水平条件下进行。测点距功率整流装置 1m，距地面 1.2～1.5m。围绕功率整流装置四周的测点数不小于 4 个，取各测点测量值的平均值作为设备的噪声水平。

（3）交流侧过电压抑制测试。给交流侧通入三相交流电压，反复通断输入交流电压，记录整流桥交流侧电压的波形，比较有无过电压抑制器的过电压，以不超过额定电压值的 1.5 倍为合格。

（4）冷却风机试验。保持柜体状态与运行中状态一致，检查风道是否通畅，卫生是否良好；接通风机电源，测量风机电源是否正常，检查风速指示灯是否正常，风机转向是否正常；

风机启、停和切换功能的检查，风机故障信号的检查。

（5）功率整流装置均压试验。在发电机空载额定或负荷运行状态下进行，整流桥的交流输入电压为额定值，录制各单元电压波形，测量各串联元件的峰值电压。

4. 励磁调节器各单元

励磁调节装置的调节特性一般可用传递函数来表示，可实测各元件参数直接求出其原始模型传递函数。对数字式励磁调节装置按可分开测量的各部分进行测定，对模拟式励磁调节装置按各个环节进行测定。

（1）测量单元。测录测量单元静态输出输入特性，计算其放大倍数。

测录测量单元时间常数：输入阶跃信号，录取输出量，从阶跃开始到输出达变化量 0.632 处的时间即为测量单元时间常数。

（2）PID 调节单元。

1）串联 PID 调节单元的传递函数

$$\omega(s) = K_s \frac{1 - T_1 s}{1 + \beta T_1 s} \times \frac{1 + T_2 s}{1 + \gamma T_2 s}$$

式中　β——一般为 5～10，$\dfrac{1 - T_1 s}{1 + \beta T_1 s}$ 为迟后环节，又称积分环节；

　　　γ——一般为 0.1～0.2，$\dfrac{1 + T_2 s}{1 + \gamma T_2 s}$ 为超前环节，又称微分环节。

串联 PID 调节单元的稳态增益为 K_s，动态增益为 K_D，且 $K_D = K_s / \beta$；暂态增益为 K_T，且 $K_T = K_s / (\beta\gamma)$。

PID 调节单元参数的测量可用信号分析仪等专用仪器进行，也可用普通仪器测量。

模拟式调节器 PID 调节单元的参数测量：①测量静态输出输入特性，在上、下限范围内应满足线性要求，计算稳态增益。②短接积分电容测量静态输出、输入特性，计算动态增益。③短接积分和微分电容测量静态输出、输入特性，计算暂态增益。④根据电阻电容值计算时间常数。⑤测量输出限幅值。

对数字式自动电压调节器（AVR），将各时间常数设为相同，测量静态增益和限幅值；再通过频域法或时域法校核各参数。

频域法校核方法：将噪声信号加到被测环节的输入，用频谱分析仪测量被测环节的频率特性；调整数学模型中参数，使得计算的被测环节数学模型频率特性与实测的一致，从而确定被测环节的模型参数。

时域法校核方法：在被测环节输入加上阶跃信号，测量被测环节响应；调整数学模型中参数使得仿真计算被测环节数学模型在相同阶跃下的响应与实测一致，从而确定被测环节的模型参数。

同样的方法可用于并联 PID 调节单元、励磁机磁场电流（发电机磁场电压）负反馈单元的参数校核。

2）并联 PID 调节单元的传递函数

$$\omega(s) = K_p \left[\left(1 + \frac{1}{T_1 s}\right) + \frac{K_D s}{1 + T_r s} \right]$$

式中 K_p——比例增益；

T_1——积分时间常数，s；

K_D——微分增益；

T_r——滤波时间常数，s。

自并励磁静止励磁系统可以不采用微分环节，使 K_D 为 0，K_p 为并联 PID 调节单元的动态增益，与励磁功率单元静态增益和励磁机磁场电流（发电机磁场电压）硬负反馈环静态增益的乘积一般为 30～70，T_1 一般为 1～5s。

（3）励磁机磁场电流（发电机磁场电压）负反馈单元。励磁机磁场电流（发电机磁场电压）硬负反馈单元为比例特性，在励磁机空负荷下通过调节器输出电压阶跃，记录励磁机磁场电流变化曲线，获得励磁机励磁回路时间常数。增加硬负反馈增益，使得励磁机励磁回路时间常数减少到 0.1～0.2s。

发电机磁场电压（励磁机磁场电流）软负反馈单元的传递函数为 $\dfrac{K_f T_f s}{1+T_f s}$，也可写成

$K_f\left(1-\dfrac{1}{1+T_f s}\right)$（式中：$\dfrac{1}{1+T_f s}$ 为惯性环节；K_f 为反馈系数，一般取 0.01～0.1；T_f 取 0.5～2s）。

（4）移相触发单元。在移相触发单元加入控制电压和同步电压，改变控制电压和同步电压的大小，测出移相特性。移相特性曲线可用可控整流装置各臂移相电路移相角 α 的平均值，也可以用某一臂的值，但在同一控制电压下，任意两个 α 角的差值不得大于 3°。

（5）稳压电源单元。

1）稳压范围：稳压单元接相当于实际电流的等值负荷，根据稳压范围的要求，改变输入电压，测量输出电压的变化。在厂用母线电压波动范围为 +10%～−15%，频率波动范围为 +4%～−6%，直流电压波动范围为 +10%～−20% 时，要求输出电压与额定电压的偏差值应小于 5%。

2）外特性曲线：输入电压为额定值，改变负荷电阻，使负荷电流在规定的范围内变化，测量输出电压的变化。

3）短路特性：对有过负荷保护和短路保护的稳压单元，测量外特性时可以短时将输出电流调到最大值直至短路，检查过负荷保护及短路保护的动作情况。

4）输出纹波系数：输入、输出电压和负荷电流均为额定值，测量输出纹波电压峰峰值。电压纹波系数为直流电源电压波动的峰峰值与电压额定值之比，要求输出电压纹波系数应小于 2%。

（6）模拟量、开关量单元。试验条件为：标准三相交流电压源（输出 0～150V，45～55Hz，精度不低于 0.5 级）、标准三相交流电流源（输出 0～10A，精度不低于 0.5 级）、标准直流电压源（输出 0～2 倍额定励磁电压，精度不低于 0.5 级）。利用三相电压源和电流源接入励磁调节器，模拟定子电压、定子电流、代表转子电流的整流器阳极电流等信号、转子电压，试验内容包括：

1）模拟量测试：微机励磁调节器接入三相标准电压源和电流源，电压源有效值变化范围为 0～130%（微机励磁调节器设计输入值），电流源有效值变化范围为 0～150%，设置 5～10 个测试点，其中要求有 0 和额定值两点。模拟量测试范围及测量点如表 4-4 所示。不要求测试点等间距，在设计的额定值附近测试点可以密集些，观测微机励磁调节器测量显示值并

记录。

表 4-4 模拟量测试范围及测量点

类别	测量范围	测 量 点
电压、电流量	0～130%额定值	5～10 个测试点，需包括 0 和额定值两点
频率值	水轮发电机 45～80Hz 汽轮发电机 48～52Hz	每隔 0.5Hz 测一次
有功功率、无功功率量	−80%～100%	至少包括额定有功功率、无功功率及额定有功功率零无功功率、额定无功功率零有功功率

要求电压测量精度分辨率在 0.5%以内；电流测量精度在 0.5%以内；有功功率、无功功率计算精度在 2.5%以内。

2）开关量测试：通过微机励磁调节器板件指示或界面显示逐一检查开关量输入、输出环节的正确性，要求开关量输入、输出应符合设计要求。

（7）低（欠）励磁限制单元。在低励磁限制单元的输入端通入电压和电流，模拟发电机运行时的电压和电流，其大小相位分别相应于低励限制曲线对应的有功功率和无功功率数值。此时调整低励磁限制单元中有关整定参数，使低励限制动作。根据低励磁限制整定曲线，选择 2～3 个工况点验证特性曲线。

1）静态试验。在欠励磁限制的输入端通入电压和电流，模拟发电机运行时的电压和电流，其大小相位分别相当于欠励磁限制曲线对应的有功功率和无功功率数值，此时调整欠励磁限制单元中有关整定参数，使欠励磁限制动作，限制调节器的输出。

2）动态试验。欠励磁限制单元投入运行，在一定的有功功率时（如 $P = P_N$ 及 $P = 0.5P_N$），缓慢降低磁场电流使欠励磁限制动作，此动作值应与整定曲线相符。欠励磁限制动作时发电机无功功率应无明显摆动，在接近限制运行点进行电压负阶跃试验，观察欠励磁限制的快速性和稳定性。

3）欠励磁限制的输出一般与机端电压有关，当机端电压偏离额定值时应修正其动作值。

（8）过励磁限制单元。计算并设置过励磁限制单元的反时限特性参数（启动值、限制值、最大值和最大值持续时间）和顶值电流瞬时限制值。

过励磁反时限特性和顶值电流瞬时限制值的整定可在静态试验或开机试验中进行，测量额定磁场电流下过励磁限制输入信号的大小，然后按规定的值整定。在过励磁限制的输入端通入模拟发电机运行时的转子电流信号，其大小相应于过励磁限制曲线对应的转子电流。此时调整过励磁限制单元中有关整定参数，使过励磁限制动作。根据过励磁限制整定曲线，选择 2～3 个工况点验证过励磁限制特性曲线和动作延时。

开机时为达到过励磁限制动作，可采用降低过励磁反时限动作整定值和顶值电流瞬时限制整定值，或增大磁场电流测量值等方法。

动态性能检查在开机试验中进行，在降低过励磁反时限限制整定值和顶值电流瞬时限制整定值后，在接近限制运行点进行电压正阶跃试验，观察磁场电流限制的过程，应快速而稳定。

（9）U/f（V/Hz）限制单元。用可变频率三相电压源作为机端电压的模拟信号，整定并输入设计的 U/f 限制曲线，调整三相电压源的频率，使电压频率在 45～52Hz 范围内改变，测量励磁调节器的电压整定值和频率值并做记录。

静态调试时通过改变电压和频率测定其单元特性和整定动作值。开机试验时可在机组额定转速下降低伏/赫兹限制整定值，通过电压正阶跃试验检测限制功能的有效性，如发电机组转速可调范围允许，也可在原有的整定值下降低频率进行实测。

（10）定子电流限制单元。用三相电流源作为机端电流的模拟信号，整定并输入设计的定子电流限制曲线，调整三相电流源的输出大小使其对应于定子电流限制值。此时调整定子电流限制单元中有关整定参数，使定子电流限制动作。根据定子电流限制整定曲线，选择 2～3 个工况点验证定子电流特性曲线。

（11）励磁调节装置的老化试验。励磁调节装置整机或主机部分放置在规定的环境中，持续通电时间不小于 96h 之后其功能应正常，参数的变化量在规定的范围之内。励磁调节装置老化试验的要求应在制造厂的技术条件中规定。

第三节 静 态 试 验

以 UNITROL 5000 励磁装置为例。机组启动前的静态检查试验主要包括外观检查（包括板卡内跳线）、外部接线检查、绝缘与耐压试验、电源检查、程序下载、变送器检查、模拟通道检查、输入输出检查、顺序控制检查、模拟保护动作检查、移相同步电路检查、整流器带负荷检查（核相试验）、单元特性检查、初励回路检查、灭磁开关（磁场断路器）动作试验、灭磁电阻检查。

1. 外观检查

检查柜体、系统部件、母排等，并清理灰尘；检查各紧固件的螺钉有无松脱现象；设备在运输过程中是否受到损坏，并且设备安装情况是否良好。

励磁变压器、试验电源开关检查：卫生清理（用干布、吸尘器和压力不太高的压缩空气清除灰尘，不用溶剂清除）、绝缘检查、回路传动等。

整流柜检查：冷却风扇轴承是否平滑无摩擦；冷却风扇、散热器、风道、滤网、电子板件卫生清理，用软毛刷、吸尘器和压力不太高的压缩空气清除灰尘，不能用溶剂进行清除。柜内保险、晶闸管、板件接线、风机电源回路的检查。

灭磁开关检查：打开上面的四个螺钉，取下灭弧罩，取下触头两侧的瓷罩，检查触头是否有烧损或污垢，检查灭弧室的烟尘和灰尘，在触头下面用干净的纸接住，用软毛刷、细砂纸或压缩空气清除，其他部位卫生清理。

控制柜卫生清理：打开调节器外壳，用吸尘器和压力不太高的压缩空气清除插件和电路板上的灰尘；检查外观有无损伤，检查板卡设置是否正确，检查光纤、控制电缆是否接紧。

2. 绝缘与耐压测试

（1）二次回路绝缘检查。二次回路绝缘应包括开出、开入、TV、TA 及电源回路，其中对开出跳闸回路、TV、TA 及电源回路可根据继电保护专业要求进行测试，其余开出和开入回路应根据励磁厂家意见及对装置的要求进行测试。特别要注意的是，TV 采样利用的接地分压电阻，其装置内部的 TV 回路绝缘为 0。需要注意的是励磁系统的典型设计不如继电保护的规范，因此在不同的工程之间存在较大的差异，绝缘试验前，必须确认哪些回路用哪个电压等级的绝缘电阻表。

直流母排绝缘用 500V 绝缘电阻表摇测阻值，应在 1MΩ 以上。

调节器接线端子分 110、220、24V 三个电压等级及 TV、TA 的端子排和外接线，24V 电压等级和 TA 的电缆用 250V 绝缘电阻表或万用表测 0.5MΩ 以上即可；110、220V 电压等级和 TV 端子排用 500V 绝缘电阻表摇测 1MΩ 以上即可。注意 DCS、保护等集控室的信号电缆有电，不能摇绝缘，只能用万用表测量对地电压的平衡判断绝缘。

（2）转子回路绝缘试验。在发电机停机之后重新开机之前，需要对发电机转子及晶闸管相关回路进行绝缘及耐压试验。

1）试验接线。转子回路绝缘检查试验接线如图 4-1 所示。

2）试验方法。按图 4-1 进行接线后，采用 1000V 绝缘电阻表进行测量。注意，在试验前要解开励磁变压器低压侧封母及发电机碳刷。测量时需要把灭磁开关合上或者用细铜丝把 FCB 开关短接，同时将励磁母排上连接的二次测量线全部解开。

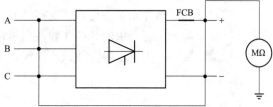

图 4-1　转子回路绝缘检查试验接线

3）试验结果判别。要求测量阻值在 0.8MΩ 以上。

（3）耐压测试。测试功率回路对地耐压 AC 2500V/min。

3. 交、直流电源检查

电源检查包括：照明和加热器回路检查；启动励磁电源回路检查；控制器控制电源回路检查。

单独送直流控制电源或者交流控制电源，装置和系统中各等级电压正常，控制器及各元器件能够正常工作。

检查各 24V 主电源及主电源到 24V DC 电源模块电源正常。

国内励磁规程里面没有专门要求对电源模块进行测试，但根据二次设备的通则要求以及运行经验，应对电源模块进行测试，测试要求可参照继电保护装置电源模块试验。主要有以下三项测试：

1）电源模块及回路绝缘测试。

2）电源零漂测试：在输入为 0 的情况下，测试电源输出，零漂误差不超过 1%。

3）输出稳定度检测：直流电源输入端在额定输入电压的 90%～115% 之间变化，电源模块输出误差应在 5% 以内；交流电源输入端在额定输入频率的 94%～104% 之间变化，电源模块输出误差应在 5% 以内。

4. 参数下载和上传，参数定值检查

下载为电脑至主机，上传为主机至电脑。

保存参数：CMT 与主机连上，选择"参数信号"菜单，下拉式菜单"上传"选项，开始把选择的通道（如 CH1）内参数上传到笔记本电脑上，上传完毕后，选择"参数信号"菜单下拉菜单"另存"选项，弹出保存参数对话框，填写相应的文件名、路径、描述等之后保存。

回装参数：CMT 与主机连上，选择"参数信号"菜单下拉菜单"打开"选项，在电脑上相应的目录下选择要"下载"的参数文件，下载完毕后设置"激活功能块"参数由"0"为"1"，再利用设置"固化方式功能块"参数由"0"为"1"，参数固化保存完毕后，参数自动复位到 0。

故障报警信息上传：CMT 与主机连上，选择"故障"菜单下拉菜单"上传"选项，开始把选择的通道（如 CH1）内故障报警信息上传到笔记本电脑上，上传完毕后，选择"故障"菜单下拉菜单"另存"选项，弹出保存故障报警信息的对话框，填写相应的文件名、路径、描述等内容之后保存。

5. 灭磁电阻特性测试

以 UNITTROL 5000 励磁系统为例。励磁系统一般采用 SiC 非线性电阻进行灭磁。大修试验中需要对 SiC 阀片或组件进行伏安特性测量。因为 SiC 非线性电阻要求配置的试验电源较大，目前市场上已有专用的 SiC 非线性电阻特性测试仪。

（1）试验接线。灭磁电阻特性试验接线如图 4-2 所示。

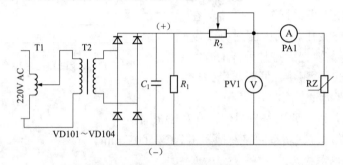

图 4-2 灭磁电阻特性试验接线图

T1—调压器，1kVA；T2—升压变压器，1kVA，220/2000V；VD101～VD104—高反压二极管（反压不低于 4000V，

可用多个串联组成）；C_1—滤波电容器，4.7μF/2000V；R_1—放电电阻，100kΩ/20W，5 个串联；

R_2—可调限流电阻，2kΩ/100W；RZ—待测试阀片；PA1—电流表，测 U_{10mA} 时用毫安表，

测 $0.5U_{10mA}$ 时用微安表；PV1—电压表，0～2000V（可调电压表）

（2）试验方法。

1）在阀片两端施加可调直流电压（其脉动部分不超过±0.5%），测量阀片电流为 10mA 时，测录阀片两端电压值即为标称压敏电压 U_{10mA}。

2）测试仪器精度不低于±0.5%，测录时间不长于 5s，防止产生热效应。

3）试验时要记录环境温度。

（3）试验结果判别。将测量结果与设备出厂数据进行比较，按制造厂标准进行判断，或者以相同条件下测量结果相差大于 10%判别为不合格。

氧化锌阀片的正常特性与碳化硅相比，其电压较高、电流较小，目前市场上已有专门的测试仪器，也可根据上述试验方法进行测试。

6. 冷却系统检查试验

由于一些非电气原因，对于励磁系统来讲，整流柜风扇容易出现故障。特别是在长期运行之后，需要在停机检修中对风机、风门、滤网及固定螺栓进行重点检查。检查整流器风扇是否有污垢，空气流量是否正常和是否有不正常的噪声。运行时给风扇的轴承加润滑油是不可能的，所以出现噪声增大时应更换风扇。

注意：厂家建议 AVR 柜门上的风扇在运行大约 40000h（5 年）后更换；厂家建议整流器风扇在运行大约 25000h 后更换。运行中应定期检查空气过滤器（滤网），如果通风量较小就

应清洗或更换过滤芯。

（1）试验方法。在静态试验中，可以使用风扇测试参数对风扇进行投运前的试验，主要是检查两组风机是否正常、风门是否可以正常开闭。

具体试验方法如下：

1）连接 CMT 到 AVR，选择在线就地手动控制方式 [ON LINE/LOCAL/MANUAL（远方或自动下也可完成试验）]。

2）将风机电源强制为厂用电供电（静态时，主回路电源无法提供）。

3）改变参数的赋值，选择相应的整流柜（1～5 为整流柜代号，9 为全选，0 为全不选）。

4）设置参数检测第一组风扇。

5）设置参数检测第二组风扇。

注意：风机电源主回路（励磁变压器电源）0 为有效位，辅助电源回路（厂用电源）1 为有效位。

（2）试验判别。冷却风机能按指令要求启动和停运，风量正常，无异常噪声。

建议不要定期切换试验，只需定期启动试验保证正常即可。

7. 整流柜回路检查

模拟熔丝熔断信号、模拟交流侧阻容保护用熔丝熔断信号，检查功率桥监视回路的所有功能正常。风机故障时应能直接发出或者通过整流柜的控制板向控制器发出告警信号。

对另一功率桥作相同试验检查功率桥监视回路的所有功能正常。

8. 输入、输出回路检查

对照图纸检查各回路的实际接线，确认接线完全正确才能接通电源，在通电前要确认各开关等元件均在开路状态，接通电源后要保持警惕，对柜内的主要开关、继电器、变压器等器件进行检查，如有异响、异味、高温等应立即切断电源进行检查。对励磁系统的控制、操作、信号、保护回路按照逻辑图逐个进行检查传动，确认实际与图纸一致，如果是新安装的首次上电，建议要厂家人员执行上电操作。

使用专用试验仪，如励磁仿真装置、继电保护测试仪，模拟发电机的电压电流接入励磁装置，查看装置内采样是否符合预期值。

试验结果判别：所有开关输入/输出量检查都应在 ECS 上进行操作或进行检查。进行开入量检查试验时，要检查内部参数是否变位，进行继电保护传动试验时，可以在机组保护柜上短接相应端子，试验前应合上灭磁开关，现场应实际由保护信号传动开关，应进行集控室紧急跳灭磁开关试验、灭磁开关与发电机出口开关联跳试验。

9. 发电机励磁系统电压、电流测量量检查

完成对进入励磁系统每个模拟量信号的采集，检查模拟量信号的测量范围和精度是否符合要求。

（1）试验要求。发电机电压的正常测量范围为额定值的 20%～120%；发电机电流测量范围为额定值的 20%～120%；励磁电压电流的测量范围为空载额定值的 20% 至强励磁值；汽轮发电机频率测量范围为 45～55Hz，水轮发电机频率测量范围为 45～77Hz；发电机有功测量范围为额定有功功率的 0～100%；发电机无功测量范围为额定无功功率的 $-Q_n$～$+Q_n$（Q_n 为额定无功功率）。

（2）试验方法。

1）发电机电压测量。使用励磁仿真装置或者继电保护试验装置，模拟发电机电压（励磁 TV 电压和仪表 TV 电压）接入励磁装置 AVR 柜端子排。

由试验仪器输入发电机模拟额定电压值的 0、25%、50%、75%、100%、120%，并记录 AVR 柜控制面板的显示数据。

2）发电机电流测量。使用励磁仿真装置或者继电保护试验装置，模拟两路发电机电流接入励磁装置 AVR 柜端子排。

从试验仪器输入发电机模拟额定电流值的 0、25%、50%、75%、100%、120%，并记录 AVR 柜控制面板的显示数据。

3）发电机励磁电流测量。使用励磁仿真装置或者电压/毫安校准仪，在灭磁开关正母线的分流器（SHUNT）0～75mV 输出处接线，从试验仪器输入模拟发电机励磁空载电流值的 20%至强励磁值，并记录 AVR 柜控制面板的显示数据。

4）发电机励磁电压测量。使用励磁仿真装置或者直流电压装置连接晶闸管输出部分（断开灭磁开关及卸下碳刷），从试验仪器输入模拟发电机励磁空载电压值的 20%至强励磁值，并记录 AVR 柜控制面板的显示数据。

5）发电机频率测量。在进行发电机电压测量时，调节发电机电压频率，水轮机频率调节范围为 45～77Hz，汽轮机频率调节范围为 45～55Hz，并记录 AVR 柜控制面板的显示数据。

6）发电机功率测量。在 AVR 柜端子排同时加入发电机电压电流，调整电压电流输入值，使得有功功率变化范围在 0～100%额定有功功率内变化，无功功率变化范围为$-Q_n$～$+Q_n$，并记录 AVR 柜控制面板的显示数据。

（3）试验结果要求。试验结果误差应在 0.5 级仪表的误差要求范围内或满足厂家要求，取二者之间的高标准。

10．同步信号及移相回路检查试验

使用标准三相交流电压源、示波器等试验仪器，励磁调节器的运行方式为手动或定角度方式，模拟励磁调节器运行条件使其输出脉冲，用示波器观察调整触发脉冲与同步信号之间的相差，检查触发脉冲角度的指示与实测是否一致，调整最大和最小触发脉冲控制角限制。要求励磁调节器移相特性正确。

11．晶闸管跨接器检查

手动合灭磁开关，短接过电流检测继电器的端子，验证开关量 DI 输入动作正常，灭磁开关自动分开并发出故障信号；再短接过电流检测继电器的另外端子，验证开关量 DI 动作正常，并发出故障信号。

12．轻负荷试验

在励磁装置直流输出侧接电阻、万用表、示波器，接 PMG 三相交流 120V，启动励磁后，将控制量从-100%～+100%进行变化，记录控制量与直流输出电压的关系，并用示波器观察直流侧电压波形，以确认触发脉冲工作正常。

对另一运行通道做同样的试验。

13．开环小电流负荷试验

励磁调节器装置各部分安装检查正确，完成接线检查和单元试验及绝缘耐压试验后进行小电流试验。

断开励磁变压器的封母软连接，励磁电流取自 6kV 临时试验电源，拉出与转子连接的碳刷，在转子直流母线上加一大功率的负荷，并接直流电压表和示波器。

（1）试验接线如图 4-3 所示。

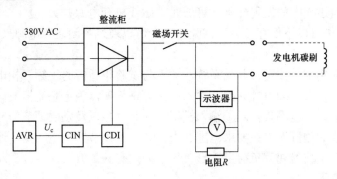

图 4-3　小电流试验接线图

说明：

1）励磁电压≈1.35×380≈500V；

2）380V 临时电源容量不小于 60A；

3）电阻不小于 2.5kW，可用家用电炉丝多根串联、并联做试验，电阻应放置在绝缘/耐热物体上，一般不直接放置于地上（水泥地内有钢筋，有时会影响波头）；

4）拉开轴电压吸收回路的保险（试验完毕重新装保险时，注意保险的方向，含细芯端要朝上安装，以便保险熔断时细芯可以顶出来）。

（2）试验方法。

1）参数设置。

a. 按接线图接好线，首先进行参数设置。

b. 令手动预置值为 0。

c. AVR 切到手动。

d. 令参数实现开环。

e. 令参数实现他励方式。

f. 若灭磁柜柜门关不上或有报警，可以置参数×××来强制。

g. 闭锁整流柜（1 号、2 号……柜分别试），试验时根据需要只留一个整流柜不闭锁。

h. 开放整流柜（以 1 号柜为例），该整流柜已解锁，与其他柜相关的参数仿照处理，可开放其他柜。单柜试验完成后，应将所有整流柜全部开通做一次试验。

2）试验操作。

a. 做好安全措施，发电机碳刷处有人看守。

b. CMT 准备就绪，确认已切至 CMT 就地（按 F2 出现远方/就地切换按钮）。

c. 送临时电源，用相序表测相序。

d. 合灭磁开关 FCB，若有报警，使 FCB 无法合上，可尝试置参数强制，若有其他报警，应查明报警原因，排除故障。

e. 令从–10000 到+10000 对应整流桥从全逆变到全开关，单击 CMT 上的起励按钮，负荷两端电压应为较小的负电压。

f. 依次令对应整流桥从−10000，−9000，−8000，…，0，…，+10000，并依次记录励磁电压，观察波头，并进行录波。

g. 当参数大于 3000 后，应加快试验速度，数据记录完毕后立即将参数改为 0，缩短负荷受热时间；试验过程中如发现异常，可随时灭磁或拉开电源开关。

h. 试验过程中可以不保存参数，试验完毕，可以通过关闭装置电源来清除 AVR 内存中的临时参数。

（3）试验结果判别。如是自并励系统，加入与试验相适应的工频三相电源；如是交流励磁机励磁系统，则开启中频电源并检查输入电压为正相序，确定整流柜及同步变压器为同相序且为正相序，接好小电流负荷。①输入模拟 TV 和 TA 以及励磁调节器应有的测量反馈信号，检测各测量值的测量误差在要求范围之内；②励磁调节器上电，操作增减励磁，改变整流柜直流输出，用示波器观察负荷上波形，每个周期有 6 个波头，各波头对称一致，增减励磁时波形变化平滑无突变。

所测直流输出电压应满足

$$U_d = 1.35 U_{ab} \cos \alpha \qquad\qquad \alpha \leqslant 60°$$
$$U_d = 1.35 U_{ab}[1 + \cos(\alpha + 60°)] \qquad 60° \leqslant \alpha \leqslant 120°$$

式中　U_d——整流桥输出控制电压，V；

　　　U_{ab}——整流桥交流侧电压，V；

　　　α——整流桥触发角，(°)。

整流设备输出电压波形的换相尖峰不应超过阳极电压峰值的 1.5 倍。

在 AVR 内部还有一个补偿角度，用来补偿采样、信号传输的时间误差，所以一般计算出来的角度与 AVR 显示角度有较大误差。

做此项试验时，要断开励磁变压器一次接线，以防止试验中谐波电流进入厂用电母线导致厂用电保护误动跳机。

14. 灭磁开关试验

励磁规程中没有对灭磁开关的试验内容要求，在高压设备的预试规程中规定了对灭磁开关的部分试验内容，主要是绝缘和耐压试验、接触电阻测量以及多触头之间的同步性。

综合一次和二次要求，灭磁开关的定期试验包括以下内容：

（1）外观检查及紧固螺钉；

（2）绝缘和耐压测试，试验电压依据厂家说明书和高压设备预试规程；

（3）动作电压、辅助触点及动作时间测试；

（4）触头接触电阻测试；

（5）与保护装置的联动试验。

第四节　动　态　试　验

一、空载试验

现场发电机空载工况下的励磁试验包括：手动启动励磁；手动调节范围；手动阶跃试验调整手动参数；电压测量和控制检查；测量励磁机时间常数、整定反馈系数；自动启动励磁；自动调节范围；自动阶跃试验调整自动参数；电源检查；各测量值检查；逆变灭磁、模拟事故灭磁试验；U/f 限制试验；自动手动切换试验；通道切换试验；轴电压测定；低频保护试验。

就地增设灭磁开关手动紧急跳闸按钮。

试验录波：发电机空载下主要录机端电压、转子电流、转子电压等模拟量，以及各自试验相对应的报警信号、开关动作信号等数字量。发电机并网后主要录机端电压、机端电流、转子电流、转子电压、有功功率、无功功率等模拟量，以及各自试验相对应的报警信号。

1. 核相试验与相序检查试验

励磁系统接线查对完毕、通电正常后进行核相及相序检查。对于自并励系统，通过临时电源对励磁变压器充电，验证励磁变压器二次侧和同步变压器的相位一致，对励磁变压器送电后注意其温升情况；对于交流励磁机励磁系统，采用试验中频电源检查主电压和移相控制范围的关系，开机达额定转速后检查副励磁机电压相序。各相位、相序关系应符合设计要求。

2. 发电机启动励磁试验

进行调节器不同通道、自动和手动方式、远方和就地的启动励磁操作；进行低设定值下启动励磁和额定设定值下启动励磁，录制机端电压、励磁电压、励磁电流的波形。

通过发电机启动励磁试验，检查励磁系统基本的接线和控制是否正确，测试励磁控制系统启动励磁特性。

（1）试验接线。励磁系统所有接线已经恢复，所有电源正常投入。AVR 端子排连接试验录波装置（不建议使用励磁系统内部录波功能）。

（2）试验方法。试验前应确认以下条件：

1）发电机过电压保护应投入，试验时动作值建议设置为120%发电机额定电压，无延时动作跳灭磁开关，经过模拟试验证明其动作正确性。

2）试验前设置好控制通道和控制方式。

3）自动和手动零起升压试验给定值不超过发电机额定电压。

①手动方式启动励磁试验：定义参数设置，在就地面板选择就地控制方式，设置手动启动励磁值，合励磁开关，启动励磁，然后录取试验波形。

注意：

a．手动软启动励磁设置值是对应励磁电流的百分比。

b．软启动励磁设置值根据空载励磁电流来设置。

c．确认手动软启动励磁设置值大于手动低限，小于手动上限。

d．如果试验过程中发现发电机电压波动太大或电压不可控制的上升，应立即跳灭磁开关。

②自动方式启动励磁试验：定义参数设置，面板选择就地控制方式，设置自动启动励磁设定值，合励磁开关，启动励磁，然后存取波形。

注意：

a．自动软启动励磁设置值是对应机端电压的百分比。

b．确认自动软启动励磁设置值大于自动低限。

c．试验时，注意软启动励磁的时间设置不要太短，有可能引起启动励磁失败。

d．启动励磁设定值的上限、下限值设置。

e．如果试验过程中发现发电机电压波动太大或电压不可控制的上升，应立即跳灭磁开关。

（3）试验判别。装置能够成功启动励磁，发电机电压稳定在设置值，电压超调量不超过 15%，振荡次数不大于 3 次，调节时间不大于 15s。

3．自动和手动调节范围测定

自动方式下发电机电压调节范围在发电机空载时进行，手动方式下转子电流调节范围在发电机空载和负荷下进行。在调节器不同通道时，选择自动或手动方式，启动励磁后进行增、减磁的操作，至达到要求的调节范围的上、下限，录制机端电压、励磁电压、励磁电流的波形，观察运行稳定性。

测试自动和手动方式下发电机电压和转子电压（电流）的调节范围和稳定情况。

（1）试验方法。

1）自动方式下电压调整范围测定。外接试验录波装置记录发电机电压、转子电压、转子电流。发电机升压到额定，保持转速稳定，选择自动方式，手动降压至可能的发电机电压最低点，并记录此时发电机电压、转子电压、转子电流数据；再手动升高发电机电压至 110% 额定电压，并记录发电机电压、转子电压、转子电流数据。两个通道各做一次。

2）手动方式下电压调整范围测定。外接试验录波装置记录发电机电压、转子电压、转子电流，发电机升压到额定，保持转速稳定，选择手动方式，手动降压至可能的发电机电压最低点，并记录此时发电机电压、转子电压、转子电流数据；再手动升高发电机电压至 110% 额定电压，并记录发电机电压、转子电压、转子电流数据。两个通道各做一次。

（2）试验判定。要求自动方式下调节器应能在发电机空载额定电压的 70%～110% 范围内进行稳定、平滑的调节，手动方式下调节器应能在发电机空载额定磁场电压的 20%～110% 范围内进行稳定、平滑的调节。

（3）试验注意事项。应与电气一次专业技术人员讨论确定试验时发电机电压最高值，如果机组的 U/f 限制定值小于 1.10，则应修改定值或限制升压幅值以适应试验要求，在试验完成后再恢复实际定值。

4．自动励磁调节器运行切换试验

进行同一通道中自动运行模式与手动运行模式之间的切换，分别在自动和手动方式下进行两个通道间的切换，录波机端电压、励磁电压、励磁电流及状态指示信号等，确认切换过程各方式和通道间应能实现自动跟踪，切换不应造成发电机电压和无功功率的明显波动，实现扰动切换。

通过励磁调节器各调节通道和控制方式间的切换通道试验，验证在调节器切换方式下，调节器稳态差异及切换时间是否满足要求。

（1）控制通道间的切换。选择 AVR 运行方式为 A 通道自动，然后在控制面板上选择控制通道为 B 通道自动，并录取波形。

（2）手/自动方式间的切换。在自动方式启动励磁后，先定义参数设置（手动），然后切换到手动方式，再定义参数设置（自动），再切换回自动模式，录取波形。

（3）试验结果判别。在装置切换过程中，发电机电压电流保持平稳，发电机机端电压稳态值的变化应小于 1%，动态值可适当大于稳态值，切换扰动时间一般小于 100ms。

5．发电机空载阶跃响应试验

发电机空载稳定运行，励磁调节器工作正常。设置励磁调节器为自动方式，设置阶跃试验方式，设置阶跃量，发电机电压为空载额定电压，在自动电压调节器电压相加点叠加负阶跃量，发电机电压稳定后切除该阶跃量，发电机电压回到额定值。用录波器测量记录发电机电压、磁场电压等的变化曲线，计算电压上升时间、超调量、振荡次数和调整时间。阶跃过程中励磁系统不应进入非线性区域，否则应减小阶跃量。

测试自动调节器的 PID 参数，使得在线性范围内的自动电压调节器动态品质达到标准要求。

（1）试验方法。

1）自动方式下的阶跃试验。外部录波设备连接 AVR 端子排的发电机电压回路，确认参数设置，分别将 StepA 和 StepB 设为上阶跃和下阶跃，阶跃量定义为 5%，发电机转速保持额定，调整机端电压至适当电压，AVR 设置为自动模式，先做一个下阶跃，再做一个上阶跃，阶跃量定义为 5%，并进行录波。

在 A、B 通道下各做一次试验。

2）手动方式下的阶跃试验。确认参数为一个空的参数，并设置该参数。分别将 StepA 和 StepB 设为上阶跃和下阶跃，阶跃量定义为 5%，发电机转速保持额定，调整机端电压至适当电压，AVR 设置为手动模式，先做一个下阶跃，再做一个上阶跃，阶跃量定义为 5%，并进行录波。

在 A、B 通道下各做一次试验。

（2）试验判别。要求发电机电压振荡次数在 3 次以内，超调量不超过阶跃量的 30%，收敛时间不大于 10s。自并励磁静止励磁系统的电压上升时间不大于 0.5s，振荡次数不超过 3 次，调节时间不超过 5s，超调量不大于 30%；交流励磁机励磁系统的电压上升时间不大于 0.6s，振荡次数不超过 3 次，超调量不超过阶跃量的 30%，收敛时间不大于 10s。较小的上升时间和适当的超调量有利于电力系统稳定。

6. 整流功率柜均流试验

通过试验检查调整大功率整流柜的均流情况。

（1）试验方法。启动励磁升压到额定电压，设置参数，将 AVR 切到手动模式，查看整流柜上的单柜电流，看电流是否平均，若不平均，则用参数进行在线均流，在线均流完成后要灭磁后再次启动励磁，确认均流效果。

（2）试验判别。经过检查调整后整流功率柜的均流系数一般不小于 0.85，并且任意退出一柜，其均流系数仍要符合要求。其中均流系数的定义为：并联运行各支路电流的平均值与最大支路电流值之比。

如果每个整流柜用智能均流都不能满足均流要求，应仔细检查直流母排连接是否牢固。

7. TV 断线试验

在空载自动运行的情况下，人为模拟任一 TV 断一相，验证切换控制逻辑正常，励磁调节器应能进行通道切换保持自动方式运行，同时发出 TV 断线故障信号。励磁调节器在备用通道再次发生 TV 断线时应切换至手动方式运行。模拟 TV 两相同时断线（有的励磁调节器是一个 TV 同时两相断线，有的励磁调节器是两个 TV 同时断线）时，励磁调节器应切换到手动方式运行。当恢复被切断的 TV 后，励磁调节器的 TV 断线故障信号应复归，并录波机端电压、励磁电压、励磁电流等信号，发电机电压或无功功率应基本不变。

试验结果要求：TV 一相断线时发电机电压应当基本不变；TV 两相断线时，机端电压超过 1.2 倍的时间不大于 0.5s。

8. U/f（V/Hz）限制试验

发电机空载稳定工况下，励磁调节器以自动方式正常运行。在机组额定转速下降低 U/f 限制定值，通过电压正阶跃试验检测限制功能的有效性。如发电机组转速可调范围允许，也可在原有的整定值下降低频率进行实测。水轮发电机应在额定电压下通过降低频率的方式进行试验。

要求 U/f 限制动作后机组运行稳定，动作值与设置值相符。

9. 灭磁试验

灭磁试验在发电机空载额定电压下按正常停机逆变灭磁、单分灭磁开关灭磁、远方正常停机操作灭磁、保护动作跳灭磁开关灭磁 4 种方式分别进行，测录发电机端电压、磁场电流和磁场电压的衰减曲线，测定灭磁时间常数，必要时测量灭磁动作顺序。

整个试验过程中灭磁开关不应有明显的灼痕，灭磁电阻无损伤，转子过电压保护无动作，任何情况下灭磁时发电机转子过电压不应超过转子出厂工频耐压试验电压幅值的 70%，应低于转子过电压保护动作电压。

通过灭磁试验检验灭磁功能，即操作正确性、动作逻辑正确性、各种灭磁方式（如逆变灭磁，开关灭磁）下灭磁的正确性及灭磁电阻工作的正确性。

（1）试验准备。灭磁装置静态检查结束，灭磁开关检修结束。装置电源正常上电，录波装置连接完毕，可以录取发电机电压波形，发电机电压升高到额定。

（2）试验方法。

1）手动方式下的逆变灭磁。AVR 状态切换至手动模式，定义参数设置，在灭磁时不拉开励磁开关。设置好后，按控制面板灭磁按钮，然后存取波形。A、B 通道各做一次。

2）自动方式下的逆变灭磁。发电机电压升高到额定电压，AVR 状态切换至自动模式。定义参数设置，在灭磁时不打开励磁开关，设置好后，按控制面板灭磁按钮，然后存取波形。A、B 通道各做一次。

3）跳灭磁开关灭磁。在额定空载电压下，手动跳开灭磁开关，并进行录波。在 A、B 通道的手自动方式下各做一次。

（3）试验判别。进行逆变灭磁时，记录发电机电压从额定下降到零的时间，并和设备交接试验时的灭磁时间进行对比；进行分灭磁开关灭磁试验时，记录发电机电压从额定下降到 36.8% 倍额定电压的时间（灭磁时间常数），并和设备交接试验时的灭磁时间进行对比。

10. 冷却风机切换试验

发电机空载运行，励磁调节器以正常自动方式运行。整流柜的风机为双套冗余设计，双路电源供电。模拟一路电源故障，观察备用风机是否启动；断掉风机工作电源，观察是否能够切换到备用电源继续工作。

11. 过励磁限制试验

发电机空载稳定工况下，励磁调节器以自动方式正常运行。试验中为达到限制动作，宜采用降低过励磁反时限动作整定值和顶值电流瞬时限制整定值，或增大磁场电流测量值等方法。降低过励磁反时限动作整定值和顶值电流瞬时限制整定值后，在接近限制运行点进行电压正阶跃试验，观察磁场电流限制的动作过程，应快速而稳定。

要求过励磁限制动作后机组运行稳定，动作值与设置值相符；要注意防止过励磁限制试验过程中保护误动导致跳机。

12. 轴电压测量

分别在发电机空载额定和负荷额定下进行。测量发电机轴承与基座间的电压，测量时应使用高内阻电压表，要求大于 100kΩ/V。

13. 励磁机试验

（1）核相试验与相序检查试验。励磁系统接线查对完毕、通电正常后进行核相及相序检查。对于自并励系统，通过临时电源对励磁变压器充电，验证励磁变压器二次侧和同步变压器的相位一致，对励磁变压器送电后注意其温升情况；对于交流励磁机励磁系统，采用试验中频电源检查主电压和移相控制范围的关系，开机达额定转速后检查副励磁机电压相序。各相位、相序关系应符合设计要求。

（2）交流励磁机带整流装置时的空载试验。发电机空载状态稳定运行，由受励磁调节器控制的可控整流桥向励磁机励磁绕组供电，励磁机向发电机转子绕组供电，发电机转速稳定。在此条件下进行交流励磁机带整流装置时的空载试验，试验内容包括：

1）空载特性曲线：交流励磁机连接整流器，整流器的负荷电流以满足整流器正常导通为限，转速为额定值，励磁机空载；逐渐改变励磁机磁场电流，测量励磁机输出电压上升及下降特性曲线。试验时测量励磁机磁场电压、磁场电流、交流输出电压及整流电压，试验时的最大整流电压可取励磁系统顶值电压。

2）负荷特性曲线：可以在发电机空载及负荷试验的同时，测量励磁机磁场电压、磁场电流、发电机磁场电压等，作出励磁机负荷特性曲线。

3）空载时间常数：交流励磁机空载额定转速时，使励磁机磁场电压发生阶跃变化，测量交流励磁机的输出直流电压或交流励磁机磁场电流的变化曲线，计算励磁机励磁回路（包括引线及整流元件）的空载时间常数。

（3）副励磁机负荷特性试验。机组转速达到额定值，副励磁机以可控整流器为负荷，整流装置输出接等效负荷，逐渐增加负荷电流，直至达到发电机额定电压对应的调节器输出电流为止，记录副励磁机电压和整流负荷电流，也可以在运行中测量不同负荷时副励磁机的电压和整流负荷电流。

要求副励磁机负荷从空载到相当于励磁系统输出顶值电流时，其端电压变化应不超过10%～15%额定值。

二、并网后试验

根据要求设定 AVR 的调差系数，并设定低励磁限制线。

现场发电机带负荷工况下励磁试验包括：低励磁限制试验；过励磁限制试验；通道和控制方式切换试验；负荷阶跃试验；定子电流限制试验；转子温度测量及报警；均流试验；调差率整定；电压静差率测定；定无功功率控制检查；定功率因数控制检查；励磁系统模型参数确认试验；电力系统稳定器试验；甩负荷试验。

1. 励磁系统 TA 极性检查

发电机并网后，增减励磁，调节发电机无功功率，观察无功功率变化方向，如无功功率变化方向与增减励磁方向一致，可判断励磁系统 TA 极性正确。

2. 并网后调节通道切换及自动/手动控制方式切换试验

在发电机并网带负荷运行工况下，人工操作励磁调节器通道和控制方式切换试验，观测记录机端电压、励磁电压、励磁电流、无功功率的波动，切换不应造成发电机电压和无功功率的明显波动，实现无扰动切换。

3. 电压静差率测定

电压静差率测定试验的目的是检验发电机负荷变化时励磁调节器对机端电压的控制准确度，该试验需在发电机并网带负荷运行后进行测定。

方法 1：在额定负荷、无功电流补偿率为零的情况下测得机端电压 U_1 和给定值 U_{REF1} 后，在发电机空载试验中相同调节器增益下测量的给定值 U_{REF1} 对应的机端电压 U_0，然后按下式计算

$$\varepsilon = \frac{U_0 - U_1}{U_N} \times 100\%$$

式中　U_1——额定负荷下发电机电压，kV；

　　　U_0——相同给定值 U_{REF1} 对应的发电机空载电压，kV；

　　　U_N——发电机额定电压，kV。

方法 2：机组甩负荷试验时置无功电流补偿率为零，保持给定值不变，甩额定负荷，测量甩负荷前的发电机端电压 U_1 和甩负荷后的发电机端电压 U_0，然后按上式计算静差率。

励磁自动调节应保证发电机机端电压静差率小于 1%，此时汽轮发电机励磁系统的稳态增益一般应不小于 200 倍，水轮发电机励磁系统的稳态增益一般应不小于 100 倍。

4. 电压调差率测量

电压调差率测定试验的目的是实现发电机之间的无功功率分配和稳定运行并可以提高系统电压稳定性，该试验需在发电机并网带负荷运行后进行测定。

方法 1：发电机并网运行时，保持给定值不变，设置无功电流补偿率，在功率因数为零的情况下，甩 50%～100%额定无功功率，测量甩负荷前后发电机端电压，按下式求得电压调差率 D

$$D(\%) = \frac{U_0 - U_1}{U_N} \cdot \frac{I_N}{I_Q} \times 100\%$$

式中　U_1、U_0——甩负荷前、后的机端电压，kV；

　　　I_Q、I_N——甩负荷前无功电流值和额定定子电流值，A；

　　　U_N——发电机空载额定电压，kV。

方法 2：发电机并网运行时，在功率因数为零的情况下，调节给定值，使发电机无功功率 Q 在 50%～100%额定无功功率负荷下，测得机端电压 U_1 和给定值 U_{REF1} 后，在发电机空载试验中相同调节器增益下测量的给定值 U_{REF1} 对应的机端电压 U_0，然后按下式计算电压调差率 D

$$D(\%) = \frac{U_0 - U_1}{U_N} \cdot \frac{S_N}{Q} \times 100\%$$

式中　U_1、U_0——甩负荷前、后的机端电压，kV；

　　　S_N——发电机额定容量，kVA；

U_N——发电机空载额定电压，kV。

发电机并网带一定负荷，增加无功补偿系数，无功功率增加的为负调差，减少的为正调差。

5. 发电机带负荷后阶跃响应试验

发电机有功功率大于 80%额定有功功率，无功功率接近零（现场一般为 5%～2%额定无功功率）。调差系统整定完毕，所有励磁调节器整定完毕，发变组继电保护、热工保护投入，机组 AGC、AVC 退出。

在自动电压调节器电压相加点加入 1%～4%正阶跃，控制发电机无功功率不超过额定无功功率，发电机有功功率及无功功率稳定后切除该阶跃量，测量发电机有功功率、无功功率、磁场电压等的变化曲线，从有功功率的衰减曲线计算阻尼比。阶跃量的选择需考虑励磁电压不进入限幅区。

发电机额定工况运行，阶跃量为发电机额定电压的 1%～4%，有功功率阻尼比大于 0.1，波动次数不大于 5 次，调节时间不大于 10s。

6. 励磁系统顶值电压倍数和励磁系统标称电压（或电压响应时间）测定

发电机在额定工况下运行，待转子绕组温度稳定后，突然将发电机电压反馈信号降到原值的 80%，或者突然将发电机电压给定值增到原值的 120%，录取磁场电压上升波形，计算励磁系统顶值电压倍数，对于无刷励磁系统可以测量励磁机磁场电流代替发电机磁场电压，换算成发电机磁场电压时需计入励磁机饱和。

试验前应进行预计算，确定发电机电压、电流的上限，试验时应在发电机电压、电流到达上限前退出扰动。

此项试验存在风险，不同的励磁调节器一般在试验前都有无功限制要求。

7. 发电机负荷条件下的带负荷试验

励磁调节器在并网运行方式下采用恒电压调节方式，调节励磁时要防止机端电压超出许可范围。试验内容包括：

（1）检查励磁电流限制器定值，临时改变过励磁电流限制器定值，用电压阶跃方法观察限制器动作时的动态特性，再恢复定值；试验过程要求无功功率调节平稳、连续，励磁电压、机端电压无明显变化和异常信号。

（2）检查定子电流限制器定值，临时改变定子电流限制器定值，同时降低机组有功功率，提高无功电流比例，用电压阶跃方法观察限制器动作时的动态特性，再恢复定值。试验过程要求无功功率调节平稳、连续，励磁电压、机端电压无明显变化和异常信号。

（3）励磁调节器低励磁限制校核试验。励磁调节器在并网运行方式下运行。

低励磁限制单元投入运行，在一定的有功功率（$P=0$、25%、50%、75%、100%）情况下，缓慢降低磁场电流使欠励限制动作，此动作值应与整定曲线相符。在低励磁限制曲线范围附近进行 1%～3%的阶跃试验，阶跃过程中欠励磁限制应动作，欠励磁限制动作时发电机无功功率应无明显摆动，以检验低励磁限制器动作的稳定性。如果试验进相过多导致机端电压下降至 0.9（标幺值），则不允许再继续进行试验，需修改定值并且在严密监视厂用母线电压条件下进行试验。

低励磁限制参数的整定一般由调度或电厂给出，需要考虑：与制造厂提供的发电机 P-Q 曲线配合；静稳定极限的配合；留有 10%裕量；无进相要求时可按 $P=P_e$、$Q=0.05Q_N$ 及 $P=0$、

$Q=-(0.2\sim0.3)Q_N$整定；功角型一般按≤70°整定。需要注意有无机端电压补偿。

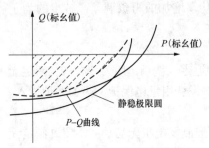

图4-4 低励磁限制参数整定

低励磁限制参数整定如图4-4所示。

低励磁限制动作后运行稳定，动作值与设置相符，且不发生有功功率的持续振荡。

在试验过程中录波机端电压、励磁电流、励磁电压、有功功率及无功功率等信号，并记录限制动作时对应的励磁电流值。

（4）功率整流装置额定工况下均流检查。发电机负荷达到额定值工况下进行，当功率整流装置输出为额定磁场电流时，测量各并联整流桥或每个并联支路的电流。

要求功率整流装置的均流系数应不小于0.9，均流系数为并联运行各支路电流平均值与支路最大电流之比，任意退出一个功率柜其均流系数也要符合要求。

8. 甩负荷试验（配合发电机甩负荷试验时进行）

发电机并网带额定有功和无功负荷，做好试验录波准备。

通常要求带适当的有功功率（$P=15\%P_A$），在无功功率分别为$Q=10\%Q_A$、25% Q_A、50% Q_A、75% Q_A、100% Q_A五个点上进行甩负荷试验，并录波机端电压、励磁电流及无功功率等信号，在试验过程中根据系统响应情况，调整响应的控制参数，使甩负荷时电压的超调量符合国标的要求。

如果试验出现紧急情况，应立即解列灭磁，若PSS试验已完成，投入PSS功能，否则退出PSS功能。

发电机带额定有功和无功负荷，断开发电机出口断路器，突然甩负荷，对发电机机端电压进行录波，测试发电机电压最大值。根据机组情况甩负荷量由小到额定分几挡进行。

发电机甩额定无功功率时，机端电压出现的最大值应不大于甩前机端电压的1.15倍，振荡不超过3次。

9. 励磁系统模型参数确认试验

对励磁系统各部分采用时域或频域法确认其模型参数。对实际励磁控制系统进行扰动试验，对励磁系统模型进行扰动仿真计算，通过对比实际和仿真的扰动响应确认励磁系统模型参数。励磁控制系统的扰动试验一般为发电机空载阶跃响应试验，对含复励的励磁系统需要设计针对性的扰动试验。

10. 电力系统稳定器（PSS）试验

电力系统稳定器整定应在电压环参数（包括无功电流补偿率）整定后进行。电力系统稳定器动态试验工况为发电机接近额定有功功率，功率因数约为1。

（1）测量电力系统稳定器各环节输入输出特性。

（2）测量或计算励磁控制系统无补偿相频特性。

（3）确定电力系统稳定器预置参数，如电力系统稳定器输出限幅值、电力系统稳定器自动投切的功率值、隔直环节时间常数、PSS2型的T7、KS2等。

（4）测量或计算励磁系统有补偿相频特性，整定电力系统稳定器相位补偿。

（5）电力系统稳定器增益调整：电力系统稳定器投入，增益从零开始逐渐增大，测录调节器输出电压和发电机磁场电压直至其开始振荡，该增益即为临界增益。

（6）增益及相位补偿整定后，设置电力系统稳定器输入信号为恒定，测输出端的噪声、观察输出的漂移。

（7）在自动电压调节器的电压相加点加阶跃信号，记录有电力系统稳定器及无电力系统稳定器两种状态下发电机有功功率波动情况，计算两种状态下的阻尼比应大于 0.1，有电力系统稳定器的振荡频率应是无电力系统稳定器的振荡频率的 95%～110%。

（8）反调试验。水轮发电机组、燃气轮发电机组和具有快速调节机械功率作用的汽轮发电机组上使用的各种形式的电力系统稳定器都需要进行反调试验。按照原动机正常运行操作的功率最大变化量和变化速度设定连续减、增功率 10%～20%额定有功功率，反调试验中无功功率变化量小于 30%额定无功功率，机端电压变化量小于 3%～5%额定电压。

以上介绍的是全检试验项目，对停运时间较短的检修，可灵活掌握，根据机组及系统实际情况可适当调整部分检修项目。但在 1 年内至少应对装置进行以下工作：

（1）清灰、紧螺钉、摇绝缘；

（2）外观检查；

（3）模拟量检测；

（4）电源检查；

（5）灭磁开关检查。

还要说明的是，UNITROL 5000 系统是可以在静态方式下进行调试的，但 ABB 公司的技术标准要求在动态下完成调试。从可靠性方面考虑，在静态下完成的调试试验也有必要在动态下进行校验。在静态下进行调试，可以测试各项限制的定值，如延时等，此外还可仔细校核如 TV 断线之类的动作逻辑。

第五节　发电机励磁设备常规维护与检修

一、励磁设备的巡检

（1）励磁设备的巡检分为日常例行巡检、特殊重点巡检。

日常例行巡检要求：①路线设计要科学合理；②巡检的首要任务是观察设备，包括声音、气味等；③运行参数记录要少而精：U_f、I_f；α 角、功率柜电流；④开门关门要注意安全，日常巡检一般不要打开盘柜门。

特殊重点巡检是异常检查巡检，包括主要工况下运行参数记录（冬夏两季）；设备温度巡检等。

励磁设备温度巡检：使用红外线测温仪测量电缆、铜排等发热设备；使用红外线热像仪记录观察比较重点设备和部位的温度；灭磁开关触头温度，可以用万用表直流电压挡测量两端的电压值，一般是 40～80mV，要特别注意安全。

（2）励磁设备最重要的维护工作就是设备清灰工作，吸尘器和吹尘器是必备的工具，功率柜和其他柜的清灰要求不同。

1）功率柜的清灰最佳方法：启动抽风机，吹风机对着晶闸管散热器，顺着风道方向吹。能够将吹起的灰尘排到厂房外，是最好的办法。对于散热器内的灰垢，大修时可以考虑采用管道毛刷清洁。

2）其他柜使用吹尘器清灰，应注意：励磁调节器只能轻轻地吹设备表面；对接触器要保持 200～300mm 距离；对于一次设备可以采取强吹措施。

减少励磁设备灰尘的措施：

a．将励磁设备置于一个单独有冷气的控制室内很有必要；

b．励磁控制室最好能够将功率柜的热风排到外面且吹尘排尘方便；

c．功率柜盘门密闭要好、进风口要大、滤网要厚且停机后及时更换，要装设风量或风压检测装置；

d．合理的励磁设备 IP 等级，既有利于防尘，又有利于散热。

（3）励磁设备散热与防灰。

1）励磁调节器是否采用进风滤网需要根据现场设备实际配置情况而定，当调节器内有风扇，则一定要装设滤网；否则可以不考虑。自冷散热可极大地减少灰尘。

2）励磁调节器尽量不要拔出插件板进行清灰，防止接触不良。采用吹尘器进行上、下、左、右远距离的吹灰即可。

3）研究现场励磁设备 IP 的合理性；核实冷却风向和风速；风速继电器与风压继电器的整定。

4）要注意阻容保护安装位置与散热问题。

5）要注意单芯交流电缆因安装方式和固定金属支架而产生涡流发热问题。

（4）滤网的选择。如果柜体的密封性一般，门缝可以进风，滤网不要太密太厚，否则灰尘会通过进风口进入；如果没有检测风速装置，滤网也不要太密太厚，否则滤网堵塞不易被发现；反之，滤网选择要密要厚。无论滤网怎样，有停机机会就更换滤网。

风速整定原则：功率柜电流长期运行在额定值附近，则按照不小于 5m/s 设定；长期运行在 50%额定左右，则按照不小于 4m/s 设定；长期运行在 30%额定左右，则按照不小于 3m/s 设定。

（5）设备发热处理。首先判断发热原因，以便有针对性地散热处理；用力矩扳手紧固螺钉，可以减少因螺钉松动造成的发热；对于已经氧化的表面，应该打磨处理干净，并涂上防氧化的物质；导电膏有利于减少接触电阻，但使用时要注意清洁。

（6）注意灭弧罩上的空间。灭磁开关灭弧罩上方应该留有足够大的空间距离，防止灭磁过程中的喷弧造成弧短路。

二、元件测试

1．继电器和接触器元件的检查

（1）在线测量继电器和接触器的直流电阻是最简便的检查方法，必要时模拟重要回路的继电器和接触器动作，建议小修时采用。

（2）结合调节器 I/O 检查，全面模拟继电器和接触器动作，确定报警信号的正确性，是最常见的检查方法，建议大修时采用。

（3）对于正常开停机和运行中长期不励磁动作的继电器和接触器，小修中需要模拟动作，确保该动则一定动。

（4）对于灭磁开关，在跳合闸正常情况下实测跳合闸线圈电阻、跳闸时间和合闸时间。

（5）对于很重要的继电器和接触器，在大修中按照校验规程进行常规校验，但要确保回装过程的正确性。

2. 电磁元件的校验

电磁元件指变压器、TV、TA 等，其校验仅限于大修和器件更换后进行，平时测量电压和电流即可，但要注意运行中的温度。

（1）绝缘电阻测定：测量时应将元件的一次、二次及其他附加绕组分别对地和相互之间进行测量。

（2）直流电阻测量：使用电桥或者万用表，如图 4-5 所示。

（3）伏安特性检测：在电源变压器的

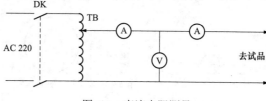

图 4-5 直流电阻测量

220V 侧、TV 和 TA 的低压侧加额定电压或额定电流，记录回路的电流，作出伏安特性曲线。

3. 晶闸管的检测

晶闸管导通条件：正向电压、正向脉冲；晶闸管关断条件：反向电压。

晶闸管检测最简方法是用对线灯进行触发导通检测（注意：大的晶闸管用几个对线灯串联起来方可触发），平时维护只是测量晶闸管控制极的电阻，晶闸管测试仪全面检测，但现场很少使用，如图 4-6 所示。

4. 跨接器的检查

简单检查的方法：对跨接器中的晶闸管采用对线灯方式进行检测；对跨接器的非线性电阻按照灭磁电阻简单方式进行检测；整体回路绝缘检测和耐压试验按照常规方式进行，恢复接线要保证正确。

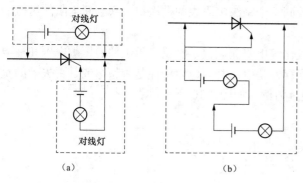

图 4-6 晶闸管的检测

（a）两个对线灯并联；（b）两个对线灯串联

复杂检验所用设备有：电源开关 K、调压器 TB、升压变压器 ZB、限流电阻 R（按照跨接器导通后回路电流小于 100mA 设计电阻）、分压电阻 R_F（按照 100:1 设计分压电阻）、示波器电源隔离变压器等。

将转子过电压保护装置从转子和电源回路彻底断开，试验接线如图 4-7 所示。调整调压器 TB，观察 A、B 间的电压波形，使电压逐渐升高，当正弦波峰值高于本装置的电压保护动作值时，其峰顶值被削平，限制过电压，电压波形如图 4-8 所示。

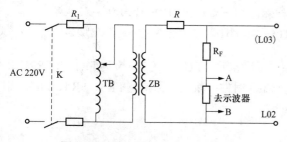

图 4-7 跨接器的检验方法电路图

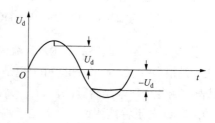

图 4-8 转子过电压保护装置检验波形图

5. 示波器的使用

示波器的使用应注意：使用前判断示波器信号地同电源地 E 是否隔离，否则需要隔离电源变压器；双输入通道的信号地是否隔离，如果非隔离，只有在选好公共点后才能观察两个波形，否则容易造成短路。双通道示波器的输入回路如图 4-9 所示。

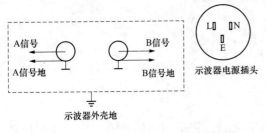

图 4-9　双通道示波器输入示意图

6. 灭磁电阻测试

（1）线性电阻测量电阻值即可，最好是在碳刷拔下的情况下在线测量；防止拆线恢复时带来接线错误，确保灭磁电阻回路正确。

（2）碳化硅电阻平时也仅仅测量一下整体直流电阻值即可，大修时用万用表测量各个组件的电阻值；如果电阻值很高，则用低压绝缘电阻表接在电阻两端摇测一下，观察电阻的导通情况。

（3）氧化锌电阻的简单测试也是用绝缘电阻表摇测电阻两端，绝缘电阻表电压低时电阻高，绝缘电阻表电压高时电阻低。比较同一个绝缘电阻表的数次记录来判断电阻的压敏的变化是否过大。

（4）氧化锌电阻的全面测试应采用氧化锌电阻测试仪，测试电阻组件的压敏电压和漏电流。第一次的测量记录很重要，要长期保存，是以后判断电阻特性是否超标或是否失效的重要依据。以 FMB 型灭磁及过电压保护装置为例，如图 4-10 所示。

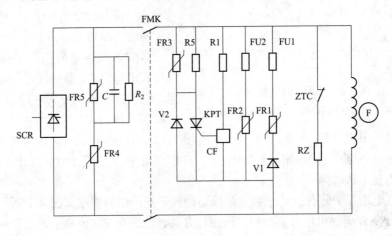

图 4-10　FMB 型灭磁及过电压保护装置原理图

FMK—灭磁开关；ZTC—接触器；RZ—转子保护电阻；FR1—灭磁电阻；FR2—转子过电压保护电阻；

FR3—发电机异步过电压保护电阻；FR4、FR5—整流器过电压保护电阻；CF—跨接器触发器

测试方法：断开回路测量 RZ 直流电阻；拔下熔断器 FU1、FU2，检测 FR1 和 FR2。由于 FU1 是很多并联，故检测的 FR1 也是各个 ZnO 组件；断开回路检测 FR3、FR4、FR5；用万用表检测各个保险是否开路。

7. ZnO 电阻特性测试

可以使用 WCY-50 系列氧化锌阀片测试仪进行测试。ZnO 电阻压敏电压定义为 U_{10mA} 时，

主要性能指标如下：

（1）ZnO 电阻压敏电压 U_{10mA} 的变化率 $\Delta < \pm 5\%$；

（2）漏电流（$50\% U_{10mA}$ 电压值下）$< 100 \mu A$；

（3）残压比 $U_{100A}/U_{10mA} \leqslant 1.6$。

ZnO 电阻压敏电压定义为 U_{1mA} 时，主要性能指标：

（1）压敏电压 U_{1mA} 的电压变化率 $\Delta < \pm 5\%$；

（2）漏电流（$75\% U_{1mA}$ 电压下）$< 100 \mu A$；

（3）残压比 U_{100A}/U_{1mA} 应 $\leqslant 1.7$。

$$\Delta = (\Delta U_{amA} / U_{amA}) \times 100\%$$

式中　ΔU_{amA}——使用若干年后的压敏电阻标称电压与初次检测值之间的差值；

　　　U_{amA}——使用若干年后的压敏电阻实测标称电压值。

三、励磁设备的整体检查试验

1. 绝缘检查

测量绝缘电阻时试验仪器的选择：

（1）额定电压 100V 以下电气设备或回路使用 250V 绝缘电阻表；

（2）额定电压 100～500V 的电气设备或回路使用 1000V 绝缘电阻表；

（3）额定电压 500～1000V 的电气设备或回路使用 2500V 绝缘电阻表；

（4）晶闸管阳极回路及脉冲变压器一、二次侧绝缘电阻检测使用 2500V 绝缘电阻表。

绝缘检查方法：

（1）短接必要回路，一次性摇绝缘，比如短接正、负极摇绝缘；

（2）按照端子排顺序逐个摇绝缘；

（3）更换设备后要全面摇绝缘，平时只对改造过回路或总回路摇绝缘；

（4）注意不同导电回路之间的绝缘。

2. 耐压检查

励磁设备交流耐压试验的接线如图 4-11 所示。

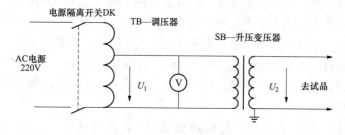

图 4-11　交流耐压试验接线图

交流耐压试验注意事项：

（1）试验变压器的铁芯和外壳必须可靠接地，一般采取 SB 的 X 端接地；

（2）对于有可能串电的相关回路也必须接地，防止串电伤人；

（3）电压表应根据试验电压的要求和 SB 变比选择合适的量程。试验前首先不接负荷升压一次，以判断回路正确性；

（4）根据工作内容和条件，允许用相应的绝缘检查的方式替代，但时间应不少于 1min；

（5）绝缘测试应分别在耐压试验前、后各进行一次；

（6）励磁装置的部分检修一般不进行交流耐压试验，设备或回路的绝缘允许用绝缘检查的方式和要求进行。

以图 4-12 为例，功率柜整体耐压试验的方法：

1）将功率柜内三相输入和两相输出回路短接（保护柜内器件）；

2）将功率柜三相和两相开关的外部回路对地短接（防止串电伤人）；

3）断开六个脉冲变压器一次侧与调节器回路并对地短接（脉冲变耐压）；

4）先摇测绝缘（1000V），后耐压（1000～5000V），再测量绝缘（1000V）。

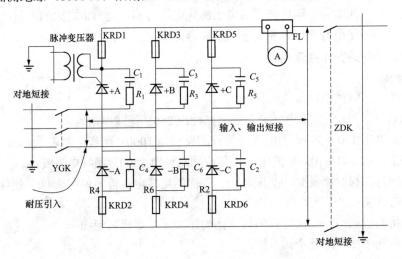

图 4-12　功率柜整体耐压试验接线

3. 励磁设备通电试验

通电前需确认励磁控制回路的绝缘已经检查，防止短路和接地。

通电前需确认对外回路的安全措施，解开那些还不能送电或不能接受外部命令的回路；采取逐步通电方式送电，通电前应该清楚正常结果，并做好异常情况下的处理方法。

每次送电后，需记录电压值，确认电源正常；对于有互相闭锁的回路，应该分别送电，并观察互相切换过程；直流 220V 回路在送电后，需测量对地电压，检查是否接地。

分别投入励磁调节器的稳压电源，用万用表检测稳压电源的输出值并记录，检查结果应符合装置设计要求。

投入励磁设备全部工作电源，检查励磁设备各器件的状态，发现问题及时断电检查处理。

4. 励磁设备操作模拟试验

励磁系统操作模拟试验，应在励磁设备通电完成后进行，试验前先断开启动励磁电源开关，然后分别送上交、直流操作电源和合闸电源。

直流回路操作模拟试验：按照励磁系统直流操作原理图依次启动各继电器，观察其动作情况，要求正确可靠。试验项目主要有开机令模拟、停机逆变令模拟、启动励磁模拟、灭磁开关跳合闸（次数尽量少）、励磁回路故障信号开出模拟等。

交流回路操作模拟试验：按照励磁系统交流操作原理图依次启动各接触器，观察其动作情况，要求正确可靠。试验项目主要有厂用电源（Ⅰ段、Ⅱ段）相互切换的动作模拟、风机启动、停止模拟、风机故障信号动作模拟。

励磁设备操作模拟试验，应该结合励磁调节器 I/O 检测试验一起进行，并且要联系机组监控装置一起观察上报信号的正确性。

5. 调节器测量信号校验

发电机定子电气参数测量校验：先将励磁调节器测量 TV 和 TA 外部接线从端子排上断开，然后外接继电保护测试仪，改变继电保护测试仪三相电压 U_g 和三相电流 I_g 的输出值以及相位关系，观察并记录励磁调节器的定子电气参数计算和显示值：P、Q、U_g（U_{g1}、U_{g2}）、I_g、频率和功率因数。

有的励磁调节器需要同步信号 U_t 才能进入发电机定子电气参数的计算，则还要将 U_t 的外部接线从端子上断开，将继电保护测试仪的 U_g 信号接到 U_t 回路，让励磁调节器的同步中断程序运行起来。

发电机转子电气参数测量校验：先将励磁调节器测量励磁电压 U_f 和励磁电流 I_f 外部接线从端子排上断开，然后外接信号源仪器，改变信号源输出，观察并记录励磁调节器的转子电气参数计算和显示值：U_f、I_f。由于不同励磁调节器转子电气参数测量方法不同，外接信号源仪器各不相同，但一般都可以使用继电保护测试仪。

6. 励磁调节器静态限制参数校验

结合励磁调节器测量信号校验，可以方便地进行励磁调节器静态限制参数校验，即通过继电保护测试仪为励磁调节器模拟输入定子电压、定子电流或转子电流，并按试验要求改变它们的幅值、相位和频率，校验励磁调节器各种限制功能。

利用发电机定子电气参数测量校验，可以进行欠励磁限制、过无功限制（定子电流限制）、伏赫限制、TV 断线、同步电压断线等限制和保护功能的静态校验。

利用发电机转子电气参数测量校验，可以进行过励磁限制，包括强励磁倍数限制。

励磁调节器静态限制参数校验，可以替代励磁调节器在发电机空载和负荷运行状态下的部分限制功能校验试验。

励磁调节器静态下的限制功能校验，一般都要模拟外部条件使调节器进入工作状态，比如要外接同步信号、转速信号等，可以考虑同励磁装置的小电流试验一起进行。

7. 励磁装置小电流试验

励磁系统小电流试验是指在整流柜的阳极输入侧外加厂用交流 380V 电源，直流输出接电阻负荷，调整控制角，通过观察负荷电压波形变化，综合检查励磁控制器测量、脉冲等回路和整流柜元件的一种试验方式。励磁小电流试验原理接线如图 4-13 所示，调压器 SYB 可以用继保测试仪代替，示波器也可以用记录仪代替。

试验方法：

（1）整流柜有输入、输出隔离开关时：依次断开各个整流柜交流输入和直流输出隔离开关，并在这些隔离开关的内侧即整流柜侧外接交流 380V 电源和电阻负荷；调整励磁调节器的控制角，观察负荷电阻上的电压波形，确认波形和励磁调节器、整流柜工作正常。

（2）整流柜没有输入、输出隔离开关时：断开整流柜同发电机转子之间的电气联系，比如跳开双断口开关；断开励磁变压器一次侧或者二次侧主回路，在变压器一次侧或者整流柜交流输入电缆侧外接交流 380V 电源，在整流柜输出电缆侧外接电阻负荷；调整励磁调节器的控制角，观察负荷电阻上的电压波形，确认波形达到要求，确认励磁调节器和整流柜工作正常。

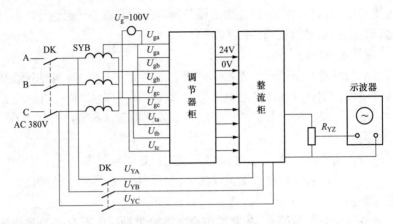

图 4-13　调节器带整流柜小电流试验

（3）改变控制角的方法有：控制角开环运行，直接设定角度，从 150°开始，在电阻负荷允许的情况下逐步减小；改变外接 TV 电压输入值，使控制角变化，注意电阻负荷的容量。

励磁小电流输出波形如图 4-14 所示。

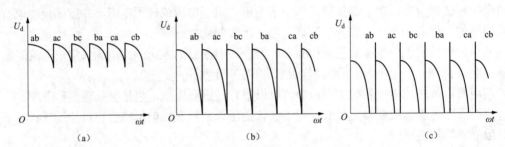

图 4-14　励磁小电流输出波形图

（a）$0° \leqslant \alpha \leqslant 60°$；（b）$\alpha = 60°$；（c）$60° \leqslant \alpha \leqslant 90°$

需要观察的波形有：强励磁和逆变波形、控制角 60°波形。特殊情况下需要观察晶闸管脉冲和变压器一次侧脉冲。

8. 励磁装置高压小电流试验

功率柜高压小电流试验方法：利用一个升压变压器 SYB 将 380V 电源升到励磁变压器二次电压后再进行小电流试验，此时示波器需使用电源隔离变压器。如图 4-15 所示。

安全措施：断开整流柜阳极断路器 DK，拉开整流柜直流输出隔离开关，断开灭磁开关，并取下其合闸电源熔断器，断开启动励磁电源开关；设专人监护，防止人员误碰带电部位。

9. 发电机二次设备联动试验

电气二次联动试验条件：断开启动励磁电源开关，投入厂用交流电源和直流操作电源及合闸电源，励磁设备处于热备用状态，没有任何故障信号和异常点。

电气二次联动试验内容：自动开机试验、自动启动励磁试验、事故跳闸试验、停机逆变试验、中控远方操作试验等。

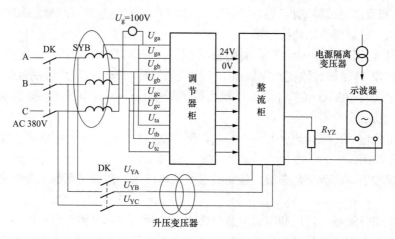

图 4-15 调节器带整流柜小电流试验（高压）接线示意图

电气二次联动试验注意事项：励磁设备已经处于准备好状态，确定不要随便再增加检修项目，不需再解开端子和拔下继电器，不需再投切励磁调节器电源，尽量少跳灭磁开关。

励磁调节器投切电源注意事项：在励磁调节器停电检修完毕后，一旦投电就尽量不要断电，因为投切电源对硬件有冲击。需要程序重启时，一般采用复位方式进行。

励磁设备检修完毕，除灭磁开关、启励电源开关必须由运行人员投入外，励磁设备内部所有开关已经合上就不要再断开，关好盘柜门，进入热备用状态，等待开机。

10. 发电机空载升压和短路升流试验

机组大修后，需要进行发电机空载升压（100%U_g）和短路升流（100%I_g）试验，励磁设备需要提供可以调节的转子电流，可以采用他励备用励磁，也可以将机组励磁系统由自励改为他励，此时励磁调节器 ECR 模式运行，励磁设备零起升电流。如图 4-16 所示。

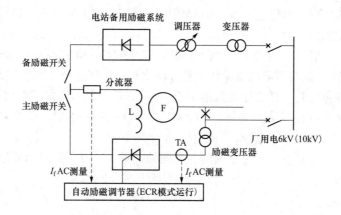

图 4-16 发电机空载升压和短路升电流试验接线示意图

11. 励磁设备空载试验

励磁启动励磁逆变试验：ECR 启动励磁升压，ECR 通道切换，ECR 和 AVR 切换，AVR

调节试验，10%U_g阶跃试验，ECR 逆变和跳闸灭磁；AVR 启动励磁升压，AVR 通道切换，AVR 逆变和跳闸灭磁等。试验时应始终设专人监视机端电压和转子电流变化。

TV 断线和双通道故障切换试验：模拟 TV 断线和通道失电故障，AC 380V 和 DC 220V 电源失电故障，记录调节器切换过程。

过励磁电流限制试验：无论是反时限过励磁限制（慢速过励磁限制），还是强励磁限制（快速过励磁限制），都是通过改变整定值小于实际值来使其动作，并观察限制效果。

U/f 限制试验：在 100%U_g 下，降低机组频率至 45Hz，机端电压自动降为 90%，再进一步下降，有的励磁系统则逆变。

机组建压稳定后，应检查并记录：U_{gref}、U_g、U_f、I_{fref}、I_f、功率柜电流。特殊情况录制励磁阳极电压波形。

需要注意的是：前两项是必做，后面的选做，可以用励磁调节器静态限制参数校验数据代替。

励磁空载试验录波，可以利用调节器自带的录波功能进行录波，也可以另外配置专用录波仪进行录波。专用录波仪录波量采用变送器输出弱电量，其响应速度应达到要求；如果直接输入励磁回路的强电量，则应该采取只有一个公共点的正确的接线方法和隔离措施，特别是录波仪的电源要采用隔离变压器，保证人身安全。

四、励磁设备的特殊试验

1. 励磁阳极电压的测试

特殊情况下需要录制励磁阳极电压波形，观测其过电压尖峰毛刺，评估励磁设备各种阻容保护效果。需要注意的是，使用高压测试线时信号要衰减、示波器电源要隔离。阳极电压测试所需设备有绝缘棒与高压测试线、隔离变压器、衰减仪。

2. 励磁设备负荷试验

发电机并网调节试验：并网后调节 P 和 Q，观察稳定性。

甩负荷试验：建议录波，但如果只能采用强电输入信号则取消录波，观察记录即可。

低励磁限制试验：在有功 P=0 时，减磁使欠励磁动作，继续减磁，无功 Q 不变；增加有功 P，欠励磁继续动作，无功 Q 不变，但励磁电流增加。如果欠励磁限制值太大致使试验困难，建议减小整定值后进行。

定子电流限制试验：在有功 P=80%～100%，无功 Q=−30%左右时，改变限制整定值，使之比测量值少 5%，延时后限制器动作，无功 Q 增加；在有功 P=80%～100%，无功 Q=30%左右时，改变限制整定值，使之比测量值少 5%，延时后限制器动作，无功 Q 减小。

过无功限制试验：在有功 P=80%～100%，无功 Q=30%左右时，改变限制整定值，使之比测量值少 5%，延时后限制器动作，此时无功 Q 减小。

需要注意的是：上述前三项是必做的，后面的选做，可以用励磁调节器静态限制参数校验数据代替。

3. PSS 现场试验

PSS 现场试验内容包括：

（1）励磁系统无补偿特性测量和有补偿特性试验；

（2）PSS 临界增益测量和 PSS 增益整定；

（3）发电机电压阶跃试验：在有功 P=100%，无功 Q=5%左右，PSS 投切条件下，分别进行 2%～3%机端电压阶跃，并记录 PSS 投切的稳定性，比较 PSS 投入和退出两种情况下有功功率的波动情况，确定 PSS 参数的合理性；

（4）PSS 反调试验：在 PSS 投入的情况下，按照运行时可能出现的最快调节速度进行原动机功率调节，观察发电机无功功率的波动即反调情况。一般来说，在无功 Q 不变情况下，要求 1min 内，先将有功 P 减少 10%，记录 PSS 的反调；再将有功 P 增加 10%，记录 PSS 的反调。

需要注意的是：前两项是选做，且必须在 PSS 试验专家的指导下进行，后两项选做，可以由现场技术人员进行。

第五章　大型发电机励磁系统的运行维护

一、发电机静态自并励系统励磁调节器回路的运行要点

（1）发电机励磁系统的运行方式。发电机的正常励磁电流是由机端出口电压经励磁变压器、晶闸管整流后获得的，另外还配置了独立的启动励磁电源。发电机启动时先由启动励磁电源升压，启动励磁电源容量一般应满足发电机建压至 10%～30% 额定电压的要求，当发电机电压升高到该电压值时，励磁变压器和启动励磁变压器同时投入工作；当发电机电压升高到约 70% 的额定电压值时，自动断开启动励磁电源，之后继续通过励磁变压器使发电机自励到额定电压。在启动励磁过程中，如启动励磁失败，则启动励磁自动退出。

（2）发电机励磁系统采用数字式电压调节器（AVR），该调节器由两套完全相同却各自独立的通道的自动励磁调节柜和一套手动励磁调节柜组成。正常运行时任选一个通道，另一通道备用，备用通道时时跟踪运行通道，备用手动励磁调节柜处于热备用状态。当一台自动励磁调节柜故障时，另一台自动励磁调节柜能自动切入承担全部工作，而当两台自动励磁装置均故障时，可改为备用手动调节励磁运行。

正常运行时 AVR 运行方式应投"遥控"位置。当运行通道故障时，备用通道可以无扰动自动切换。若进行手动通道切换时，应监视平衡表指示为零时再切换。正常运行时平衡表指示应为零。

励磁系统 AVR 具有下列基本功能和限制保护功能：转子电流调节功能、恒无功调节（Q 调节器）、恒功率因数调节（$\cos\varphi$ 调节器）、U/f 限制及保护、过励磁限制及保护、欠励磁限制及保护、电力系统稳定器（PSS）、转子过电压保护及其他辅助功能。

发电机正常运行过程中，AVR 一般投用机端电压调节方式，$\cos\varphi$ 调节器或 Q 调节器应得到调度许可方可投用。禁止在 500kV 单回出线运行方式下投用 $\cos\varphi$ 调节器或 Q 调节器。发电机励磁系统若投入 $\cos\varphi$ 调节器或 Q 调节器时，更应注意有功负荷变化及系统电压变化，监视发电机电流、电压和励磁回路电压、电流。

（3）运行中应关注的事项。

1）在发电机启动时，需借助外部直流电源（或通过厂用交流 400V 电源再整流）供给少量励磁，使发电机建立起初始电压［如 (10%～30%) $U_{\rm H}$］，而后再依次通过启动励磁与自励，自励至额定电压，因此需要启动励磁设备。

2）对于采用机端自并励静态励磁的同步发电机来说，由于自并励磁系统的功率单元在强励磁期间所能够提供的励磁直流电压最大值与发电机的机端电压有关，当电力系统尤其是机端附近发生短路故障时，由于机端电压的迅速下降将使该励磁系统的强励磁能力受到一定影响，经试验、研究证明：在同样的强励磁倍数下，在发生短路的 0.5s 内，自并励与他励具有相同的强励磁功能，自并励的上述缺点在发生短路的 0.5s 以后才会渐显出来。只要系统采用双重、快速保护，快速、可靠切除故障，采用数字式自动电压调节器的自并励励磁系统，完全能满足发电机及系统安全运行的要求。因而自并励静态励磁系统现阶段在大机组中得到了普遍推广应用。但对该类励磁系统的强励磁倍数有一补充要求：当发电机机端电压的正序分量为额定值的 80% 时，强励磁顶值电压倍数仍能满足 1.8 的要求。

3) 大容量机组采用静态励磁系统将对大电流滑动接触的集电环制造和电刷运行维护工作提出更为严格、苛刻的要求。

4) 自并励励磁系统在机组新安装或大修后的发电机短路、零起升压（或带主变压器一起零起升压）等试验时，必须将励磁变压器临时改接至专设的试验电源（如 6kV 厂用电源）。

需要说明的是，尽管静态自并激励磁方式相对以前的励磁方式有着明显的响应速度优势，使得它能有效提高系统和发电机稳定性能，但静态自并激励磁方式还是有缺陷的，当电网发生重大故障导致系统电压和发电机电压严重降低时，由于静态自并激励磁系统的励磁电源取自机端，不仅不会对机端电压起支撑作用，很可能导致系统电压由于失去支撑而加速崩溃。而在他励系统中不存在这些问题。因此，在负荷中心和在系统稳定较弱的地方采用哪种励磁方式的励磁系统，是一个值得商榷的问题。

二、无刷励磁的运行要点

无刷励磁取消了发电机主励磁回路的滑环和电刷后，将无法用常规的方法直接测量转子励磁电流、转子温度、监视转子回路对地绝缘。

（1）转子励磁电流测量。通过装在主励磁机转子上的方形轴线圈发出的输出信号，滤出基波，进行励磁电流的测量。

（2）旋转整流二极管及其熔断器回路的监测。运行操作人员在设备现场，通过频闪仪对旋转整流二极管及其熔断器回路进行监视；有些机组在该回路上装有自动监测装置，其工作原理是利用霍尔传感器，扫描经过三相导线流到各旋转整流二极管的电流，并将霍尔传感器的电压模拟量转换成数字量，自动监测各旋转整流二极管分支及其熔断器回路。

（3）接地检测系统。主励磁机和主发电机运行期间，利用接地检测系统来测量主励磁机电枢、整流装置、主发电机转子和全部内连接导体的绝缘电阻，每 24h 检查一次，检测时间为 1min，根据检测结果发出相应的报警和指示。检测原理为运行中检测器电路将直流试验电压加于滑环上，并产生一个对地接通的小环流，此电流反比于绝缘电阻。

1. 运行特点

交流励磁机旋转整流器励磁（无刷励磁）系统，发电机励磁的调节是通过调节主励磁机的磁场电流间接实现的。正常情况下，副励磁机的电枢产生的交流中频（如 400Hz）电源经两组三相全控桥式整流后，通过电刷供给主励磁机的磁场绕组，数字式自动电压调节器则根据系统和发电机的运行参数，通过闭环控制该三相全控桥式晶闸管整流器的导通角来调节主励磁机的磁场回路电流，继而控制主励磁机电枢（转子）的交流输出，而主励电枢产生的交流电（如 250Hz）经旋转整流器（不可控）整流后，作为发电机转子绕组的励磁电流，该励磁电流直接影响发电机输出。因而，发电机电压的闭环控制是通过一静态励磁装置控制发电机的主励磁机励磁绕组的输入而间接实现的。

该系统数字式自动电压调节器即是一套静态励磁装置。该装置的电源接自与发电机同轴旋转的中频（如 400Hz）永磁发电机的定子绕组，经三相全控桥式整流后，其输出接至主励磁机励磁绕组，是主励磁机常用励磁电源；主励磁机的备用励磁电源则从保安电源经感应调节器、三相整流后供给，即 50Hz 手动励磁。当永磁副励磁机或自动电压调节器因故退出运行时，由备用励磁电源 50Hz 手动励磁向发电机主励磁机的励磁绕组的供电，50Hz 手动励磁兼做发电机试验时使用。

2. 自动电压调节器的运行

正常运行时，主励磁机励磁电流由自动电压调节器控制、经三相全控桥式整流供电，50Hz 手动励磁处备用状态。两调节通道按主/从方式运行，而晶闸管整流桥的两柜则通常并列运行，即"主调节通道"输出脉冲控制两组晶闸管，"从调节通道"处于热备用状态；"从通道"跟踪"主通道"的调节脉冲触发角度值及控制给定值，"从通道"输出脉冲被阻断在主/从切换输出之前。主/从通道可实现正常状态下手动切换和故障状态下的自动切换，切换无冲击。但在一套故障情况下，另一套运行中又发生故障时，将不再相互切换，而是切换至手动。

3. 如何实现闭环电压控制

电压调节器内，电压设定点包括发电机电压值的设定点和定子电流限制信号，在控制器内与电压的实际值比较，也可将与有功或无功电流成比例的信号加至电压实际值（固定偏差），偏差受最大选择器的控制（参考低励磁限制），并送至 PID 控制器。被动通道的操纵量跟踪主动通道的操纵量而修正。以主控制器输出的值作为设定点，计算晶闸管的触发角度，并由门装置输出三相整流桥的触发脉冲。

4. 三相全控桥式晶闸管整流柜的运行

（1）正常运行时，通常采用双柜（或多柜）均流方式并列运行，各柜自动闭环运行，均流功能投入；均流功能故障时，均流功能退出，使用双柜（或多柜）自动方式闭环运行，亦有采用其中一柜热备用的运行方式。

（2）当整流柜之一因故退出运行，此时将故障柜方式切换开关切至"切除"位置。当双柜并列运行，两组整流柜中的 A 或 B 柜故障，因故退出运行时，均流功能自动退出，改由单柜供励磁，单柜自动方式。对采用其中一柜热备用运行方式，若运行桥发生故障，系统将通过移位和启动合适的触发脉冲，从故障桥无扰动地切换到冗余桥。

5. 50Hz 手动励磁的运行

正常运行时，50Hz 手动励磁自动投入切换开关应放在"投入"位置，50Hz 手动励磁直流输出电压应手动调整至与自动电压调节器的输出电压相同，但其输出被阻断，仅当两套调节器均故障时，50Hz 手动励磁自动投入运行（50Hz 手动励磁方式），主励磁机磁场电流改由保安电源经感应调压器三相整流后供给。调节器发生故障应及时修复并投入运行，严禁发电机在手动励磁下长期运行。在手动励磁调节器运行期间，发电机不允许进相运行，在调节发电机的有功负荷时必须先适当调节发电机的无功功率，以防止发电机失去静态稳定性。

6. 旋转整流装置的检查和维护

整流二极管为三相桥式全波整流电路，冗余设置。旋转整流装置中每桥臂有 n 个并联支路，通常要求当有一个或两个支路退出运行时，仍能满足强励磁在内的所有运行状态；当两个以上但不超出 $n/2$ 支路退出运行时，可连续额定容量运行，但强励磁功能应退出，励磁方式改为 50Hz 手动励磁运行。

在励磁机旋转整流装置运行时，为防止由于人与转动部分的接触和高噪声的危害，工作人员不得进入旋转整流装置外罩内，每周应定期用频闪灯检查每个熔丝有无熔断，并做好记录。

7. 运行中应关注的事项

无刷励磁方式取消了发电机主励磁回路的滑环和电刷后，高速旋转的励磁设备亦相应带来了监测、灭磁、强度设计等新问题，具体如下：

（1）装在高速旋转大轴上的硅整流元件和附属设备在运行中承受很大的离心力，要采用耐离心力的材料，并用环氧树脂固定，需考虑和解决机械强度问题。

（2）发电机励磁回路的监测将无法用常规的方法直接测量转子电流、转子温度，监视转子回路对地绝缘，监视旋转整流桥上的熔断器等，需采用特殊的测量和监视手段。

（3）快速灭磁问题。无法采用发电机磁场回路装设快速灭磁开关和灭磁电阻的传统灭磁方式，而只能间接地在交流主励磁机的励磁回路内装设灭磁开关，因此，灭磁时间相对较长。

（4）整流元件的保护问题。

（5）该励磁系统也属三机励磁方式，励磁环节的增多势必引起系统惯性的增大，相对励磁响应特性差些（对高起始响应无刷励磁系统，也可做到响应时间小于 0.1s）。

（6）当主励磁回路元件故障时，无法使用备用励磁设备，且检修修复的时间较长。

8. 检测与保护

（1）自动电压调节装置设有闭环限制控制，欠励磁、励磁过电流、定子电流等保护；进线（交流）侧过电压保护；直流侧过电压保护；用熔丝负荷分断器开断晶闸管装置；输入侧的接地故障监测等。

（2）输入侧的接地故障监测。包括发电机转子一点接地故障定期检测装置与主励磁机励磁绕组一点接地故障连续检测装置，有些装置将它们分设在调节器 A、B 柜内，每 8h 自动检测一次，每次历时 1min。调节器柜内发生故障时，其交流控制开关及接地检测交流开关仍应继续运行，避免发电机转子接地检测装置长期退出。

（3）灭磁。发电机故障跳闸后，装置通过控制转换器进入逆变运行（通过主励磁机的定子绕组），将能量返回交流电源。若交流电源侧故障，则直流侧过电压保护从外部触发，转换器脉冲取消且电源触点断开，励磁电流通过灭磁电阻惯性滑行减至零。

三、发电机励磁系统现场运维注意事项

随着微机保护的普及，由于保护装置原因引起的故障大为减少，但励磁系统引起的"非停"次数占总故障次数的比例却明显增加。例如：某厂 2 号机组励磁调节装置故障时，运行人员对装置异常引起的波动未能准确调整处理，最终造成运行中的机组灭火、停机、停炉。

不论是在设备的日常维护管理工作中，还是在定检工作过程中，发电企业给予励磁系统的关注远不如对发电机-变压器组保护装置的关注多，因此，建议要加强对励磁系统的巡检和定检，重视励磁系统的动态及静态试验；在机组大修时要倒换励磁碳刷极性，保证碳刷均匀磨损；日常巡视中加强发电机转子滑环及碳刷的检查及清理，在运行中一定要定期使用直流钳形表卡测各碳刷之间的电流分布情况，及时调整或更换电流过小或过大的碳刷，保障励磁系统所有元器件处于良好的运行工况。

励磁整流柜对于温度的要求非常高，也很敏感。曾有事故实例是励磁整流柜由于风机接触器线圈烧损导致风机停转，A、B 整流柜退出，引发机组跳闸。在日常运行中，的确有一些电厂将励磁整流柜风机故障设置为机组跳闸（有的是听信励磁装置厂家的建议，有的是对励磁整流装置原理的不理解），当风机停转时就会导致机组直接跳闸。由于直接跳机造成的损失较大，现在多数电厂已将励磁整流柜风机故障动作方式改为发信，这样是合理的，可以给运行人员一个调整运行方式的机会。另外，励磁功率柜的通风孔滤网，也是继保专业工作人员日常维护的一个重点，要定期清扫，避免由于灰尘积聚过多影响了通风孔通风不畅，风扇不能正常工作。励磁装置对于现场运行环境要求较高，要注意温度、湿度、清洁程度等。

1. 整流柜（或晶闸管整流柜）运行监视应注意的事项及异常或事故处理

（1）运行监视注意事项。

1）由于硅整流元件在正常运行期间发热量较大，如果散热不良，会缩短其使用寿命，甚至烧坏元件，应定期对其冷却系统进行检查，各组整流柜风机的运行电源应符合规定要求，风机运行情况应正常无异声、无焦臭味。

2）监视硅整流元件工作情况。各组整流柜电流指示应接近，无相差过大情况，每一个硅整流元件的电流均应保持在其额定电流以下，若差别过大，应判明是否由柜内元件故障所引起。

3）各运行指示灯工作情况正常，对该亮而不亮者应分析原因并消除。

4）整流元件及各电流接头无过热现象，整流元件故障指示灯应不亮，快速熔断器工作正常，无熔断指示灯亮。

5）使用冷却水者，其阀门、接头及管路应无渗漏水情况，冷却水压力指示正常。

6）各整流柜门应关好。

7）当整流柜内部发生故障，过电流保护动作，将作用于交流进线开关跳闸。如仅为一台整流柜开关跳闸，应尽量维持其他整流柜正常运行，除了加强监视外，还应迅速查出故障所在，故障排除后尽快恢复正常运行状态。如仅有两台整流柜运行且均因故障而造成进线开关跳闸，此时会造成发电机失磁，事故停机。

（2）发生异常运行或事故时的处理。

励磁系统功率单元由功率整流装置组成。对机端静态自并励励磁系统，励磁功率单元是晶闸管整流回路；对于交流励磁系统（无刷或有刷），励磁功率单元通常是三相全波桥式整流回路。

励磁系统的整流装置均是冗余配置，其输出有必要的裕量。若功率整流装置并联支路数等于或大于4，当有1支路退出运行时，应能满足发电机强励磁要求；但有2支路退出运行时，应满足发电机1.1倍额定励磁电流运行的要求。

1）当某一整流柜（或晶闸管整流柜）故障、电源故障时，调节器故障报警，就地指示相应整流柜故障。

处理方法：退出故障柜，检修处理。

2）整流柜风机故障跳闸。

现象：当整流柜风机运行中因故障跳闸时，控制室发出"整流柜故障"声光报警，每台整流柜内均装设了冷却风机，其作用是保证整流元件在正常运行时的散热，否则将会影响硅整流元件的正常工作，甚至使整流元件烧损。

原因：运行中的整流柜风机发生故障，由热继电器动作使风机开关跳闸；整流柜风机失去电源；因开关的励磁线圈失压释放而引起风机开关跳闸。

处理：风机开关跳闸，风机停止运转将影响该组整流柜的正常运行。

a. 整流柜的一台风机开关跳闸，另一台风机运行正常。通常整流柜风机均是冗余设置，可首先隔绝跳闸风机的电源，然后迅速寻找风机故障的原因。如为风机本身故障的，通知检修人员处理；如为电源故障，且备用电源合不上时，应查找原因并尽快恢复电源；如一台整流柜退出，通常仍能满足发电机额定励磁电流及强励磁工况时的需要，当不能尽快恢复风机电源时，可将该整流柜退出运行。为安全起见，在处理时有必要停用此台整流柜并拉开相应的整流柜交流进线开关后，查找原因。

b. 同一整流柜的两台风机均跳闸。一般来说，起因主要是风机电源故障，应迅速和运行值班员取得联系并设法恢复一路电源以维持风机的运行。短时间内无法恢复时，将该整流柜退出运行。

c. 在已有一台整流柜退出的情况下，发生运行整流柜的两台风机均跳闸，可采取以下紧急措施：一是架设临时通风机强制冷却；二是按硅整流元件无风机冷却时电流限额维持机组运行，但此种方式不做长期运行方式考虑。

3）整流柜内载流导体过热是常见的异常情况之一，其原因主要是接头的接触电阻增大，处理方式与一般电气设备发热相同。应注意的是：必须考虑机组励磁系统的运行情况，并及时和值班员取得联系，绝对不允许不经联系随意停用整流柜。如果原来已有一台整流柜停用而无法再停用时，可采取装设临时通风机强制冷却的措施，但要加强监视，以免故障发展，当情况严重时，应将其停用并及时通知检修处理。

在处理上述异常运行的过程中，运行人员应谨慎，防止误动、误拉扩大事故。例如，一台整流柜风机电源故障时，不能误拉另一台整流柜的风机电源开关；在发生故障后，运行人员应加强监盘，密切注意励磁系统的工况，必要时降低发电机负荷，以维持稳定运行。

2. 手动励磁调节柜与自动励磁调节柜运行的区别

手动励磁调节柜与自动励磁调节柜运行主要的区别在于：自动柜采用晶闸管整流，而手动柜采用硅整流；自动柜输出随发电机端电压及无功功率的变化而变化，而手动柜的输出需通过运行人员调节相应的励磁电源设备（如感应调压器）的输出大小来决定；自动柜具有强励磁、欠励磁等功能，而手动柜则没有。

3. 运行中，励磁调节由"自动"切至"手动"的操作原则

（1）对发电机机端静态自并励系统不具有跟踪功能的手动励磁控制单元，正常运行中，励磁调节由"自动"切至"手动"的操作原则为：检查手动励磁调节柜各元件是否完好；检查手动励磁调节柜交流开关是否合上；将手动调节柜输出电压调至最低位置；合上手动励磁调节柜直流开关；缓慢增加手动柜输出，直至无功表、主励磁转子电流表略有升高，确认手动柜已接带负荷；减少自动柜输出至最小，拉开自动励磁调节柜直流开关。

（2）发电机机端静态自并励系统具有跟踪功能的手动励磁控制单元，备用手动励磁调节柜处于热备用状态，备用通道可以无扰动自动切换。励磁调节由"自动"切至"手动"时，若进行手动通道切换，应监视平衡表指示为零时再切换；正常运行时平衡表指示应为零，"手动"可兼作自动通道故障时的短时备用。

（3）交流励磁机旋转（或静止）整流器励磁方式，手动励磁控制单元即 50Hz 手动励磁。当永磁副励磁机或自动电压调节器因故退出运行时，由备用励磁电源 50Hz 感应调压器输出，经整流后为发电机主励磁机的励磁绕组供电，手动调节 50Hz 感应调压器的输出来进行励磁的调节。50Hz 手动励磁兼做发电机试验时使用。

4. 励磁系统运行监控和定期检查、维护的要点

（1）运行中应监控励磁系统送往控制室的下列信号是否报警：

1）指示调节器工作状态。自动励磁调节器各通道工作状态指示；自动励磁调节器故障；自动励磁调节器切换动作。

2）指示调节器限制和保护动作。低励磁限制和保护动作；过励磁限制和保护动作；U/f

（过磁通）限制和保护动作。

3）指示整流装置工作状态。功率整流器熔丝熔断；整流装置冷却系统故障；脉冲丢失。

4）指示励磁电源工作状态。励磁变压器故障；励磁机故障。

（2）励磁调节装置的检查和维护。

1）定期检查自动励磁调节器各通道的工作状态指示是否与实际情况相符；检查工作通道的输出电压和输出电流应不超过装置的允许值。

2）应定期检查两个通道的输出电压和输出电流。输出电压应相等，输出电流之差应在制造厂提供的规定范围内。

3）晶闸管整流装置采用风冷时，应定期检查并监视风机的运行情况。

4）定期检查备用励磁调节装置对自动励磁调节通道的跟踪情况是否正常。

（3）定期检查整流柜的工作情况。接头有无过热现象、快速熔丝有无熔断、均流系数是否满足要求，冷却系统工作是否正常等。

（4）定期检查励磁变压器的接头无过热现象、温升是否在正常范围内、冷却系统工作是否正常等。

（5）定期检查有并联支路的非线性灭磁装置的熔丝有无熔断现象；应保证有足够支路在运行状态。

（6）现场规程应根据励磁装置的具体情况和制造厂的要求，制定出具体的检查项目和使用、维护方法。

（7）运行中的发电机，当励磁回路的绝缘电阻突然降低时，应以压缩空气吹净静电环（滑环）和碳刷，以恢复绝缘电阻。当水内冷发电机由于水质不合格引起绝缘电阻下降时，应换用合格的内冷水。如果绝缘电阻不能恢复，则应对发电机严密监视，尽快安排停机处理。当发电机绝缘过热监测器过热报警时，应立即取样进行色谱分析，必要时停机进行消缺处理。

5. 强励磁动作后的注意事项

强励磁动作通常是电力系统或其他并列运行的发电机发生故障，引起电压下降，发电机的励磁由自动励磁调节装置和强励磁装置作用增加到最大。"强励磁动作"信号灯亮，发电机过负荷，发电机电压指示偏低，励磁电流增加，有可能使表计达最大值，无功功率增大。

（1）大容量机组强励磁动作后，对采用机端静态自并励或三机励磁方式的励磁系统来说，因励磁电流大，应对滑动接触的集电环（滑环）和电刷进行检查，看有无烧伤痕迹；应检测发电机电刷运行温度并监测电刷电流，发现电流或温度不平衡时，应及时维护。

（2）采用无刷励磁的励磁系统，对装有旋转整流二极管及其熔断器回路自动监测装置的，应检查该装置的输出情况或通过频闪仪在设备现场监测各分路旋转整流二极管及其熔断器，检查各旋转整流二极管分支及其熔断器回路工作情况是否完好。

（3）强励磁动作如系系统或其他并列运行的发电机故障引起，属发电机强励磁正确动作，此情况下，值班人员不得干预自动励磁调节装置或强励磁装置的工作。

（4）如由于强励磁单元误动作而引起的强励磁动作，此时发电机电压表指示上升，并超过额定值，应迅速判明故障的 AVR，将该装置切至手动或停用。

（5）强励磁持续工作的时间。对于直接冷却的发电机，应遵照制造厂的规定，制造厂无规定时，强励磁时间不允许超过 10s。如超时，应检查 AVR 装置内保护、限制装置是否动作，并应立即根据现场规程的规定采取措施，使发电机的定子和转子电流降低到正常值。

6. 整流器励磁的同步发电机产生转子过电压的原因

采用旋转整流器励磁方式（无刷）励磁系统或交流励磁机静止整流器励磁方式（三机励磁）的励磁系统，同步发电机的励磁电流是由主励产生的交流电，经整流装置整流后供给的。当发电机发生故障瞬间，在过渡过程中，励磁电流为负值时，由于整流器不能使励磁电流反向流动，发电机励磁回路与开路相似，将导致转子绕组两端产生过电压。据试验，该过电压最高可达转子额定电压值的 10 倍以上。非同期合闸时，当发电机电压与系统电压之间有较大的相角差合闸时，也会导致很高的转子过电压。发电机失磁导致异步运行时，由于转子对定子磁场有相对运动，在整流器闭锁期间，转子绕组两端也会出现感应电压，有叠片磁极的水轮发电机，该电压值可能很大。为了保护转子绕组的绝缘，可采用在其两端并联灭磁电阻的方法，该电阻的阻值可选 1～15 倍于转子绕组的阻值，且有非线性的特性。灭磁电阻可永久地接入励磁回路，或当达到某一电压值时自动投入。

需要指出的是，对机端静态自并励，晶闸管整流装置整流后作为发电机励磁电流，因为晶闸管有逆变功能，使发电机转子的能量迅速转移、释放，快速灭磁，过电压的可能性小些。

7. 自动灭磁装置的方式、作用及要求

发电机励磁回路装设性能良好、动作可靠的自动灭磁装置。在发电机正常或故障情况下，均能可靠灭磁，强励磁状态下灭磁时，发电机转子过电压值不超过 4～6 倍额定励磁电压值。灭磁开关的参数满足强励磁工况（机端电压额定，强励磁倍数 2.5 倍额定励磁电压）选择。

（1）功能。在发电机主开关和励磁开关掉闸后，用来消除发电机磁场和励磁机磁场的自动装置，目的是在发电机断开之后尽快降低发电机电压，在事故情况下，迅速灭磁可以减轻故障的影响，不会导致危险的后果，具体有以下几方面：

1）发电机内部短路故障时，通过快速灭磁，使发电机不再向故障点提供故障电流。

2）当采用发电机-变压器组接线，变压器（包括主变压器、高压厂用变压器）内部故障时，尽管变压器高压侧断路器已断开，通过快速灭磁使发电机向故障点所供的故障电流迅速衰减。

3）发电机甩负荷时，通过自动灭磁，避免发电机因转速升高而定子电压大幅度升高。

4）发电机发生故障时，快速灭磁，在过渡过程中，限制转子绕组两端过电压。

5）当转子两点接地引起跳闸时，快速灭磁可避免发电机转子的进一步损坏。

（2）自动灭磁装置灭磁方式，发电机灭磁通常采用下列两种方式：

1）逆变灭磁。对机端静态自并励励磁方式，自动电压调节装置通过控制转换器将晶闸管进入逆变运行，并将能量返回至交流电源（励磁变压器）；对交流励磁机整流器励磁方式（旋转或静止），晶闸管进入逆变运行，将能量返回至主励磁机的定子绕组。

2）开关灭磁。励磁电流通过灭磁开关经灭磁电阻惯性滑行减至零，灭磁电阻可采用线性电阻或用非线性电阻时，其容量应能满足发电机强励磁时灭磁的要求。

（3）要求。灭磁装置动作快速、简单、可靠。发电机各种工况下，要求灭磁时能可靠灭磁；在强励磁状态下灭磁时，发电机转子过电压值不应超过 4～6 倍额定励磁电压值。灭磁装置和转子过电压保护应有良好的配合特性；灭磁装置容量能满足发电机强励磁时灭磁的要求；灭磁开关在操作电压额定值的 80% 时应可靠合闸，在 30%～65% 之间应能可靠分闸。

8. 大电流滑环和电刷的选用、定期检查应关注的事项

大容量机组如采用机端静态自并励装置或交流励磁机静止整流器励磁方式（三机励磁）

的励磁装置，由于励磁电流大，滑动接触的集电环（滑环）及电刷的合理选用和定期检查是确保励磁系统可靠运行的重要环节，应关注如下问题：

（1）转子集电环材质的硬度要适当，在滑环表面上要铣出沟槽。运行中，当滑环与电刷滑动接触时，会由于摩擦而发热。在滑环表面车出螺旋状的沟槽，一方面可以增加散热面积，加强冷却，另一方面可以改善同电刷的接触，而且也容易让电刷的粉末沿螺旋状沟槽排出。滑环上还可以钻一些斜孔，或让边缘呈齿状，以加强冷却效果，因为转子转动时这些斜孔和齿可起到风扇作用。集电环的刷盒结构应采用恒压弹簧，刷握采用多握型安全刷握，一个刷握可同时带电调换一排 4～6 个电刷。在机轴上配套的集电环冷却风扇应确保可靠运行，排风通畅。集电环隔音罩内应设有防爆照明。

（2）电刷呈负温度特性。电刷有一种特性，即"负温度特性"，当电刷的温度在一定幅度范围内增高时，它的接触电阻反而降低，在 80～100℃时最低，当温度超过 100℃时，接触电阻又急剧增加，这将对接触面的稳定和各电刷间的均流极为不利。当某一块电刷进入不正常状态并开始发热，由于负温度效应，电刷的接触电阻反而减少。这样，流过此电刷的电流将增加，则该块电刷愈加发热，直至接触电阻降至最低点、流过的电流最大为止，如此恶性循环，使电刷劣化加速。这种"崩溃"式的变化，使原流经此组电刷上的电流进行"雪崩"式的重新分配，可能会使该组电刷上的电流负荷差达 10 倍以上。接触电阻小的电刷将得到大部分的电流，很可能使它们也发生"雪崩"，这种连锁反应的后果是非常严重的。

（3）选用电刷应详细了解其各项性能指标，一块合格的电刷应具备以下特性：有良好的润滑性能；有较低的电阻率；有良好的均流性；有良好的透气性；电刷本身耐磨，对集电环磨损也小；能建立良好的氧化膜。

（4）制造厂提供的技术特性数据中有电刷的允许圆周速度和额定电流密度两项，要计算、分析运行机组电刷的实际的圆周速度及额定电流密度是否能够满足要求。

（5）正常运行中，对滑环、电刷定期检查的项目有：电刷在刷盒内弹簧压力是否正常，有无跳动或卡涩情况；电刷连接软线是否完整，接触是否良好，有无发热，有无碰触机壳的情况；电刷边缘有无剥落的情况；电刷是否过短，若超过现场规定，则应给予更换；各电刷的电流、温度分布是否均匀，有无过热；滑环表面的温度是否超过规定；刷盒和刷架上有无积垢；整流子和滑环上电刷是否有冒火情况。

9．大电流电刷定期维护的工作要点及注意事项

运行中电刷的维护，是在电刷型号及配套设备已选定的前提下，为防止电刷大面积发热，避免造成难以恢复的局面，树立定期维护的思想，制定相关的运行维护手段是非常重要的，也是非常有必要的。

（1）定期维护可按以下原则进行。因电刷损坏的最直接原因是温度过高，采取电刷运行温度和监视电刷电流相配合的方法进行，发现电流或温度不平衡时应及时维护，将电刷隐患控制在早期萌芽状态。监测电刷的温度可采用红外线测温仪监测，当测到某些电流较小或温度差较大时（电流和温度的数值应根据不同机组的具体实际制定），则必须进行调整，调整后各电刷电流、温度应均衡，最高温度不应超过 100℃。

（2）分析造成温度高的原因，大致有工作摩擦和压力不当、冷却通风效果差、电流分布不均、脏污。查明确切原因，有针对性地采取相应措施。

（3）特殊运行状态。机组大负荷期间应注意加强对电刷的检查维护，当转子电流增加较

多时（如强励磁动作后）应增加测试发电机、励磁机电刷一次。

（4）维护电刷时的安全注意事项。机组运行中，进行电刷维护的工作时，应由一人维护、一人监护，工作人员应穿绝缘鞋或站在绝缘垫上，使用绝缘良好的工具，单手操作，做好防止短路及接地的措施。当励磁回路有一点接地时，应特别注意。禁止两手同时碰触励磁回路和接地部分，或两个不同极的带电部分，工作服等穿戴应符合规程规定。

10. 交流主励磁机异常运行情况与处理

交流励磁机励磁或静止整流器励磁方式，均设有交流励磁机，交流主励磁机的结构及工作原理类似于发电机，对于它的一些异常情况及处理也有一些方面类似于发电机，主励可能出现的异常状况大致有以下几方面：

（1）主励磁定子绕组短路。

1）起因：可能是绝缘老化、冷却器漏水、绝缘磨损（往往是由于有异物或振动过大等原因造成）、机内结露造成绝缘水平下降以及制造、安装等其他方面的缺陷，也可能是过电压导致绝缘击穿等原因。

2）处理：一般机组装有主励磁机差动保护，在差动保护范围内一旦发生相间短路故障，差动保护动作，直接动作于发电机解列、灭磁。

3）对策：如同发电机一样，应定期进行交流励磁机的预防性试验，运行人员在启动前要按规定测量机组绝缘是否合格，并与之前所测值进行比较，确定是否有大幅下降；运行中应注意冷却空气温度是否过低、冷却水流量是否异常、机内是否有异常声响、机组强励磁时间是否过长、机组振动是否过大等现象，以便尽早发现隐患并及时处理。若主励磁机一旦发生上述异常，应迅速按照运行规程进行处理。对于检修人员，应提高安装、检修质量，减小因安装不良而造成的隐患。

（2）绕组温度过高。

1）运行中应注意判明原因，及时处理，首先排除是否是测温元件故障。

2）如确系绕组温度高，其原因大致可分为两大方面：一是冷却系统工作异常，主要可能为冷却水温高、流量下降或水管发生阻塞或风道受阻等；二是电气回路工作异常，主要可能为电流过大且时间过长，匝间短路、铁芯过热、绝缘击穿等。

（3）主励磁机冒烟或着火是励磁系统异常运行中最为严重的情况之一。

1）起因：励磁机冒烟着火产生的原因很多，主要有绕组短路、绝缘击穿、接头过热、铁心局部过热等引起。故障发生时，往往在其附近闻有焦味，并可能看到冒烟或着火。

2）处理：遇有明显的主励磁机冒烟着火现象时，为了避免事故的扩大和设备的进一步损坏，一般应采取紧急停机措施，然后进行灭火。灭火的注意事项与发电机着火的灭火注意事项相同。

3）对策：为了能尽早发现励磁机的冒烟着火，运行人员包括发电机现场的其他值班人员，应严格执行设备的定期巡检制度，主励磁机产生冒烟着火时，发电机的有关运行参数，如定子电流、转子电压、无功负荷等通常降低很多；特别是对不正常的气味，绝对不能轻易放过，应仔细查找，发现问题及时处理、汇报。如在主励磁机冒烟的初期即能被发现，应立即汇报主管领导，申请尽早安排停机消除故障。

11. 副励磁机异常运行情况与处理

（1）副励磁机的运行特性。副励磁机运行中出现异常现象的机会不多，但副励磁机的转子是永磁式的，主轴只要转动，其定子侧就会有电动势。由于此恒定电动势的存在，一旦发生副励磁机定子接地、机内或出口短路故障往往会造成故障的迅速发展，需立即解列停机。对副励磁机异常运行，如何正确判断、处理提出了较为严格的要求。

（2）副励磁机可能出现的异常状况及处理。冒烟或着火是影响副励磁机安全运行的最为严重的情况之一，发生此情况的原因较多，需分别处理。如果副励磁机冒烟严重或已经着火，应迅速解列停机，然后灭火，并通知检修人员进行处理。如果副励磁机冒烟并不严重或是及时发现的早期冒烟，迅速使副励磁机由负荷状态转变为空载状态，就有可能继续维持发电机的运行。其处理方法是：一方面迅速将励磁方式由 AVR 方式切换至 50Hz 手动励磁电源；另一方面立即拉开副励磁机的输出开关。期间应有专人监视副励磁机冒烟情况的发展。如果故障是由副励磁机绕组线圈对地绝缘击穿引起的，则冒烟必将会继续发展，此时应立即解列停机。上述带病运行是为了争取时间而采取的权宜之计，条件允许的必须尽早停机处理。

12. 发电机失磁异步运行的现象及处理

当发电机励磁系统故障引起机组失磁时，发电机将进入异步运行。

（1）现象。发电机定子电流大幅度升高；发电机有功功率降低并摆动；发电机发出有功功率、吸收无功功率，无功功率变为负值，功率因数表指向进相，主要特征是逆无功、加过电流；发电机定子电压降低并摆动；发电机转子电流周期性正、负值之间摆动，当转子回路断开时电流指示为零；转子电压在正、负值之间呈周期性摆动；转子转速超过额定转速；可能出现"发电机失步""发电机失磁"信号。

（2）处理。

1）严格控制发电机组失磁异步运行的时间和运行条件。根据国家有关标准规定，不考虑对电网的影响时，汽轮发电机应具有一定的失磁异步运行能力，但只能维持发电机失磁后短时运行，此时必须快速降负荷（减有功）。若在规定的短时运行时间内不能恢复励磁，则机组应与系统解列。制造厂无规定时，应根据电网电压的允许降低程度，通过计算和试验确定机组能否失磁异步运行，并将失磁异步运行的有关规定写入现场运行规程。

2）发电机失去励磁后是否允许机组快速减负荷并短时运行，应结合电网和机组的实际情况综合考虑。如电网不允许发电机无励磁运行，当发电机失去励磁且失磁保护未动作时，应立即将发电机解列。

3）对系统允许失磁时短期运行的机组来说，则应立即退出自动励磁调节器，手动恢复励磁，如不能恢复，应汇报运行值班员，60s 内将负荷降至额定值的 60%，在其后的 90s 内将负荷降至额定值的 40%；其他机组自动励磁调节器不得退出运行，尽量增加其他机组的无功功率输出。

4）失磁运行的持续时间不得超过 15min。15min 内不能恢复励磁的，应请示值长将机组与系统解列。不同机组时间不同，制造厂有规定。

13. 其他故障处理

自并励励磁系统相对三机励磁系统和直流励磁机励磁系统，控制环节少，相应速度快；结构简单，运行维护工作相对较少；机组轴系短，振动问题相对较少。但随着投运机组的增多，投运年限的增加，自并励系统也发生了一些故障。以下是近年来一些比较重大的故障。

（1）励磁变压器检修后连接螺钉松动。2006 年，某火电厂 300MW 机组检修后开机不久，自并励励磁系统的励磁变压器在运行中发生爆炸，机组非停。事故原因是，励磁变压器与发电机母线的软连接线 C 相连接螺钉没有拧紧，接触电阻较大，运行中发热严重，导致 C 相软连接被励磁变压器高压侧电流熔断，造成 C 相软连接对地短路。随后励磁变压器电流持续增大，短路故障继续发展，发电机母线在励磁变压器侧形成相间金属性短路，造成爆炸。

故障录波显示，励磁变压器低压侧电流最大时超过 8000A，额定励磁电流为 2642A。事故造成励磁变压器严重受损，与发电机母线连接部分受损，周围窗户、墙体受损。

（2）励磁变压器温控器探头安装到高压侧。某火电厂 600MW 机组，检修后开机不到 48h 因多个发电机-变压器组非电量保护动作，机组非停。

事故原因是该励磁变压器（国产励磁变压器）因低压侧电流远大于高压侧，其温控器应安装于低压侧，但被检修人员误安装到高压侧，检修后开机不久，温控器探头绝缘被击穿，励磁变压器高压侧与温控器之间存在电流，造成励磁变压器高压侧线圈绝缘受损，形成机组定子单相接地故障；同时高电压沿温控器探头、二次回路进入发电机-变压器组保护非电量保护柜，造成多个非电量保护同时动作。事故造成励磁变压器受损，机组在迎峰度夏期间停机超过 24h。

（3）励磁电流采样失真。某火电厂 300MW 机组带 300MW 负荷正常运行中跳闸，经分析确认是 UNITROL 5000 型励磁系统发"励磁故障"引起发电机-变压器组保护跳闸。

为尽快恢复机组运行，在外观检查一、二次设备无明显故障，绝缘检查正常后机组马上启动励磁，在启动励磁过程中再次跳机。再次对励磁系统进行了外观检查，仍没有发现异常。做励磁系统模拟负荷试验，未发现异常，说明调节器和整流柜正常。

在自并励下进行手动升压试验，当发电机电压升到 12kV，励磁电流达到 500A 左右后，励磁电流开始波动，波动幅度逐渐加大，最终励磁系统发故障信号跳机，判断为励磁电流测量回路存在问题。

励磁电流采样主要由三部分组成，励磁变压器低压侧由 TA 转为小电流后送到 PSI 板，PSI 板转为弱电信号进入 MUB 板，MUB 板进行模数转换后送入 CPU。

首先对 PSI 进行了更换，重做手动升压试验，仍然发故障跳机；再对励磁变压器低压侧 TA 进行检查，检查发现 C 相 TA 外壳有很小的裂缝，开壳发现 TA 绕组顶部有道很小的划痕，更换 C 相 TA，重做手动升压试验，结果正常。对该 TA 进行试验后发现绝缘受损。分析为该 TA 因绝缘受损，在电流超过一定幅值后，电压上升超过其绝缘值后，电流输出不稳定。励磁系统在转子电流发生波动后认为系统输出不稳定，从而跳闸。事故造成机组停机超过 72h。

（4）转子过电压回路电流失真。某新建火电厂 300MW 机组试运行中跳闸。经检查，发电机-变压器组收到"励磁系统故障"跳闸，UNITROL 5000 系统内部故障信号为"Crowbar 动作"。UNITROL 5000 内 Crowbar 动作逻辑为判断 Crowbar 回路的电流大小，电流大于定值后认为 Crowbar 已导通，发"励磁系统故障"信号到发电机-变压器组保护。

Crowbar 回路电流通过一个霍尔元件采样，跳闸定值设为 200A。更换霍尔元件后，重新进行开机试验。经过多次观察发现 Crowbar 回路电流随着励磁电流的增大而增大，在机组空载时 Crowbar 回路电流达到 190A，如果并网带负荷，励磁电流稍有增大就会发"Crowbar 动作"。

因霍尔元件为磁感应原理，如果周围存在磁场，其采样值很容易受到干扰，初步判断是周围存在磁场干扰。经询问厂家，该厂 Crowbar 所在屏柜内母线与其他电厂的母线安装方向不同。安装时应使霍尔元件磁场采集面与其他磁场的磁力线平行，才能将其他磁场的干扰降到最小。

调整 Crowbar 母线与其他母线的安装方位后，重新开机升压，Crowbar 电流在空载时降低到 100A 以下。为安全起见，同时调整了 Crowbar 电流的跳闸值，并在机组试运行期间加强监视，在满负荷时 Crowbar 电流仍达到 200A，最后跳闸定值改为 300A。

（5）冷却风道破裂。某水电厂 240MW 机组因励磁系统故障引起非停事故。该厂励磁系统为奥地利伊林公司生产励磁系统，1994 年投运，励磁调节器显示跳机原因为冷却系统故障。该厂励磁系统冷却方式采用强迫风冷方式，冷却风道内装有风压继电器，当风压不够时，风压继电器触点将闭合，发出"冷却系统故障信号"。检查发现风压继电器正常；风压管道为塑料管道，由于投运年限较长，维护人员在清洗管道时使用了含有腐蚀剂的清洗液，导致风道出现破损，风压继电器压力不够，发"冷却系统故障"跳机。

（6）发电机电流与电压二次接线反向。某新建火电厂 600MW 机组在首次并网过程中发生过励磁，机组过电压保护动作跳机。过电压过程中发电机电压顶表到满量程，无功功率超过 400Mvar。

事故原因：接入励磁系统的发电机电流方向接反，励磁调节器内部判断有功功率、无功功率方向与实际方向相反。机组并网时 AVR 为自动运行方式，随着运行人员手动增磁，励磁调节器判断机组进入低励磁状态，发出增磁命令，机组实际无功功率增加，但励磁调节器无功功率方向与实际方向相反，判断此时机组无功进相更深，增磁力度更大，恶性循环，最终导致机组过压。

（7）通信错误导致励磁系统严重烧损。某电厂 600MW 机组在 504MW 的负荷下完成 PSS 试验，存储参数时 UNITROL 5000 励磁系统发生严重故障，机组跳闸。

事故导致调节柜内双通道的控制板件严重损坏；1 号整流柜后部遭到严重破坏，所有负极晶闸管熔断器熔断，整流柜内所有控制板件全部烧损；其他整流柜有部分熔断器熔断；灭磁柜柜体严重损坏，所有元件均被电弧烧坏，磁场断路器的灭弧栅之间可见严重的电弧爆炸痕迹，灭弧栅板之间有许多球状金属熔化物，在触头与灭弧室上方发现融化金属的迹象，灭弧室承受了巨大的冲击。

因励磁设备严重受损，励磁装置内所有数据损坏，事故分析主要依靠机组故障录波信息。根据机组故障录波，事故为励磁系统过励磁或强励磁事故，励磁系统发跳闸令后，磁场电压没有发生翻转，说明此时磁场能量没有转移至灭磁电阻中，原因可能为此时励磁电流太大，磁场断路器不能分断，灭磁系统无法完成磁场电流的转移。这种情况极大地延长了燃弧时间（故障录波显示有 600ms），灭弧室承受能量有限，造成灭弧室爆炸，致使周围空气电离，引起距离灭磁开关最近的交流母排三相短路，造成 1 号整流柜严重受损。造成机组强励磁的原因分析不清楚，厂家从瑞士调来的专家分析，可能在现场检查、存储参数时，调试电脑与 AVR 之间出现通信错误，AVR 可能收到了错误参数引发强励磁。

事故处理：更换整套励磁系统；强化灭磁系统的设计参数；禁止在调试软件的 Parsig 下修改参数。

（8）其他故障。

1）整流柜因冷却系统故障烧损。某水电厂 80MW 机组在励磁系统改造后，1 号整流柜在运行中烧损，退出运行。

故障原因分析：该厂在改造时，考虑水电厂厂房温度较低，没有设计冷却系统，导致晶闸管在运行中因温度高烧损，退出运行。

2）运行中装置电源发生故障。某新建火电厂 300MW 机组试运行过程中发生电源装置故障，紧急停机。

事故原因：该厂励磁系统屏柜设计在发电机平台上，其屏柜下方为高温管道，且屏柜封堵不严，导致屏柜内温度较高；励磁调节器运行通道装置电源损坏，切换到备用通道，运行人员及时发现并紧急停机。

3）装置板件故障导致跳机。某火电厂 2 台 300MW 机组采用进口励磁设备，投产后由于该励磁系统在国内销量日益萎缩，售后服务和备品备件收费昂贵。机组板件老化后经常发报警信号，多次发生因板件故障导致的跳机事故。

4）励磁变压器冷却风机未安装。某新建火电厂 600MW 机组在试运过程中励磁变压器绝缘层过热融化，绝缘受损。

故障原因：因厂家和安装单位失误，励磁变压器未安装冷却风机，机组带高负荷后，励磁变压器发热严重，导致绝缘层受热融化。采取临时冷却风机冷却后，绝缘层逐渐稳定，机组维持到 168h 试运结束。

5）机组开机后励磁电流偏高。某火电厂 300MW 机组在临时停机后启动励磁升压时，发现额定空载电压下的转子电流较发电机空载特性试验数据高 200A。

故障分析：机组励磁系统 A 通道用的 TV 一次熔断器电阻达到 5kΩ，正常熔断器阻值为 200Ω。因回路电阻增大，励磁系统电压采样值偏小，实际机端电压偏高，转子电流增大。

6）主励磁机转子绝缘在运行中受损。某火电厂 300MW 机组三机励磁方式。机组在励磁调节器改造后的并网试运过程中，运行人员发现主励转子电流偏高。

故障分析：对比前后 2 天的运行数据，发现同样工况下机组主励转子电流由 120A 增大至 200A，分析主励转子的阻抗特性发生了变化，同时励磁电压纹波系数增大，录波发现励磁电压毛刺较动态试验时增加较多。紧急停机后，检查发现主励转子绝缘破坏。

进一步检查励磁电压毛刺增多原因，重做小电流试验，发现 A 柜一个周波内励磁电压波头增多 1 个，B 柜正常。判断 A 柜触发脉冲或晶闸管出现问题。

逐个检查脉冲放大模块绝缘及回路电阻，发现+B 晶闸管脉冲放大模块回路电阻明显偏低，更换+B 晶闸管脉冲放大模块后故障仍然存在。解开 A 柜所有晶闸管一次连接回路，逐个检查晶闸管导通及绝缘情况，所有晶闸管导通情况正常，但+B 晶闸管反向电阻与其他晶闸管相比明显偏小。更换+B 晶闸管，重做模拟负荷试验恢复正常。对应脉冲模块回路电阻偏低的原因是+B 晶闸管门极电阻下降，导致在与其连接的脉冲放大模块回路电阻偏低。

7）空调冷凝水进入励磁屏柜。某新建火电厂 300MW 机组在试运过程中继电保护装置发"转子接地报警信号"，检修维护人员处理过程中，励磁屏柜内冒烟，运行人员紧急打闸停机。

故障原因：因励磁小室内中央空调管道经过励磁屏柜上方，空调冷凝水滴在励磁屏柜上，由屏柜间缝隙缓慢进入励磁屏柜。缝隙下方正好是阻容保护的电容器。滴水将电容器与其外壳连通后，电容器绝缘马上降低，所以转子接地保护报警，电容器很快被短路，爆炸冒烟。

8）HPB 型灭磁开关辅助触点整体松脱。某新建火电厂 300MW 机组在基建调试期间，灭磁开关合闸回路时好时坏。检查发现 HPB 开关的辅助触点外接部分与开关机构的连接螺钉松动，整体可随意拖动 2cm，导致回路接触不良。

采取措施：机组在首次并网或大修后先暂时退出低励磁限制功能，待判断励磁调节器内有功功率、无功功率方向正确后再投入低励磁限制功能。

14. 检修维护中应注意的问题

安全注意事项：

1）模拟负荷试验和他励试验时必须注意临时电源的相序；

2）机组首次并网或大修后首次并网前，应退出低励磁限制功能；

3）新建机组励磁系统或改造的励磁系统，需对屏柜内所有装置进行检查后才能上电，首次上电建议由厂家技术人员执行；

4）励磁系统动态试验在试验现场须有就地紧急跳闸按钮；

5）他励试验时，临时电源须设置保护，并经校验合格；

6）模拟负荷试验时，需考虑检修电源的容量及过电流能力，如果电源容量太大，需增加容量适当的空开。

检修试验经验：

1）检修维护工作应注意做好工作记录，及时出具试验报告；

2）检修开工前应学习上次检修报告，查阅缺陷记录，列出重点工作内容；检修完成后，应及时查阅试验记录，分析现场试验情况，总结经验教训；

3）所有试验完成后应注意核对参数，保持并备份；全部或重要的励磁参数应经生产管理部门批准才能写入装置；

4）针对励磁系统出现的报警或缺陷应及时处理；

5）专业人员必须定期巡视设备，了解各种工况下运行参数的大致范围，发热部件的大致温度；

6）励磁系统改造应经电网整定计算部门同意。

四、励磁系统的启动励磁问题及解决方法

如前文所述，发电机的励磁系统有多种，如三机励磁系统、自并激励磁系统、两机励磁系统、直流励磁机励磁系统和两机一变励磁系统等。按励磁方式可分为自励励磁系统和他励励磁系统，其中又以自并激励磁方式和三机励磁方式为主要的两种励磁方式。关于自并激励磁相对于常规励磁对系统稳定性影响的研究已表明，自并激励磁对系统的稳定性更为有利，甚至可以使得原先不能稳定的系统变得稳定，而且自并激励磁系统在采用封闭母线、继电保护采用带记忆的后备过电流保护等措施以后，诸如关于自并激励磁系统机端短路问题产生的争论基本不复存在了，自并激励磁系统减小轴长，对减小基建投资、改善轴系扭振都是大有好处的，其应用也越来越广泛。但在火电厂的老机组三机励磁仍为主要的励磁方式的现实情况下，讨论自并励励磁系统和三机励磁系统的启动励磁问题及其解决方案还是很有现实作用的。

1. 三机励磁系统启动励磁中存在的问题

对于一个性能优良的励磁系统，它应能保证在调节发电机励磁的时候，发电机的机端电压能够平稳地变化。三机励磁系统是一个典型的他励励磁方式，它除了可以采用电压或电流闭环运行方式外，还可以采用定角度运行方式。所以一个性能优良的三机励磁系统，必须具备在电压或电流闭环运行方式和定角度开环运行方式下都能平稳地调节发电机的机端电压的性能。

而在实际运行的励磁系统中，并非所有的励磁系统都能达到上述要求，主要表现在励磁系统的启动励磁过程中。当采用电压或电流闭环运行方式时，发电机的机端电压需经过较长时间的振荡才能稳定或者发电机的机端电压的摆动根本就不能平息；当采用定角度开环运行方式时，晶闸管的触发角小于 90°以后，晶闸管整流桥并不能立即有足够大的电压（电流）输出，发电机机端电压几乎为零（发电机机端此时一般有100V左右的残压），而继续增磁以后，晶闸管突然产生较大的输出，相应发电机机端电压很快上升到某一不期望的甚至是发电机零起升压过程中所不允许的值。上述三机励磁系统启动励磁过程中的发电机机端电压的摆动或/和突然上升显然是让人难以接受的。

（1）三机励磁系统启动励磁问题产生的原因。

三机励磁系统之所以存在上述的启动励磁问题，其主要原因在于三机励磁系统中的电源为中频电源，尽管在三机励磁系统中的晶闸管元件都已经采用了快速器件，但由于其触发脉冲宽度较窄，一般仅有100μs左右（而当励磁系统输入电源为工频电源时，晶闸管的触发脉冲宽度达到1ms），在这样短的时间内，要保证晶闸管能够可靠触发导通并在脉冲消失以后仍能可靠导通，必须保证流过晶闸管的电流有较快的上升速率，在脉冲消失前，流过晶闸管的电流超过晶闸管的维持电流。所以，当发电机组的主励磁机的转子时间常数较大时，如果不采取适当的措施，即便已经采用了快速的晶闸管器件，出现启动励磁问题仍不可避免。

影响流过晶闸管的电流上升速度的主要因素包括以下几个方面：加在晶闸管上的阳极电压的大小；晶闸管的电流上升速率；晶闸管触发脉冲前沿的上升速率；晶闸管输出回路的时间常数。而加在晶闸管上的阳极电压的大小是由交流副励磁机的输出电压决定的，为保证晶闸管在触发角略小于 90°时即能导通，就要求加在晶闸管上的电压为副励磁机输出电压幅值的一半（sin150°），晶闸管就可以可靠导通；晶闸管的电流上升速率是由晶闸管器件本身决定的，快速器件的采用已尽可能满足这一要求。当今晶闸管的触发回路的设计已保证晶闸管触发脉冲前沿有很快的上升速率。所以，可以从改变晶闸管输出回路时间常数的方面分析三机励磁系统启动励磁问题产生的原因。图 5-1 所示为三机励磁系统的示意图。

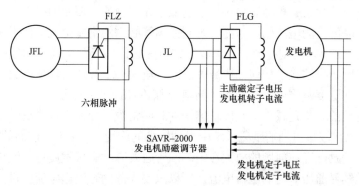

图 5-1　三机励磁系统接线示意图

JFL—交流副励磁机（一般为永磁机）；JL—交流励磁或称主励磁机；

FLZ—晶闸管整流装置；FLG—二极管整流装置

图 5-2 所示为交流励磁机的转子回路的等效电路原理图。由于脉冲持续的时间较短，所以加在交流励磁机转子上的电压在脉冲的有效宽度内的大小可以认为基本不变。

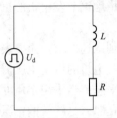

图 5-2　主励磁转子的等效电路原理图

L—交流励磁机的转子电感；R—交流励磁机的
转子电阻；U_d—晶闸管输出电压

由于晶闸管的脉冲触发回路大都已采用加速触发电路，且晶闸管都采用了快速器件，当忽略晶闸管的暂态过程时，由图 5-5 可知流出晶闸管的电流可以近似表示为

$$I_d = \frac{U_d}{R[1 - e^{-(L/R)t}]}$$

当交流副励磁机（永磁机）的输出电压为 100V，晶闸管触发脉冲的有效宽度为 100μs，交流主励磁机的转子（磁场绕组）电感和电阻分别为 0.3H 和 0.3Ω，晶闸管的维持电流不小于 100mA 时，若触发角大于 84°，晶闸管在触发脉冲消失后，将不能继续导通，只有当触发角小于 84°时，在触发脉冲消失后晶闸管才可能继续导通；而一般情况下，当触发角小于 84°时，发电机的机端电压将大于 20%额定电压，甚至 50%额定电压或更高。可见，在这种情况下采用电压闭环或电流闭环时，如电压或电流的给定值较小，则由于调节器的调节作用，晶闸管触发角将在逆变角和小于 84°的触发角之间来回摆动且不能平息，从而出现发电机机端电压大幅摆动且不能平息的情况；当电压或电流的给定值稍大于 84°触发角对应的发电机机端电压时，则由于调节器的调节作用，主励磁机转子的励磁电流逐渐上升，晶闸管的触发角将在逆变角和小于 84°的触发角之间来回摆动几次之后稳定，从而出现发电机机端电压大幅摆动后才稳定的情况；当采用定角度方式时，则在增磁的过程中将出现增磁开始时虽然触发角已小于 90°，发电机机端电压仍然没有变化，直到触发角小于 84°以后，发电机的机端电压才突然上升的现象。

这种情况曾经在某发电厂发生过，当机端电压的给定值设置在 10%时，启动励磁以后发电机的机端电压因为主励磁机的转子电流的不连续而来回振荡不能平息，当机端电压的给定值设置在 30%时，启动励磁以后发电机的机端电压才可以很快地稳定。

（2）解决三机励磁系统启动励磁问题的方法及其比较。

从以上的分析可知，三机励磁系统启动励磁存在问题的主要原因在于在触发脉冲有效宽度范围内，流过晶闸管的电流仍然未能上升到晶闸管必需的维持电流。由于晶闸管触发脉冲的宽度不可能随意增大（否则在逆变时可能导致逆变颠覆），所以解决三机励磁系统启动励磁中存在的这一问题的方法在于如何加快流过晶闸管电流的上升速度，使得流过晶闸管的电流在有限的触发脉冲宽度范围内上升到超过晶闸管所必需的维持电流。

显然，最直接的方法是减小主励磁机转子的时间常数，即在主励磁机转子回路串入一电阻，这一方法在以前较早时期的励磁系统中得到较多的应用。事实上从前面的分析已经知道，三机励磁系统启动励磁存在问题的原因在于晶闸管触发脉冲有效宽度内，流过晶闸管的电流不能上升到其继续导通所必需的维持电流，所以只要为晶闸管输出电流提供另一条通路就可以解决三机励磁系统的启动励磁问题，即可以通过在晶闸管整流桥的输出端并联一电阻使得三机励磁系统的启动励磁问题得到解决。

从前文所述流出晶闸管的电流表达式可以近似推导出要在转子回路串入的电阻的阻值为

0.4Ω，而一般主励磁机的额定励磁电流在 150A 以上，此时消耗在串联电阻上的功率

$$P = 150^2 \times 0.4 = 9000\text{W}$$

而当采用晶闸管整流桥的输出端并联一电阻的方法时，流过晶闸管的电流为

$$I_d = \frac{U_d}{R(1 - e^{-(L/R)t})} + \frac{U_d}{R''}$$

据此可以求出所需并联的电阻约为 500Ω，它所消耗的最大功率为

$$P' = \frac{6}{T} \int_0^{T/6} \frac{u^2}{R''} dt \leq \frac{6}{2\pi} \int_{\pi/3}^{2\pi/3} \frac{[100\sqrt{2}\sin(\omega t)]^2}{R''} d(\omega t) = \frac{(1.35u_2)^2}{R''} = 36.45\text{W}$$

图 5-3 和图 5-4 分别给出了在主励磁机转子串入一个 0.4Ω 的电阻和在励磁机转子两端并联一个 500Ω 的电阻 R''、其他参数与前文所述的三机励磁系统改进启动励磁特性后的原理图相同。

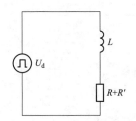

图 5-3　主励磁转子的等效电路原理图

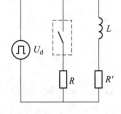

图 5-4　主励磁转子的等效电路图

虽然以上两种方法都可以解决三机励磁系统中的启动励磁问题，但是由于第一种在主励磁机转子回路串入电阻的方法所需的电阻一方面因为流过较大的电流，要有较大的功率，需较大的安装空间且须考虑散热问题；另一方面，需消耗较大的能量，可能导致永磁机的输出有功功率过大，进而可能导致永磁机过负荷。基于以上原因如何选择合适的串入主励磁机转子回路的电阻也就显得比较困难了。当然，采用这种方法也有它的优点，如它减小了发电机励磁调节器控制回路的时间常数，对提高整个励磁系统的快速性是有好处的。但除非永磁机的容量裕度足够大，一般不要采用这种方法，而是采用第二种方法。第二种方法较为简单易行，首先它所需的电阻阻值较大而功率较小，其次所需的安装空间较小，没有散热问题，而且可以在启动励磁时投入，启动励磁完成后即退出。其唯一不足之处在于不能改变励磁系统的调节特性，但是当今的励磁调节器可以采用硬反馈或微分调节使得调节器具备非常优良的调节特性，完全可以克服发电机励磁系统固有的惯性。

2. 自励系统中的启动励磁问题

自并激励磁系统的启动励磁中需要注意以下问题：当晶闸管的控制角 $\alpha > 90°$ 时，限流电阻流过的电流大小随励磁电压的变化而变化，其最大值可以达到 $\dfrac{\sqrt{2}U_2 + U_{20}}{R_0}$，其中：$U_2$ 为励磁变压器二次侧的电压有效值；U_{20} 为启动励磁电源电压的大小。而当晶闸管的控制角较小时，由于晶闸管的阳极电压的瞬时值大于 U_{20}，这段时间内流过限流电阻的电流将为零。可见，如果启动励磁回路退出时间不当，将使得启动励磁电阻过电流，启动励磁电源输出较大的电流，甚至使得启动励磁接触器不能断弧。

总之，三机励磁系统的启动励磁问题产生的主要原因在于它为晶闸管整流桥提供的电

源为中频电源，以及主励磁机转子有较大的时间常数。在晶闸管整流桥的输出端并联一合适的电阻是解决三机励磁系统的起励问题的好方法；而自并激励磁系统的启动励磁问题，如果采用交流启动励磁则应采用全波整流，在启动励磁过程中注意设置初励磁的正确退出时间。

五、励磁系统特性现场关注要点

（一）基本定义

（1）励磁系统的稳态增益是指发电机电压缓慢变化时励磁系统的增益。如图 5-5 所示。

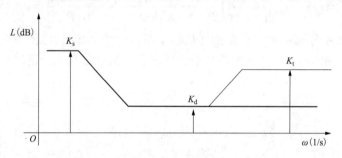

图 5-5　励磁系统的稳态增益曲线

注意：在数值上，稳态增益的倒数就是调压精度。

（2）发电机空载阶跃响应的上升时间是指发电机空载阶跃扰动中，发电机电压从前后稳态量差值 10%～90%的时间。

（3）超调量 M_p。发电机端电压的最大值 U_m 与稳态值 U_{02} 之差与端电压稳态变化量（$\Delta = U_{02} - U_0$）之比的百分数为超调量 M_p。

（4）上升时间 t_r。端电压由阶跃量的 10%上升到 90%的时间为上升时间 t_r。

（5）调节时间 t_s。从电压给定跃变开始到发电机端电压与新的稳态值的差值 Δ 对端电压稳态变化量之比不超过 5%，所需时间为调节时间 t_s。

（6）振荡次数 n。在调节时间内，由第一次越过稳态值 U_{02} 起的波动次数为振荡次数 n。

（7）发电机负荷阶跃响应的波动次数和调节时间。发电机有功功率波动发生至波动衰减到最大波动幅值 5%的波动次数和时间。

（8）功率整流装置的均流系数。功率整流装置并联运行各支路电流的平均值与最大支路电流值之比。

（9）自然灭磁。发电机灭磁时磁场电流经励磁装置直流侧短路或二极管旁路、磁场电压接近为零的灭磁方式称为自然灭磁。

（10）逆变灭磁。利用三相全控桥的逆变工作状态，令励磁电源以反电动势形式加于励磁绕组，使转子电流迅速衰减到零的灭磁方式。

（11）跳磁场开关灭磁。励磁系统跳灭磁开关将磁场能量转移到灭磁电阻上的灭磁方式。

（二）励磁系统试验范围和准备事项

依据 DL/T 1166—2012《大型发电机励磁系统现场试验导则》：

（1）励磁系统设备移交到现场试验前应按 GB/T 7409 及相关国家标准和行业标准进行出厂试验并提供出厂试验报告，现场试验应包括交接试验和定期检查试验，应进行的励磁系统试验项目如表 5-1 所示。

（2）发电机投产前，励磁系统主要设备应进行质量检查，现场应按 GB 50150—2016《电气设备交接试验标准》、GB/T 7409.1—2008《同步电机励磁系统定义》、GB/T 7409.3—2007《同步电机励磁系统大、中型同步发电机励磁系统技术要求》及相关国家标准和行业标准进行现场交接试验，现场交接试验应核对厂家提供的试验结果。

（3）发电机大修后，励磁系统应按 DL/T 596、GB/T 7409 及相关国家标准和行业标准进行复核试验以检查各部分是否正常。

表 5-1　　　　　　　　　　　　　　　励磁系统现场试验项目

序号	试 验 项 目	交接试验	定期检查试验
1	设备安装后质量检查	√	
2	励磁系统各部件绝缘试验	√	√
3	自动电压调节器各单元特性检查	√	√
4	操作、保护、限制及信号回路动作试验	√	√
5	交流励磁机带整流装置时控制试验和负荷试验	√	
6	副励磁机负荷特性试验	√	
7	发电机（带自动电压调节器）零起升压试验	√	√
8	自动及手动电压调节范围测量	√	√
9	灭磁试验及转子过电压保护试验	√	√
10	自动电压调节通道切换及自动/手动控制方式切换	√	√
11	发电机空载阶跃响应试验	√	√
12	电压互感器二次回路断线试验	√	√
13	发电机负荷阶跃响应试验	√	√
14	发电机各种工况（包括进相）时的带负荷调节试验	√	
15	功率整流装置额定工况下均流试验	√	
16	电压静差率及电压调差率测定	√	
17	甩无功负荷试验	√[①]	
18	励磁系统模型参数确认试验	√[①]	
19	电力系统稳定器（PSS）试验	√[①]	

① 表示现场试验必须包括以上项目但不限于以上项目。

（三）现场试验内容、方法、评判标准

1. 静态试验

（1）励磁系统各部件绝缘试验。

1）试验条件：被测试设备表面应整洁，励磁系统各设备电气回路接线应正确，应选择测试电压正确的绝缘电阻表。

2）试验内容如表 5-2 所示。

表 5-2 　　　　　　　　　励磁系统各部件绝缘试验和评判标准

测　试　部　位	测试电压（V）	绝缘电阻（MΩ）
端子排对机柜外壳（断电条件下）	500	≥1.0
交流母排对机柜外壳	1000	≥1.0
共阴极对机柜外壳	500	≥1.0
共阳极对机柜外壳	500	≥1.0
直流正、负极之间	500	≥1.0
励磁变压器高压绕组（与发电机、主变压器断开）对地	2500	≥20
励磁变压器高压绕组（与发电机、主变压器连接）对地	2500	≥1.0
励磁变压器低压绕组对地	1000	≥1.0
控制电源回路对地	500	≥1.0
TV、TA 回路对地	500	≥1.0
发电机-变压器组保护跳闸信号回路对地	500	≥1.0

3）评判标准：各回路绝缘电阻应满足标准 GB 50150—2006。

（2）操作、保护、限制及信号回路动作试验。

1）试验条件：进行控制、保护、监测回路试验时，应确认没有接线错误才允许接通电源，通电前应确认各开关等元件处于开路状态。

2）试验内容：对励磁系统的全部控制、操作、保护、信号回路应按照逻辑图进行传动检查；应对技术条件和合同规定的相关内容进行检查；应判断设计图和竣工图的正确性。

操作、保护、限制及信号回路检查如表 5-3 所示。

表 5-3 　　　　　　　　　　操作、保护、限制及信号回路检查表

试验类别		检　查　项　目	结果
故障显示	1	励磁机故障	
	2	励磁变压器故障	
	3	功率整流装置故障	
	4	电压互感器断线	
	5	励磁装置工作电源消失	
	6	励磁调节装置故障	
	7	触发脉冲故障	
	8	调节通道自动切换动作	
	9	欠励磁限制动作	
	10	过励磁限制动作	
	11	U/f 限制动作	
	12	启动励磁故障	
	13	旋转整流元件故障	
	14	发电机-变压器组故障跳闸	

3）评判标准：应确认实际系统与设计图纸一致，各项功能正常。

（3）自动电压调节器各单元特性检查。

1）稳压电源单元检查。

a．试验内容。稳压范围应测试：稳压单元接相当于实际电流的等效负荷，根据稳压范围的要求，改变输入电压幅值和频率，测量输出电压的变化。

输出纹波系数应测试：输入、输出电压和负荷电流均为额定值，测量输出纹波电压峰峰值。

电压纹波系数为直流电源电压波动的峰峰值与电压额定值之比。

b．评判标准：输出电压纹波系数应小于 2%，与额定电压偏差值应小于 5%。

2）模拟量、开关量单元检查试验。

a．试验条件：标准三相交流电压源（输出 0～150V，45～55Hz，精度不低于 0.5 级），标准三相交流电流源（输出 0～1A，精度不低于 0.5 级），标准直流电压源（输出 0～2 倍额定励磁电压，精度不低于 0.5 级）。利用三相电压源和电流源接入励磁调节器模拟定子电压、定子电流、代表转子电流的整流器阳极电流等信号、转子电压。

b．试验内容。

模拟量测试：微机励磁调节器接入三相标准源，电压源有效值变化范围为 0～130%（微机励磁调节器设计输入值），电流源有效值变化范围为 0～150%。设置 5～10 个测试点，其中要求有 0 和额定值两点。在设计的额定值附近测试点可以密集些，不要求测试点等间距，观测微机励磁调节器测量显示值并记录。模拟量测试范围如表 5-4 所示。

表 5-4　　　　　　　　　　　　模 拟 量 测 试 范 围

类别	测量范围	测 量 点
电压、电流量	0～130%额定值	测试点 5～10 个，需包括零和额定值两点
频率值	水轮机 45～80Hz 汽轮机 48～52Hz	每隔 0.5Hz 测一次
有功功率、无功功率	−80%～100%额定	至少包括额定有功功率、无功功率、额定有功零无功、额定无功零有功

开关量测试：通过微机励磁调节器板件指示或界面显示逐一检查开关量输入、输出环节的正确性。

c．评判标准：电压测量精度分辨率在 0.5%以内，电流精度在 0.5%以内，有功功率、无功功率量计算精度在 2.5%以内，开关量输入/输出符合设计要求。

注意：当用标准的正弦交流电模拟励磁变压器二次电流以代替发电机磁场电流 I_f 时，输入励磁装置的交流电流值应是实际直流值的 0.9 倍。

3）低励磁限制单元试验。

a．试验内容：在低励磁限制的输入端通入电压和电流，模拟发电机运行时的电压和电流，其大小相位分别相应于低励磁限制曲线对应的有功功率和无功功率数值。此时调整低励磁限制单元中有关整定参数，使低励磁限制动作。根据低励磁限制整定曲线，选择 2～3 个工况点验证特性曲线。

b. 评判标准：动作值与设置相符，检查低励磁限制动作信号是否正确发出。

4）过励磁限制单元试验。

a. 试验内容：计算反时限特性参数并设置过励磁限制单元的顶值电流瞬时限制值和反时限特性参数。测量模拟额定磁场电流下过励磁限制输入信号的大小，然后按规定的值整定。在过励磁限制的输入端通入模拟发电机运行时的转子电流信号，其大小相应于过励磁限制曲线对应的转子电流。此时调整过励磁限制单元中有关整定参数，使过励磁限制动作。根据过励磁限制整定曲线，选择 2～3 个工况点验证过励磁限制特性曲线和动作延时。

b. 评判标准：动作值与设置相符，检查过励磁限制动作信号是否正确发出。

5）定子电流限制单元试验。

a. 试验内容：用三相电流源作机端电流的模拟信号，整定并输入设计的定子电流限制曲线，调整三相电流源的输出大小对应于定子电流限制值，此时调整定子电流限制单元中有关整定参数，使定子电流限制动作。根据定子电流限制整定曲线，选择 2～3 个工况点验证定子电流特性曲线。

b. 评判标准：动作值与设置相符，检查励磁调节器定子电流限制动作信号是否正确发出。

6）U/f 限制单元试验。

a. 试验内容：用可变频率三相电压源作机端电压的模拟信号，整定并输入设计的 U/f 限制曲线，调整三相电压源的频率，使电压频率在 45～52Hz 范围内改变，测量励磁调节器的电压整定值和频率值并做记录。

b. 评判标准：动作值与设置相符，检查励磁调节器 U/f 限制动作信号是否正确发出。

注意：有些新型 AVR 已具有 U/f 限制的反时限限制功能，可与发电机或主变压器过励磁能力低者相匹配。

（4）同步信号及移相回路检查试验。

1）试验条件：标准三相交流电压源、示波器等试验仪器。

2）试验内容：调节器的运行方式为手动或定角度方式，模拟调节器运行条件，使调节器输出脉冲。用示波器观察触发脉冲与同步信号之间相差的调整，检查触发脉冲角度的指示与实测是否一致，调整最大与最小触发脉冲控制角限制。

3）评判标准：检查调节器移相特性是否正确。

注意：触发脉冲角度的计算起始点是三相电压自然换相点。

（5）开环小电流负荷试验。

1）试验条件。励磁调节器装置各部分安装检查正确，完成接线检查和单元试验及绝缘耐压试验后进行。如果是自并励系统加入与试验相适应的工频三相电源，交流机励磁系统则开启中频电源并检查输入电压为正相序，确定整流柜及同步变为同相序且为正相序，接好小电流负荷。

2）试验内容。输入模拟 TV 和 TA 以及调节器应有的测量反馈信号，检测各测量量的测量误差在要求范围之内。

调节器上电，操作增减励磁，改变整流柜直流输出，用示波器观察负荷上波形，每个周波有 6 个波头，各波头对称一致，增减励磁波形变化平滑无跳变。

3）评判标准：检查直流输出电压是否满足

$$\begin{cases} U_{d} = 1.35U_{ab}\cos\alpha & (\alpha \leqslant 60°) \\ U_{d} = 1.35U_{ab}[1 + \cos(\alpha + 60°)] & (60° \leqslant \alpha \leqslant 120°) \end{cases}$$

式中　　U_{d}——整流桥输出控制电压，V；

　　　　U_{ab}——整流桥交流侧电压，V；

　　　　α——整流桥触发角，（°）。

整流设备输出电压波形的换相尖峰不应超过相关规定。

4）安全措施：断开励磁变压器一次接线，防止试验中谐波电流进入厂用母线导致厂用电保护误动跳机。

2. 发电机空载条件下试验（小修结束）

（1）核相试验与相序检查试验。

1）试验条件：励磁系统接线查对完毕，上电正常。

2）试验内容。对于自并励系统，通过临时电源对励磁变压器充电，验证励磁变压器二次侧和同步变压器的相位一致；励磁变压器送电后注意其温升的情况。

对于交流励磁机励磁系统，采用试验中频电源检查主电压和移相控制范围关系，开机达额定转速后检查副励磁机电压相序。

3）评判标准：各相位关系应该符合设计。

（2）交流励磁机带整流装置空载试验。

1）试验条件：发电机空载状态稳定运行，由受励磁调节器控制的可控整流桥向励磁机励磁绕组供电，励磁机向发电机转子绕组供电，发电机转速控制稳定。

2）试验内容。

空载特性曲线：交流励磁机连接整流器，整流器的负荷电流以满足整流器正常导通为限。转速为额定值，励磁机空载，逐渐改变励磁机磁场电流，测量励磁机输出电压上升及下降特性曲线。试验时测量励磁机磁场电压、磁场电流、励磁机交流输出电压及整流电压，试验时的最大整流电压可取励磁系统顶值电压。

负荷特性曲线：可以在发电机空载及负荷试验的同时，测量励磁机磁场电压、电流、发电机磁场电压等，作出励磁机负荷特性曲线。励磁机空载和负荷特性曲线如图5-6所示。

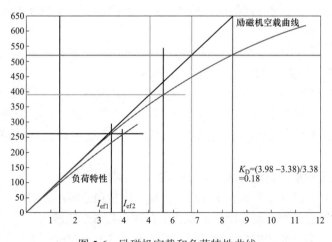

图 5-6　励磁机空载和负荷特性曲线

空载时间常数：交流励磁机空载额定转速时，使励磁机磁场电压发生阶跃变化，测量交流励磁机的输出直流电压或交流励磁机磁场电流的变化曲线，计算励磁机励磁回路包括引线及整流元件的空载时间常数。

采用手动直跳励磁装置（感应调压器带三相整流桥）交流侧开关的方法进行，实际录波如图 5-7 所示。

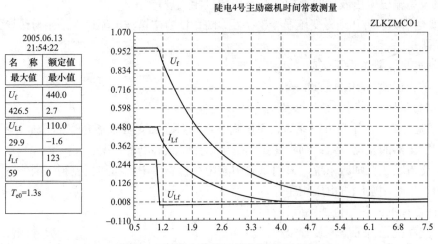

图 5-7　手跳交流侧开关实测的录波图

（3）副励磁机负荷特性试验。

1）试验条件：机组转速达到额定值。

2）试验内容：副励磁机以可控整流器为负荷，整流装置输出接等效负荷，逐渐增加负荷电流，直至达到发电机额定电压对应的调节器输出电流为止，记录副励磁机电压和整流负荷电流；也可以在运行中测量不同负荷时副励磁机电压和整流负荷电流。

3）评判标准：副励磁机负荷从空载到相当于励磁系统输出顶值电流时，其端电压变化应不超过 10%～15% 额定值。

（4）励磁调节器启动励磁试验。

1）试验条件：启动励磁控制的静态检查结束，励磁调节器的 PID 参数已进行初步整定，发电机稳定在额定转速。

2）试验内容：进行励磁调节器不同通道、自动和手动方式、远方和就地启动励磁操作，进行低设定值下启动励磁和额定设定值下启动励磁。

3）评判标准：能够成功启动励磁，发电机电压稳定在设定值。发电机零起升压时，发电机端电压应稳定上升，其超调量应不大于额定值的 10%，对于水轮机、燃气轮机等有调峰作用的机组，应该具有快速并网能力，其励磁系统自动通道启动励磁时间应小于 15s。

【例 1】　三机常规系统自动启动励磁试验的结果如图 5-8 所示。

由图 5-8 可见：启动励磁时间约为 16s，机端电压超调量很小。

【例 2】　自并励磁系统手动启动励磁试验的结果如图 5-9 所示。

由图 5-9 可见：启动励磁时间大约 30s，机端电压基本无超调。

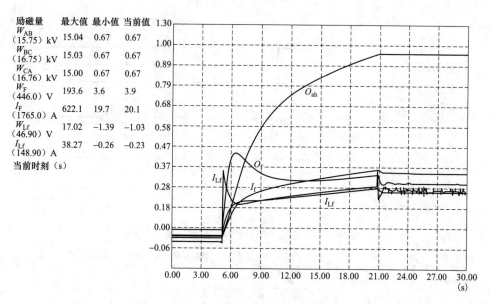

励磁量	最大值	最小值	当前值
W_{AB} (15.75) kV	15.04	0.67	0.67
W_{BC} (16.75) kV	15.03	0.67	0.67
W_{CA} (16.76) kV	15.00	0.67	0.67
W_F (446.0) V	193.6	3.6	3.9
I_F (1765.0) A	622.1	19.7	20.1
W_{Lf} (46.90) V	17.02	-1.39	-1.03
I_{Lf} (148.90) A	38.27	-0.26	-0.23
当前时刻（s）			

图 5-8 三机常规系统自动启动励磁试验波形图

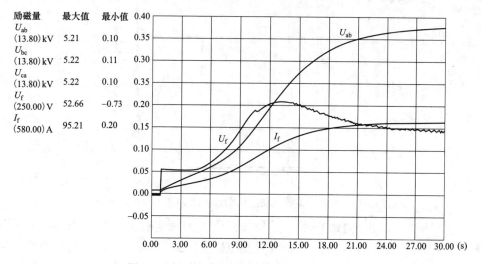

励磁量	最大值	最小值
U_{ab} (13.80) kV	5.21	0.10
U_{bc} (13.80) kV	5.22	0.11
U_{ca} (13.80) kV	5.22	0.10
U_f (250.00) V	52.66	-0.73
I_f (580.00) A	95.21	0.20

图 5-9 自并励系统手动启动励磁试验波形图

【例3】 自并励系统自动启动励磁试验的结果如图 5-10 所示。

由图 5-10 可见：启动励磁时间大约 10s，机端电压基本无超调。

【例4】 自并励系统自动启动励磁试验（GE）试验的结果如图 5-11 所示。

注意：由于软启励磁程序仅做到 90%，有可能因主变压器励磁涌流引起保护误动。

（5）自动及手动电压调节范围测量试验。

1）试验条件：发电机空载稳定工况下进行。

2）试验内容：设置调节器通道，先以手动方式再以自动方式调节，启动励磁后进行增、减磁给定值操作，至达到要求的调节范围的上下限，记录发电机电压、转子电压、转子电流和给定值，同时观察运行稳定情况。

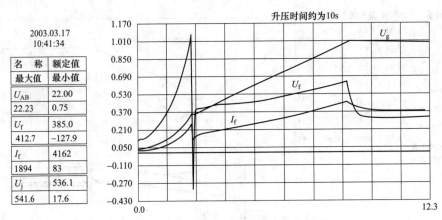

图 5-10　自并励系统自动启动励磁试验波形图

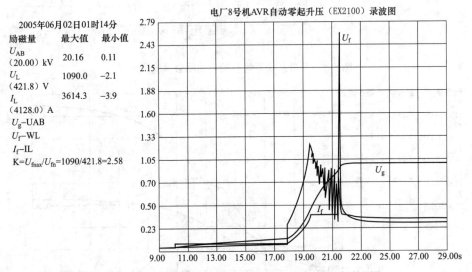

图 5-11　自并励系统自动启动励磁试验（GE）试验波形图

3）评判标准：手动励磁调节时，上限不低于发电机额定磁场电流的 110%，下限不高于发电机空载磁场电流的 20%，同时不能超过发电机电压的限制值；自动励磁调节时，发电机空载电压能在额定电压的 70%~110% 范围内稳定平滑的调节。在发电机空载运行时，DCS或手动连续操作下，自动励磁调节的调压速度应不大于发电机额定电压 1%/s，不小于发电机额定电压 0.3%/s。

注意：如发电机与主变压器连接不能断开，则试验过程中励磁电流上限应保证机端电压不超过 1.05 倍额定电压。

实践表明：对于微机型 AVR，除极个别外此项目可以省略不做。

（6）灭磁试验及转子过电压保护试验。

1）试验条件：灭磁装置静态检查结束，做好试验测量录波准备。

2）试验内容：灭磁试验在发电机空载额定电压下按正常停机逆变灭磁、单分灭磁开关灭磁、远方正常停机操作灭磁、保护动作跳灭磁开关灭磁四种方式进行，测录发电机端电压、磁场电流和磁场电压的衰减曲线，测定灭磁时间常数，必要时测量灭磁动作顺序。

3）评判标准：灭磁开关不应有明显灼痕，灭磁电阻无损伤，转子过电压保护无动作，任何情况下灭磁时发电机转子过电压不应超过转子出厂工频耐压试验电压幅值的70%，应低于转子过电压保护动作电压。

（7）自动电压调节通道切换及自动/手动控制方式切换试验。

1）试验条件：在发电机95%额定空载电压状态下进行，做好录波准备。

2）试验内容：在空载运行工况下，人工操作调节器通道和控制方式切换，录波记录发电机电压。模拟通道故障、调节器电源消失等故障情况进行自动通道切换检查。

3）评判标准：发电机空载自动跟踪切换后发电机机端电压稳态值变化小于1%额定电压，机端电压变化暂态值最大变化量不超过5%额定机端电压。

AVR 的切换主要涉及 PID 的控制方式、跟踪及调节能力。

实验室检测时曾发现过 AVR 切换问题。实践表明，只要不发生软件参数设置问题，绝大多数 AVR 无论是通道切换，还是手动与自动方式切换均无问题，但西门子 AVR 不是这样，如图 5-12 所示。

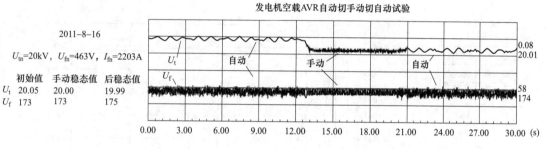

图 5-12 某次试验室检测 AVR 切换试验时的波形图

试验中发现问题：发电机空载工况下进行自动—手动—自动切换时，机端电压无扰动；但经过反复手自动切换操作后，机端电压存在逐级下降的趋势。厂家解释为 AVR 手动环采用有差调节，而自动电压环为纯积分的无差调节，两者切换时存在跟踪偏差。

（8）发电机空载阶跃响应试验。

1）试验条件：发电机空载稳定运行，励磁调节器工作正常。按照阶跃扰动不使励磁系统进入非线性区域来确定阶跃量，阶跃量一般为发电机额定电压的5%。

2）试验内容：设置励磁调节器自动方式，设置阶跃试验方式，设置阶跃量，发电机为空载额定，在自动电压调节器电压相加点叠加负阶跃量，发电机电压稳定后切除该阶跃量，发电机电压回到额定值，采用录波器测量并记录发电机电压、磁场电压等的变化曲线，计算电压上升时间、超调量、振荡次数和调整时间。阶跃过程中励磁系统不应进入非线性区域，否则应减小阶跃量。

3）评判标准：自并励静止励磁系统的电压上升时间不大于 0.5s，振荡次数不超过 3 次，调节时间不超过 5s，超调量不大于 30%；交流励磁机励磁系统的电压上升时间不大于 0.6s，振荡次数不超过 3 次，调节时间不超过 10s，超调量不大于 40%。较小的上升时间和适当的超调量有利于电力系统稳定。

【例5】 自并励系统发电机空载阶跃响应试验波形如图 5-13 所示。

【例6】 三机常规励磁系统发电机空载阶跃响应试验波形如图 5-14 所示。

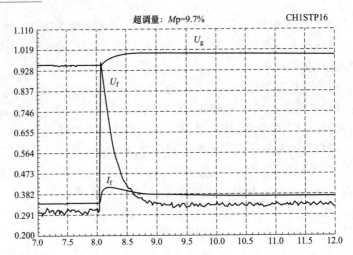

图 5-13　某台机组 CH1 自动+5%阶跃试验录波图

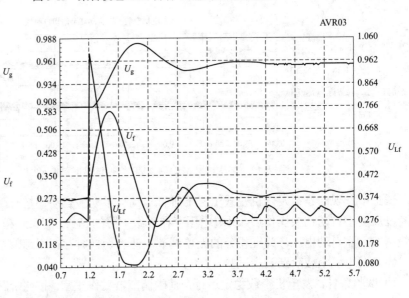

图 5-14　某台机组发电机空载阶跃 5%试验录波图

此次试验发现问题：超调量 54.7%，不满足标准要求。

（9）冷却风机切换试验。

1）试验条件：发电机空载运行，励磁调节器以正常自动方式运行。

2）试验内容：整流柜的风机为双套冗余设计，双路电源供电，模拟一路电源故障，观察备用风机是否启动，断掉风机工作电源，观察是否能够切换到备用电源继续工作。

3）评判标准：当工作风机故障停止运行时，备用风机应自动启动运行，风机在工作交流电源断电的情况下，应自动切换到备用电源工作。

注意：主要应检查低电压运行时的切换是否正常。

（10）电压互感器二次回路（TV）断线试验。

1）试验条件：在发电机 95%额定空载电压状态下进行，做好录波准备。

2）试验内容：励磁系统正常运行时人为模拟任意 TV 断一相，调节器应能进行通道切换并保持自动方式运行，同时发出 TV 断线故障信号，励磁调节器在备用通道再次发生 TV 断线时应切换到手动方式运行，如果模拟 TV 两相同时断线时，励磁调节器应切换到手动方式运行。当恢复被切断的 TV 后，励磁调节器的 TV 断线故障信号应复归，发电机保持稳定运行不变。

3）评判标准：TV 断一相时发电机电压应当基本不变，TV 两相断线时，机端电压超过 1.2 倍的时间不大于 0.5s。

基本情况：国产 AVR 的 TV 断线判据优于进口设备。

例如：GE 励磁的 AVR 判据如图 5-15 所示。

图 5-15（b）：波形 1 是先断主 TV 的 A 相，后断从 TV 的 A 相；波形 2 是先断主 TV 的 A 相，后断从 TV 的 C 相；波形 3 是先断主 TV 的 A 相，后断从 TV 的三相。

由检测录波图可见：无论发生何种复合 TV 故障，在 AVR 切换时，最大值都在 1.2 倍额定值以上（一般 0.2～0.5s）。判据整定时间过长（1s），造成的后果是机端过电压。

（11）U/f 限制试验。

1）试验条件：在发电机空载稳定工况下，励磁调节器以自动方式正常运行。

2）试验内容：在机组额定转速下降低 U/f 限制整定值，通过电压正阶跃试验检测限制功能的有效性。如发电机组转速可调范围允许，也可在原有的整定值下降低频率进行实测，水轮发电机应在额定电压下通过降低频率的方式进行试验。

3）评判标准：U/f 限制动作后运行稳定，动作值与设置值相符。

还应确认 AVR 在发电机负荷运行工况下，也应发挥作用，但不应屏蔽 PSS 的作用。

【例 7】　固定时限的 VFL 检查（实验室）如图 5-16 所示，现场有时需降低定值做该试验。

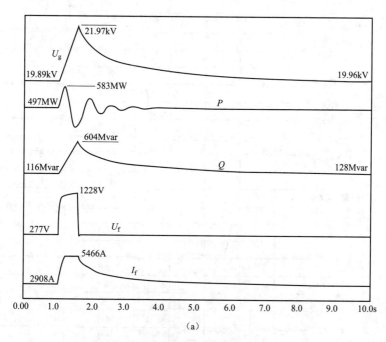

图 5-15　GE 励磁的 AVR 判据录波图（一）

（a）小于 0.3s 的最好情况

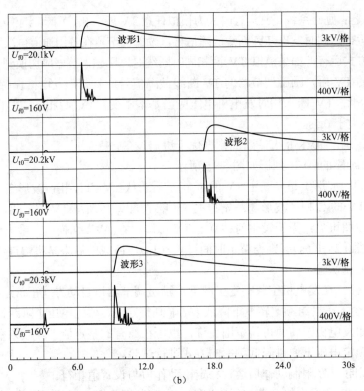

图 5-15　GE 励磁的 AVR 判据录波图（二）

（b）大于 0.3s 的情况

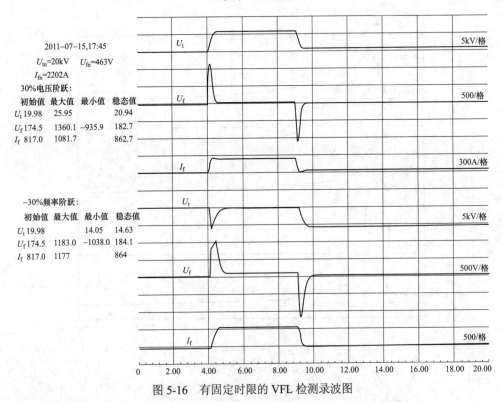

图 5-16　有固定时限的 VFL 检测录波图

反时限的 VFL 检测结果，如图 5-17 所示。

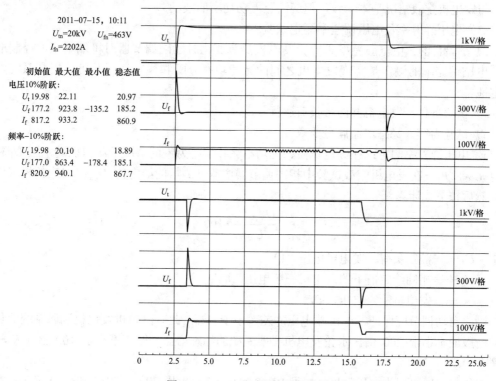

图 5-17　VFL 反时限检测录波图

（12）过励磁限制试验。

1）试验条件：在发电机空载稳定工况下，励磁调节器以自动方式正常运行。

2）试验内容：试验中为达到限制动作，宜采用降低过励磁反时限动作整定值和顶值电流瞬时限制整定值，或增大磁场电流测量值等方法。在降低过励磁反时限限制整定值和顶值电流瞬时限制整定值后，在接近限制运行点进行电压正阶跃试验，观察磁场电流限制的过程，应快速而稳定。

3）评判标准：过励磁限制动作后机组运行稳定，动作值与设置相符。

4）安全措施：防止过励磁限制试验过程中保护误动导致跳机。

3. 发电机并网后试验

（1）励磁系统 TA 极性的检查。

1）试验条件：发电机并网。

2）试验内容：发电机并网后增减励磁，调节发电机无功功率，观察无功功率变化方向。

3）评判标准：无功变化方向与增减励磁方向一致，可判断励磁系统 TA 极性正确。

（2）并网后调节通道切换及自动/手动控制方式切换试验。

1）试验条件：在发电机带负荷状态下进行。

2）试验内容：在发电机并网带负荷运行工况下，手动操作调节器通道和控制方式切换试验，观测并记录机组无功功率的波动。

3）评判标准：发电机负荷下自动跟踪后切换无功功率稳态值变化小于 10%额定无功

功率。

与发电机空载情况基本一致，但应注意无功功率的波动。

（3）电压静差率及电压调差率测定试验。

1）试验目的：电压静差率是检验发电机负荷变化时励磁调节器对机端电压的控制准确度；电压调差率的测定是实现发电机之间的无功功率分配和稳定运行并可以提高系统电压稳定性。

2）试验条件：发电机并网带负荷运行。

3）试验内容（稳态增益满足要求）：

a. 电压静差率测定：在额定负荷、无功电流补偿率为零的情况下测得机端电压 U_1 和给定值 U_{REF1} 后，在发电机空载试验中相同调节器增益下测量的给定值 U_{REF1} 对应的机端电压 U_0，然后按下式计算。

$$\varepsilon = \frac{U_0 - U_1}{U_N} \times 100\%$$

式中　U_1——额定负荷下发电机电压，kV；

　　　U_0——相同给定值下的发电机空载电压，kV；

　　　U_N——发电机额定电压，kV。

励磁自动调节应保证发电机端电压静差率小于 1%，此时汽轮机发电机励磁系统的稳态增益一般应不小于 200 倍，水轮发电机励磁系统的稳态增益一般应不小于 100 倍（$K = \Delta/$静差率）。

电压静差率可视为电压精度。根据 DL/T 583 规定，电压精度（调压精度）定义为：在规定条件下（如负荷变化、环境温度、湿度、频率及电源电压变动等），被控量与给定值之间的不相符程度，数值上用给定值和被控量之差值与给定值的比值的百分数来表示。

国标对汽轮发电机自并励未作规定，交流励磁机励磁系统标准规定小于 1%；水轮发电机励磁规定小于 0.5%。

例如：估算发电机空载到满载的静态增益。

某台发电机空载励磁电压 $U_{f0} = 122V$，额定励磁电压 $U_{fn} = 460V$，要求电压静差率小于 1%。则有：

$$\Delta = (460 - 122)/122 = 2.77$$
$$K = \Delta/1\% + 1 = 278$$

实际静态增益为 330 倍。

励磁系统的调压精度或静差率有多种检测方法，最简单的方法是用 AVR 的显示值计算。$K \approx$ 机端电压给定值－反馈值；另外，还可以利用发电机满载及空载试验数据计算甩负荷方法。

调差率的计算式如下：

$$D(\%) = \frac{U_{t0} - U_t}{U_{t0}} \times \frac{S_n}{Q} \times 100\%$$

式中　U_{t0}——发电机空载时的端电压值；

　　　U_t——功率因数等于零、无功功率等于 Q 时发电机的端电压值。

电压调差率如图 5-18 所示。

对于常见的发电机-变压器组单元式接线方式，发电机端的调差率应设置为负值，即发电机所带无功负荷越大，其机端电压上升越高，调差率曲线呈现上翘特性，$D<0$。

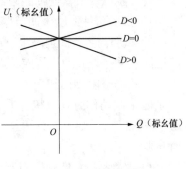

图 5-18　电压调差率

经过主变压器后，由于无功功率在主变压器电抗上产生压降，其结果在发电机并网处的调差率为正值，调差率曲线呈现下斜特性（$D>0$）。

一般情况下，同一条母线上并联运行的发电机-变压器组必须具有正调差特性，才能在电网扰动中合理分配无功功率，保持稳定运行工况。

b．电压调差极性指发电机并网带一定负荷，增加无功功率补偿系数，无功功率增加的为负调差，减少的为正调差。

电压调差率测定：发电机并网运行时，在功率因数等于零的情况下调节给定值使发电机无功功率 Q 大于 50%额定无功功率，测量此时的发电机电压 U_t 和电压给定值 U_{ref}，在发电机空载试验中得到的 U_{ref} 对应的发电机电压 U_{t0}，代入下式中求得电压调差率 D

$$D(\%) = \frac{U_{t0} - U_t}{U_{tn}} \times \frac{S_N}{Q} \times 100\%$$

式中　S_N——发电机额定容量，kVA。

（4）发电机负荷阶跃响应试验。

1）试验条件：发电机有功功率大于 80%额定值，无功功率为 5%~20%额定值。调差系数整定完毕，所有调节器整定完毕，发变组继电保护、热工保护投入，机组 AGC、AVC 退出。

2）试验内容：在自动电压调节器电压相加点加入 1%~4%正阶跃，控制发电机无功功率不超过额定值，发电机有功功率及无功功率稳定后切除该阶跃量，测量发电机有功功率、无功功率、磁场电压等的变化曲线；从有功功率的衰减曲线计算阻尼比。阶跃量的选择需考虑励磁电压不进入限幅区。

3）评判标准：发电机额定工况运行，阶跃量为发电机额定电压的 1%~4%，有功功率阻尼比大于 0.1，波动次数不大于 5 次，调节时间不大于 10s。

（5）发电机负荷条件下的带负荷调节试验。

1）试验条件：励磁调节器在并网运行方式下采用恒电压调节方式，调节励磁时要防止机端电压越出许可的范围。

2）试验内容。在发电机并网带不同有功负荷运行工况下，手动操作调节器通道和控制方式切换试验，观测并记录机组无功功率的波动。

检查励磁电流限制器定值，临时改变过励磁电流限制器定值，用电压阶跃方法观察限制器动作时的动态特性，再恢复定值。

检查定子电流限制器定值，临时改变定子电流限制器定值，同时降低机组有功功率，提高无功电流比例，用电压阶跃方法观察限制器动作时的动态特性，再恢复定值。

3）评判标准：无功功率调节平稳、连续，励磁电压无明显晃动和异常信号，机组电压保持正常，过励磁限制和定子电流限制器动作后运行平稳。

（6）励磁调节器低励磁限制校核试验。

1）试验条件：励磁调节器在并网运行方式下运行。

2）试验内容：低励磁限制单元投入运行，在一定的有功功率时，缓慢降低磁场电流使欠励磁限制动作，此动作值应与整定曲线相符。

在低励磁限制曲线范围附近做 1%～3% 的下阶跃试验，阶跃过程中欠励限制应动作。欠励磁限制动作时发电机无功功率应无明显摆动。如果试验进相过多导致机端电压下降至 0.9（标幺值），则不允许再继续进行试验，需修改定值并且应严密监视厂用母线电压下进行试验。

3）评判标准：低励磁限制动作后运行稳定，动作值与设置相符，且不发生有功功率的持续振荡。

（7）功率整流装置额定工况下均流检查试验。

1）试验条件：发电机负荷达到额定值下进行。

2）试验内容：当功率整流装置输出为额定磁场电流时，测量各并联整流桥或每个并联支路的电流。

3）评判标准：功率整流装置的均流系数应不小于 0.9，均流系数计算方法是并联运行各支路电流平均值与支路最大电流之比，任意退出一个功率柜其均流系数仍符合要求。

一般都满足要求，且可在发电机短路试验中完成。

（8）甩无功负荷试验（配合汽轮机或水轮机甩负荷试验进行）。

1）试验条件：发电机并网带额定有功负荷和无功负荷，做好试验录波准备。如果试验过程中出现紧急情况，应立刻解列灭磁，若 PSS 试验已完成，投入 PSS 功能，否则 PSS 功能退出。

2）试验内容：发电机带额定有功负荷和无功负荷，断开发电机出口断路器，突然甩负荷，对发电机机端电压进行录波，测试发电机电压最大值，根据机组情况甩负荷量由小到额定分几挡进行。

3）评判标准：发电机甩额定无功功率时，机端电压出现的最大值应不大于甩负荷前机端电压的 1.15 倍，振荡不超过 3 次。

本试验的目的主要是检查励磁系统的静差、调差和超调量，从标准执行情况分析，由于前述检查已比较完整，近年来实际上已逐渐淡化本项试验内容。

（四）试验报告

励磁设备及系统试验结果应记录在试验报告中，试验报告应包括以下内容：

（1）试验机组和励磁系统数据，主变压器数据；

（2）试验时间、试验工况、试验项目和安全注意事项；

（3）试验结果用相关表格、曲线或录波图表述；

（4）试验用仪器、仪表一览表，并注明精度；

（5）励磁附加控制定值表；

（6）试验结果与要求的技术规范进行比较，评价励磁系统性能得出结论，提出是否可以投运的建议。

试验结果应能够重复验证。在现场将各项试验结果如实记入原始记录表，原始记录表应有试验人员和技术负责人签名，作为用户的技术档案资料保存两年。

（五）励磁系统的参数测试

（1）进行发电机励磁系统参数测试的必要性。大区交流联网引起互联系统稳定特性发生明显变化，大区电网之间振荡周期长达 6～7s，阻尼特性变弱，系统动态稳定问题变得突出。

发达国家电网运行经验教训告诫我们，不仅应该重视分析研究系统暂态稳定问题，还应该关注系统中长期动态稳定过程，尤其是负荷中心地区出现大有功功率缺额后的电压稳定问题。对系统稳定计算分析提出了更高的要求：

1）稳定计算时间应不短于 6 个动态摇摆周期，应考虑发电机及其励磁、调速系统等的动态调节作用。

2）进行系统小扰动动态稳定分析，计算分析电力系统中存在振荡模式的频率和阻尼，选择电力系统稳定器 PSS 安装地点并合理整定参数，改善系统动态稳定特性。

3）采用新的计算分析程序仿真系统中长期电压、频率动态过程，要求计算中采用准确的发电机及其励磁、调速系统详细模型参数。

（2）参数测试要点。根据发电机励磁系统参数变化时，励磁系统外特性变化的敏感度分析结果可知，发电机和励磁机仅电抗数值发生变化时，对励磁系统外特性变化没有显著影响，但两者的饱和特性发生变化时会影响机组负荷状态的初始值，时间常数改变后对励磁系统外特性有显著影响，因此只要抓住问题的主要方面，剩下的问题就是校核励磁调节器本身的参数是否正确合理，故参数测试要点包括：

1）发电机空载特性；

2）励磁机空载及负荷特性；

3）发电机时间常数；

4）励磁机时间常数；

5）励磁系统动态特性检查——满足国标要求；

6）AVR 控制的线性度检查；

7）AVR 强励磁能力和强减能力检查——确定 AVR 工作的边界条件；

8）励磁系统频率特性检查；

9）PSS 投入效果检查。

由上述测试要点可知，只要采用正确的方法，参数测试可以在常规试验中完成。

（3）励磁系统参数测试结果。

1）发电机运行参数和数据如表 5-5 所示。

表 5-5　　　　　　　　　　　　发电机运行参数和数据

参数	额定有功功率	额定无功功率	机组转动惯量	额定电压	额定电流	磁场额定电压	磁场额定电流	空载磁场电压	空载磁场电流
符号	P	Q	T_j	U_{tN}	I_{tN}	U_{fN}	I_{fN}	U_{f0}	I_{f0}
单位	MW	Mvar	kg·m²	kV	kA	V	A	V	A
实测值									

2）发电机主要电气参数，如表 5-6 所示。

注意：研究次同步问题时需要确认全部发电机电抗及时间常数等参数。

表 5-6   发 电 机 主 要 电 气 参 数

参数	直轴同步电抗	交轴同步电抗	直轴暂态电抗不饱和/饱和	交轴暂态电抗不饱和/饱和	直轴次暂态电抗不饱和/饱和	交轴次暂态电抗不饱和/饱和	负序电抗	零序电抗
符号	X_d	X_q	X'_d	X'_q	X''_d	X''_q	X_2	X_0
单位	标幺值	标幺值	标幺值	标幺值	标幺值	标幺值	标幺值	标幺值
实测值								
参数	直轴开路暂态时间常数	交轴开路暂态时间常数	直轴开路次暂态时间常数	交轴开路次暂态时间常数	直轴短路暂态时间常数	交轴短路暂态时间常数	直轴短路次暂态时间常数	交轴短路次暂态时间常数
符号	T'_{d0}	T'_{q0}	T''_{d0}	T''_{q0}	T'_d	T'_q	T''_d	T''_q
单位	s	s	s	s	s	s	s	s
实测值								

发电机需要计算的参数，如表 5-7 所示。

表 5-7   发电机需要计算的参数

发电机电压 1.0 倍饱和系数（标幺值）	发电机电压 1.2 倍饱和系数（标幺值）

3）励磁变压器参数。励磁变压器参数主要是制造厂提供的数据，如表 5-8 所示。

表 5-8   励 磁 变 压 器 参 数

励磁变压器型号	励磁变压器额定容量（kVA）	励磁变压器变比（kV/V）	励磁变压器短路电抗（%）

发电机需要计算的参数有换相电抗系数

$$K_C = X_P = (3U_kU_2^2I_{fb})/(\pi U_{fb}S_n) = (3U_kU_2^2)/(\pi S_nR_f)$$

式中 U_k ——励磁变压器短路电压；

        U_2 ——励磁变压器二次额定电压，V；

        S_n ——励磁变压器额定容量，VA；

   U_{fb}、I_{fb} ——励磁电压和励磁电流基值，V、A；

        R_f ——磁场直流电阻。

代入表中数据，则有

$$K_C = (3U_kU_2^2)/(\pi S_nR_f) = (3 \times 7.24 \times 800^2)/(3.14 \times 6000000 \times 0.1021) = 7.23（标幺值）。$$

4）励磁机参数，如表 5-9 所示。

表 5-9　　　　　　　　　　制造厂提供的励磁机参数

参数名称	参数代号	使用单位	设计参数
励磁机额定容量	S_{eN}	kVA	
励磁机频率	f_e	Hz	
功率因数	$\cos\varphi$		
额定输出电压	U_{eN}	V	
额定输出电流	I_{eN}	A	
额定磁场电压	U_{efN}	V	
额定磁场电流	I_{efN}	A	
直轴同步电抗	X_{de}	标幺值	
直轴暂态电抗	X'_{de}	标幺值	
直轴次暂态电抗	X''_{de}	标幺值	
负序电抗	X_{2e}	标幺值	
励磁绕组直阻	R_{ef}	Ω	
转子时间常数	T_E	s	

（六）电力系统稳定器（PSS）试验

PSS 分 PSS1、PSS2、PSS4B、特殊形式、外挂式 PSS（含 PSS2 和 PSS4B 等）形式。对于 PSS1、PSS2、外挂式 PSS，试验方法无本质上的区别，采用频域法测量频率特性，在时域范围内检查阻尼特性、临界增益和抗反调能力；PSS4B 在实验室理想状态下的性能可以免检测，但现场真实有效的检查方法仍在摸索中。其他新型的还有自适应 PSS、广域 PSS 等。

励磁系统无补偿相频特性的测试：宜采用频谱分析仪进行频率响应特性测量，测量的频率范围应不小于 0.1～10Hz，输出的测量噪声信号可选随机噪声信号或周期性调频信号，信号的幅值可调范围应不小于 0～2V，信号的负荷电流不小于 20mA，幅值测量范围应不小于 80dB。试验模型如图 5-19 所示。

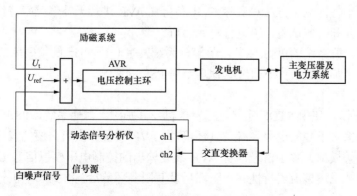

图 5-19　无补偿相频特性试验框图

计算励磁系统补偿特性，如图 5-20 所示。

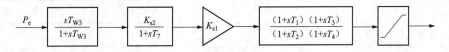

图 5-20　计算励磁系统补偿特性

一般情况下整定 PSS 的增益为临界增益的 1/3～1/5。

（七）励磁调节器入网检测试验

1. 进行调节器入网检测的原因（AVR 型式试验补充、完善）

（1）各厂家的励磁调节器设计原理不相同，如非线性、死区设置及限制环节等。检测表明，相当数量的励磁系统动态性能不能满足国标要求，主要体现在静差率、超调量、线性度和强励磁能力等几方面。

（2）人机界面上显示的参数与原理传递函数框图中参数不一致，用户不了解其换算规律。当更换软件版本或人为修改整定参数后，不能直接推算相对应的稳定计算用模型的新参数，需要重新进行现场测试。

（3）出于安全考虑，现场试验受到诸多限制，如扰动量、AVR 非线性特性、限幅和强励磁限制等，无法通过常规试验直接得到辅助控制环特性。

（4）无法全面考核在各种极端工况甚至系统发生故障的情况下励磁系统的动作行为，辅助控制环的参数按经验整定，存在安全隐患。

（5）现场一般通过测试发电机励磁系统无补偿频率特性，整定电力系统稳定器 PSS 参数，只通过进行本机振荡模式（1Hz 以上）负荷阶跃扰动试验验证其有效性，即认为当电力系统发生 0.1～2Hz 频率范围内的振荡时均能提供正阻尼，而对真正的低频段则缺乏检验手段。

2. 入网检测的技术路线

（1）检测励磁调节器（AVR）在自并励磁和三机常规两种励磁方式下，在各种工况下的静态和动态特性是否符合国家和电力行业的相关标准。

（2）检查 AVR 在各种扰动工况下，是否出现不正常的死机、切换或控制失常等逻辑设计缺陷。

（3）确认 AVR 电压控制主环的模型参数，详细对比实际调节器 PID 环节模型参数设置与设计原理模型的控制效果，掌握 AVR 各个限制环节的特性。

（4）采用频率特性测试方法对实际 AVR 和仿真 AVR 进行无补偿频率特性测试、有补偿频率特性测试，并和时域试验结果进行对比分析。

（5）对实际励磁系统的 PSS 环节，除验证系统发生 0.1～2Hz 低频振荡情况下 PSS 的阻尼效果，还要在更加严酷条件下研究其他环节对 PSS 的影响。

3. 测试原理

如图 5-21 所示，使用 RTDS 建立包括发电机及其励磁、调速系统、PSS、主变压器、主开关以及等效无穷大电源的电力系统仿真环境，向 AVR 装置提供所需要的发电机电压、电流、主开关位置节点等模拟、数字信号，将 AVR 装置输出的控制电压模拟信号 U_c 输入 RTDS，经过励磁机模型或描述整流器特性的一阶滞后及其限制环节后，得到发电机转子电压 U_f，构成闭环实验环境。

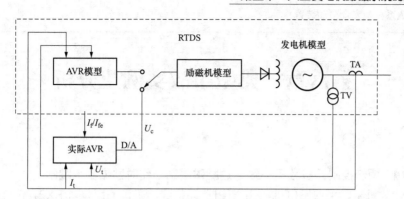

图 5-21　无穷大电源的电力系统仿真闭环试验框图

4. 测试内容

测试内容包括静态检查、空载试验、负荷试验、频域特性试验。

静态检查：实际 AVR 增益、时间常数检查、移相触发环节反余弦特性检查。

发电机空载试验包括实际 AVR 空载升压试验、实际 AVR 与模型 AVR 之间空载阶跃响应对比、自动—手动切换试验、频率特性试验、U/f 限制和保护试验、TV 断线试验等。

发电机负荷试验包括自动、手动无功调整，静差率的测定、调差率校核、强励磁和强励磁限制试验、系统短路试验、低励磁限制试验、过励磁限制试验、甩负荷试验、发电机负荷阶跃试验、实际 AVR 与模型 AVR 之间负荷阶跃响应对比、PSS 投入效果检查试验等。

频域特性试验包括以下项目：

1）测量滤波、比例、积分、PID 校正环节、PSS 等环节频率特性。

2）测量发电机励磁系统无补偿频率特性。

3）测量发电机励磁系统有补偿频率特性。

第六章　典型事故实例及分析

【实例1】　两套控制器参数不一致，过励磁限制动作时励磁系统跳闸

某 600MW 机组，采用发电机-变压器组单元接线，美国 GE 公司 EX2100 自并励励磁调节器，调节器内部具有转子电流过负荷限制功能（OEL）及转子电流过负荷保护功能（OPE）。发电机-变压器组保护采用双重化配置，分别由国电南京自动化研究院 DGT801 和美国 GE 公司 G60 保护装置构成。调试试验过程中励磁电压、励磁电流、机端电压、机端电流大幅波动，最终导致机组跳闸。

1. EX2100 励磁系统简介

EX2100 是 GE 公司第三代数字式励磁系统，具有较高的可靠性，而且设计灵活，操作方便。主要由调节屏（AVR）、晶闸管整流屏（SCR），交流进线屏和直流出线屏组成。其中交流进线柜中包含交流滤波器，直流出线柜中包括灭磁开关。

（1）调节器原理。EX2100 励磁系统采用三重冗余的控制器：M1、M2 和 C。三个控制器同时对输入的信号计算比较，控制器中各板件通过底板高速通信母线 ISBUS 相互连接进行通信；M1、M2 一个为主控制器通道，另一个跟踪主控制器通道输出。C 控制器对 M1 和 M2 进行监控，来决定 M1 和 M2 中的一个作为主控制器工作以及 M1/M2 控制器通道切换。励磁调节器主要由 PSS、UEL、EXASP、FCR、FVR 等模块构成。

各模块功能及逻辑关系如下：PSS（power system stabilizer），电力系统稳定器；UEL（Under excitation limiter），低励磁限制；FVR（field voltage regulators），励磁电压环调节；FCR（field current regulators），励磁电流环调节；AVR（automatic voltage regulator），自动电压调节器；AUTO REF（auto reference），根据用户提供的参数和条件，结合辅助的稳定和保护信号为自动电压调节器生成一个自动整定值；MANUALRER（manual reference），根据用户提供的参数和条件，为 FVR 提供的手动整定值。

图 6-1 所示为 EX2100 励磁系统调节器原理框图。

图 6-1 中：EXASP——综合 PSS、AUTOREF、UEL、无功电流补偿、机端电压输入等计算出的 AVR 整定值。

AVR——整定值为 EXASP 功能模块输出，反馈为发电机机端电压，采用比例积分调节器输出以维持发电机机端电压恒定。

FVR——运行于手动调节方式时，使用励

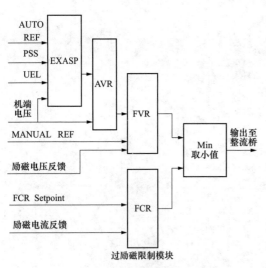

图 6-1　EX2100 励磁系统调节器原理框图

磁电压作为反馈，采用比例积分形式输出；运行于自动电压调节方式时，AVR 的输出不带任何条件，直接送到 FVR 输出。无论手动或自动调节方式，FVR 输出始终有效。

FCR——是一种使用励磁电流作为反馈的特殊手动调节器，其整定值在发电机稳定运行容量范围之内，通过高限、低限之间切换整定值，提供瞬时强励磁能力。一般情况下其整定值要比实际的励磁电流大一点儿。FCR 的输出保持在顶值，当其使能值（Enable）变为允许（True），输出可以跟随 FVR 比例积分调节器输出。

当励磁系统过励磁限制动作时，FVR 输出值大于 FCR 输出值，而整流桥的触发命令是 FVR 和 FCR 输出中较小的一个，因此自动切换为 FCR 方式运行，FCR 方式作为限制环运行。

（2）过励磁限制/保护。发电机转子设计热容量一般用反时限特性函数表示，励磁限制器要保证在磁场过电流时转子不会过热损坏，因此励磁过电流限制也用反时限曲线表示。反时限曲线类型应与发电机转子允许过电流函数特性一致，并且过励磁反时限特性与发电机转子绕组过负荷保护特性之间留有级差，确保在保护动作之前限制动作。

EX2100 励磁系统过励磁限制器为比较式限制器，由三段反时限曲线构成，如图 6-2 所示。图中上半部分三条曲线自上而下分别是负荷状态励磁电流跳闸曲线、通道切换曲线、磁场电流限制曲线；左下部分一段为空载状态励磁电流限制曲线。

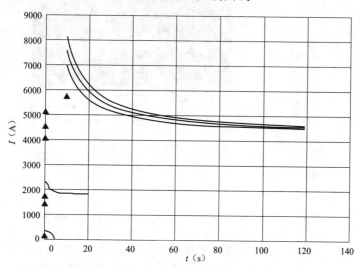

图 6-2　EX2100 励磁系统过励磁限制曲线

过励磁限制曲线参数描述：

OETripLev，磁场电流反时限曲线 120s 时跳闸电流（定值 4642.4A）；

OELimitLev，磁场电流限制曲线，为跳闸电流的百分数（定值 70%）；

OE_Inf，磁场电流反时限曲线无限大时间终值（定值 4393.7A）；

OE_PU，磁场电流反时限启动值（定值 4227.9A）；

FCRReLo，FCR 方式过励磁限制启动值（定值 4145A）。

当磁场电流超过限制设定值时，进入 FCR 方式运行；当检测到限制失败，磁场电流大于切换曲线值、小于跳闸曲线值时，控制器发通道切换指令；当励磁电流大于磁场电流跳闸曲线电流值时，调节器发励磁系统跳闸指令，以保护发电机转子。

2. 过励磁限制试验

（1）试验方法。试验时退出励磁调节器 AVC 控制，修改调节器参数，降低过励磁限制值，手动增减励磁操作至限制值，观察励磁调节器对励磁电流是否有过励磁限制功能。

在确认过励磁限制功能有效后分别进行 PSS 投入与退出情况下的电压阶跃试验，同时启动录波，阶跃量应由小到大进行，观察励磁电流是否被限制。

（2）试验过程。当日 02:50 左右，机组试验准备就绪，开始励磁系统过励磁限制及保护动态校核试验。机组工况：有功功率 360MW，无功功率 62Mvar，转子电流 2345A。试验时将过励磁限制器的 OE_PU 由原来的 4227.9A 改为 2462.25A，OE_Inf 由原来的 4393.7A 改为 2520.875A，OELimitLev 由原来的 70% 改为 5%，FCRReLo 由原来的 4145A 改为 2403.625A。

开始励磁调节器过励磁限制校核试验操作，当转子电流升到 2600A 时，过励磁限制器经延时运行通道（M1）切换到 FCR 方式，励磁电流降为 2403.625A，装置发 94（励磁过电流反时限报警）、104（励磁电流 OEL 报警）信号，过励磁限制器正常动作。但随后的操作造成励磁电压、电流大幅摆动，引起机组励磁系统重故障联跳发电机-变压器组。

机组跳闸时机端电压、机端电流、励磁电流、励磁电压、灭磁开关曲线如图 6-3 所示，图中机端电压、机端电流、励磁电流、励磁电压摆动 3 次后灭磁开关跳闸。

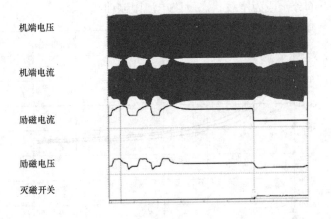

图 6-3 机端电压、电流，励磁电压、电流曲线的录波图

（3）原因分析。励磁调节器过励磁限制动作至机组跳闸过程如图 6-3 所示。当励磁装置过励磁限制动作后，转入 FCR 调节器运行方式，励磁电流被限制在 2403A。此时若要退出 FCR 运行方式，转入 AVR 运行方式，应对励磁装置进行"减磁"操作，直到励磁电流小于限制值，但当时进行了"增磁"操作，导致 AVR 的给定值升高。

转子电流在 FCR 运行方式经冷却延时后转入 AVR 运行方式时，机端电压为"增磁"操作后 AVR 的给定值，由于给定值已被升高，导致励磁电流突然升高，重新进入过励磁限制状态，过励磁限制器第二次动作，将励磁电流限制在 2403A。

由于给定值没有减小，FCR 经冷却延时转入 AVR 方式时重复了上述过程。为防止励磁电流大幅摆动，试验人员将控制器 M1 的 FCRReLo 改回 4145A，过励磁限制器第三次动作将励磁电流限制在 4145A，而控制器 M2 的 FCRRefLo 为 2403.625A。控制器 M1、M2 参数不一致且限制器动作引起励磁调节器跳灭磁开关。图 6-4 所示为励磁电流与过励磁限制曲线。

3. 结论及建议

（1）EX2100 励磁系统动态校核过程中过励磁限制动作时，错误的进行了增磁操作是造成此次机组跳闸事件的主要原因。

（2）EX2100 励磁系统在限制器动作时会比较两套控制器参数，用以互相切换，因此在其动作时不能修改参数。限制器动作时修改参数是造成机组跳闸事件的直接原因。

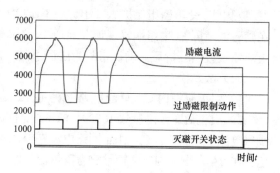

图 6-4 励磁电流与过励磁限制曲线

（3）EX2100 励磁系统过励磁限制虽能满足限制要求，但动态校核存在较大风险，应该在机组停机状态下先进行静态调试，再进行动态校核。

（4）励磁系统动态校核试验前应充分了解励磁系统原理，并做好安全交底工作，确保在调试过程中发生异常工况时能及时处理。

（5）试验参数修改前要确定控制器无限制动作，防止修改参数时恰好限制动作引起机组跳闸。

【实例 2】 三起 UNITROL 5000 励磁系统转子过电压保护误动分析

1. 故障案例一

（1）故障过程。某电厂 1 号机组有功功率 210MW，无功功率 85.9Mvar，机组励磁电压 205.3V，励磁电流 1816.8A。运行中 1 号机组 2201 断路器跳闸，机组全停，6kV 厂用电源快切动作电源切换至启动备用变压器。DCS 报"励磁系统故障""转子过电压"，发电机-变压器组保护 A、B 柜"励磁系统故障"、C 柜"主变压器联跳"动作。就地检查励磁调节器柜，面板"转子过电压"报警。

（2）故障检查。检查励磁柜内元件未见异常，查看机组故障录波器，发电机 B 相电流突变启动，机端电压降低，B 相电压最低到 16.96kV，B 相定子电流最大 9225A。值长询问省调得知系统受到冲击（距离事故电厂 15km 的某电厂 2 号高压备用变压器发生内部短路故障，造成其所在母线及出线全部跳闸）。测量灭磁电阻直流阻值正常，检查励磁装置进线柜内交流熔断器（F15）无问题；读取励磁装置故障录波图形，根据录波图形分析故障过程为：系统电压降低导致机端电压下降，励磁装置强励磁动作，在强励磁过程中转子过电压保护动作造成停机。经与 ABB 厂家共同分析，判断为转子过电压保护误动。

（3）故障分析。ABB 励磁转子过电压保护原理为：当调节器检测到跨接器导通电流值（P10929 霍尔元件检测值）大于导通电流设定值（P925 厂家整定为 200A）持续 20ms 以上，则转子过电压保护动作。1 号机组恢复正常后，ABB 厂家人员实测负荷 210MW 时，霍尔元件输出值（P10929）为–124A，2 号机组负荷 240MW 时，P10929 测量值为–114A。厂家给出 P10929 的理论值为 0A。由于该电流检测利用霍尔元件实现，输出电压为毫安级，在受到一定电磁干扰时，元件输出会有较大波动，致使强励磁动作时，P10929 输出值大于设定值，诱发转子过电压保护动作。

2. 故障案例二

（1）故障过程。某 1 号机组运行中发生跳闸事故，当时机组带 300MW 负荷，现场检查发现发电机-变压器组保护 A 、B 屏（南瑞 RCS985A）发外部重动 4（励磁系统故障）信号，在励磁调节屏 ECT 终端发现调节通道 1、2 有 F35（转子过电压）信号，调出发电机-变压器组故障录波图分析后，确认事故为励磁系统故障引起。

（2）故障检查

1）对灭磁柜内 Crowbar 回路的霍尔变送器外观、二次接线检查无明显问题。

2）启机后对励磁参数 10929（Crowbar 回路电流）进行检查，发现机组负荷在 250MW、励磁电流 1800A 时，Crowbar 回路电流在 -160A 左右波动，正常运行时 Crowbar 回路电流理想值应在 0A 左右，判断这种异常为霍尔变送器测量不准或受到干扰造成，而一次设备本身并无问题。

3）因参数 925（转子过电压）定值为 200A，针对运行中 Crowbar 回路电流出现的异常现象，临时将参数 925 定值改为 400A；后经过多次观察发现 Crowbar 回路电流随着励磁电流的增大而增大，在满负荷时 Crowbar 回路电流达到 -196A，而转子过电压跳闸定值为 0A，故在满负荷时，励磁电流稍有增大就会引起转子过电压保护跳闸，由此确认发生的转子过电压跳闸事故为霍尔变送器测量不准或受到某种干扰引起。

（3）故障分析。

1）停机更换霍尔变送器后，启机再检查 Crowbar 回路电流仍然随着励磁电流增大而增大，判断霍尔变送器本身无问题，Crowbar 回路电流为干扰引起。

2）对灭磁开关柜内励磁母线的布置加以分析，认为干扰是由母线结构布置的不合理造成。因 Crowbar 回路附近的励磁直流输出铜排不对称，当励磁输出铜排通过大电流时，由于不对称产生的磁场会使霍尔元件受到感应，从而造成 Crowbar 回路电流不为零。

3）根据现场情况，母线的布置已不可能变动，故只能调整参数 925 的定值。观察不同励磁电流下的 Crowbar 回路电流值，发现励磁电流与 Crowbar 回路电流值基本成线性正比关系，因此对参数 925 定值重新整定（需躲过强励磁，即 2 倍额定电流下的干扰值）：发电机额定励磁电流为 2642A，励磁电流在 1800A 时参数 10929 为 160A，在强励磁，即 2 倍额定励磁电流下，参数 10929 会达到 2642/1800×2×160=470A，考虑一定裕度，则参数 925 定值可整定为 470×1.25=588A，取 600A。

（4）建议。

1）采用霍尔传感器的 UNITROL 5000 励磁系统可将定值设置为躲过最大干扰电流。

2）采取措施减少对霍尔元件的干扰。

3）对其他采用霍尔元件的设备应用类似处理方法（如某电厂采用的利德华福变频器因功率模块中的霍尔元件采样不准而发生跳闸）。

3. 故障案例三

（1）故障经过。某电厂采用 UNITROL 5000 励磁调节器，某日发生励磁系统故障，造成发电机解列。

电厂 2 号机组励磁调节器通道 2（备用通道）于当日 8 时 39 分 280 毫秒报"A137 Standby Trip（备用通道跳闸）"故障；通道 1（运行通道）于当日 8 时 39 分 300 毫秒报"F35 FieldOvervoltage（转子过电压）"故障，发跳闸指令跳灭磁开关。2 号机组发电机-变压器组保护 C 柜"励磁系统故障"保护动作，发电机解列。跳闸前，励磁调节器和发电机-变压器组保护装置没有任何故障或报警信息，励磁系统及机组运行正常。

（2）故障原因分析。

1）故障初步判断。跳闸后，对励磁系统元器件、二次回路以及电源回路进行了检查，未发现异常。根据通道 2 "standby Trip" 故障报文比通道 1 的 "FieldOvervoltage" 故障报文早20ms，初步判断通道 2 误发跳闸指令，使灭磁开关在开断较大励磁电流时引起转子过电压，造成通道 1 报转子过电压故障。由此，判定通道 2 的快速输入输出 FIO 板 U71 的开入/开出模块损坏引起通道 2 误动。更换该板件并进行手自动切换、通道切换、增减励磁等试验后，机组并网。

2）故障深入分析。深入分析后，发现初步判断的结论是经不住推敲的。由于灭磁开关分闸时间大于 30ms，从灭弧栅弧压建立到转子电流由灭磁开关转移到 SiC 灭磁电阻也需要一定的时间。在这个过程中，如果出现转子过电压，从硬件检测到装置报出转子过电压故障的延时至少需要 20ms。因此，如果上述初步分析结论正确，两个故障报文的时间差应大于 50ms。可见初步故障判断有误。

对报文进行分析，可以推断，通道 1（运行通道）先发出跳闸指令，通道 2 只是对这一跳闸事件作出报警。具体原因如下：

a. 通道 1 的报文 "Field Overvoltage" 是跳闸的故障，而通道 2 的报文 "Standby Trip" 只是报警的信号。所谓 Standby 是指相对于该通道的另外一个通道。该报警信号的确切含义是指该通道检测到了另外一个通道发出的跳闸指令而发出报警信号，即通道 2 检测到了通道 1 发出的跳闸指令后发出报警信号，而通道 1 的跳闸是由于检测到转子过电压异常情况。

b. 之所以励磁调节器显示通道 2 的报警信号先于通道 1 的跳闸出口，是因为该励磁调节器没有安装 GPS 对时系统，两个通道的系统时钟不同步。从故障后的一次就地复归操作就可以看出对于同时发生的一个事件，通道 2 的报文时间比通道 1 的报文时间早 60ms，即通道 2 的系统时钟比通道 1 的快 60ms。综合以上信息，可以得出：通道 1 的 "Field Overvoltage" 跳闸出口比通道 2 的 "Standby Trip" 报警信号早 40ms。

转子过电压误跳分析：当发电机机端出现故障，如不对称短路、非同期并列或异步运行时，会感应出负序或异步磁场电流，并在转子回路中产生过电压。为防止损坏发电机转子，必须通过转子过电压保护措施，将此过电压限制到晶闸管反向峰值电压和转子耐压以下，并留有足够的安全裕度。通常使用跨接器（CROWBAR）完成直流侧过压保护。而 CROWBAR 对转子电压的监测通过霍尔传感器 CUS 测量 CROWBAR 回路的泄漏电流来完成。它可以测量的电流比较大，而且线性度和精度都非常高。传感器的输出能够产生与铁芯内流过的电流成正比的差分电压，通过在软件中选择适当的传递函数可以得到转子电压。转子过电压定值就是设定 CROWBAR 回路的泄漏电流，当所监测的泄漏电流大于定值时，触发相应的晶闸管，将灭磁电阻并联到转子两端，同时发出跳闸令，使磁场断路器立即跳闸。

检查 CROWBAR 一次回路和霍尔传感器 CUS 及二次电缆，未发现异常。机组运行中，对 CROWBAR 主回路进行红外测温，CROWBAR 主回路中的晶闸管和 SiC 灭磁电阻与环境温度一致，基本可以排除 CROWBAR 主回路有问题导致转子过电压保护动作的可能性。

然后，对 CROWBAR 回路的泄漏电流进行 1h 的连续录波，如图 6-5 和图 6-6 所示，发现检测到的电流值时大时小，不稳定，在 -48A~-92A 之间变化，并且两个通道的情况相同。查阅以前的录波图记录进行比较，发现基建调试期间，在 66% 励磁电流下，CROWBAR 电流为 -24A，且较稳定。综合以上分析，可以初步判断是因为 CROWBAR 回路泄漏电流测量值有误导致励磁调节器通道 1 误报转子过电压而跳闸。检查该测量回路时，发现通道 1 快速输入、输出 FIO U70 板件的 X5 插座附近有一小片灼烧痕迹。U70 板件的 X5/X6/X7 插座是励磁变压器三相绕组测温回路的接线，与埋入励磁变压器三相绕组的 PT100 测温元件相连。通过励磁就地控制面板发现所测的励磁变压器 A、B、C 三相绕组温度分别为-265、-269、-259℃，显然三路测温回路都已损坏，无法正常工作。

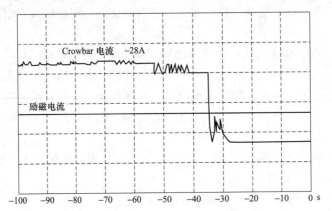

图 6-5　通道 1 CROWBAR 回路泄漏电流录波

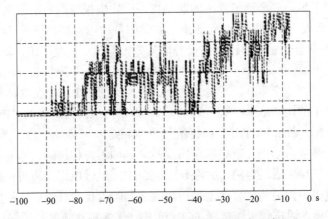

图 6-6　通道 2 CROWBAR 回路泄漏电流录波

查阅相关记录显示，2 号机组励磁变压器曾于一个月前发生过一次故障，从高压侧 B 相接地故障发展为三相短路接地故障，B 相故障电流峰值 200kA，A 相和 C 相故障电流峰值达到 150kA，导致励磁变压器发生爆炸起火，温控箱脱落，PT100 测温元件及连接线散落。故障发生后未及时发现励磁调节器板件有灼烧痕迹。故障处理后机组第一次开机时，发现远方启动励磁功能不起作用，U70 板件上有一处发黑。但由于并网时间要求紧迫，技术人员认为仅仅是 U70 板件一个开入节点损坏，决定下次停机时更换该板件，因此通过就地控制面板启动励磁。

（3）故障原因及处理。根据以上的故障情况回顾、现场检查和分析，得出故障原因为：励磁变压器曾因发生的短路故障导致此次故障中的电气一次暂态量通过励磁变压器绕组测温回路窜入励磁调节器通道 1 的 FIO 板 U70，使其 CROWBAR 回路泄漏电流测量功能、励磁变压器测温功能以及远方启动励磁开入触点不能正常工作。CROWBAR 电流测量有误，导致超过转子过电压整定值，保护误动，灭磁开关跳闸，机组解列。

由于 2 号机组还处于并网运行状态，采取了如下临时措施：

1）将 CROWBAR 电流定值抬高到最大可整定值，尽可能防止误动；

2）屏蔽励磁变压器温度监测功能，防止因励磁变压器温度采样有误导致励磁变压器温度高发生跳闸；

3）在下一次停机时更换该 U70 板件。

（4）针对这次故障，提出建议及防范措施，以避免同类问题出现。

1）安装 GPS 对时系统接入励磁调节器，便于日常维护及事故分析。

2）励磁变压器测温回路的 PT100 测温元件是直接埋于励磁变压器绕组中，励磁调节器快速输入、输出 FIO U70 板件的 X5/X6/X7 插座直接与一次设备连接，这对二次设备和技术人员来说都是一个重大的危险点。建议取消该回路，闭锁调节器励磁变压器温度监测功能。在励磁变压器就地加装温控器，励磁变压器温度高逻辑判断由温控箱完成，将温度高报警信号和跳闸出口直接送至发电机-变压器组非电量保护柜作为开入，从而实现将一次设备与二次设备完全隔离，保障设备以及技术人员人身安全。

3）在发现缺陷，还没有明确清楚该缺陷所带来的影响前，切勿盲目开机，以免机组带隐患运行而造成不必要的损失。

4）励磁调节器内应该设有能够监测到 CROWBAR 电流变化率或励磁变压器温度等数据（超过正常范围）的报警信号，便于技术人员及时发现励磁系统缺陷，避免隐患扩大。

发生过的多起 UNITROL 5000 励磁系统转子过电压保护误动，其原因均为跨接器导通电流值（霍尔传感器采集的电流）不准而导致转子过电压误动作。

【实例 3】　EX2100 励磁调节器 ECTB 板损坏导致机组全停

某电厂 600MW 机组，励磁系统采用的是美国 GE 公司 EX2100。发电机-变压器组保护采用双套保护配置，一套为南京自动化公司生产，型号为 DGT801（A 柜）；另一套为南京南瑞继保电气有限公司生产，型号为 RCS985B（B 柜）；非电量保护为南京南瑞继保电气有限公司生产，型号为 RCS974AG（C 柜）。

1. 故障经过

（1）故障前状态。1、2 号发电机组运行，2 号机组有功负荷为 370MW，无功为 85Mvar。某日 0:40，2 号机组全停跳闸，500kV 5011、5012 断路器跳闸，集控室报"励磁系统故障跳闸""热工保护跳闸"光字。

（2）故障检查。

1）一次设备检查：无异常。

2）励磁系统检查：动作报文反应动作信息时序为：44 收外部跳闸信号、85 机组并网但励磁系统退出、110 励磁系统故障循环跳闸。此信息是发电机-变压器组保护跳闸后励磁系统的正常反应行为。

3）保护装置检查：检查发电机-变压器组保护 C 柜，0:40:19:207，励磁系统故障跳闸，0:40:19:280，热工保护开入变位，0:40:19:380，热工保护动作跳闸。

4）热工 SOE 检查：首出为 500kV 5011、5012 开关跳闸，然后是电跳机信号。

5）故障录波器信息检查：励磁变压器低压侧电流首先消失，41ms 后发电机机端电流消失。开关量变化趋势如图 6-7 所示。

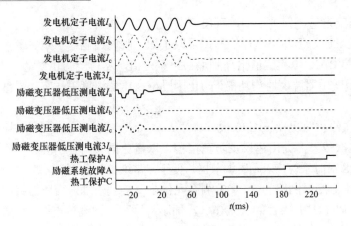

图 6-7　故障录波器动作波形

6）检查发电机-变压器组保护 A 柜"励磁系统故障"开入量电缆绝缘正常；发电机-变压器组保护 C 柜"励磁系统故障"开入量电缆绝缘正常；检查励磁调节器发电机-变压器组保护动作跳励磁信号开入电缆绝缘正常。检查电气二次回路发现发电机-变压器组保护柜 C 柜励磁系统故障信号未接入故障录波器，这给判断动作时序带来了一定困难。

2. 动作行为分析

从发电机-变压器组保护 C 柜保护动作故障信息判断，是由于发电机-变压器组保护 C 柜收到励磁系统故障信号后动作。

但从励磁系统故障信息判断，在机组跳闸之前并无任何故障信息，认为是励磁调节器收到"发电机-变压器组保护动作跳闸"开入信号后动作于灭磁的，动作报文是发电机-变压器组保护动作跳闸后励磁系统的正常反应行为。

从故障录波器开关量波形分析，并不能准确地判断出动作时序，因为开关量中间环节有延时。由于保护和励磁系统的时钟不同步，无法判断时序，所以引起跳闸的源头不明。

现在就谈到分析方法的问题。笔者认为，不论是保护装置动作报文、励磁调节器动作报文、DCS 系统 SOE，还是故障录波器的开入量变位波形都不能 100%可靠反映真实动作行为，所以利用开关量时序分析动作行为过程存在偏差，理由就是中间环节的延时问题。而模拟量是直接从 TA、TV 引至故障录波装置的，能够真实、快速、可靠地反映动作行为。实践证明，靠模拟量时序分析保护动作行为准确、可靠。根据模拟量时序分析，此次机组全停事故从故障录波上看，励磁变压器低压侧电流先于发电机机端电流消失，由此判定励磁调节器先发灭磁命令，然后再由发电机-变压器组保护动作于全停跳闸。

为了验证此判断，通过实验对事故过程进行再现。方法是在机组需要停机前，将发电机-变压器组保护柜 C 柜励磁系统故障信号接入故障录波器，用短接 EX2100 励磁调节器"发电机-变压器组保护动作开入"信号的方法使励磁系统灭磁，发电机-变压器组保护动作停机，再现了事故过程，并且对 EX2100 励磁调节器进行了事故录波。实验后对保护装置动作报文、故障录波器波形、DCS 系统 SOE 进行了查看比较，两次动作行为基本吻合。为了断定对此次事故分析的正确性，再对 EX2100 励磁调节器的故障波形进行分析。

利用模拟量变化趋势进行分析。EX2100 励磁调节器的故障波形中首先消失的是励磁电压，15ms 后励磁电流消失（如图 6-8 所示），再过 33ms 后机端电流消失。这是励磁系统故障后发出灭磁指令的正确动作行为，与故障录波器模拟量波形分析的动作时序一致，验证了之前对此次事故的分析结果。

通过以上综合分析，断定励磁系统先发出灭磁指令是导致机组全停的直接原因。对 EX2100 励磁调节器"收发电机-变压器组保护动作开入"回路 ECTB 板进行仔细实验、检查。励磁调节器的 ECTB 板支持励磁的触点输出和触点输入，每块板都包含 2 个驱动用户停机的触点输出，4 个由 EMIO 板控制

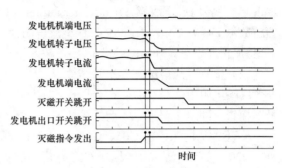

图 6-8 励磁电压与励磁电流的时间间隔

的通用 C 型继电器触点输出。6 个辅助触点输入都在 ECTB 板上加上 70V 电压，52G 和 86G 触点输入也都在 ECTB 板上加上电压并被监测。在冗余的情况下，70V 电源来自 M1 和 M2 的电源；"发电机-变压器组保护动作开入"信号（86G）就是接到 EXTB 板上的光隔上，通过对该开入回路做光隔动作电压、灵敏度等实验，发现该开入回路的光隔动作电压很小，并且光隔开入闭合的灵敏度非常低，在"发电机-变压器组保护动作开入"信号回路断开情况下，励磁调节器错误地判断出该开入信号闭合，因此断定 ECTB 板损坏，遂更换 ECTB 板消除了事故隐患。

【实例 4】 一起 UNITROL5000 励磁装置电源模块故障引起的机组跳闸事件

1. 故障经过

某厂 4 号机组有功功率 605.3MW，无功功率 163Mvar，发电机定子电流 18.4kA，定子电压 18.9kV，励磁电流 3618A，励磁电压 340V。发电机励磁系统通道 II 运行，通道 I 备用。SOE 记录首出"发电机跳闸"，发电机-变压器组保护 A、B 柜"励磁系统故障"动作，联跳汽机，锅炉 MFT 动作，厂用电切换正常。综合分析励磁调节器 LCP 显示故障信息、发电机-变压器组录波器记录、发电机-变压器组保护和 DCS 报警信号，判断为励磁调节器的 ARCnet 通信故障，更换了通道 I、II 的 COB 板，通道 II 的 EGC 板和 Arcnet 通信同轴电缆。进行了静态交流采样试验、小电流试验和开机过程中的"零起升压试验""增减磁试验"" ±5% 阶跃试验""通道切换试验""EGC 试验""灭磁试验"，试验结果正常，机组恢复并网运行。

机组并网运行 6 天后再次发生跳闸，当时机组有功功率 461.6MW，无功功率 162Mvar，发电机定子电流 14.41kA，定子电压 19.7kV，励磁电流 3160A，励磁电压 283V；发电机励磁系统通道 I 运行，通道 II 备用。SOE 记录首出"发电机跳闸"，发电机-变压器组保护 A、B 柜"励磁系统故障"动作。联跳汽机，锅炉 MFT 动作，厂用电切换正常。励磁调节器 LCP 显示故障信息、发电机-变压器组录波器记录、发电机-变压器组保护和 DCS 报警信号均与上次故障报出的故障信息一致。

2. 故障分析

（1）故障信息。发电机-变压器组故障录波器显示，励磁变压器电流由 2.3A（二次值）突降至 0.1A 启动录波，490ms 后"励磁系统故障"发出，励磁变压器电流减小至 0A，69ms 后发电机-变压器组主开关跳闸，机组跳闸。整流柜 Fail、Off 灯亮，励磁调节器 LCP 显示故障信息为：Converter failure（整流桥故障）；Converter 1（整流桥 1 退出）；Converter2（整流桥 2 退出）；Converter3（整流桥 3 退出）；Common STBY fault （备用通道综合故障）；EGC fault（紧急备用通道故障）；Converter fail level 1（整流桥故障 1 段）；Converter fail level 2（整流桥故障 2 段）；Converter blocked（整流桥闭锁）；CH ARCnet fault（通道通信故障）；Converter 4（整流桥 4 退出）；Converter 5（整流桥 5 退出）。

（2）检查试验情况。一次系统检查正常；检查 ARCnet 通信线 T、Y 形接头导通良好、测量终端电阻阻值为 93Ω，符合厂家技术标准；试验整流柜风机电源切换回路，切换正常。外观检查脉冲总线扁平电缆及插接情况，未发现异常。

检查 24V 电源模块 G05、G15 输出正常，负极接地良好；测试带负荷能力，结果正常。外加 220V 交流电源，电源模块 G05 输出 24.5V；输出侧接入 0～14Ω 滑线电阻，调整阻值由 14Ω 降至 2.74Ω，输出电流由 1.68A 升至 8.93A，电压由 24.5V 降至 24.44V。外加 220V 交流电源，电源模块 G15 输出 24.08V；输出侧接入 0～14Ω 滑线电阻，调整阻值由 14Ω 降至 2.69Ω，输出电流由 1.584A 升至 8.95A，电压由 24.08V 降至 24.03V。测量整流柜 CIN 板电源，结果正常。

（3）故障原因分析。根据励磁调节器报文信息，通道Ⅰ（11:00:32.3200）、通道Ⅱ（11:00:32.2400）报出 CH ARCnet fault 故障，通道Ⅰ切换至本通道 EGC 方式运行。由于两通道均报出 CH ARCnet fault 故障，整流柜 CIN 板接收不到任何通信信息，整流桥触发脉冲自动闭锁，励磁电流下降，励磁变压器高压侧波形由交流波形转化为直流波形，三相电流同时存在，480ms 后 EGC 板卡发出跳闸指令。

第一次机组跳闸后，分析为励磁系统 ARCnet 通信故障，更换了通道Ⅰ、Ⅱ的 COB 板、通道Ⅱ的 EGC 板、ARCnet 同轴电缆及通信接口，6 天后再次发生相同的故障，所有相关检查、测量和实验结果均正常，只能用排除法进行分析，怀疑导致本次故障的原因是由于 24V 电源系统工作不稳定造成 ARCnet 通信故障。装置内部电源如图 6-9 所示。更换 24V 电源模块后，同样故障未重复发生，验证两次故障重复发生系 24V 电源模块工作不稳定引起。24V 电源来自于厂用直流电源和励磁变压器低压侧，24V 电源模块 G05、G15 出现电压突降或突升，会导致 MUB 板输出到 COB 板的电源异常，MUB 板所带负荷比较大，COB 板上有多种等级的电压（5V/12V 等）提供给 ARCnet 模块、CPU 模块等，依据 ABB 装置说明书，这些电压等级所允许的电压波动范围不同，当 COB 板电压波动达到个别模块低电压跳闸低限时，会发生两个通道的 ARCnet 模块出现重启的可能性，导致工作通道通信故障。

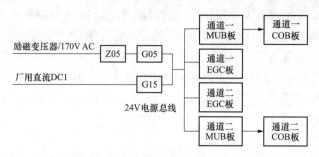

图 6-9　装置内部电源示意图

3. 处理措施

经厂家技术人员与 ABB 公司瑞士总部联系，处理意见为：重点检查 COB 板、24V 电源及负极接地、脉冲总线及 ARCnet 总线通信部分，如无异常更换上述部件。更换励磁调节器的 ARCnet 通信故障通道 I、II 的 COB 板，通道 II 的 EGC 板、ARCnet 通信电缆及接口；更换 24V 电源模块 G05、G15、测量单元板（MUB 板）；更换通信链条上的 CIN 板、脉冲总线、LCP 板及与通道 II 的 ARCnet 同轴电缆、FBC 部件。机组并网后，ABBUNTROL5000 励磁装置工作正常。

4. 综述

（1）ABB 励磁的一路工作电源取自励磁变压器低压侧，因励磁变压器低压侧含有大量的高次谐波，对电源工作稳定性有一定的影响，应将此电源改为机组 UPS 接带较为可靠。

（2）现场也曾遇到过 ABB ACS5000 系列高压变频器中 IGCT 供电模块出现突然断电后又恢复正常的情况，事后模拟 IGCT 瞬时断电同故障时现象一致。另还出现过 DO820 输出模块瞬时失电，导致 DCS 的反馈信号全部消失的情况。综合此类情况，类似于上文中的事故现象，建议使用 ABB 系列产品的用户多注意其电源模块工作的稳定性。

【实例 5】　励磁系统运行中断开五极隔离开关导致机组跳闸

某厂 9 号机组于 2009 年 5 月 27 日投产，发电机型号为 QFSN-660-2；发电机-变压器组保护配置为美国 GE 公司生产 UR 系列微机型综合保护；励磁系统配置为美国 GE 公司生产 EX2100 型励磁系统。

1. 事件经过

该厂 9 号机励磁系统 4 号整流柜于 2015 年 12 月 27 日至 2016 年 1 月 17 日先后 4 次退出运行，故障代码 272（Bridge4 Trip Via GPA 多桥系统的 4 号桥经其脉冲放大器退出）。4 号整流柜退出运行后，专业人员根据 GE 厂家维护操作手册，对 4 号整流桥脉冲触发板进行复位，装置复位后正常投入运行；2016 年 1 月 18 日凌晨 3 点、5 点，4 号整流柜分别再次发生故障（代码 272），5 点时系统已无法复位。4 号整流柜退出运行，专业人员确定 4 号整流柜脉冲触发板元件损坏。

当日 10 时 25 分 17 秒，办理"9 号机励磁调节器二次控制回路检查，更换励磁 4 号整流柜脉冲触发板"工作票，运行人员按照继电保护安全措施票进行操作，在拉开 4 号整流柜五级隔离开关时，机组掉闸。DCS 发"发电机故障"，发电机-变压器组保护 A、C 屏上"灭磁联跳""1 号主汽门关闭""2 号主汽门关闭"信号灯亮；保护 B、D 屏上"1DL 联跳"信号灯亮；保护 E 屏上"热工保护"信号灯亮。

励磁系统就地控制柜发 2 条报警信息，编码分别为 254（Bridge3 Trip Via GPA 多桥系统的 3 号桥经其脉冲放大器退出）、255（MultiBridg Cond Trip 故障桥数量已超过冗余桥的数量，并发出系统跳闸信号）。

13 时 38 分，9 号锅炉点火、汽轮机挂闸冲车，维持转速；专业人员更换完成 4 号整流柜脉冲触发板后，检查保护装置、励磁系统、DCS 系统无异常，并对励磁调节器进行手动、自动启动励磁升压试验，在确认励磁装置及系统运行正常后，向电网调度申请并网。

2. 原因分析

（1）直接原因："灭磁联跳"是发电机-变压器组保护动作、5009 开关跳闸的直接原因。

（2）间接原因：在断开 4 号整流柜控制电源后，4 号整流桥已无触发脉冲、4 号整流桥已转入空载状态，但在断开 4 号整流柜五级隔离开关时，仍会产生瞬时的电火花干扰脉冲，此干扰脉冲进入了相邻的 3 号整流柜的 EHPA 板温度检测输入回路，造成了正在运行的相邻 3 号整流柜的 EHPA 板误发高温报警，致使 3 号整流柜退出运行，进而导致机组跳闸。

（3）管理原因：EX2100 型励磁系统曾发生过同类型故障跳闸事件，对反措规程执行不到位。

3. 防范措施

（1）加强励磁系统等在线设备缺陷管理，评估工作的必要性和存在的风险，制定组织措施及技术措施，提高审批等级和监护等级，必要时邀请相关厂家到场处理。

（2）主动收集励磁系统等进口设备的相关信息和文件，积极联系励磁设备代理商和厂家，利用机组停机检修机会，对全厂所有机组 GE 励磁装置进行全面检查，将机组励磁系统进行升级改造，杜绝此类事件重复发生。

（3）加强人员培训，逐步掌握设备原理及检修工艺，不断提高检修人员素质。

【实例 6】 UNITROL 5000 励磁系统空载误强励磁事故

某厂 660MW 机组电气整套启动励磁特性试验时发生强励磁，保护动作后灭磁电阻损毁事故，分析相关的事故原因并总结经验。

1. 误强励磁事故简介

在 3 号机组电气整套试验过程中，顺利完成了发电机短路特性试验、发电机带主变压器零升空载特性试验等试验项目，进行励磁系统的空载特性参数调整试验。在一通道的所有试验完成后，刚进行二通道的启动励磁，突然灭磁开关跳开，灭磁柜内发出灼热火光；与此同时，发电机-变压器组保护侧报出发电机-变压器组保护动作信号，出口继电器动作。经检查，发电机-变压器组保护中高压厂用变压器差动保护动作，励磁柜中灭磁电阻烧毁。

从保护管理机及故障录波器调出数据，在启动励磁过程中，高压厂用变压器差动保护 A、B 两相刚达到保护启动定值，差动保护动作，随后继电器出口跳灭磁开关，而据励磁小室内录波试验人员现场录波观测，在启动励磁过程中，励磁电流突升，超出设定量程范围（因灭磁柜内突发火光，急于躲避，未将试验波形记录下）。

初步推测，在启动励磁过程中未控制好，励磁电流过大，发生空载误强励磁，进而造成保护动作，保护出口跳开灭磁开关；同步发电机的快速灭磁普遍采用移能灭磁，灭磁电阻必须快速吸收在各种工况下的磁场能量，此时过大的励磁电流能量聚集在灭磁电阻上，烧毁灭磁电阻。

2. 系统分析

在此次启动励磁过程中，突发空载误强励磁，机端电压突增，而尚未达到过励磁及过电压保护值。对高压厂用变压器而言，相当于变压器的过电压冲击，由于其磁通密度较高，接近饱和磁通，过电压导致高压厂用变压器的高压侧绕组内励磁电流变大；通过保护管理机中波形分析可得，电流中的二次谐波分量很小，未闭锁差动保护的出口，高压厂用变压器差动保护动作出口。

现有发电机-变压器组配备的继电保护只能将发电机从电网上断开，同时切断磁场电源，但不能消灭发电机磁场储存的巨大能量，后者能维持故障电流，导致烧毁绕组甚至熔化铁芯，造成不可挽回的损失。近年来的广泛使用氧化锌或碳化硅等非线性电阻灭磁，因其在灭磁过程中大部分时间内磁场电压保持不变，进一步加快灭磁速度。而在进行灭磁电路设计中，采用非线性电阻时，涉及所需的能容量的大小，如能容量取得不够，在恶劣的灭磁条件下可能会灭磁失败；如能容取得过大，则装置体积、占地面积大，价格高，维护量大，也不是十分必要。

3. 经验教训

（1）整套启动试验的整个过程中，加强与厂家调试人员的沟通，不可盲从，失去应有的把关作用。

（2）定电流而不是强励磁电流时就去比较机端电压变化率，将误强励磁事故抑制在其发展初期。

（3）提高对发变组保护的理解，在整套启动期间严格按试验方案措施对保护功能进行投退，确保发变组保护对系统故障的动作正确及时。

（4）重视故障录波器、保护管理机等现场监控装置的作用，对事故分析的重要意义。

（5）提高安全意识，在进行整套试验的录波过程中，常常开着灭磁开关柜门录取励磁电压、电流信号，有安全隐患，应做好安全隔离工作。

【实例 7】 ABB UNITROL 5000 励磁系统 SCI 及 IGBT 故障分析

1. 故障现象

某厂 1 号发电机组准备并网，励磁系统投入升压至额定电压后出现故障报警。查阅现场ECT（励磁系统控制终端）后台机上的事件记录后发现，励磁系统同时发出 2 号整流桥"192"报警（Snubber Failure，过电压吸收装置失效）、"197"报警（Conv. Fail level 1，整流桥失灵 1 段）和"198"报警（Conv. Fail level 2，整流桥失灵 2 段）。2 号整流柜的 CDP（励磁系统整流桥显示屏）上的"Fail"报警灯亮。在励磁退出、励磁开关断开后，报警均可就地手动复位。重新投入励磁系统，同样的报警现象再次出现。

由于"192"报警动作会直接导致"197"和"198"报警，所以重点对"192"报警进行检查。

2. 故障分析

产生"192"报警的原因通常是阻容吸收回路出现问题。阻容吸收回路涉及的元件有 F09 熔断器及其微动开关、整流桥 G10、1MΩ 电阻 R101 和 R102、1.5kΩ 电阻 R10、电容 C01，以及带 IGBT 导通触点 V20 的 SCI（阻容吸收控制接口）、EOC（IGBT 信号通信板）和 CIN（整流接口）。现场检查熔断器、整流桥、电阻和电容均正常后，重点对 SCI、EOC 和 CIN 进行检查。

（1）检查并更换 CIN。1 号机组在励磁系统改造完后进行的动态试验过程中，曾出现过"192"报警，当时可以手动复归，复归后即恢复正常，厂家建议现场更换 CIN。新 CIN 更换完成后，报警信号与更换之前相同，所以排除 CIN 故障的可能性。

（2）检查 EOC。现场将 1 号整流桥与 2 号整流桥上的 EOC 对调，报警完全相同，排除EOC 故障的可能性。

（3）检查 SCI。SCI 带 IGBT 导通触点 V20，V20 闭合会使 R10 电阻接入，从而实现换流时的过电压保护，达到一定的抑制谐振和消除谐波的作用。SCI 上的 IGBT V20 是否闭合的信号是通过 EOC 传送给 CIN 的。查阅相关资料可知，当交流进线电压达到 170V 时，SCI 上的 IGBT V20 触点将自动投入，同时将"IGBT is ON"信号通过光纤传送给 EOC。此时，EOC 上的端子 1（接 CIN 的端子 X6-1）、端子 2（接 CIN 的端子 X6-2）导通，并反馈给 CIN。若 CIN 收不到此信号，就会发出"192"报警。

于是，在 1 号机组投入励磁时，分别测量 1 号整流桥和 2 号整流桥各自 EOC 的端子 1 和端子 2 的导通情况。1 号整流桥 EOC 的端子 1 和端子 2 导通，而 2 号整流桥 EOC 的端子

1 和端子 2 断开，表示它未收到 SCI 发过来的 IGBT 投入信号，从而 ECT 上有相应的"192"报警。至此，故障原因查明。

将现场分析情况与厂家进行沟通，并与厂家技术人员联合论证后，初步确认故障发生在 SCI 及 IGBT 间，必须更换这两个元件。

3. 故障处理

上海 ABB 公司及上海成套所技术人员到达现场，利用专用工具对 SCI 及 IGBT 进行了更换。由于之前尚未遇到过此类问题，所以厂家对如何验证励磁系统"192"报警确已消除没有依据和经验可循。通过讨论，结合现有资料及阻容吸收回路"当交流进线电压达到 170V 时，SCI 上的 IGBT V20 触点将具备自动投入条件，且 EOC 的端子 1、端子 2 将导通（表示 IGBT 具备投入条件），并将信号传送给整流桥的 CIN"这一特性，针对 ABB UNITROL 5000 励磁系统的 14300 型整流桥，提出在励磁系统交流进线侧外加 AC 380V 电源的方法，模拟验证阻容吸收回路的正确性。采用这一方法，可在发电机组启机并网之前就对阻容吸收回路的完整性和正确性进行验证。

具体的试验步骤如下：

（1）现场按要求做好各项安全隔离措施。

（2）现场接入带空气断路器的 AC 380V 临时电源，并验证是否为正相序。

（3）按正相序分别接入交流进线侧的各相，即临时电源的 A、B、C 三相分别与励磁系统交流进线的 A、B、C 三相相接。

（4）现场试验接线，EOC 的 DC 24V 电源由 CIN 的电源模块引入。

（5）合上临时电源空气断路器，励磁系统交流进线侧加入 AC 380V。此时，检查 EOC 端子 1、端子 2 的导通情况。检测结果为导通时，说明阻容吸收回路正常。

上述阻容吸收回路检查方案摆脱了之前验证阻容吸收回路必须在动态试验（即发电机组启机）过程中进行的局面，避免了在并网前反复试验造成的燃料（特别是油料）消耗，具有非常重要的经济价值。

第二篇

安全自动装置

第七章　发电厂设置的安全自动装置

电力系统安全自动装置，是指在电力网中发生故障或出现异常运行时，为确保电网安全与稳定运行，起到控制调节作用的自动装置。如自动重合闸、备用电源或备用设备自动投入、自动切负荷、低频或低压自动减载、电厂事故减出力、切机、电气制动、水轮发电机自起动和调相改发电、抽水蓄能机组由抽水改发电、自动解列、失步解列及自动调节励磁等。

目前大型发电厂主要配备的安全自动装置有：同期装置、厂用电源快速切换装置、同步相量测量装置（PMU）、自动电压控制装置（AVC）、故障录波器装置、保护管理机、保护信息子站、GPS 对时装置以及零功率切机装置。

在电力系统中，应按照 DL 755—2016 和 DL/T 723—2018 标准的要求，装设安全自动装置，以防止系统稳定破坏或事故扩大，造成大面积停电，或对重要用户的供电长时间中断。安全自动装置应满足可靠性、选择性、灵敏性和速动性的要求。

事故情况下，电厂设置的安全自动装置将直接影响发电机的应变运行能力，是提高电力系统稳定性的有效保障。

在大机组电厂中安全自动装置按其功能用途，大致可分为以下几类：

（1）用于自动防止电力系统失去稳定性和避免电力系统发生大面积停电事故的自动保护装置，如输电线路自动重合闸装置、超高压电网系统线路的快速综合重合闸，可以提高供电可靠性、提高系统稳定性。

（2）具有较高的灵敏度和快速特性的发电机自动励磁调节装置，在正常运行情况下，按给定要求保持发电机端电压不变，满足并列运行发电机之间无功负荷的合理分配；在电力系统发生故障时，按电压偏差调节，为保持发电机端电压不变，能使发电机及时向系统提供适量的无功功率，使系统电压得到一定程度的提高，防止系统发生电压崩溃；励磁系统快速地动作并强行励磁到顶值，使发电机空载电动势 E 增大、阻止发电机功角 δ 摇摆过度增大，提高静态稳定极限。

（3）消除可能造成事故发展及设备损坏的频率或电压偏差的自动装置：如按频率降低自动减负荷装置和按电压降低自动减负荷装置等。

（4）电力系统自动解列装置，针对电力系统失步振荡、频率崩溃或电压崩溃等情况，在预先安排的适当地点有计划地自动将电力系统解开，或将发电厂与连带的适当负荷自动与主系统断开，以平息振荡的自动装置。依系统发生的事故性质，按不同的使用条件和安装地点，电力系统自动解列装置可分为振荡解列装置、频率解列装置和低电压解列装置。

（5）联锁切机装置。

（6）另设一些自动装置，虽不属电力系统安全自动装置，在正常运行时亦有利于提高电力系统的稳定、电能质量（电压、频率）和自动化运行水平等，在电网发生故障或异常运行时，起辅助控制作用。

1）电力系统稳定器（PSS）装置。

2）自动发电控制（AGC）：发电机组自动响应电网负荷指令的变化而增减机组功率，实现电网有功功率和需求负荷之间的动态平衡。

3）发电无功自动控制（AVC）功能。

4）一次调频。

5）为配合电网计算机监控系统（EMS），对各并网电厂的涉网电气设备进行计算机实时监控，各并网电厂建立相应的实时信息传输系统，如传统的远动终端装置（RTU），将发电厂、输变电和调度部门连在一起，实现信息共享的新型电厂网控计算机监控自动化系统（NCS），都可以满足调度监控的要求。

发电机-变压器组的参数选择、继电保护（如发电机失磁保护、失步保护、频率保护、线路保护等）和自动装置（如自动励磁调节器、电力系统稳定器、稳定控制装置、自动发电控制装置等）的配置和整定等必须与电力系统相协调，保证其性能满足电力系统稳定运行的要求。

第一节　自动重合闸

电力系统的故障大多数是输电线路（特别是架空线路）的故障。运行经验表明，架空输电线路上的故障大都是"瞬时性"的，例如，由雷电引起的绝缘子表面闪络，大风引起的碰线，鸟类以及树枝等物掉落在导线上引起的短路等，在线路被继电保护迅速断开以后，电弧即行熄灭，外界物体（如树枝、鸟类）也被电弧烧掉而消失。此时，如果把断开的线路断路器再合上，就能够恢复正常的供电，因此，称这类故障是"瞬时性故障"。除此之外，也有"永久性故障"，例如，由于线路倒杆、断线、绝缘子击穿或损坏等引起的故障，在线路被断开以后，它们仍然是存在的。虽然永久性故障概率不足10%，但此时即使再合上电源，由于故障依然存在，线路还要被继电保护再次断开，因而就不能恢复正常的供电。

由于输电线路上的故障具有上述性质，在线路被断开以后再进行一次合闸就有可能大大提高供电的可靠性。为此，在电力系统中广泛采用了当断路器跳闸以后能够按需要自动地将断路器重新合闸投入的自动重合闸装置。

自动重合闸是一种广泛应用于输电和供电线路上的有效反事故措施，即当线路出现故障，继电保护使断路器跳闸后，自动重合闸装置经短时间间隔后使断路器再重新合上。在瞬时性故障发生跳闸的情况下，自动将断路器重合闸，不仅提高了供电的安全性，减少了停电损失，还提高了电力系统的暂态稳定水平，增加了输电线路的送电容量，所以架空线路要采用自动重合闸装置。

运行中的线路重合闸装置，并不判断是瞬时性故障还是永久性故障，在保护跳闸后经预定延时将断路器重新合闸。显然，对瞬时性故障重合闸可以成功（指恢复供电不再断开），对永久性故障重合闸不可能成功。用重合成功的次数与总动作次数之比来表示重合闸的成功率，一般在60%～90%之间，主要取决于瞬时性故障占总故障的比例。衡量重合闸工作正确性的指标是正确动作率，即正确动作次数与总动作次数之比。根据国网公司某年的运行资料统计，重合闸正确动作率为99.57%。

在电力系统中采用重合闸的技术经济效果主要可归纳为：

（1）对瞬时性的故障可迅速恢复正常运行，大大提高供电的可靠性，减小线路停电的次数，特别是对单侧的单回线路尤为显著。

（2）在高压输电线路上采用重合闸，还可以提高电力系统并列运行的稳定性。重合闸成功以后系统恢复成原先的网络结构，加大了功角特性中的减速面积，有利于系统恢复稳定运行，也可以说在保证稳定运行的前提下，采用重合闸后允许提高输电线路的输送容量。

（3）对由于继电保护误动、工作人员误碰断路器的操作机构、断路器操作机构失灵等原因引起的断路器误跳闸，也能起到纠正、补救的作用。

采用重合闸以后，当重合于永久故障点时，也将带来一些不利的影响。例如：

（1）使电力系统再一次受到故障的冲击，对超高压系统还可能降低并列运行的稳定性。

（2）使断路器的工作条件变得更加恶劣，因为它要在很短的时间内，连续两次切断短路电流。这种情况对于油断路器必须加以考虑，因为在第一次跳闸时，由于电弧的作用，已使绝缘介质的绝缘强度降低，在重合后第二次跳闸时，是在绝缘强度已经降低的不利条件下进行的，因此，油断路器在采用了重合闸以后，其遮断容量也要有不同程度的降低（一般降低到80%左右）。

对于重合闸的经济效益，应该用无重合闸时，因停电而造成的国民经济损失来衡量。由于重合闸装置本身的投资很低、工作可靠，因此，在电力系统中获得了广泛应用。

一、自动重合闸的基本要求

对 1kV 及以上的架空线路和电缆与架空线的混合线路，当其装设有断路器时，就应装设自动重合闸装置；在用高压熔断器保护的线路上，一般采用自动重合熔断器。此外，在供电给地区负荷的电力变压器上，以及发电厂和变电站的母线上，必要时也可以装设自动重合闸装置。

1. 对自动重合闸的基本要求

（1）在下列情况下不希望重合时，重合闸不应动作：

1）由值班人员手动操作或通过遥控装置将断路器断开时。

2）手动投入断路器，由于线路上有故障，而随即被继电保护将其断开时。因为在这种情况下，故障属于永久性的，它可能是由于检修质量不合格，隐患未消除或者保安接地线忘记拆除等原因所致，因此再重合一次也不可能成功。

3）当断路器处于不正常状态（例如，操动机构中使用的气压、液压降低等）而不允许实现重合闸时，将自动地将自动重合闸闭锁。

（2）当断路器由继电保护动作或其他原因而跳闸后，重合闸均应动作，使断路器重新合闸。

（3）自动重合闸装置的动作次数应符合预先的规定。如一次式重合闸应该只动作 1 次，当重合于永久性故障而再次跳闸以后，不应该再动作；对二次式重合闸应该能够动作 2 次，当第二次重合于永久性故障而跳闸以后，不应该再次动作。

（4）自动重合闸动作以后，一般应能自动复归并准备好下一次再动作。但对 10kV 及以下电压等级的线路，如当地有值班人员，为简化重合闸功能的实现，也可以采用手动复归的方式。

（5）自动重合闸装置的合闸时间应能整定，并有可能在重合闸以前或重合闸以后加速继电保护的动作，以便更好地与继电保护相配合，加速故障的切除。

（6）在双侧电源的线路上实现重合闸时，应考虑合闸时两侧电源间的同期问题，即能实现无压检定和同期检定。

为了能够满足第（1）、（2）项所提出的要求，应优先采用由控制开关的位置与断路器位置不对应的原则启动重合闸，即当控制开关在合闸位置而断路器实际上在断开位置的情况下，使重合闸启动，这样就可以保证不论是任何原因使断路器跳闸以后，都可以进行一次重合。

2. 对自动重合闸装置的装设要求

自动重合闸装置应按下列规定装设：

（1）3kV 及以上的架空线路及电缆与架空混合线路，在具有断路器的条件下，如用电设备允许且无备用电源自动投入时，应装设自动重合闸装置。

（2）旁路断路器与兼做旁路的母线联络断路器，应装设自动重合闸装置。

（3）必要时母线故障可采用母线自动重合闸装置。

3. 对自动重合闸装置的基本要求

（1）自动重合闸装置可由保护启动和/或断路器控制状态与位置不对应启动。

（2）用控制开关或通过遥控装置将断路器断开，或将断路器投入故障线路上并随即由保护将其断开时，自动重合闸装置均不应动作。

（3）在任何情况下（包括装置本身的元件损坏，以及重合闸输出触点的粘住），自动重合闸装置的动作次数应符合预先的规定（如一次重合闸只应动作一次）。

（4）自动重合闸装置动作后，应能经整定的时间后自动复归。

（5）自动重合闸装置，应能在重合闸后加速继电保护的动作。必要时，可在重合闸前加速继电保护动作。

（6）自动重合闸装置应具有接收外来闭锁信号的功能。

4. 对自动重合闸装置动作时限的要求

重合闸装置在断路器跳闸之后，需要经过一个延时再发出合闸脉冲。这是考虑躲开断路器跳闸时间和故障点的熄弧时间，再加上一个可靠系数，以保证重合时故障确已消失，如果是瞬时故障，不等故障点熄弧就重合，相当于重合到故障点上，会导致保护再次动作跳闸，重合失败。重合闸装置中的重合时间分为三重时间和单重时间两种，装置应能够分别整定。一般单重时间较长，三重时间较短。

当线路发生单相故障跳闸故障单相后，由于另外两健全相与故障相之间存在着互感，又由于超高压线路对地有电容电流，互感电流和电容电流都经故障线路、故障点和电源点形成回路，这个回路中的电流称为潜供电流，如图 7-1 所示。

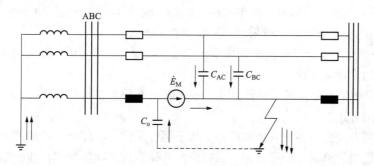

图 7-1　单相（C 相）接地时潜供电流示意图

由于"潜供电流"的存在，延长了故障点的熄弧时限。为此，超高压线路的综合重合闸装置的单重时间应考虑潜供电流的影响，所以，单重时间应长一些。潜供电流的大小与线路长短、电压等级及线路是否有并联电抗器有关，特别是500kV输电线路，单重时间的整定应视具体情况而定。

线路发生相间故障跳三相后，由于三相都已断开，感应电流、电容电流均不存在，因此，故障点的熄弧时间很短，重合闸时间不需要很长，只要保证断路器三相跳开，并稍加裕度即可。

综上所述，对自动重合闸装置的动作时限应满足如下要求：

（1）对单侧电源线路上的三相重合闸装置，其时限应大于下列时间：

1）故障点灭弧时间（计及负荷侧电动机反馈对灭弧时间的影响）及周围介质去游离时间。

2）断路器及操动机构准备好再次动作的时间。

（2）对双侧电源线路上的三相重合闸装置及单相重合闸装置，其动作时限除应考虑单侧电源线路上的重合闸动作时限外，还应考虑：

1）线路两侧继电保护以不同时限切除故障的可能性。

2）故障点潜供电流对灭弧时间的影响。

（3）满足电力系统稳定的要求。

（4）重合闸装置的单重和三重时间必须能够分别整定。

5. 110kV及以下单侧电源线路自动重合闸装设的要求

（1）采用三相一次重合闸方式。

（2）当断路器断流容量允许时，下列线路可采用两次重合闸方式：

1）无经常值班人员的变电站引出的无遥控的单回线路。

2）给重要负荷供电，且无备用电源的单回线路。

（3）由几段串联线路构成的电力网，为了补救速动保护无选择性动作，可采用带前加速的重合闸或顺序重合闸方式。

6. 110kV及以下双侧电源线路自动重合闸的装设要求

（1）并列运行的发电厂或电力系统之间，具有四条以上联系的线路或三条紧密联系的线路，可采用不检查同步的三相自动重合闸方式。

（2）并列运行的发电厂或电力系统之间，具有两条联系的线路或三条紧密联系的线路，可采用同步检定和无电压检定的三相重合闸方式。

（3）双侧电源的单回线路，可采用下列重合闸方式：

1）解列重合闸方式，即将一侧电源解列，另一侧装设线路无电压检定的重合闸方式。

2）当水电厂条件许可时，可采用自同步重合闸方式。

3）为避免非同步重合及两侧电源均重合于故障线路上，可采用一侧无电压检定，另一侧采用同步检定的重合闸方式。

7. 220～500kV线路应根据电网结构和线路特点选择重合闸方式

选用重合闸方式的一般原则为：

（1）重合闸方式必须根据具体的系统结构及运行条件，经过分析后选定。

（2）凡是选用简单的三相重合闸方式能满足具体系统实际需要的，线路都应当选用三相重合闸方式。特别对于那些处于集中供电地区的密集环网中，线路跳闸后不进行重合闸也能稳定运行的线路，更宜采用整定时间适当的三相重合闸。对于这样的环网线路，快速切除故障是第一位重要的问题。

（3）当发生单相接地故障时，如果使用三相重合闸不能保证系统稳定，或者地区系统会出现大面积停电，或者影响重要负荷停电的线路上，应当选用单相或综合重合闸方式。

（4）在大机组出口一般不使用三相重合闸。

对于 220～500kV 线路则应根据电网结构、线路特点等因素选择重合闸方式：

（1）对 220kV 单侧电源线路，采用不检查同步的三相重合闸方式。

（2）对 220kV 线路，当满足第 5（1）条采用三相重合闸方式的规定时，可采用不检查同步的三相自动重合闸方式。

（3）对 220kV 线路，当满足第 5（2）条采用三相重合闸方式的规定，且电力系统稳定要求能满足时，可采用检查同步的三相自动重合闸方式。

（4）对不符合上述条件的 220kV 线路，应采用单相重合闸方式。

（5）对 330～500kV 线路，一般情况下应采用单相重合闸方式。

（6）对可能发生跨线故障的 330～500kV 同杆并架双回线路，如输送容量较大，且为了提高电力系统安全稳定运行水平，可考虑采用按相自动重合闸方式。

8. 分支侧自动重合闸方式的选择

选用重合闸方式的原则同"220～500kV 线路"。

在带有分支的线路上使用单相重合闸时，分支侧的自动重合闸方式应按下列要求选择：

（1）分支处无电源方式。

1）分支处变压器中性点接地时，装设零序电流启动的低电压选相的单相重合闸装置，重合后不再跳闸。

2）分支处变压器中性点不接地，但所带负荷较大时，装设零序电压启动的低电压选相的单相重合闸装置，重合后不再跳闸；当负荷较小时，不装设重合闸装置，也不跳闸。

如分支处无高压电压互感器，可在中性点不接地的变压器中性点处装设一个电压互感器，当线路发生接地时，由零序电压保护启动，跳开变压器低压侧三相断路器，重合后不再跳闸。

（2）分支处有电源方式。

1）如分支处电源不大，可用简单的保护将电源解列后按（1）1）规定处理；

2）如分支处电源较大，则在分支处装设单相重合闸装置。

9. 采用单相重合闸装置时的注意事项

当采用单相重合闸装置时，应考虑下列问题并采取相应措施：

（1）重合闸过程中出现的非全相运行状态，如引起本线路或其他线路的保护装置误动时，应采取措施予以防止。

（2）如电力系统不允许长期非全相运行，为防止断路器一相断开后，由于单相重合闸装置拒绝合闸而造成非全相运行，应具有断开三相断路器的措施，并应保证选择性。

重合闸应按断路器配置。当一组断路器设置有两套重合闸装置（例如线路的两套保护装置均有重合闸功能）且同时投运时，应有措施保证线路故障后仍仅实现一次重合闸。

当装有同步调相机和大型同步电动机时，线路重合闸方式及动作时限的选择，宜按双侧电源线路的规定执行；对于 5.6MVA 及以上低压侧不带电源的单组降压变压器，如其电源侧装有断路器和过电流保护，且变压器断开后将使重要用电设备断电，可装设变压器重合闸装置，当变压器内部故障，瓦斯保护或差动（或电流速断）保护动作应将重合闸闭锁。

用于发电厂出口线路的重合闸装置，应有措施防止重合于永久性故障，以减少对发电机可能造成的冲击。

10. 自动重合闸的分类

采用重合闸的目的有两个：一是保证并列运行系统的稳定性；二是尽快恢复瞬时故障元件的供电，从而自动恢复整个系统的正常运行。根据重合闸控制的断路器所接通或断开的电力元件不同，可将重合闸分为线路重合闸、变压器重合闸和母线重合闸等。目前，在 10kV 及以上的架空线路和电缆与架空线的混合线路上，广泛采用重合闸装置，只有个别的由于受系统条件的限制不能使用重合闸的除外。例如，断路器遮断容量不足；防止出现非同期情况；或者防止在特大型汽轮发电机出口重合于永久性故障时产生更大的扭转力矩，而对轴系造成损坏等。鉴于单母线或双母线接线的变电站在母线故障时会造成全停或部分停电的严重后果，有必要在枢纽变电站装设母线重合闸。根据系统的运行条件，事先安排哪些元件重合、哪些元件不重合、哪些元件在符合一定条件下才重合；如果母线上的线路及变压器都装有三相重合闸，使用母线重合闸不需要增加设备与回路，只是在母线保护动作时不去闭锁那些预计重合的线路和变压器，实现起来比较简单。变压器内部故障多数是永久性故障，因而当变压器的瓦斯保护和差动保护动作后不重合，仅当后备保护动作时启动重合闸。

（1）根据重合闸控制断路器连续合闸次数的不同，可将重合闸分为多次重合闸和一次重合闸。多次重合闸一般使用在配电网中与分段器配合，自动隔离故障区段是配电自动化的重要组成部分；而一次重合闸主要用于输电线路，提高系统的稳定性。

（2）根据重合闸控制断路器相数的不同，可将重合闸分为单相重合闸、三相重合闸、综合重合闸。对一个具体的线路，究竟使用何种重合闸方式，要结合系统的稳定性分析，选取对系统稳定最有利的重合方式。一般有以下三种：

1）没有特殊要求的单电源线路，宜采用一般的三相重合闸；

2）凡是选用简单的三相重合闸能满足要求的线路，都应当选用三相重合闸；

3）当发生单相接地短路时，如果使用三相重合闸不能满足稳定要求，会出现大面积停电或重要用户停电，应当选用单相重合闸或综合重合闸。

（3）按使用条件，可分为单电源重合闸和双电源重合闸。双电源重合闸又可分为检定无压重合闸、检定同期和不检定三种。

11. 自动重合闸方式及动作过程

输电线路自动重合闸在使用中有如下几种方式可供选择：三相重合闸方式、单相重合闸方式、综合重合闸方式和重合闸停用方式。

当使用三相重合闸方式（即三重方式）时，保护和重合闸一起的动作过程：对线路上发生的任何故障跳三相（保护功能），重合三相（重合闸功能），如果重合成功继续运行，如果重合于永久性故障再跳三相（保护功能），不再重合。

当使用单相重合闸方式（即单重方式）时，保护和重合闸一起的动作过程：对线路上发生的单相接地短路跳单相（保护功能），重合（重合闸功能），如果重合成功继续运行，如果重合于永久性故障再跳三相（保护功能），不再重合。以前还曾经附加过这样的功能，即如果系统允许长期非全相运行也可以再次跳单相。但目前的系统都不允许长期非全相运行，所以重合于永久性故障时都要求跳三相。对线路上发生的相间短路跳三相（保护功能），不再重合。

使用单相重合闸方式可避免重合在永久性的相间故障线路上对系统造成的严重冲击。

当使用综合重合闸方式（即综重方式）时，顾名思义是将三相重合闸与单相重合闸综合起来。此时保护和重合闸一起的动作过程：对线路上发生的单相接地短路按单相重合闸方式工作，即由保护跳单相（保护功能），重合（重合闸功能），如果重合成功继续运行，如果重合于永久性故障再跳三相（保护功能），不再重合。对线路上发生的相间短路按三相重合闸方式工作，即由保护跳三相（保护功能），重合三相（重合闸功能），如果重合成功则继续运行，如果重合于永久性故障再跳三相（保护功能），不再重合。使用综合重合闸方式与使用三相重合闸方式一样，有可能重合在永久性的相间故障线路上，对系统造成较严重的冲击。

12. 自动重合闸的启动方式

自动重合闸的启动方式有两种：

（1）断路器控制开关位置与断路器位置不对应启动方式。跳闸位置继电器动作了（TWJ=1），证明断路器现处于断开状态，但同时控制开关若在合闸后状态，说明原先断路器是处于合闸状态的。这两个位置不对应启动重合闸的方式称做位置不对应启动方式。用不对应方式启动重合闸后既可在线路上发生短路，保护将断路器跳开后启动重合闸，也可以在断路器"偷跳"以后启动重合闸。所谓断路器"偷跳"是指系统中没有发生过短路，也不是手动跳闸而由于某种原因（例如工作人员不小心误碰了断路器的操动机构、保护装置的出口继电器触点由于撞击震动而闭合、断路器的操作机构失灵等）造成的断路器跳闸。发生这种"偷跳"时保护没有发出跳闸命令，如果不加不对应启动方式就无法用重合闸来进行补救。

位置不对应启动方式的优点：简单可靠，还可以纠正断路器误碰或偷跳，可提高供电可靠性和系统运行的稳定性，在各级电网中具有良好运行效果，是所有重合闸的基本启动方式。缺点：当断路器辅助触点接触不良时，不对应启动方式将失效。

（2）保护启动方式。绝大多数的情况都是先由保护动作发出过跳闸命令后才需要重合闸发合闸命令的，因此重合闸可由保护来启动。当本保护装置发出单相跳闸命令且检查到该相线路无电流（一般称做单跳固定继电器 TG 动作），或本保护装置发出三相跳闸命令且三相线路均无电流（一般称做三跳固定继电器 TGABC 动作）时启动重合闸，这是本保护启动重合闸，是通过内部软件实现的，运行部门不必操心。此外还提供由其他保护装置动作后来启动本保护的重合闸功能。其他保护三相跳闸时 TJABC 继电器动作，用 TJABC 的触点作为本保护的"三跳启动重合闸"的输入，其他保护单相或三相跳闸时 TJ 继电器动作，用 TJ 的触点作为本保护的"单跳启动重合闸"的输入，本保护接收到"三跳启动重合闸"和"单跳启动重合闸"的开入量触点闭合的信息后再经本装置检查线路无电流后分别称作"外部三跳固定"和"外部单跳固定"，启动本装置的重合闸。由其他保护动作启动重合闸方式在已使用位置不对应启动方式的情况下可以不用，因为位置不对应启动方式的功能已可代替其他保护动作启动方式的功能。

保护启动方式是位置不对应启动方式的补充。同时，在单相重合闸过程中需要进行一些保护的闭锁，逻辑回路中需要对故障相实现选相固定等，也需要一个由保护启动的重合闸启动元件。其缺点是不能纠正断路器误动。

13. 自动重合闸的充电和闭锁

（1）重合闸的充电。在手动合闸或自动重合闸后如果一切正常，重合闸开始充电，计数器开始计数。保护装置只有同时满足下列条件重合闸才允许充电：

1）合闸的压板在投入状态。

2）三相断路器的跳闸位置继电器都未动作，三相断路器都在合闸状态。

3）没有断路器压力低闭锁重合闸的开关量输入。只有断路器正常状态下油压或气压高于允许值时，断路器才允许重合闸，才允许充电。

4）没有外部的闭锁重合闸的输入，例如没有手动跳闸、没有母线保护动作输入、没有其他保护装置的闭锁重合闸继电器（BCJ）动作的输入等。

5）当本装置重合闸采用综合重合闸或三相重合闸方式时，没有线路 TV 断线的信号。这是由保护装置自己判别的。因为当本装置重合闸采用综合重合闸或三相重合闸方式时，在三相跳闸以后使用检线路无压或检同期重合闸时要用到线路 TV。此时只有判断线路 TV 没有断线时才允许进行重合闸，也才允许重合闸充电。

重合闸在满足上述充电条件 10～15s 后充电完成，才允许重合。

（2）重合闸的闭锁。在正常运行和短路故障运行状态下出现不允许重合闸的情况时，应立即放电，将计数器清零，闭锁重合闸。当在保护装置出现下述情况之一时应闭锁重合闸：

1）有外部闭锁重合闸的输入。例如，在手动跳闸时、在母线保护动作时、在其他保护装置的闭锁重合闸继电器（BCJ）动作时等作为闭重沟三的开入量闭锁本重合闸。当双重化的另一套保护装置中出现下述 2）、3）两种情况时，闭锁重合闸继电器 BCJ 启动，它的接点作为本装置的闭重沟三的开入量。

2）由软压板控制的某些闭锁重合闸条件出现时。例如相间距离第Ⅱ段、接地距离第Ⅱ段、零序电流第Ⅱ段三跳、选相无效、非全相运行期间的故障、多相故障、三相故障等情况，都有软压板由用户选择是否闭锁重合闸。如果这些软压板置 1 时，出现上述情况都三跳同时闭锁重合闸。

3）出现一些不经过软压板控制的严重故障时，三相跳闸同时闭锁重合闸。例如零序电流保护第Ⅲ段和距离保护第Ⅲ段动作后，由于故障时间很长、故障地点也有可能在相邻变压器内，所以不用重合闸；手动合闸或重合闸于故障线路上时闭锁重合闸，因为在手动合闸或重合闸瞬间同时又发生瞬时性故障的概率非常低，此时的故障往往是原先就存在的永久性故障，所以应该闭锁重合闸。单相跳闸失败持续 200ms 由电流引起的三跳、单相运行持续 200ms 引起的三跳也都闭锁重合闸，因为此时可能断路器本身有故障。在 TV 断线期间发生的三跳不再重合，因为 TV 断线后发生的三相跳闸若需要重合，无法实现检定条件。

4）收到线路 TV 断线信号时。

5）当重合闸发合闸命令时。此举可以保证只重合一次。

6）使用单重方式而保护三跳时。

7）本装置重合闸退出时。屏上的重合闸方式切换开关置于停用位置或定值设置中重合闸投入控制字置"0"时表明本重合闸退出，立即放电。

8）闭重沟三压板合上时。当需停用本线路的重合闸时该压板合上，此时本装置重合闸也放电，闭锁重合闸，同时任何故障保护都三跳。

9）当闭重三跳软压板置 1 时，闭锁重合闸。此功能与闭重沟三硬压板功能相同。

10）启动元件未启动的正常运行程序中发现三相跳闸位置继电器处于动作状态，这种情况说明手动跳闸后本线路尚未投入运行。在启动元件启动后的故障计算程序中发现跳闸位置继电器处于动作状态，TWJ=1 且无电流，随后又出现有电流时，有些厂家在设计重合闸时允许双重化的两套保护装置中的重合闸同时都投入运行，以使重合闸也实现双重化，此时为了避免两套装置的重合闸出现不允许的两次重合情况，每套装置的重合闸在发现另一套重合闸已将断路器合上后，马上放电闭锁本装置的重合闸，为此需增加一个闭锁重合闸的条件。满足上述条件时说明双重化的另外一套保护已发出合闸命令且断路器已合闸了，此时马上放电，闭锁本套重合闸可防止二次重合。

二、输电线路的三相一次自动重合闸

1. 单侧电源线路的三相一次自动重合闸

三相一次重合闸的跳、合闸方式为：无论本线路发生何种类型的故障，继电保护装置均将三相断路器跳开，重合闸启动，经预定延时（可整定，一般在 0.5～1.5s 之间）发出重合脉冲，将三相断路器同时合上。若重合到瞬时性故障，因故障已经消失，重合成功，线路继续运行；若重合到永久性故障，继电保护再次动作跳开三相，不再重合。

在单侧电源的线路上，不需要考虑电源间同步的检查问题；三相同时跳开，重合不需要区分故障类型和选择故障相，只需要在重合时断路器满足允许重合的条件下，经预定的延时发出一次合闸脉冲。因此，单侧电源线路的三相一次自动重合闸实现起来比较简单。这种重合闸的实现器件有电磁继电器组合式、晶体管式、集成电路式、可编程逻辑控制式和与数字式保护一体化工作的数字式等多种型式。

图 7-2 所示为单侧电源输电线路三相一次重合闸的工作原理框图，主要由重合闸启动、重合闸时间、一次合闸脉冲、手动跳闸后闭锁、手动合闸于故障时保护加速跳闸等元件组成。

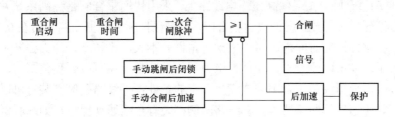

图 7-2　三相一次重合闸工作原理框图

重合闸启动：当断路器由继电保护动作跳闸或其他非手动原因而跳闸后，重合闸均应启动。一般使用断路器的辅助动合触点或者用合闸位置继电器的触点构成，在正常运行情况下，当断路器由合闸位置变为跳闸位置时，立即发出启动指令。

重合闸时间：启动元件发出启动指令后，时间元件开始计时，达到预定的延时后发出一个短暂的合闸脉冲命令，这个延时就是重合闸时间，是可以整定的。

一次合闸脉冲：当延时达到后，立即发出合闸脉冲命令，并且开始计时，准备重合闸的整组复归，复归时间一般为 15～25s。在这个时间内，即使再有重合闸时间元件发出命令，也不再发出可以合闸的第二个命令。此元件的作用是保证在一次跳闸后有足够的时间合上（对瞬时故障）和再次跳开（对永久故障）断路器，而不会出现多次重合。

手动跳闸后闭锁：为消除手动跳开断路器时启动重合闸回路，设置闭锁环节，使之不能形成合闸命令。

重合闸后加速保护跳闸回路：对于永久性故障，在保证选择性的前提下，尽可能地加快故障的再次切除，需要保护与重合闸配合。当手动合闸到带故障的线路上时，保护跳闸，这

147

类故障一般是因为检修时的保安接地线没拆除、缺陷未修复等原因造成的永久故障，不仅不需要重合，而且要加速保护的再次跳闸。

单侧电源线路的三相一次重合闸的特点：

（1）不需要考虑电源同步检查；

（2）不需要区分故障类别和选择故障相。

2. 双侧电源线路的检同期三相一次自动重合闸

（1）双侧电源输电线路重合闸的特点。

在双电源的输电线路上实现重合闸时，除应满足上述各项要求外，还必须考虑以下的特点：

1）当线路发生故障跳闸以后，常常存在重合闸时两侧电源是否同步，以及是否允许非同步合闸的问题。一般根据系统的具体情况，选用不同的重合闸重合条件。

2）当线路发生故障时，两侧的保护可能以不同的时限动作于跳闸，例如，一侧为第Ⅰ段动作，而另一侧为第Ⅱ段动作，此时为了保证故障点电弧的熄灭和绝缘强度的恢复，以使重合闸成功，双侧电源线路两侧的重合闸必须保证在两侧的断路器都跳闸断开以后，再进行重合，其重合闸时间与单侧电源的有所不同。

因此，双侧电源线路上的重合闸，应根据电网的接线方式和运行情况，在单侧电源重合闸的基础上，采取某些附加的措施，以适应新的要求。

（2）双侧电源输电线路重合闸的主要方式。

1）快速自动重合闸。在现代高压输电线路上，采用快速重合闸是提高系统并列运行稳定性和供电可靠性的有效措施。所谓快速重合闸，是指保护断开两侧断路器后在 0.5～0.6s 内使之再次重合，在这样短的时间内，两侧电动势角摆开不大，系统不可能失去同步，即使两侧电动势角摆大了，冲击电流对电力元件、电力系统的冲击均在可以耐受范围内，线路重合后很快会拉入同步。使用快速重合闸需要满足一定的条件：①线路两侧都装有可以进行快速重合的断路器，如快速气体断路器等；②线路两侧都装有全线速动保护，如纵联保护等；③重合瞬间输电线路中出现的冲击电流对电力设备、电力系统的冲击均在允许范围内。

输电线路中出现的冲击电流周期分量可估算为

$$I = \frac{2E}{Z_\Sigma} \sin\frac{\delta}{2}$$

式中　E ——发电机两侧电动势，可取 $1.05U_N$；

　　　z_Σ ——系统两侧电动势间总阻抗；

　　　δ ——两侧电动势角差，最严重时可取 180°。

按规定，上式算出的电流不应超过下列数值：

对于汽轮发电机

$$I \leqslant \frac{0.65}{X_d''} I_N$$

对于有纵轴和横轴阻尼绕组的水轮发电机

$$I \leqslant \frac{0.60}{X_d''} I_N$$

对于无阻尼或阻尼绕组不全的水轮发电机

$$I \leqslant \frac{0.61}{X'_\mathrm{d}} I_\mathrm{N}$$

对于同步调相机

$$I \leqslant \frac{0.84}{X_\mathrm{d}} I_\mathrm{N}$$

对于电力变压器

$$I \leqslant \frac{100}{U_\mathrm{k}\%} I_\mathrm{N}$$

式中　I_N——各元件的额定电流；

$\quad\quad X''_\mathrm{d}$——次暂态电抗标幺值；

$\quad\quad X'_\mathrm{d}$——暂态电抗标幺值；

$\quad\quad X_\mathrm{d}$——同步电抗标幺值；

$\quad\quad U_\mathrm{k}\%$——短路电压百分数。

2）非同期重合闸。当快速重合闸的重合时间不够快，或者系统的功角摆开比较快，两侧断路器合闸时系统已经失去同步，合闸后期待系统自动拉入同步，此时系统中各电力元件都将受到冲击电流的影响，当冲击电流不超过上述几式规定值时，可以采用非同期重合闸方式，否则不允许重合闸。

3）检同期的自动重合闸。当必须满足同期条件才能合闸时，需要使用检同期重合闸。因为实现检同期比较复杂，根据发电厂送出线路或者输电断面上的输电线路电流间相互关系，有时采用简单的检测系统是否同步的方法。检同步重合有几种方式：

a．系统的结构保证线路两侧不会失步。电力系统之间，在电气上有紧密的联系时（例如具有 3 个以上联系的线路或 3 个紧密联系的线路），由于同时断开所有联系的可能性几乎不存在，因此，当任一条线路断开之后又进行重合闸时，都不会出现非同步合闸的问题，可以直接使用不检同步重合闸。

b．在双回路上检查另一线路有电流的重合方式。在没有其他旁路联系的双回线路上（如图 7-3 所示），当不能采用非同期重合闸时，可采用检定另一回线路上是否有电流的重合闸。因为当另一回线路上有电流时，即表示两侧电源仍保持联系，一般是同步的，因此可以重合。采用这种重合闸方式的优点是电流检定比同步检定简单。

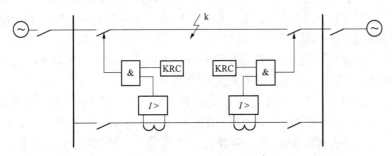

图 7-3　双回线路上采用检查另一回线路有电流的重合闸示意图

c．必须检定两侧电源确实同步之后，才能进行重合。为此可在线路的一侧采用检查线路无电压先重合，因另一侧断路器是断开的，不会造成非同期合闸；待一侧重合成功后，而在另一侧采用检定同步的重合闸。如图 7-3 所示。

（3）具有同步检定和无电压检定的重合闸。具有同步检定和无电压检定的重合闸的接线如图 7-4 所示。除在线路两侧装设重合闸装置以外，在线路的一侧还装设有检定线路无电压的继电器 KU1，当线路无电压时允许重合闸重合；而在另一侧则装设检定同步的继电器 KU2，检测母线电压与线路电压间满足同期条件时允许重合闸动作。这样，当线路有电压或是不同步时，重合闸就不能重合。

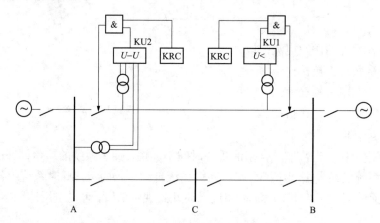

图 7-4　具有同步和无电压检定的重合闸接线示意图

KU2—同步检定继电器；KU1—无电压检定继电器；KRC—自动重合闸继电器

当线路发生故障，两侧断路器跳闸以后，检定线路无电压一侧的重合闸首先动作，使断路器投入。如果重合不成功，则断路器再次跳闸。此时，由于线路另一侧没有电压，同步检定继电器不动作，因此，该侧重合闸不启动。如果重合成功，则另一侧在检定同步之后，再投入断路器，线路即恢复正常工作。

在使用检查线路无电压方式重合闸的一侧，当该侧断路器在正常运行情况下由于某种原因（如误碰跳闸机构，保护误动作等）而跳闸时，由于对侧并未动作，线路上有电压，因而就不能实现重合，这是一个很大的缺陷。为了解决这个问题，通常都是在检定无电压的一侧也同时投入同步检定继电器，两者经"或门"并联工作。此时如遇有上述情况，则同步检定继电器就能够起作用，当满足同步条件时，即可将误跳闸的断路器重新投入。但是，在一侧投入无压检定和同步检定继电器时，另一侧则只能投入同步检定继电器（其无电压检定是绝对不允许同时投入的），否则，两侧同时实现无电压检定重合闸，将导致出现非同期合闸。在同步检定继电器触点回路中要串接检定线路有电压的触点（检同期重合闸的启动回路中，同期继电器的动断触点应串联检定线路有压的动合触点）。

归纳起来，具有同步检定和无电压检定的重合闸方式存在的缺陷：使用线路检无压方式重合闸的一侧，断路器在系统正常运行情况下误动作时不能自动重合闸。解决方法：在检定无压的一侧同时投入同步检定，两者关系"或门"，检同期侧的无压检定不允许同时投入。

这种重合闸方式的配置原则如图 7-5 所示。一侧投入无电压检定和同步检定（两者并联工作），而另一侧只投入同步检定，两侧的投入方式可以利用其中的切换片定期轮换。这样可使两侧断路器切除故障的次数大致相同。

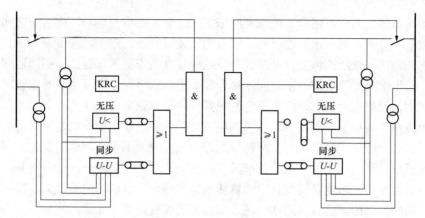

图 7-5　采用同步检定和无电压检定重合闸的配置关系

在重合闸中所用的无电压检定继电器，就是一般的低电压继电器，其整定值的选择应保证只当对侧断路器确实跳闸之后，才允许重合闸动作，根据经验，通常都是整定为 0.5 倍额定电压。

同步检定继电器采用电磁感应原理可以很简单地实现，内部接线如图 7-6 所示。

继电器有两组线圈，分别从母线侧和线路侧的电压互感器上接入同名相的电压。两组线圈在铁芯中所产生的磁通方向相反，因此铁芯中的总磁通 $\dot{\Phi}_\Sigma$ 反应两个电压所产生的磁通之差，亦即反应于两个电压之差，如图 7-7 中的 $\Delta\dot{U}$，而 ΔU 的数值则与两

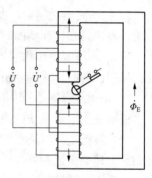

图 7-6　电磁型同步检定继电器的内部接线图

侧电压 $\dot{U}$ 和 $\dot{U}'$ 之间的相位差 δ 有关。当 $|\dot{U}|=|\dot{U}'|=U$ 时，同步检定继电器的电压相量图如图 7-7 所示。

由图 7-7 可得：

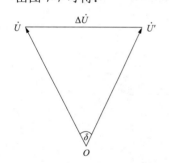

图 7-7　同步检定继电器的电压相量图

$$\Delta U = 2U\sin\frac{\delta}{2}$$

因此，从最后的结果来看，继电器铁芯中的磁通将随 δ 而变化，如 $\delta=0°$ 时，$\Delta U = 0$，$\dot{\Phi}_\Sigma=0$；δ 增大，Φ_Σ 也按上式增大，则作用于活动舌片上的电磁力矩增大。当 δ 达到一定数值后，电磁吸力吸动舌片，即把继电器的动断触点打开，将重合闸闭锁，使之不能动作。继电器的 δ 定值调节范围一般为 $20°\sim40°$。

为了检定线路无电压和检定同步，需要在断路器断开的情况下，测量线路侧电压的大小和相位，这样就需要在线路侧装设电压互感器或特殊的电压抽取装置。在高压输电线路上，为了装设重合闸而增设电压互感器是十分不经济的，因此，一般都是利用结合电容器或断路器的电容式套管等来抽取电压。

3. 重合闸时限的整定原则

现在电力系统广泛使用的重合闸都不区分故障是瞬时性的还是永久性的。对于瞬时性故

障，必须等待故障点的故障消除、绝缘强度恢复后才有可能重合成功，而这个时间与湿度、风速等气候条件有关；对于永久性故障，除考虑上述时间外，还要考虑重合到永久故障后，断路器内部的油压、气压的恢复以及绝缘介质绝缘强度的恢复等，保证断路器能够再次切断短路电流。按以上原则确定的最小时间，称为最小重合闸时间，实际使用的重合闸时间必须大于这个时间，根据重合闸在系统中所起的主要作用计算确定。

（1）单侧电源线路的三相重合闸。单侧电源线路重合闸的主要作用是尽可能缩短电源中断的时间，重合闸的动作时限原则上应越短越好，应按照最小重合闸时间整定。因为电源中断后，电动机的转速急剧下降，电动机被其负荷转矩所制动，当重合闸成功恢复供电以后，很多电动机要自启动，断电时间越长电动机转速降得越低，自启动电流越大，往往又会引起电网内电压的降低，因而造成自启动的困难或拖延其恢复正常工作的时间。

重合闸的最小时间按下述原则整定：

1）在断路器跳闸后，负荷电动机向故障点反馈电流的时间；故障点的电弧熄灭并使周围介质恢复绝缘强度需要的时间。

2）在断路器动作跳闸熄弧后，其触头周围绝缘强度的恢复以及消弧室重新充满油、气需要的时间；同时，其操动机构恢复原状准备好再次动作所需的时间。

3）如果重合闸是利用继电保护跳闸出口启动，其动作时限还应该加上断路器的跳闸时间。

根据我国电力系统的运行经验，重合闸的最小时间一般整定为 $0.3\sim0.4$s。

（2）双侧电源线路三相重合闸的最小时间。双侧电源线路三相重合闸的最小重合闸时间除满足上述整定原则外，还应考虑线路两侧继电保护以不同时限切除故障的可能性。

从最不利的情况出发，每一侧的重合闸都应该以本侧先跳闸而对侧后跳闸来作为考虑整定时间的依据。如图 7-8 所示。

设本侧保护（保护 1）的动作时间为 $t_{pr.1}$、断路器动作时间为 t_{QF1}，对侧保护（保护 2）的动作时间为 $t_{pr.2}$、断路器动作时间为 t_{QF2}，则在本侧跳闸以后，对侧还需要经过（$t_{pr.2}+t_{QF2}-t_{pr.1}-t_{QF1}$）的时间才能跳闸，再考虑故障点灭弧和周围介质去游离的时间 t_u，则先跳闸一侧重合闸装置 ARD 的动作时限应整定为

$$t_{ARD} = t_{pr.2} + t_{QF2} - t_{pr.1} - t_{QF1} + t_u$$

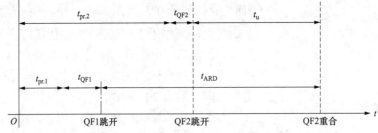

图 7-8 双侧电源线路重合闸动作时限配合关系示意图

当线路上装设纵联保护时，一般考虑一端快速辅助保护动作（如电流速断、距离保护Ⅰ段）时间（约 30ms），另一端由纵联保护跳闸（可能慢至 100～120ms）。当线路采用阶段式保护作主保护时，$t_{pr.1}$ 应采用本侧Ⅰ段保护的动作时间，而 $t_{pr.2}$ 一般采用对侧Ⅱ段（或Ⅲ段）

保护的动作时间。

（3）双侧电源线路三相重合闸的最佳重合时间的概念。重合闸对系统稳定性的影响主要取决于重合闸方式（故障跳开与重合的相数，如单相重合、三相重合、综合重合与分相重合）和重合时间，前者根据系统条件在配置重合闸时确定，后者在整定重合闸时间时计算确定。

对于联系薄弱，依靠重合闸成功才能维持首摆稳定的系统（一般在个别电厂投产初期或联网初期，线路尚未完全建成时），瞬时故障切除后重合时间越短，两侧功角摆开越小，重合成功后增大的减速面积越大，越能阻止系统的失步。如果两侧功角摆开到一定程度，即使重合成功也不能阻止系统的失步，这种结构的系统，一般重合于永久性故障后是不稳定的，重合闸时间整定为最小时间，这个最小时间就是最佳时间。图 7-9（a）给出了一个单机经两回线路向无限大系统送电，L2 线路故障后重合闸时间的说明；图 7-9（b）给出了线路较长、阻抗较大时的功角特性，因为不重合或重合不成功系统都是不稳定的，最佳重合时间是最小重合闸时间。

对于故障切除后不重合首摆可以稳定的系统，线路较短联系紧密，其功角特性如图 7-9（c）所示。若重合成功系统肯定是稳定的；如果重合于永久故障点并再次被保护切除，不同的重合时间，会造成系统稳定和不稳定两种后果。合适的重合时间可以使不重合是稳定的系统变得更稳定，也可以使很大的摇摆幅度在重合后变得很小；不合适的重合时间，可以使不重合是稳定的系统因为不恰当时机的重合而变得不稳定。

对图 7-9（c）的情况，系统正常运行于 P_{e1} 的 1 点，功角为 δ_0，短路后运行点落在 P_{e2} 的 2 点并且功角逐步增大，至 δ_c 故障切除，运行于 P_{e3} 的 3 点。在惯性作用下，摆至 δ_{max} 加速面

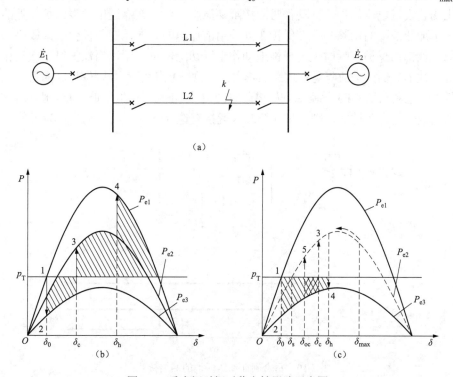

图 7-9　重合闸时间对稳定性影响示意图

积与减速面积相等，开始回摆至 δ_h 时，重合于永久故障上，运行在 P_{e2} 的 4 点。继续回摆至 δ_{cc} 时，故障被再次切除，落于 P_{e3} 的 5 点，5 点越靠近新的稳定平衡点 δ_s，则后续的摇摆越轻微。在此减速过程中由于再次短路，减小了发电机转子在回摆中过程累积的减速能量，从而使发电机转子上的净累积能量很小，经轻微几次摇摆后，落于新的稳定平衡点 δ_s 运行。

如果重合不是发生在回摆而是在加速过程中，例如在 δ_{max} 附近，会由于再次故障产生的加速能量使转子角度继续增大而失步。

从理论和实际的计算都可以证明，重合闸操作存在最佳时刻。最佳重合时刻的条件是：最后一次操作完成后，对应最终网络拓扑下稳定平衡点的系统暂态能量值最小的时刻。最佳重合时刻是周期性出现的，并且最佳时刻的附近是次最佳，它使"最佳时刻"具有实际的可捕捉的应用意义。最佳重合时刻受故障前运行方式、状态和故障类型的影响，略有变化，但影响最大的是整个系统的等效惯性。最佳重合时刻可以由附加在重合闸元件中专门的环节来捕捉，但算法较复杂；也可以用专门的计算软件在给定运行方式、故障情况、重合闸方式后自动计算，但现场应用的重合闸时间元件是简单的计时元件，只能整定一个固定的时间，因此不能随故障情况实现最佳时刻重合。现在一般只能按照对稳定性影响最严重的故障条件计算并整定最佳重合时刻，保证在重合于严重的永久故障时对系统的再次冲击最小，在其他故障形态下重合时尽管不是最佳，但可能是次佳，不会是最坏。

4. 自动重合闸与继电保护的配合

为了能尽量利用重合闸所提供的条件以加速切除故障，继电保护与之配合时，一般采用重合闸前加速保护和重合闸后加速保护两种方式，根据不同的线路及其保护配置方式选用。

（1）重合闸前加速保护，一般又称为"前加速"。图 7-10 所示的网络接线中，假定在每条线路上均装设过电流保护，其动作时限按阶梯原则配合，在靠近电源端保护 3 处的时限就很长，为了加速故障的切除，可在保护 3 处采用前加速的方式，即当任何一条线路上发生故障时，第一次都由保护 3 瞬时无选择性地动作予以切除，重合闸以后保护第二次动作切除故障是有选择性的。例如，故障是在线路 A-B 以外（如 k1 点故障），则保护 3 的第一次动作是无选择性的，但断路器 QF3 跳闸后，如果此时的故障是瞬时性的，则在重合闸以后就恢复了供电；如果故障是永久性的，则保护 3 第二次就按有选择性的时限 t_3 动作。为了使无选择性

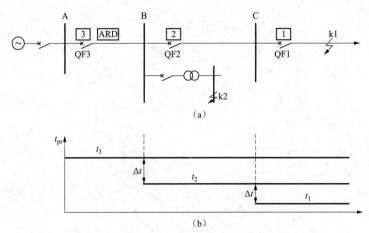

图 7-10 重合闸前加速保护的网络接线图

（a）网络接线图；（b）时间配合关系

的动作范围不扩展得太长，一般规定当变压器低压侧短路时，保护 3 不应动作。因此，其启动电流还应按照躲过相邻变压器低压侧的短路（如 k2 点短路）整定。

采用前加速的优点是：①能够快速地切除瞬时性故障；②可能使瞬时性故障来不及发展成永久性故障，从而提高重合闸的成功率；③能保证发电厂和重要变电站的母线电压在 0.6～0.7 倍额定电压以上，从而保证厂用电和重要用户的电能质量；④使用设备少，只需装设一套重合闸装置，简单、经济。

采用前加速的缺点是：①断路器工作条件恶劣，动作次数较多；②重合于永久性故障上时，故障切除的时间可能较长；③如果重合闸装置或断路器 QF3 拒绝合闸，则将扩大停电范围，甚至在最末一级线路上故障时，都会使连接在这条线路上的所有用户停电。

前加速保护主要用于 35kV 以下由发电厂或重要变电站引出的直配线路上，以便快速切除故障，保证母线电压。

（2）重合闸后加速保护，一般又称为"后加速"。所谓后加速就是当线路第一次故障时，保护有选择性动作，然后进行重合，如果重合于永久性故障，则在断路器合闸后，再加速动作瞬时切除故障，而与第一次动作是否带有时限无关。

"后加速"的配合方式广泛应用于 35kV 以上的网络及对重要负荷供电的输电线路上。这些线路上一般都装有性能比较完备的保护装置，例如，三段式电流保护、距离保护等，因此，第一次有选择性地切除故障的时间（瞬时动作或具有 0.5s 延时）均为系统运行所允许，而在重合闸以后加速保护的动作（一般是加速保护第Ⅱ段的动作，有时也可以加速保护第Ⅲ段的动作），就可以更快地切除永久性故障。

采用后加速的优点是：①第一次是有选择性地切除故障，不会扩大停电范围，特别是在重要的高压电网中，一般不允许保护无选择性地动作而后以重合闸来纠正（即前加速）；②保证了永久性故障能瞬时切除，并仍然是有选择性的；③和前加速相比，使用中不受网络结构和负荷条件的限制，一般是有利而无害的。

采用后加速的缺点是：①每个断路器上都需要装设一套重合闸，与前加速相比略为复杂；②第一次切除故障可能带有延时。

利用后加速元件 KCP 所提供的动合触点实现重合闸后加速过电流保护的原理接线如图 7-11 所示。

图 7-11 中 KA 为过电流继电器的触点，当线路发生故障时，它启动时间继电器 KT，然后经整定的时限后 KT2 触点闭合，启动出口继电器 KCO 而跳闸。当重合闸启动以后，后加速元件 KCP 的触点将闭合 1s 的时间，如果重合于永久性故障上，则 KA 再次动作，

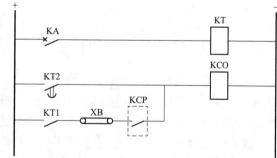

图 7-11　重合闸后加速过电流保护的原理接线图

此时即可由时间继电器 KT 的瞬时动合触点 KT1、连接片 XB 和 KCP 的触点串联而立即启动 KCO 动作于跳闸，从而实现了重合闸后过电流保护加速动作的要求。

三、高压输电线路的单相自动重合闸

前面讨论的自动重合闸都是三相式的，即不论送电线路上发生单相接地短路还是相间短路，继电保护动作后均使断路器三相断开，然后重合闸再将三相投入。

运行经验表明,在 220~500kV 的架空线路上,由于线间距离大,其绝大部分短路故障都是单相接地短路(90%以上),这种情况下,如果只把发生故障的一相断开,而未发生故障的两相仍然继续运行,然后再进行单相重合,就能够大大提高供电的可靠性和系统并列运行的稳定性。如果线路发生的是瞬时性故障,则单相重合成功,即恢复三相的正常运行。如果是永久性故障,则再次切除故障并不再进行重合,目前一般是采用重合不成功时就跳开三相的方式。这种单相短路跳开故障单相经一定时间重合单相,若不成功再跳开三相的重合方式称为单相自动重合闸。

1. 单相自动重合闸与保护的配合关系

通常继电保护装置是通过判断故障发生在保护区内、区外决定是否跳闸,而决定跳三相还是跳单相、跳哪一相,则是由重合闸内的故障判别元件和故障选相元件来完成的,最后由重合闸操作箱发出跳、合闸断路器的命令。

图 7-12 所示为保护装置、选相元件与重合闸回路的配合框图。

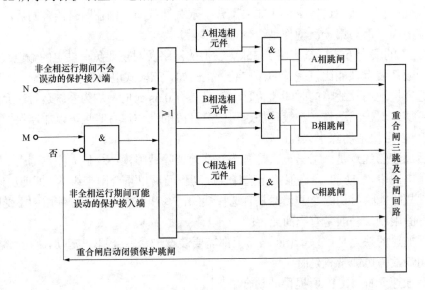

图 7-12 保护装置、选相元件与重合闸回路的配合框图

保护装置和选相元件动作后,经"与"门进行单相跳闸,并同时启动重合闸回路。对于单相接地故障,就进行单相跳闸和单相重合;对于相间短路则在保护和选相元件相配合进行判断之后跳开三相,然后进行三相重合闸或不进行重合闸。

在单相重合闸过程中,由于出现纵向不对称,因此将产生负序分量和零序分量,这就可能引起本线路保护以及系统中其他保护的误动作。对于可能误动作的保护,应整定保护的动作时限大于单相非全相运行的时间,或在单相重合闸动作时将该保护予以闭锁。为了实现对误动作保护的闭锁,在单相重合闸与继电保护相连接的输入端都设有两个端子:一个端子接入在非全相运行中仍然能够继续工作的保护,习惯上称为 N 端子;另一个端子则接入非全相运行中可能误动作的保护,称为 M 端子。在重合闸启动以后,利用"否"回路即可将接入 M 端的保护跳闸回路闭锁。当断路器被重合而恢复全相运行时,这些保护也立即恢复工作。

2. 单相自动重合闸的特点

（1）故障相选择元件。为实现单相重合闸，首先就必须有故障相的选择元件（简称选相元件）。对选相元件的基本要求有：

1）应保证选择性，即选相元件与继电保护相配合只跳开发生故障的一相，而接于另外两相上的选相元件不应动作；

2）在故障相末端发生单相接地短路时，接于该相上的选相元件应保证足够的灵敏性。

根据网络接线和运行的特点，满足以上要求的厂用选相元件有如下几种：

1）电流选相元件：在每相上装设一个过电流继电器，其启动电流按照大于最大负荷电流的原则进行整定，以保证动作的选择性。这种选相元件适于装设在电源端，且短路电流比较大的情况，它是根据故障相短路电流增大的原理而动作的。

2）低电压选相元件：用三个低电压继电器分别接于三相的相电压上，低电压继电器是根据故障相电压降低的原理而动作，它的启动电压应小于正常运行时以及非全相运行时可能出现的最低电压。这种选相元件一般适于装设在小电源侧或单侧电源线路的受电侧，因为在这一侧如用电流选相元件，则往往不能满足选择性和灵敏性的要求。

3）阻抗选相元件、相电流突变量选相元件等，常用于高压输电线路上，有较高的灵敏度和选相能力。

（2）动作时限的选择。当采用单相重合闸时，其动作时限的选择除应满足三相重合闸时所提出的要求（即大于故障点灭弧时间及周围介质去游离的时间，大于断路器及其操动机构复归原状准备好再次动作的时间）外，还应考虑下列问题：

1）不论是单侧电源还是双侧电源，均应考虑两侧选相元件与继电保护以不同时限切除故障的可能性。

2）潜供电流对灭弧所产生的影响。这是指当故障相线路自两侧切除后（如图 7-13 所示），由于非故障相与断开相之间存在静电（通过电容）和电磁（通过互感）的联系，因此，虽然短路电流已被切断，但在故障点的弧光通道中，仍然流有如下电流：①非故障相 A 通过 A、C 相间的电容 C_{ac} 供给的电流；②非故障相 B 通过 B、C 相间的电容 C_{bc} 供给的电流；③继续运行的两相中，由于流过负荷电流 $\dot{I}_{La}$ 和 $\dot{I}_{Lb}$ 而在 C 相中产生互感电动势 $\dot{E}_{M}$，此电动势通过故障点与该相对地电容 C_0 产生电流。

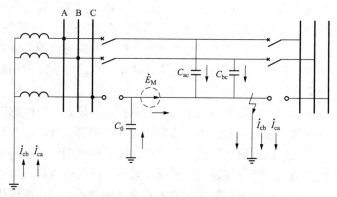

图 7-13　C 相单相接地时，潜供电流示意图

这些电流的总和就称为潜供电流。由于潜供电流的影响，将使短路时弧光通道的去游离

受到严重阻碍，而自动重合闸只有在故障点电弧熄灭且绝缘强度恢复以后才有可能成功，因此，单相重合闸的时间还必须考虑潜供电流的影响。一般线路的电压越高、线路越长，则潜供电流就越大。潜供电流的持续时间不仅与其大小有关，而且也与故障电流的大小、故障切除的时间、弧光的长度以及故障点的风速等因素有关。因此，为了正确地整定单相重合闸的时间，国内外许多电力系统都是由实测来确定灭弧时间。如我国某电力系统中，在 220kV 的线路上，根据实测确定保证单相重合闸期间的熄弧时间应在 0.6s 以上。

（3）对单相重合闸的评价。

采用单相重合闸的主要优点是：

1）能在绝大多数的故障情况下保证对用户的连续供电，从而提高供电的可靠性；当由单侧电源单回路向重要负荷供电时，对保证不间断供电更有显著的优越性。

2）在双侧电源的联络线上采用单相重合闸，可以在故障时大大加强两个系统之间的联系，从而提高系统并列运行的动态稳定性。对于联系比较薄弱的系统，当三相切除并继之以三相重合闸而很难再恢复同步时，采用单相重合闸就能避免两系统解列。

采用单相重合闸的主要缺点是：

1）需要有按相操作的断路器。

2）需要专门的选相元件与继电保护相配合，再考虑一些特殊的要求后，使重合闸回路的接线比较复杂。

3）在单相重合闸过程中，由于非全相运行能引起本线路和电网中其他线路的保护误动作，就需要根据实际情况采取措施予以防止，这将使保护的接线、整定计算和调试工作复杂化。

由于单相重合闸具有以上特点，并在实践中证明了它的优越性，因此，已在 220～500kV 的线路上获得广泛的应用。对于 110kV 的电网，一般不推荐这种重合闸方式，只在由单侧电源向重要负荷供电的某些线路以及根据系统运行需要装设单相重合闸的某些重要线路上才考虑使用。

3. 输电线路自适应单相重合闸

据 2001 年对我国电网线路保护的重合闸动作成功率统计，220kV 为 83%，500kV 为 84% 左右，这说明有 16%～17% 的故障是永久性故障。重合闸重合于永久性故障上，其一是使电力设备在短时间内遭受两次故障电流的冲击，加速了设备的损坏；其二是现场的重合闸多数没有按照最佳时间重合，当重合于永久性故障时，降低了输电能力，甚至造成稳定性的破坏。如果在单相故障被单相切除后，能够判别故障是永久性还是瞬时性的，并且在永久性故障时闭锁重合闸，就可以避免重合于永久故障时的不利影响。这种能自动识别故障的性质，在永久性故障时不重合的重合闸称为自适应重合闸。

在单相故障被单相切除后，断开相由于运行的两相电容耦合和电磁感应的作用，仍然有一定的电压，其电压的大小除与电容大小、感应强弱等因素有关外，还与断开相是否继续存在接地点直接有关。永久性故障时接地点长期存在，断开相两端电压持续较低；瞬时性故障当电弧熄灭后，接地点消失，断开相两端电压持续较高；据此可以构成电压判据的永久与瞬时故障的识别元件，根据永久故障与瞬时故障的其他差别，还可以构成电压补偿、组合补偿等识别元件。

（1）单相重合闸期间断开相工频电压分布。单相故障切除后的三相线路等效电路如图 7-14

（a）所示，三相间有相间耦合电容 C_m 和相地耦合电容 C_0，以及相间互感 L_m。

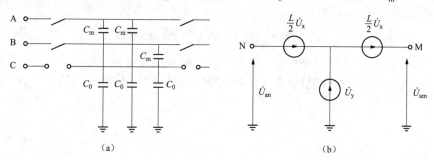

图 7-14　单相断开后的耦合、感应电压分布

（a）耦合电路图；（b）电压分布图

根据电路基本理论，可以求得线路断开相上电容耦合电压为

$$\dot{U}_y = \dot{U}_\varphi \frac{C_m}{2C_m + C_0}$$

式中　C_m、C_0——分别为单位长度线路的相间、相对地的电容；

　　　　$\dot{U}_\varphi$——相电压。

单位长度上非故障相的感应电压为

$$\dot{U}_x = (\dot{I}_b + \dot{I}_c)z_m = 3\dot{I}_0 z_m$$

式中　z_m——单位长度线路的相间互感抗。

如果将长度为 L 的线路等值为 π 型电路，则断开相电压分布如图 7-14（b）所示。其中电容耦合电压与线路长度无关，并与线路感应电压相位差约 90°，感应电压与线路长度、零序电流成正比，两端感应电压各为线路全长感应电压的一半。对于瞬时性故障，断开相两端相电压分别为

$$\left| \dot{U}_{an} \right| = \sqrt{U_y^2 + \left(\frac{L}{2}U_x\right)^2 - \frac{L}{2}U_y U_x \cos(90° + \theta)}$$

$$\left| \dot{U}_{am} \right| = \sqrt{U_y^2 + \left(\frac{L}{2}U_x\right)^2 - \frac{L}{2}U_y U_x \cos(90° - \theta)}$$

式中　θ——功率因数角，电压超前电流时为正。

当 $\cos\theta = 1$，即 $\theta = 0°$ 时，上两式得以简化为

$$\left| \dot{U}_{an} \right| = \left| \dot{U}_{am} \right| = \sqrt{U_y^2 + \left(\frac{L}{2}U_x\right)^2}$$

（2）瞬时性故障与永久性故障的区分。当线路发生永久性金属接地短路后，线路对地电容经短路点放电，电容耦合电压被短接，此时在线路两端只有感应电压，由短路点的位置决定。设接地点距 M 端的距离为 l，则两端电压为

$$\dot{U}_{am} = l\dot{U}_x$$

$$\dot{U}_{an} = -(L - l)\dot{U}_x$$

应该保证在线路上任意点发生永久故障时两端都不重合，如果使用电压判据，允许任意端合闸的电压 U_{set} 可以表示为

$$(U_{set} \geq K_{rel} l U_x) \wedge (U_{set} \geq K_{rel} |L-l| U_x$$

上式保证了永久性故障时不重合，在瞬时性故障时是否出现电压低于整定值而不能重合呢？考虑瞬时性故障在两端的最小电压，即线路空载时只有电容耦合电压时，要能重合必须满足

$$U_{am} = U_{an} = U_y \geq U_{set}$$

由以上各式，可得

$$l \leq \frac{U_\varphi}{3U_{0x}} \times \frac{C_m}{2C_m + C_0} \times \frac{1}{K_{rel}}$$

式中　U_φ——相电压；

$\quad\quad U_{0x}$——单位长度线路零序互感电压，$U_{0x} = I_0 z_m$；

$\quad\quad K_{rel}$——可靠系数，一般取 1.2。

将我国常用的线路参数、传送自然功率条件代入上式，算出在两端都可靠识别永久性与瞬时性故障的线路最大长度分别约为：220kV 线路 153km，330kV 线路 126km，500kV 线路 161km。当线路长度 L 更长、考虑过渡电阻影响等因素时，还可以采用

$$\left| \dot{U} - \frac{L}{2}\dot{U}_x \right| \geq \left| \frac{K_{rel}L}{2}\dot{U}_x \right|$$

电压补偿重合判据，它的区分线路长度是电压法的 2 倍，上式中的 $\dot{U}$ 为断开相测量电压。

超高压输电线路侧电压一般是可以抽取的，利用断开相电压可以实现永久性与瞬时性故障的区分，当线路电压高于整定值时过电压继电器触点闭合允许重合闸动作，当电压低于整定值闭锁重合闸。

四、单相、三相重合闸分析比较

1. 单相重合闸与三相重合闸的优缺点

（1）使用单相重合闸时会出现非全相运行，除纵联保护需要考虑一些特殊问题外，对零序电流保护的整定和配合产生了很大影响，也使中、短线路的零序电流保护不能充分发挥作用。例如，一般环网三相重合闸线路的零序电流Ⅰ段都能正确动作，即在线路一侧出口单相接地而三相跳闸后，另一侧零序电流立即增大并使其Ⅰ段动作。以前利用这一特点，即使线路纵联保护停用，配合三相快速重合闸，仍然保持较高的成功率。但当使用单相重合闸时，这个特点就不存在了，而且为了考虑非全相运行，往往需要抬高零序电流Ⅰ段的启动值，零序电流Ⅱ段的灵敏度也相应降低，动作时间也可能增大。

（2）使用三相重合闸时，各种保护的出口回路可以直接动作于断路器。使用单相重合闸时，除了本身有选相功能的保护外，所有纵联保护、相间距离保护、零序电流保护等，都必须经单相重合闸的选相元件控制，才能动作于断路器。

（3）当线路发生单相接地，进行三相重合闸时，会比单相重合闸产生较大的操作过电压。这是由于三相跳闸、电流过零时断电，在非故障相上会保留相当于相电压峰值的残余电荷电压，而重合闸的断电时间较短，上述非故障相的电压变化不大，因而在重合时会产

生较大的操作过电压。而当使用单相重合闸时，重合时的故障相电压一般只有 17%左右（由于线路本身电容分压产生），因而没有操作过电压问题。然而，从较长时间在 110kV 及 220kV 电网采用三相重合闸的运行情况来看，对一般中、短线路操作过电压方面的问题并不突出。

（4）采用三相重合闸时，最不利的情况是有可能重合于三相。短路故障，有的线路经稳定计算认为必须避免这种情况时，可以考虑在三相重合闸中增设简单的相间故障判别元件，使它在单相故障时实现重合，在相间故障时不重合（即采用"单重"方式）。

2. 采用单相重合闸时应考虑的问题

（1）重合闸过程中出现的非全相运行状态，如有可能引起本线路或其他线路的保护装置误动作时，应采取措施予以防止。

（2）如电力系统不允许长期非全相运行，为防止断路器一相断开后，由于单相重合闸装置拒绝合闸而造成非全相运行，应采取措施断开三相，并应保证选择性。

3. 电容式的重合闸只能重合一次

电容式重合闸是利用电容器的瞬时放电和长时充电来实现一次重合的。如果断路器是由于永久性短路而保护动作所跳开的，则在自动重合闸一次重合后断路器作第二次跳闸，此时跳闸位置继电器重新启动，但由于重合闸整组复归前使时间继电器触点长期闭合，电容器被中间继电器的线圈所分接不能继续充电，中间继电器不可能再启动，整组复归后电容器还需20～25s 的充电时间，这样保证重合闸只能发出一次合闸脉冲。

4. 实例分析

例如，某220kV 线路，采用单相重合闸方式，在线路单相瞬时故障时，一侧单跳单重，另一侧直接三相跳闸。若排除断路器本身的问题，试分析可能造成直接三相跳闸的原因。

（1）保护感知沟通三相跳闸开关输入量；

（2）重合闸充电未满或重合闸停用，单相故障发三相跳闸令；

（3）保护选相失败；

（4）保护装置本身问题造成误动跳开三相；

（5）电流互感器或电压互感器二次回路存在两个以上的接地点，造成保护误跳三相；

（6）定值中跳闸方式整定为三相跳闸；

（7）分相跳闸保护未投入，由后备保护三相跳闸；

（8）故障发生在电流互感器与断路器之间，母线差动保护动作并停信。

五、高压输电线路的综合重合闸

以上分别讨论了三相重合闸和单相重合闸的基本原理和实现中需要考虑的一些问题。对于有些线路，在采用单相重合闸后，如果发生各种相间故障时仍然需要切除三相，然后再进行三相重合，如重合不成功则再次断开三相而不再进行重合。因此，在实现单相重合闸时，也总是把实现三相重合闸的问题结合在一起考虑，故称它为"综合重合闸"。在综合重合闸的接线中，应考虑能实现进行单相重合闸、三相重合闸或综合重合闸以及停用重合闸的各种可能性。发生单相接地短路故障时跳开故障单相，进行单相重合闸；重合闸不成功再跳开三相，此时不再重合；当发生相间短路故障时跳开三相，进行三相重合闸；重合不成功时跳开三相，不再重合。

实现综合重合闸回路接线时，应考虑的基本原则如下：

（1）单相接地短路时跳开单相，然后进行单相重合；如重合不成功则跳开三相而不再进行重合。

（2）各种相间短路时跳开三相，然后进行三相重合；如重合不成功，仍跳开三相，而不再进行重合。

（3）当选相元件拒绝动作时，应能跳开三相并进行三相重合闸。

（4）对于非全相运行中可能误动作的保护，应进行可靠的闭锁；对于在单相接地时可能误动作的相间保护（如距离保护），应有防止单相接地误跳三相的措施。

（5）当一相跳开后重合闸拒绝动作时，为防止线路长期出现非全相运行，应将其他两相自动断开。

（6）任意两相的分相跳闸继电器动作后，应联跳第三相，使三相断路器均跳闸。

（7）无论单相或三相重合闸，在重合不成功之后，均应考虑能加速切除三相，即实现重合闸后加速。

（8）在非全相运行过程中，如又发生另一相或两相的故障，保护应能有选择性地予以切除。上述故障如发生在单相重合闸的脉冲发出以前，则在故障切除后能进行三相重合；如发生在重合闸脉冲发出以后，则切除三相不再进行重合。

（9）对空气断路器或液压传动的油断路器，当气压或液压低至不允许实现重合闸时，应将重合闸回路自动闭锁；但如果在重合闸过程中下降到低于运行值时，则应保证重合闸动作的完成。

六、3/2 断路器接线方式对重合闸和断路器失灵保护的要求

一般的输电线路保护要发跳闸命令时只跳本线路的一个断路器，重合闸自然也只重合这个断路器，所以重合闸按保护配置，对微机型重合闸来说就与微机保护做在一起。可是有些输电线路保护要发跳闸命令时要跳闸两个断路器，如在图 7-15 所示的 3/2 断路器接线方式的系统中，线路 L1 一端的保护发跳令时，要跳闸 1 号、2 号两个断路器，重合闸自然也要合这两个断路器。

对于断路器失灵保护，如果在 L1 线路上发生短路，线路保护跳 1 号、2 号两个断路器。

假如 1 号断路器失灵，为了短路点的熄弧，1 号断路器的失灵保护应将 I 母上所有断路器（如图 7-15 中 4 号断路器）都跳开。如果 I 母上发生短路，母线保护动作跳母线上所有断路器。假如此时 1 号断路器失灵，为了短路点的熄弧，1 号断路器的失灵保护应将 2 号断路器跳开，并远跳 7 号断路器。所以边断路器的失灵保护动作后应该跳开边断路器所在母线上的所有断路器和中断路器，并远跳边断路器所连线路的对端断路器（如果边断路器所连的是变压器，则跳变压器各侧断路器）。假如 2 号断路器失灵，如果在 L1 线路上发生短路，线路保护跳 1 号、2 号两个断路器。假如此时 2 号断路器失灵，为了短路点的熄弧，2 号断路器的失灵保护应将 3 号断路器跳开，并远跳 8 断路器。所以中断路器的失灵保护动作后应该跳开它两侧的两个边断路器，并远跳与它相连的线路对端断路器（如与它相连的是变压器，则跳变压器各侧断路器）。

对于重合闸，当线路保护跳开两个断路器后应先合边断路器，后合中断路器。如果边断路器重合不成功，合于故障线路，保护再次将边断路器跳开，此时中断路器就不再重合而且发三跳命令。

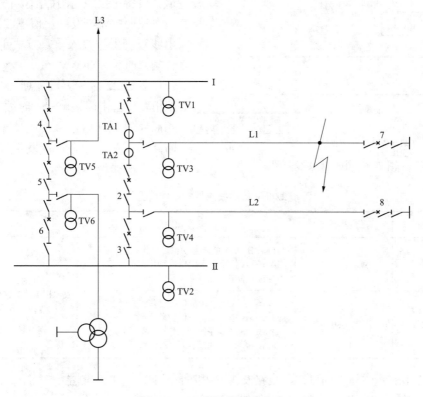

图 7-15　3/2 断路器接线方式

由于图 7-15 中与 L1 线路相连的有 1 号、2 号两个断路器，两个断路器都要进行重合，且两个断路器的重合有先后顺序问题，因此重合闸不应设置在线路保护装置内，而应按断路器单独设置。此外，这两个断路器的失灵保护跳闸对象也不一样，所以失灵保护也应按断路器单独设置。一般在 3/2 断路器接线方式中，将重合闸和断路器失灵保护做在单独的一个装置内，称做断路器保护装置，在每一个断路器处配置一套该装置。

过电压保护及远方跳闸保护装置在 330kV 及以上远距离输电线路上，由于线路很长，且采用分裂导线，所以分布电容很大。在"电容效应"的影响下，线路的电压会升高到很大值，严重危害电气设备的安全。为此，一方面可在线路上装设并联电抗器（高压电抗器），通过对电容的补偿以降低电压。另一方面配置过电压保护，当发现线路过电压时跳本端断路器，同时通过光纤通道向对端发远方跳闸信号。对端的远方跳闸保护装置接收到远跳信号后，为了提高安全性，再经就地判据判别以后发跳闸命令。

七、现场动作实例

【实例 1】

（一）事件情况

某电厂 2 台 330MW 机组以 2 回 220kV 电压等级架空出线接入系统变电站。220kV 线路开关设备为西电集团西安开关设备有限公司的户内分相 GIS 断路器，线路按照双重化要求配置保护，主一保护为许继电气的 WXH-803A 数字式微机保护装置，主二保护为许继电气的 WXH-802A 数字式微机保护装置，其中，主一保护为专用光纤通道，主二保护为复用光纤通

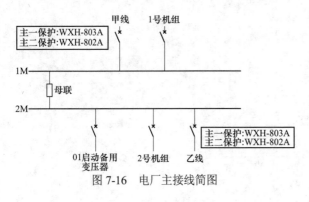

图 7-16　电厂主接线简图

道。设备主接线简图如图 7-16 所示。

按照中调下发的定值单,220kV 两条出线双套保护投入单重方式重合闸,重合闸延时为 800ms。

某日 22 时 35 分,电厂 220kV 线路 B 相发生雷击闪络单相瞬时故障,线路 B 相断路器跳闸后重合不成功,导致线路断路器三相跳闸。事件发生过程中保护动作情况如表 7-1 所示。

表 7-1　　　　　　　　　　　220kV 故障线路保护动作情况

保护名称	保护配置	动作元件	动作情况
主一保护	WXH-803A	7ms: B 相 A 通道差动保护动作; 34ms: B 相距离 I 段保护动作; 71ms: 单相启动重合闸	单相跳闸,重合不成功。 故障相电流二次值约 2.443A (一次值约为 6107A)
主二保护	WXH-802A	29ms: B 相纵联距离保护动作; 33ms: B 相距离 I 段保护动作; 41ms: 纵联零序保护动作; 78ms: 单相启动重合闸	

由表 7-1 所示时间序列可知,线路发生 B 相瞬时故障时,电厂侧主一、主二保护启动单相重合闸,均未重合出口,造成电厂侧线路开关 A、C 相跳闸。

(二)故障原因查找和分析

220kV 线路 B 相发生雷击瞬时故障,主一、主二保护均正确动作跳开 B 相,但两套保护装置的重合闸均未动作,导致线路重合失败。重合闸失败事件发生时,现场检查情况如下:

(1)电厂侧线路开关操作箱“B 相跳闸”指示灯亮。

(2)线路 GIS 断路器控制柜指示正常,断路器油位、油色及外观正常,合跳位指示正确。

(3)NCS 监控系统信号报警正常:220kV 线路 B 相跳闸后,NCS 记录了“开关非全相运行”过程状态,如表 7-2 所示。

表 7-2　　　　　　　　　　　NCS 监控系统记录动作时序

序号	时序	动作记录	说明
1	32ms	故障线路开关 B 相由合变分	B 相开关跳闸
2	57ms	故障线路开关非全相运行状态由分变合	线路非全相运行状态出现
3	253ms	故障线路开关非全相运行状态由合变分	线路非全相运行状态消失
4	264ms	故障线路开关 A、C 相位置由合变分	A、C 相跳闸,线路跳闸

(4)从保护装置调取故障时刻波形分析,在线路开关 B 相跳闸后约 200ms 时间,线路开关 A、C 相同时跳闸。

1. 保护装置分析

根据线路保护装置说明书和作业指导书对保护装置原理和动作现象进行分析。

（1）保护原理。WXH-803A 和 WXH-802A 重合闸逻辑相同：由保护动作启动或开关位置不对应启动方式，在重合闸充电完成，满足重合闸检定条件且无电流，同时没有闭锁重合闸信号时动作出口。逻辑图如图 7-17 所示。

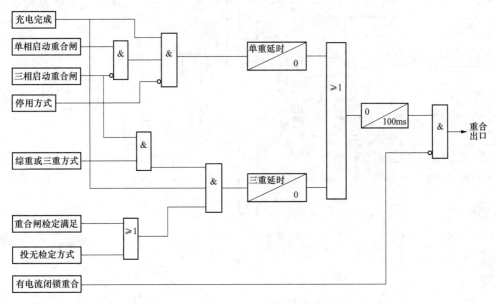

图 7-17　WXH-803A 和 WXH-802A 重合闸逻辑图

（2）重合闸动作条件分析。

1）充电条件。事件前，220kV 线路正常运行，断路器位置正常，各继电器工作正常，且无闭锁重合闸条件，满足充电条件，充电逻辑如图 7-18 所示。

2）重合闸检定条件。根据线路保护定值单，电厂侧重合闸方式为单重，检定条件为："检无电压，有电压转检同期"。根据录波记录，线路侧抽取 U_x 在事件跳开 B 相后电压正常，满足检定条件。

3）无电流条件。根据保护装置录波及故障录波器记录，线路 B 相跳闸后，B 相无电流，符合单重条件要求。

4）闭锁重合闸信号。从保护装置及 NCS 报文信息检查，在主一、主二保护发出"单相启动重合闸"后，无任何新增信息，表明无闭锁重合闸开入量，同样满足重合闸出口的条件。

以上现象及分析表明，保护装置动作正常，跳开线路 B 相后启动重合闸，由于外部其他因素存在，致使线路开关 B 相跳闸后约 200ms 诱发线路开关 A、C 相在重合闸动作前跳闸。

2. 外部设备检查分析

初步排除保护装置本身故障后，对外部回路进行检查。检查中发现线路 GIS 断路器自带有非全相保护，二次回路如图 7-19 所示。

分相 GIS 断路器有两组跳闸回路，每组跳闸回路通过每相开关的动合、动断节点串联，形成非全相保护回路，该回路不经电流判据启动。当出现单相或两相开关跳闸时，经过时间继电器 47T1 或 47T2 进行 2s（即 2000ms）延时后出口跳闸未分闸相开关。

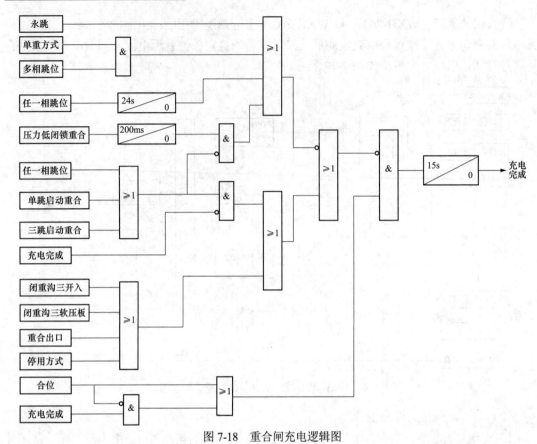

图 7-18　重合闸充电逻辑图

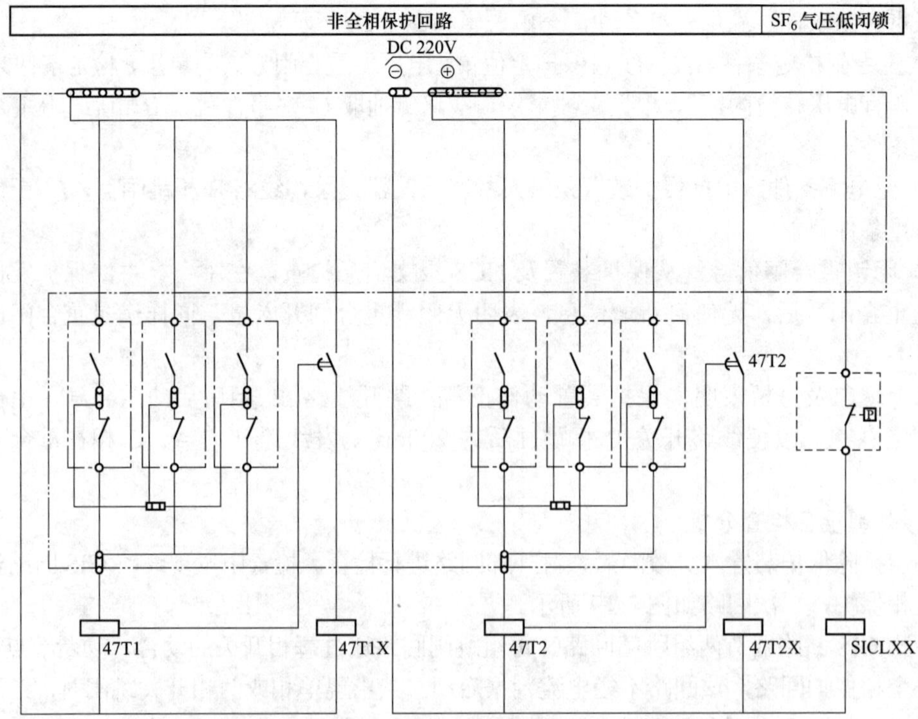

图 7-19　GIS 断路器自带非全相保护二次回路图

为验证以上分析结论，对故障线路进行事故模拟。利用继电保护测试仪对保护装置输入故障电流、电压，选择瞬时 B 相接地故障，线路主一、主二保护动作情况与事发当时一致，且在线路开关 A、C 相跳闸时，时间继电器 47T2 输出端口Ⅱ指示灯亮。

为检测时间继电器的正确性，对时间继电器 47T1 和 47T2 的两个输出端口Ⅰ、Ⅱ分别进行 5 次测试。测试结果如表 7-3 所示。

表 7-3　　　　　　　　　　　　　　时间继电器测试结果

继电器编号	输出端口	动作时间测试（ms，设置动作时间 2000ms）				
		测试 1	测试 2	测试 3	测试 4	测试 5
47T1	Ⅰ	2025.7	2023.0	2022.1	2022.3	2023.6
	Ⅱ	2023.8	2021.8	2022.5	2023.0	2022.6
47T2	Ⅰ	2019.2	2016.1	2016.5	2016.0	2015.0
	Ⅱ	200.3	200.1	200.4	200.0	200.5

测试结果与事故现象及模拟现象一致，确认了故障点。更换新的时间继电器 47T2，并对其输出端口进行测试，测试结果如表 7-4 所示。

表 7-4　　　　　　　　　　更换后时间继电器 47T2 测试结果

继电器编号	输出端口	动作时间测试（ms，设置动作时间 2000ms）				
		测试 1	测试 2	测试 3	测试 4	测试 5
47T2	Ⅰ	2011.3	2014.0	2012.2	2011.0	2012.2
	Ⅱ	2016.1	2015.3	2015.1	2016.0	2015.5

更换时间继电器后，重新模拟线路单相瞬时故障，保护动作正常，重合闸成功，线路开关本身非全相保护不动作。

（三）经验教训

事故发生后，故障录波器未记录动作信号，导致未能及时发现故障点，延误处理时间，需要对线路开关本身非全相保护回路进行完善，将非全相保护动作时间继电器 47T1 和 47T2 备用动合节点引入故障录波器，时间继电器动作时故障录波器启动，记录动作信号及动作时刻各电气量参数情况。

【实例 2】 电流速断保护跳闸，自动重合闸动作失败

某 35kV 变电站一条备用 35kV 电源进线突发故障，导致地方供电局负责配出该线路的高压开关电流速断保护动作跳闸，自动重合闸失败。为了及时排除故障，在该所拉开入户隔离开关后，带架空线路空投一次。在空投操作过程中，高压断路器未出现动作跳闸现象，地方供电所内的继电保护系统也反映受电线路一切正常，于是彻查该变电站内受电线路上所有带电设备。微机保护系统显示该线路所有受电高压断路器在此期间均未动作，一次设备三相间、相对地的绝缘电阻均在合格范围内。

该 35kV 变电站建成投运不足半年，所内断路器采用户内中压固封式真空断路器，使用微机继电保护系统。发生故障的进线一次系统如图 7-20 所示。发生故障时站用变压器处于冷备用状态，地方供电所配出开关柜所带用电设备有架空线路、直埋电缆、室内封闭式母线、电压互感器、所用变压器及中置式开关柜。

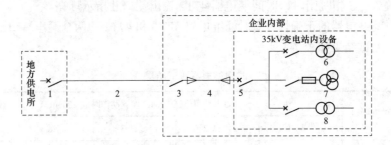

图 7-20 进线一次系统示意图

1—配出开关柜；2—架空线路 LGJ3×120；3—入户隔离开关；4—电缆 YJV-26/353×95；5—所内进线断路器；
6—站用变压器 35kV/6.3kV；7—电压互感器；8—站用变压器 35kV/0.4kV

1. 理论分析

电流速断保护按被保护设备的短路电流整定，当短路电流超过整定值时，保护动作，断路器跳闸。为了保证电流速断保护动作的选择性，在下级线路出现最大短路电流时保护不应动作，因此，电流速断保护动作电流须按躲过本段末端最大运行方式下发生三相短路时的电流来整定；可靠系数的引入，导致电流速断保护动作电流大于被保护范围末端的最大短路电流，使电流速断保护不能保护线路全长而有一段死区。

线路故障时，在继电保护作用下断路器跳开，同时自动重合闸装置启动，经过一定时限使断路器重新合闸。若线路故障是瞬时性的，则重合成功恢复供电；若线路故障是永久性的且不能消除，则再借继电保护将线路切断。自动重合闸动作时限应长于故障点灭弧和周围介质恢复绝缘强度所需时间及断路器、操作机构恢复原状准备再次动作的时间，一般为 0.5~1s。为了保证供电的连续可靠，自动重合闸动作时间一般设置为 1.5s，若在此期间故障点未切除，则重合闸失败。

电流速断保护的保护范围小于被保护线路的全长，一般设定为被保护线路全长的 80%~85%，而被保护的线路是架空线路加站内直埋电缆，架空线路全长为 8km，入户直埋电缆全长为 0.1km，故电流速断保护只能保护整条架空线路，不能保护到直埋电缆末端，更不可能延伸至站内。

导致电流速断保护动作跳闸后自动重合闸随之动作但失败的原因是重合到永久性故障，此类故障一般是主回路上两相短路（或两相接地短路）。

综上，将故障点断定在企业站内。若故障点在站内，则只有可能在直埋电缆、室内封闭式母线、电压互感器、站用变压器及中置式开关柜中的某个。但微机保护系统显示所内进线断路器、站用变压器断路器均未动作，只可能是断路器拒动。调用微机保护系统"历史曲线"功能，获得故障前、后保护系统记录下的所内进线断路器、所用变压器断路器处电流互感器测到的一次电流值。若电流大于断路器动作值，而断路器未动作，则故障是断路器拒动；若电流小于断路器动作值，则无论断路器动作与否，故障不存在。当微机保护系统"历史曲线"功能不可用或不可靠时，对于可能存在永久性故障的设备，还可通过绝缘电阻表测其主导体相间绝缘电阻和相对地绝缘电阻来甄别判断，有必要甚至可以直接采用耐压测试方法。

2. 现场测试

通过后台监控系统，调出站内进线断路器、站用变压器断路器的电流曲线和电压曲线，发现故障前、后电流幅值变化不大，几乎为零，三相电压在故障前非常均衡且稳定。考虑到新建变电站可能有些保护参数未接入后台，于是用继电保护测试仪对高压开关柜做模拟故障动作跳闸试验。试验结果证实所内进线断路器、站用变压器断路器完全能够可靠地在设计的整定值下动作，基本可以判断故障不在变电站内。

对室内封闭式母线、电压互感器、站用变压器及中置式开关柜再次做了绝缘电阻测试和工频（或感应）耐压试验。各设备不仅通过了工频（或感应）耐压试验，而且耐压试验前、后的绝缘电阻测试值都非常高且相差不大。这再次证实故障不在变电站内。

若故障点确实发生在站内线路上，则只可能是直埋高压交联聚乙烯电力电缆某点被击穿。按照规程，先用 2500V 绝缘电阻表分别测量高压电缆三相间绝缘电阻和各相对地绝缘电阻，绝缘电阻值均超过 2500MΩ，用串联谐振试验装置分别对高压电缆各相施加 52kV/5min 的交流高压，高压电缆各相均通过高压考核；再次用 2500V 绝缘电阻表分别测量高压电缆三相间绝缘电阻和各相对地绝缘电阻，绝缘电阻值仍超过 2500MΩ。试验结果表明，直埋高压电缆完全合格，不存在击穿点。

综上分析和试验结果可以确定，突发故障点不在企业站内，只可能在架空线上。

3. 故障点的最终确定

通过观察架空线路周边地形，提出一个假设：某时刻架空线路附近的树枝因某种原因折断被风吹到架空线路上，导致架空线路两相短路，致使配出线路开关柜出现瞬时限电流速断保护动作跳闸。短延时后断路器因重合闸机理再次动作准备重合，但挂在架空线路上的树枝没有完全从线路上脱离，致使重合闸失败，反映出的故障是永久性故障。后由于风力等原因，树枝摇晃脱离线路，永久性故障自动消失，于是就出现了查找故障原因时带架空线路空投成功的情况。

为论证假设，沿架空线路展开巡线。在距地方供电所 5km 处的架空线路下方发现有明显电弧烧灼痕迹的树枝。

第二节　厂用电源切换

发电厂厂用母线设有两个电源，即工作厂用电源和备用电源。在正常运行时，厂用负荷由工作厂用电源供电，而备用电源处于断开（备用）状态。

对于 200MW 及以上大容量机组，由于采用发电机-变压器组单元接线，机组单元厂用工作电源从发电机出口引接，而发电机出口一般不装设断路器，为了发电机组的启动尚需设置启动电源，且启动电源兼作备用电源。在此情况下，机组启动时其厂用负荷由启动备用电源供电，待机组启动完成后，再切换至工作厂用电源（接至发电机出口工作变压器）供电；而在机组正常停机（计划停机）时，停机前又要将厂用负荷从工作厂用电源切换至备用电源供电，以保证安全停机。此外，在工作厂用电源发生故障（包括厂用高压工作变压器、发电机、主变压器、汽轮机等事故）而被切除时，要求备用电源尽快自动投入。因此，工作厂用电源的切换在发电厂中是经常发生的。

对于大型汽轮发电机组的厂用工作电源与事故备用电源之间的切换有很高的要求：其一，厂用电系统的任何设备（电动机、断路器等）不能由于厂用电的切换而承受不允许的过载和冲击；其二，在厂用电源切换过程中，必须尽可能地保证机组的连续输出功率、机组控制的稳定和机炉的安全运行。所以，一般将其事故备用电源接在220kV及以上电网。如果厂内没有装设500kV与220kV之间的联络变压器，则工作厂用电源与备用电源之间可能有较大的电压差ΔU和相角差$\Delta\varphi$。电压差可以通过备用变压器的有载分接开关调节，而相角差$\Delta\varphi$则决定于电网的潮流，是无法控制的。按照时间经验，当相角差$\Delta\varphi<15°$时，工作厂用电源切换造成电磁环网中的冲击电流，厂用变压器还能承受，否则，就只能改变运行方式或者采用快速自动切换。

厂用电源快速切换装置是发电厂厂用电源系统的一个重要设备，与发电机-变压器组保护、励磁调节器、同期装置一起，被合称为发电厂电气系统安全保障的"四大法宝"，对发电厂乃至整个电力系统的安全稳定运行有着重大影响。对厂用电源切换的基本要求是安全可靠，其安全性体现在切换过程中不能造成设备损坏或人身伤害，而可靠性则体现在保障切换成功，避免保护跳闸、重要辅机设备跳闸等造成机炉停运事故。

一、厂用电系统失电影响与切换分析

厂用母线的工作电源由于某种故障而被切除，即母线的进线断路器跳闸后，由于连接在母线上运行的电动机的定子电流和转子电流都不会立即变为零，电动机定子绕组将产生变频反馈电压，即母线存在残压。残压的大小和频率都随时间而降低，衰减的速度与母线上所接电动机台数、负荷大小等因素有关。另外，电动机的转速下降。失电后，电动机转速逐渐下降的过程称为惰行。电动机转速下降的快慢主要取决于负荷和机械常数，一般经0.5s后转速约降至$0.85\sim0.95$倍额定转速，若在此时间内投入备用电源，一般情况下，电动机能较迅速地恢复到正常稳定运行。

如果备用电源投入时间太迟，停电时间过长，电动机转速下降多且不相同，不仅会影响电动机的自启动，而且将对机组运行工况产生严重影响，因此，厂用母线失电后，应尽快投入备用电源。另外，从减小备用电源自动投入时刻对参与自启动的电动机的冲击电流考虑，还必须分析母线残压与备用电源电压之间的相位关系。

电动机的自启动就是正常运行时，其供电母线电压突然消失或显著降低时，如果经过短时间（一般为$0.5\sim1.5s$）在其转速未下降很多或尚未停转以前，厂用母线电压又恢复到正常（比如电源故障排除或备用电源自投），电动机就会自行加速，恢复到正常运行。

电厂中有许多重要设备的电动机都要参与自启动，以减小对机、炉系统运行的影响。因为有成批的电动机同时参与自启动，很大的电流会在厂用变压器和线路等元件中引起较大的电压降，使厂用母线电压下降很多。这样，就有可能使母线电压过低，导致一些电动机的电磁转矩小于机械阻力转矩而无法启动，还有可能因启动时间过长而引起电动机过热，甚至危及电动机的安全和寿命以及厂用电系统的稳定，所以为保证自启动可靠实现，根据电动机的容量和端电压或母线电压等条件做了一些措施：

（1）电动机正常启动时，各电动机错开启动时间，厂用母线最低允许值为额定电压的80%。

（2）自启动时，厂用母线最低允许值为额定电压的65%～70%。

（3）限制参与自启动的电动机数量，对不重要设备的电动机加装低电压保护，延时0.5s断开，不参加自启动。

（4）阻力转矩为定值的重要设备的电动机：因它只能在接近额定电压下启动，也不参加自启动，对这些机械设备的电动机均可采用低电压保护，当厂用母线电压低于临界值（电动机的最大转矩下降到等于阻力转矩）时把它们从母线上断开，这样可改善未曾断开的重要电动机自启动条件。

（5）对重要的机械设备，应选用具有高启动转矩和允许过载倍数较大的电动机。

（6）在不得已的情况下，可切除两段母线中的一段母线，使整个机组能维持 50%负荷运行。

二、厂用电源的切换方式

厂用电源的切换方式，除按操作控制分手动与自动外，还可按运行状态、断路器的动作顺序、切换的速度等进行区分。

1. 按运行状态区分

（1）正常切换。在正常运行时，由于运行的需要（如开机、停机等），厂用母线从一个电源切换到另一个电源，对切换速度没有特殊要求。

（2）事故切换。由于发生事故（包括单元接线中的高压厂用变压器、发电机、主变压器、汽轮机和锅炉等事故），厂用母线的工作电源被切除时，要求备用电源自动投入，以实现尽快安全切换。

2. 按断路器的动作顺序区分

（1）并联切换。切换过程中，工作电源和备用电源是短时并联运行的，它的优点是保证厂用电连续供给，缺点是并联期间短路容量增大，增加了断路器的断流要求。但由于并联时间很短（一般在几秒内），发生事故的概率低，所以在正常的切换中被广泛采用。但应注意观测工作电源与备用电源之间的电压差和相角差。

（2）断电切换（串联切换）。其切换过程是：一个电源切除后才允许投入另一个电源，一般是利用被切除电源断路器的辅助触点去接通备用电源断路器的合闸回路。因此厂用母线上出现一个断电时间，断电时间的长短与断路器的合闸速度有关。其优缺点与并联切换相反。

（3）同时切换。切换过程中切除一个电源和投入另一个电源的脉冲信号同时发出。由于断路器分闸时间和合闸时间的长短不同以及本身动作时间的分散性，在切换期间，一般有几个周波的断电时间，但也有可能出现 1～2 个周波两个电源并联的情况。所以，在厂用母线故障及母线供电的馈线回路故障时应闭锁切换装置，否则投入故障供电网会因短路容量增大而有可能造成断路器爆炸的危险。

3. 按切换速度区分

（1）快速切换。一般是指在厂用母线上的电动机反馈电压（即母线残压）与待投入电源电压的相角差还没有达到电动机允许承受的合闸冲击电流前合上备用电源。快速切换的断路器动作顺序可以是先断后合或同时进行，前者称为快速断电切换，后者称为快速同时切换。

（2）慢速切换。主要指残压切换，即工作电源切除后，当母线残压下降到额定电压的 20%～40%后合上备用电源。残压切换虽然能保证电动机所受的合闸冲击电流不致过大，但由于停电时间较长，对电动机自启动和机、炉系统运行工况产生不利影响。慢速切换通常作为快速切换的后备切换。

国内在大容量机组厂用电源的切换中，厂用电源的正常切换一般采用并联切换，事故切换一般采用断电切换，而且切换过程不进行同期检定，在工作电源断路器跳闸后，立即联动合上备用电源断路器。这是一种快速断电切换，但实现安全快速切换的一个条件是：厂用母线上电源回路断路器必须具备快速合闸的性能，断路器的固有合闸时间一般不超过 5 个周波（0.1s）。有的电厂，事故切换也采用快速同时切换。

三、厂用电源切换装置

1. 高压厂用电快速切换

现代大型发电机组的 3、6、10kV 厂用系统均采用真空断路器，其合闸时间小于 100ms（一般 60ms 左右），所以大机组的厂用电备用电源自动投入装置，均可采用备用电源快速自动投入装置（简称快切装置），快切装置一般具有以下功能：

（1）正常切换。

1）厂用系统正常工作切换具有串联、并联或同时切换方式。

2）厂用系统正常工作切换可实现自动或半自动切换方式。

3）厂用系统正常工作切换是双向的，既可以由工作电源切换到备用电源，也可以由备用电源切换到工作电源。

（2）事故切换。

1）事故快速切换自动合备用电源断路器。在工作电源保护动作（发电机-变压器组保护动作）启动快切装置，自动断开工作电源断路器，当判断工作电源断路器确已断开后，符合快切判据条件时，不经延时自动合备用电源断路器。对母线故障，不允许合备用电源断路器，母线短路故障保护动作时，应闭锁快切装置，以防止合闸于短路故障母线。

2）同期捕捉自动合备用电源断路器。不符合快切条件时，装置转为经恒定导前时间或恒定导前角判据实现同期捕捉自动合备用电源断路器。

3）残压闭锁自动合备用电源断路器。当不符合快切及同期捕捉自动合备用电源断路器条件时，装置转为经残压判据自动合备用电源断路器。

4）长延时自动合备用电源断路器。当不符合快切及同期捕捉、残压判据自动合备用电源断路器条件时，装置转为经长延时自动合备用电源断路器。

事故切换由保护出口启动，只能由工作电源单向切换至备用电源，事故切换可串联或同时切换，并按快速、同期捕捉、残压、长延时 4 种方式实现工作电源切换至备用电源，即快速切换失败转为同期捕捉切换，再失败转为残压切换，仍失败的转为长延时切换。

（3）不正常切换。

1）工作断路器各种原因的偷跳。装置将在满足动作判据时按快速、同期捕捉、残压、长延时 4 种方式实现工作电源切换至备用电源。

2）工作母线电压低于整定值且时间超过整定延时。装置在满足动作判据时首先自动断开工作电源断路器，根据选择的方式进行串联或同时并按快速、同期捕捉、残压、长延时 4 种方式实现工作电源切换至备用电源。

目前国内各生产厂家的产品，在原理及动作方式上都大致相同。现以 MFC2000-6 型微机厂用电快速切换装置为例，具体说明各种切换方式的工作特点。

快速切换装置各种切换方式和功能以简图方式表述，如图 7-21 所示。

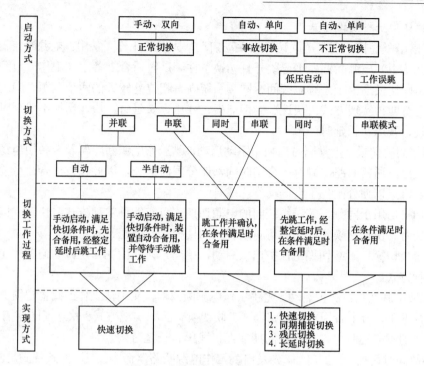

图 7-21　快切装置切换功能简图

装置启动后，视不同的设定可以有三种切换方式，即串联、并联、同时。各方式是以工作断路器动作先后顺序来划分的，串联方式下，必须确认工作电源断路器跳开后，再合备用电源断路器；并联方式下，装置先合备用电源断路器，然后自动或等待人工干预跳开工作电源断路器；同时方式是跳开工作电源断路器与合备用电源断路器的指令同时发出，其中发合闸命令前有一个人工设定的延时，这种切换方式可以使断电时间尽可能短。

除并联切换方式必须是以快速切换方式来实现外，其余切换方式均可以快速、同捕或残压、长延时中的任一种方式实现。

（1）正常切换。正常切换由手动启动，在控制台、DCS 系统或装置面板上均可进行，根据远方/就地控制信号进行控制。正常切换是双向的，可以由工作电源切向备用电源，也可以由备用电源切向工作电源。正常切换有以下几种方式：

1）并联切换。并联切换又分并联自动和并联半自动两种方式。

a．并联自动：手动启动，若并联切换条件满足，装置将先合备用（工作）电源断路器，经一定延时后再自动跳开工作（备用）电源断路器，如在这段延时内，刚合上的备用（工作）电源断路器又被跳开（如保护动作跳闸等），则装置不再自动跳开工作（备用）电源断路器，以免厂用电系统失电。若启动后并联切换条件不满足，装置将闭锁发信，并进入等待人工复归状态。

b．并联半自动：手动启动，若并联切换条件满足，合上备用（工作）电源断路器，而跳开工作（备用）电源断路器的操作由人工完成。若在设定的时间内，操作人员仍未跳开工作（备用）电源断路器，装置将发出告警信号，以免两电源长期并列运行。若启动后并联切换条件不满足，装置将发出闭锁发信，并进入等待人工复归状态。

并联切换方式适用于同频系统间，且固有相位差不大的两个电源之间的切换，此种方式

173

下只有快速切换一种实现方式。

2）正常串联切换。正常串联切换由手动启动，先发跳工作（备用）电源断路器命令，在确认工作（备用）电源断路器确已跳开且切换条件满足时，合上备用（工作）电源断路器。

正常串联切换适用于差频系统间或同频系统固有相位差较大的两个电源之间的切换，此种方式下可有四种实现方式：快速、同期捕捉、残压、长延时。快速切换不成功时可自动转入同期捕捉、残压、长延时。

3）正常同时切换。正常同时切换由手动启动，跳工作电源断路器及合备用电源断路器的命令同时发出，通常断路器固有的合闸时间都比分闸时间长，因此在发出合命令前可有一人工设定的延时，以使分闸先于合闸动作完成。

同时切换适用于同频、差频系统间的电源切换，可有四种实现方式：快速、同期捕捉、残压、长延时。快速切换不成功时可自动转入同期捕捉、残压、长延时。

（2）事故切换。事故切换由保护出口启动，单向，只能由工作电源切向备用电源。事故切换有两种方式：

1）事故串联切换：保护启动，先跳工作电源断路器，在确认工作断路器已跳开且切换条件满足的情况下，合上备用电源断路器。串联切换有四种实现方式：快速、同期捕捉、残压、长延时，快切不成功时可自动转入同期捕捉、残压、长延时。

2）事故同时切换：保护启动，先发出跳工作电源断路器命令，在切换条件满足时同时（或经设定延时）发出合闸备用电源断路器的命令。事故同时切换也有四种实现方式：快速、同期捕捉、残压、长延时，快切不成功时可自动转入同期捕捉、残压、长延时。

（3）不正常切换。不正常情况切换由装置检测到不正常情况后自行启动，单向，只能由工作电源切向备用电源。不正常情况指以下两种情况：

1）厂用母线失压。当厂用母线三相电压均低于整定值，且电流小于等于无流定值或工作母线电压小于等于失压启动电压幅值，经整定延时，装置根据选择方式进行串联或同时切换。切换实现方式有：快速、同期捕捉、残压、长延时。启动判据如图 7-22 所示。

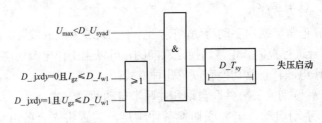

图 7-22　厂用母线失压启动判据

U_{max} —母线电压最大值；I_{gz} —工作分支电流；U_{gz} —工作进线电压；D_U_{syad} —定值"失压启动电压幅值"；D_T_{sy} —定值"失压启动延时"；D_I_{wl} —定值"无流判据整定值"；D_jxdy —定值"失压启动检进线无压"控制字

2）工作电源断路器误跳。因误操作、断路器机构故障等原因，造成工作电源断路器错误跳开，在切换条件满足时合上备用电源。有四种实现方式：快速、同期捕捉、残压、长延时。装置同时提供电流辅助判据功能。正常运行中检测到工作断路器误跳，如果定值中"无流判据投退"处于投入状态，装置会根据当前工作电流值，判断断路器断开是否是因为工作断路器辅触点故障造成的假象，电流判据可根据需要投退。启动判据如图 7-23 所示。

（4）去耦合。切换过程中如发现整定时间内该合上的断路器已合上，但该跳开的断路器未跳开时，装置将执行去耦合功能，即跳开刚合上的断路器，以避免两个电源长时并列。如，同时切换或并联自动切换中，工作切换到备用，备用断路器正常合上，但是工作断路器没

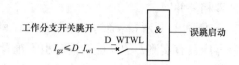

图 7-23　工作电源断路器误跳启动判据

I_{gz} —工作分支电流；D_I_{w1} —定值 "无流判据整定值"；

D_WTWL —控制字 "无流判据投退"

有能跳开。到达整定延时后，装置将执行去耦合功能，跳开刚刚合上的备用断路器。反之亦然。手动切换时该功能可通过定值设置中 "手动切换投去耦合" 控制字投退。若此控制字设为 0，则手动并联切换、手动同时切换不做去耦合功能。若此控制字设为 1，则手动并联切换、手动同时切换投入去耦合功能。

2．厂用电快速切换装置基本工作原理

（1）电力系统并网的两种情况。

并网的确切定义：断路器连接两侧电源的合闸操作称之为并网，并网有以下两种情况：

1）差频并网：发电机与系统并网和已解列两系统间联络线并网都属于差频并网，并网时需实现并列点两侧的电压相近、频率相近、在相角差为 0°时完成并网操作。

2）同频并网：未解列两系统间联络线并网属同频并网（或合环）。这时因并列点两侧频率相同，但两侧会出现一个功角 δ，δ 值与连接并列点两侧系统其他联络线的电抗及传送的有功功率成比例。这种情况下的并网条件是当并列点断路器两侧的压差及功角在给定范围内时即可实施并网操作。并网瞬间并列点断路器两侧的功角立即消失，系统潮流将重新分布。因此，同频并网的允许功角整定值取决于系统潮流重新分布后不致引起新投入线路的继电保护动作，或导致并列点两侧系统失步。

（2）差频并网合闸角的数学模型。

准同期并网的三个条件是：压差、频差在允许值范围内时，应在相角差 φ 为零时完成并网。压差和频差的存在将导致并网瞬间并列点两侧会出现一定无功功率和有功功率的交换，不论是发电机对系统，或系统对系统并网，对这种功率交换都有一定的承受力。因此，并网过程中为了实现快速并网，不必对压差和频差的整定值限制太严，以免影响并网速度。但发电机并网时角差的存在将会导致机组的损伤，甚至会诱发后果更为严重的次同步谐振（扭振）。因此一个好的同期装置必须确保在相差 φ 为零时完成并网。

差频并网特别是发电机对系统的差频并网时，发电机组的转速在调速器的作用下不断在变化，因此发电机对系统的频差不是常数，而是包含有一阶、二阶或更高阶的导数，加之并列点断路器还有一个固有的合闸时间 t_k，同期装置必须在零相差出现前的 t_k 时发出合闸命令，才能确保在 $\varphi=0°$ 时实现并网，或者说同期装置应在 $\varphi=0°$ 到来前提前一个角度 φ_k 发出合闸命令，φ_k 与断路器合闸时间 t_k、频差 ω_s、频差的一阶导数 $\dfrac{d\omega_s}{dt}$ 及频差的二阶导数 $\dfrac{d^2\omega_s}{dt^2}$ 等有关。其数学表达式为

$$\varphi_k = \omega_s t_k + \frac{1}{2} \times \frac{d\omega_s}{dt} t_k^2 + \frac{1}{6} \times \frac{d^2\omega_s}{dt^2} t_k^3 + \cdots$$

同期装置在并网过程中需不断快速求解该微分方程，获取当前的理想提前合闸角 φ_k，并不断快速测量当前并列点断路器两侧的实际相差 φ，当 $\varphi = \varphi_k$ 时装置发出合闸命令，实现精

确的零相差并网。

不难看出，获得精确的断路器合闸时间 t_k（含中间继电器）是非常重要的，因此准同期控制器应具有实测 t_k 的功能；同时也不难看出，计算机对 φ_k 的计算和对 φ 的测量都不是连续进行的，而是离散进行的，从而使得不一定能恰好捕获到 $\varphi = \varphi_k$ 的时机，这就会导致并网的快速性受到极大的影响。目前各厂家生产的快切控制器大多采用微分方程实现对合闸时机的预测，可靠实现捕捉第一次出现的并网时机，使并网速度达到极值。

（3）均频与均压控制的方式。实现快速并网对满足系统负荷供需平衡及减少机组空转能耗有重要意义。捕捉第一次出现的并网时机是实现快速并网的一项有效措施，而用良好控制品质的算法实施均频与均压控制，促成频差与压差尽快达到给定值也是一项重要措施。快切控制器使用了模糊控制算法，模糊控制理论是依据模糊数学将获取的被控量偏差及其变化率作出模糊控制决策。表 7-5 所示的模糊控制推理规则表描述了其本质。

表 7-5 中将偏差 E 的模糊值分成正大到负大共八挡，将偏差变化率 C 的模糊值分成正大到负大共七挡，与它们对应的控制器发出的控制量 U 的模糊值就有 56 个，从正大到负大共七类值。以调频控制为例，如控制器测量的频差 $\omega_s = \omega_F - \omega_X$（$\omega F$、$\omega X$ 分别为待并发电机及系统的角频率）为负大，而频差变化率 $\dfrac{d\omega_s}{dt}$ 也是负大，则控制量 U 为零（表中右下角的值）。这表明尽管发电机较之系统频率很低，但当前发电机频率正以很高的速度向升高方向变化，因此无须控制发电机频率就能恢复到正常值。

表 7-5 模糊控制推理规则表

U E C	正大	正中	正小	正零	负零	负小	负中	负大
正大	零	零	负中	负中	负大	负大	负大	负大
正中	正小	零	负小	负小	负中	负中	负大	负大
正小	正中	正小	零	零	负小	负小	负大	负大
零	正中	正中	正小	零	零	负小	负中	负中
负小	正大	正中	正小	零	零	负小	负中	负大
负中	正大	正大	正中	正小	正小	零	负小	负中
负大	正大	正大	正大	正中	正中	零	零	负大

这些模糊控制量的值具体在控制过程中到底是多少呢？应该有个量化的环节，例如变成控制器发出控制信号的脉冲宽度和脉冲间隔。快切控制器（如 SID-2CM）正是通过均频控制系数 K_f 和均压控制系数 K_v 两个整定值对控制量进行量化的，K_f 及 K_v 的选取是在发电机运行过程中人工手动将频差或压差控制超出频差及压差定值的工况下进行的，根据控制器在纠正频差及压差的过程中所表现的控制质量来修改 K_f 及 K_v，当发现纠正偏差的过程太慢，则应加大 K_f 或 K_v；反之，如纠正偏差过快并出现反复过调，则应减小 K_f 或 K_v，直至找到最佳值。因此说，快切控制器实际上是针对发电机组调速系统及励磁调节系统的具体特性来整定控制系数的。

大型发电厂中，6kV（10kV）段具有高压大容量电动机群，母线失电后残压衰减较慢，当残压较高时备用电源进线断路器不检同期即合闸，会造成对电动机的严重冲击，甚至损坏；

同时过大的合闸冲击电流有可能使启动备用变压器的电流速断保护动作，导致厂用电源切换失败。若等到残压衰减到较低值后再合闸备用电源进线断路器，则由于断电时间过长，影响厂用机械设备的正常运行，同时由于成组异步电动机自启动，启动电流大，电动机电压难以恢复，导致自启动困难，甚至被迫停机停炉。为此，应采用厂用电源的快速切换（简称快切），以保证工作母线失电的时间很短。

采用快切的基本条件是：断路器是快速动作的；备用电源与工作电源同相位（或相角差很小）。当主变压器为 YNd11、高压厂用变压器采用 Dd0（或 Yy0）接线时，启动备用变压器应为 YNd11 接线；当主变压器为 YNd11、高压厂用变压器采用 D，yn1 接线时，启动备用变压器应为 YNyn0 接线。

如启动备用变压器由另一系统供电时，会降低厂用电快切动作成功率。

（4）电动机在电源切换过程中的运行情况。

断电瞬间电动机机端电压保持原有的频率与角速度。在断电滑行过程中，因转速 n 越来越低，故频率和角速度也越来越小，减小的速度与转速 n 降低的速度密切相关，即与电动机负荷性质、大小有关。

由于断电瞬间定子电流在定子绕组阻抗上的压降突然消失，造成机端电压突变为断电瞬间电压。一般断电瞬间电动机机端电压幅值约为断电前机端电压幅值的 95%、相位角滞后断电前机端电压约 5°。转子电流不断衰减、转子转速不断降低，在这双重因素下，电动机机端电压从断电瞬间电压幅值以时间常数 T_M 衰减。

断电后电动机机端电压在以时间常数 T_M 衰减的同时，还以角速度 $\omega_1 - \omega_M$（原角速度–断电瞬间角速度）顺时针转动。

电动机在恢复电源供电时的等效电路，如图 7-24 所示。

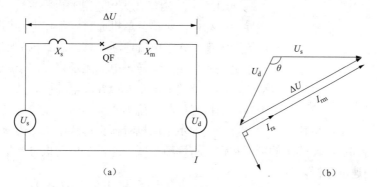

图 7-24　电动机重新接通电源时的等效电路和相量

（a）等效电路图；（b）相量图

1）冲击电流 i_{imp}。电动机恢复电源供电时，为保证定子回路电流不变，会产生非周期分量电流。最严重的情况下形成的冲击电流 i_{imp} 为

$$i_{imp} = 2.55I''$$

式中　　I''——恢复供电时电动机的交流分量有效值，$I'' = \dfrac{|\Delta \dot{U}|}{Z_M + Z_{T4}}$（其中：$\Delta \dot{U}$ 为压差，即电动机断电前机端电压-断电瞬间机端电压；Z_M 为电动机正序阻抗；Z_{T4} 为折

算到电动机侧的启动备用变压器及电源总阻抗）。

可见，不同时刻恢复电源供电，$|\Delta \dot{U}|$ 有不同值，因而有不同的冲击电流。作为厂用电源快切装置，应在 $\Delta \dot{U}$ 数值较小时恢复供电，这不仅可使冲击电流限制在一定范围内，而且厂用电源的连续供电也得到了保证。

2）冲击电压 U_{imp}。电动机恢复电源供电时的冲击电压可表示为

$$U_{imp} = \frac{Z_M}{Z_M + Z_{T4}} |\Delta \dot{U}|$$

为保证电动机安全，断电瞬间电压 U_m 应小于电动机的安全电压，设为 1.1 倍额定电压，即 $U_m \leqslant 1.1 U_N$，于是得到

$$\Delta U \leqslant 1.1 \left(1 + \frac{Z_{T4}}{Z_M}\right) U_N$$

从图 7-24 中可以看出，不同的 θ 角（电源电压和电动机残压二者之间的夹角），对应不同的 ΔU 值，如 $\theta = 180°$ 时，ΔU 值最大，如果此时重新合上电源，对电动机的冲击最严重。

（5）快速切换、同期捕捉切换、残压切换、长延时切换。

1）快速切换。以图 7-25 所示的厂用电系统，工作电源由发电机端经厂用高压工作变压器引入，备用电源由电厂高压母线或由系统经启动/备用变压器引入。正常运行时，厂用母线由工作电源供电，当工作电源侧发生故障时，必须先跳开工作电源断路器 1QF，然后合 2QF。

跳开 1QF 后厂用母线失电，电动机将惰行。由于厂用负荷多为异步电动机，对单台单机而言，工作电源切断后电动机定子电流变为零，转子电流逐渐衰减，由于机械惯性，转子转速将从额定值逐渐减速，转子电流磁场将在定子绕组中反向感应电动势，形成反馈电压。多台异步电动机联结于同一母线时，由于各电动机容量、负荷等情况不同，在惰行过程中，部分异步电动机将呈异步发电机特征，而另一些呈异步电动机特征。母线电压即为众多电动机的合成反馈电压，俗称残压，残压的频率和幅值将逐渐衰减。通常，电动机总容量越大，残压频率和幅值衰减的速度越慢。

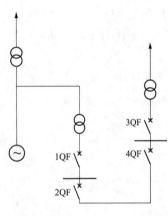

图 7-25 厂用电一次系统简图

图 7-26 所示为以极坐标形式绘制出的某 300MW 机组 6kV 母线残压相量变化轨迹。

为了便于分析，取一个电源系统与单台电动机为例，将备用电源系统和电动机等效电路按暂态分析模型作充分简化，忽略绕组电阻、励磁阻抗等，以等效电动势 V_S 和等效电抗 X_S 代表备用电源系统，以等效电动势 V_M 和等效电抗 X_M 表示电动机，如图 7-27 所示。

由于单台电动机在断电后定子绕组开路，其电动势 U_M 就等于机端电压，在备用电压合上前，$U_M = U_D$。备用电源合上后，电动机绕组承受的电压 U_M 为

$$U_M = [X_M / (X_S + X_M)] \times (U_S - U_M)$$

因 $U_M = U_D$，则 $U_S - U_M = U_S - U_D = \Delta U$

所以： $U_M = [X_M / (X_S + X_M)] \times \Delta U$

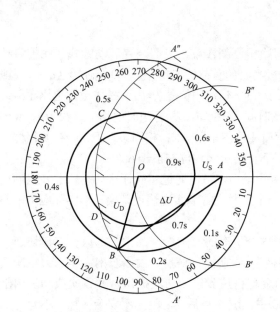

图 7-26　母线残压特性示意图

U_D—母线残压；U_S—备用电源电压；

ΔU—备用电源电压与母线残压间的差压

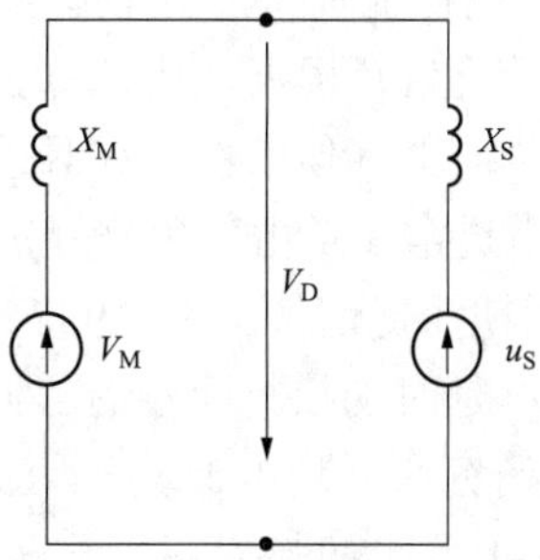

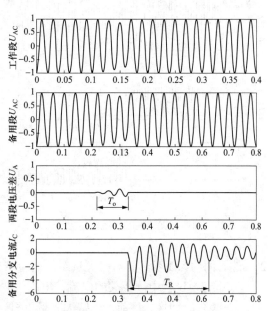

图 7-27　单台电动机切换分析模型

令 $K = X_M /(X_S + X_M)$，则

$$U_M = K\Delta U$$

为保证电动机安全，U_M 应小于电动机的允许启动电压，设为 1.1 倍额定电压 U_{De}，则有

$$K\Delta U < 1.1U_{De}$$

$$\Delta U(\%) < 1.1/K$$

设 $X_S : X_M = 1:2$，$K=0.67$，则 $\Delta U(\%) < 1.64$。图 7-26 中，以 A 为圆心，以 1.64 为半径绘出弧线 $A'-A''$，则 $A'-A''$ 的右侧为备用电源允许合闸的安全区域，左侧则为不安全区域。若取 $K=0.95$，则 $\Delta U(\%) < 1.15$，图 7-26 中 $B'-B''$ 的左侧均为不安全区域，理论上 $K=0\sim1$，可见 K 值越大，安全区越小。

假定正常运行时工作电源与备用电源同相，其电压相量端点为 A，母线失电后残压相量端点将沿残压曲线由 A 向 B 方向移动，如能在 $A-B$ 段内合上备用电源，则既能保证电动机安全，又不使电动机转速下降太多，这就是所谓的"快速切换"。

在实现快速切换时，厂用母线的电压降落、电动机转速下降都很小，备用分支自启动电流也不大。切换过程中相关的电压、电流录波曲线如图 7-28 所示。

在实际工程应用中，能否实现快速切换，

图 7-28　快速切换时的电流、电压波形

主要取决于工作电源与备用电源间的固有初始相位差 $\Delta\Phi_0$、快切装置启动方式（保护启动等）、备用电源断路器固有合闸时间以及母线段当时的负荷情况［相位差变化速度 $\Delta\Phi/\Delta t$（或频差 Δf）］等。例如，假定目标相位差为不大于 $60°$，初始相位差为 $10°$（备用电源电压超前），在合闸固有时间内平均频差为 1Hz，固有合闸时间为 100ms，则合闸时的相位差约 $46°$，或倒过来讲，只要启动时相位差小于 $24°$，则合上时相位差小于 $60°$；相同条件下，若初始相位差大于 $24°$，或合闸时间大于 140ms，则无法保证合闸瞬间相位差小于 $60°$。

从理论上讲，根据上述计算公式，在装置启动后，可以通过实时计算动态确定 B 点的位置，结合当时的其他条件，如频差、相差等，来判断是否能实现快速切换。但实际应用中不可行，B 点通常还是由相角来界定。

2）同期捕捉切换。在 1997 年以前，国内外所有的文献和产品中，都只有快速切换、残压切换、延时切换，而没有"同期捕捉切换"。同期捕捉切换，由原东南大学东大集团电力自动化研究所（现改制为东大金智电气和金智科技股份公司）提出，并首次成功运用于 MFC2000–1 型快切装置，其原理为：图 7-26 中，过 B 点后 BC 段为不安全区域，不允许切换。在 C 点后至 CD 段实现的切换称为"延时切换"或"短延时切换"。因不同的运行工况下频率或相位差的变化速度相差很大，因此用固定延时的办法很不可靠，现在已不再采用。利用微机型快切装置的功能，实时跟踪残压的频差和角差变化，实现 C-D 段的切换，特别是捕捉反馈电压与备用电源电压第一次相位重合点实现合闸，这就是"同期捕捉切换"。

实际工程应用中，可以做到在过零点附近很小的范围内合闸，如 $\pm5°$。同期捕捉切换时厂用母线电压为 $65\%\sim70\%$ 额定电压，电动机转速不至下降很大，通常仍能顺利自启动，另外，由于两电压同相，备用电源合上时冲击电流较小，不会对设备及系统造成危害。同期捕捉切换过程中，相关的电压电流录波曲线如图 7-29 所示。

同快速切换一样，理论上可以动态确定 C 点的位置，抢在刚过这一点时合闸，以尽量缩短母线断电时间，但同样因许多现实的问题，也无工程实施的可能。

3）残压切换。当母线电压衰减到 $20\%\sim40\%$ 额定电压后实现的切换通常称为"残压切换"。残压切换虽能保证电动机安全，但由于停电时间过长，电动机自启动成功与否、自启动时间等都将受到较大限制。如图 7-29 所示情况下，残压衰减到 40% 的时间约为 1s，衰减到

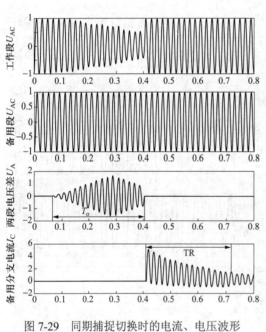

图 7-29　同期捕捉切换时的电流、电压波形

20% 的时间约为 1.4s。而对另一机组的试验结果表明，衰减到 20% 的时间为 2s。

残压切换过程中，相关的电流、电压录波曲线如图 7-30 所示。

4）长延时切换。目前，一些大容量机组，如某些 600MW 机组工程，发电机出口设置断路器，正常切换通过发电机出口断路器完成。当工作电源发生故障时，需切换至备用电源以

便安全停机。如备用电源的容量不足以承担全部负荷，甚至不足以承担通过残压切换过去的负荷的自启动，只能考虑长延时切换。

通过上述讨论，厂用电源快切装置有如下几部分：

a．快速切换部分。机端电压相量端点位置要保证合闸冲击电流在安全范围内。

b．同期捕捉切换部分。借助导前时间脉冲或导前相角脉冲实现安全切换时刻。

c．残压切换部分。当残压小于某一值时经一定延时备用电源进线断路器合闸。

d．失压启动切换部分。当工作母线电压低于某一值、一定时间时，跳开工作电源进线断路器、合闸备用电源进线断路器。

可以看出，快切装置同时具有备用电源自动投入功能。

3．厂用电快切装置的动作判据

（1）快切动作判据。无论工作电源断路器因何原因断开，且无厂用母线故障保护动作而闭锁快切时，应满足条件

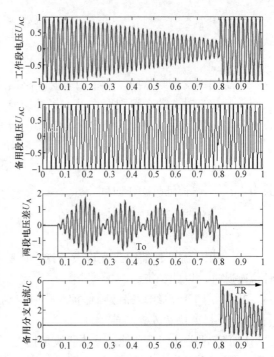

图 7-30　残压切换时的电流、电压波形

$$\Delta f \leqslant \Delta f_{\text{art.set}}$$

$$\delta \leqslant \delta_{\text{art.set}}$$

式中　Δf ——工作母线电压与备用电源电压的频差，Hz；

$\Delta f_{\text{art.set}}$ ——频差闭锁整定值，Hz；

δ ——工作母线电压与备用电源电压的相角差，（°）；

$\delta_{\text{art.set}}$ ——闭锁相角差的整定值，（°）。

不经延时自动合备用电源断路器。

（2）同期捕捉自动合闸判据。当不满足（1）但满足下式条件时

$$\delta_{\text{ah.on}} = \omega_s t_{\text{ah.on}} + \frac{1}{2}\frac{\text{d}\omega_s}{\text{d}t}t_{\text{ah.on}}^2 \text{ 或 } t_{\text{ah.on}} = t_{\text{on}}$$

式中　$\delta_{\text{ah.on}}$ ——同期捕捉合闸导前角，（°）；

ω_s ——合闸点工作母线电压与备用电源电压间的频差角速度，$\omega_s = 360 \times \Delta f$（°/ms）；

$t_{\text{ah.on}}$ ——同期捕捉合闸恒定导前时间，ms；

t_{on} ——断路器全部合闸时间，ms；

$\dfrac{\text{d}\omega_s}{\text{d}t}$ ——频差角加速度。

同期捕捉发出合闸脉冲，合备用电源断路器。

（3）残压闭锁自动合闸判据。当（1）、（2）条件均不满足，而满足工作母线残压小于残压闭锁整定值条件时，即

$$U_{rem} \leqslant U_{art.set}$$

式中　　U_{rem}——工作母线残压值；

　　　　$U_{art.set}$——残压闭锁整定值。

残压闭锁发合闸脉冲，合备用电源断路器。

（4）长延时自动合闸判据。以上三种切换方式均未发出备用电源断路器合闸脉冲时，当投入备用电源，为保证电动机安全自启动，母线残压应经足够时间衰减至安全自启动残压，所以经长延时 $t_{1.set}$ 后，发合闸备用电源断路器的合闸脉冲。即

$$t_{op} \geqslant t_{1.set}$$

式中　　t_{op}——长延时动作时间，s；

　　　　$t_{1.set}$——长延时动作时间整定值，s。

（5）辅助判据。

1）备用电源任何情况只允许发一次合闸脉冲，即快切合闸脉冲发出后，应自动闭锁后三种合闸脉冲，以此类推。

2）厂用工作母线短路故障保护动作时自动闭锁快切装置。

4. 厂用电快切方式功能

（1）正常手动切换功能。手动切换是指电厂正常工况时，手动切换工作电源与备用电源。这种方式可由工作电源切换至备用电源，也可由备用电源切换至工作电源。它主要用于发电机启、停机时的厂用电切换。该功能由手动启动，在控制台或装置面板上均可操作。手动切换可分为并联切换及串联切换。

1）手动并联切换。

a. 并联自动。并联自动指手动启动切换，如并联切换条件满足要求，装置先合备用（工作）断路器，经一定延时后再自动跳开工作（备用）断路器。如果在该段延时内，刚合上的备用（工作）断路器被跳开，则装置不再自动跳开工作（备用）断路器。如果手动启动后并联切换条件不满足，装置将立即闭锁且发闭锁信号，等待复归。

b. 并联半自动。并联半自动指手动启动切换，如并联切换条件满足要求，装置先合备用（工作）断路器，而跳开工作（备用）断路器的操作则由人工完成。如果在规定的时间内，操作人员仍未跳开工作（备用）断路器，装置将发告警信号。如果手动启动后并联切换条件不满足，装置将立即闭锁且发闭锁信号，等待复归。

注意：手动并联切换只有在两电源并联条件满足时才能实现，并联条件可在装置中整定，包括：两电源并联条件满足整定值；两电源电压差小于整定值；两电源频率差小于整定值；两电源相角差小于整定值；工作、备用电源断路器任意一个在合位、一个在分位；目标电源电压大于所设定的电压值；母线 TV 正常。

2）手动串联切换。手动串联切换指手动启动切换，先发跳工作电源断路器指令，不等工作电源断路器辅助触点返回，当切换条件满足时，发合备用（工作）断路器命令。如断路器合闸时间小于断路器跳闸时间，自动在发合闸命令前加所整定的延时以保证断路器先分后合。

切换条件：快速、同期判别、残压及长延时切换。快速切换不成功时自动转入同期判别、残压及长延时切换。

（2）事故切换。事故切换指由发电机-变压器组、厂用变压器保护（或其他跳工作电源断

路器的保护）触点启动，单向操作，只能由工作电源切向备用电源。事故切换有两种方式可供选择。

1）事故串联切换。由保护触点启动，先跳开工作电源断路器，在确认工作电源断路器已跳开且切换条件满足时，合上备用电源断路器。

切换条件：快速、同期判别、残压及长延时切换。快速切换不成功时自动转入同期判别、残压及长延时切换。

2）事故同时切换。由保护触点启动，先发跳工作电源断路器指令，在切换条件满足时（或经用户延时）发合备用电源断路器命令。

切换条件：快速、同期判别、残压及长延时切换。快速切换不成功时自动转入同期判别、残压及长延时切换。

（3）非正常工况切换。非正常工况切换是指装置检测到不正常运行情况时自行启动，单向操作，只能由工作电源切向备用电源。该切换有以下两种情况。

1）母线低电压。当母线三线电压均低于整定值且时间大于所整定延时定值时，装置根据选定方式进行串联或同时切换。

切换条件：快速、同期判别、残压及长延时切换。快速切换不成功时自动转入同期判别、残压及长延时切换。

2）工作电源断路器偷跳。因各种原因（包括人为误操作）引起工作电源断路器误跳开，装置可根据选定方式进行串联或同时切换。

切换条件：快速、同期判别、残压及长延时切换。快速切换不成功时自动转入同期判别、残压及长延时切换。

5. 厂用快切装置闭锁及报警功能

（1）保护闭锁。当某些判断为母线故障的保护动作时（如工作分支限时速断），为防止备用电源误投入故障母线，可由这些保护给出的触点闭锁快切装置。一旦该触点闭合，快切装置将自动闭锁出口回路，发快切装置闭锁信号，面板闭锁、待复归灯亮，并等待人工复归。

（2）控制台闭锁装置。当控制台给出闭锁信号时，快切装置将自动闭锁出口回路，发装置闭锁信号，面板闭锁、待复归灯亮，并等待人工复归。

（3）TV 断线闭锁。当厂用母线 TV 断线时，快切装置将自动闭锁低电压切换功能，发TV 断线信号，面板断线、待复归灯亮，并等待人工复归。

（4）目标电源低电压。工作电源投入时，备用电源为目标电源；备用电源投入时，工作电源为目标电源。

当目标电源电压低于所整定值时，快切装置将发目标电源低压信号，面板低电压灯亮。自动闭锁出口回路，且发闭锁信号，直到电源电压恢复正常后，自动解除闭锁，恢复正常运行。

（5）母线 TV 检修压板及 TV 位置触点闭锁功能。快切柜内设有母线 TV 检修压板，当该压板断开或母线 TV 的位置触点断开时，快切装置将自动闭锁低电压切换功能，并发母线TV 检修信号。当检修压板接通且母线 TV 位置触点接通时，自动恢复低电压切换功能。

（6）装置故障。快切装置运行时，软件将自动对快切装置的重要部件如 CPU、FLASH、EEPROM、AD、装置内部电源电压、继电器出口回路等进行动态自检，一旦有故障将立即报警。

（7）断路器位置异常。正常运行时，快切装置将不停地对工作和备用断路器的状态进行监视，如检测到断路器位置异常（工作断路器误跳除外），装置将闭锁出口回路，发断路器位置异常信号。

（8）去耦合。由于在同时切换过程中，发跳工作电源断路器指令后，不等待其辅助触点断开后就发合备用指令，如果工作电源断路器跳不开，势必将造成两电源并列。此时如去耦合功能投入，装置将自动将刚合上的备用电源断路器再跳开。

（9）等待复归。在以下几种情况下，需对装置进行复归操作，以备进行下一次操作：

1）进行了一次切换操作后；

2）发出闭锁信号后，且为不可自恢复；

3）发生装置故障情况后（直流消失除外）。

此时，装置将不响应任何外部操作及启动信号，只能手动复归解除。如故障或闭锁信号仍存在，需待故障或闭锁条件消除后才能复归。

（10）启动后加速保护。一般情况下，装设于备用电源断路器的保护装置可以自动判断是否投入后加速保护，如果不能判断，则需通过快切装置发信来启动后加速保护。为此，装置需提供一对空触点，一旦装置切换，合备用电源断路器的同时，闭合该触点，该触点称为"启动后加速保护"。

6. 厂用电快切装置整定计算

虽然不同厂家生产的厂用电快切装置型号不同，整定参数（名称）也各不相同，但基本内容是相同的。

（1）正常并联切换。发电厂在启动过程中，厂用电源由启动备用变压器通过备用电源进线断路器供给；发电机启动完毕后厂用电源应切换到发电机供给，由高压厂用变压器通过工作电源进线断路器供给。这种备用电源进线断路器跳开、工作电源断路器合闸的过程，称为正常并联切换。需整定的参数有频差、压差、相角差、跳闸延时（跳备用电源进线断路器的延时）。显然，在这个切换过程中存在工作电源进线断路器与备用电源进线断路器短时合环运行的过程。整定情况如下：

1）频差、压差定值：$\Delta f = 0.1 \sim 0.15 \text{Hz}$、$\Delta U = （5\% \sim 10\%）U_n$；

2）相角差定值：$\Delta \varphi = 10° \sim 15°$；

3）跳闸延时：取 $\Delta t = 0.1 \sim 1.0 \text{s}$，通常取 100ms。

（2）同时切换。同时切换合备用电源进线断路器延时定值一般取 20～50ms。

（3）快速切换。工作电源进线断路器因故跳闸、备用电源进线断路器快速合闸。需要整定的参数有：断路器合闸时间、快切频差、快切相角差、快切低电压闭锁值。

1）断路器合闸时间：按实际测量时间整定，如 65ms；

2）快切频差 Δf：可按实测数据选定，如无实测数据，可取

$$\Delta f = K_{\text{rel}} \Delta f_{\max}$$

式中　K_{rel}——可靠系数，可取 $K_{\text{rel}} = 1.3 \sim 1.5$；

　　$\Delta f_{\max}$——快切过程中实际最大频差值，可取 1。

工作母线断电后机端电压频率越来越低，所以频差 Δf 越来越大，但因工作母线断电后很短时间内就发合闸脉冲，Δf 最大不会超过 2Hz。故快切频差整定值可取 $\Delta f = 1 \sim 2 \text{Hz}$（通常取 1.5Hz）。

3）快切合闸闭锁相角差δ：是指发出备用电源进线断路器合闸脉冲时刻的相角差值，并非备用电源进线断路器合闸接通时刻的相角差值。整定值可取

$$\delta = \delta_{\lim} - \delta_{on} = \delta_{\lim} - 360°\Delta f_{re} t_{on}$$

式中　$\delta_{\lim}$——允许合闸极限角（指断路器已合上点），可取 60°；

　　　δ_{on}——合闸过程角，按快切过程中实际频差 Δf_{re}(Hz) 和断路器合闸时间 t_{on}(s) 计算而得。如无实测数据，Δf_{re} 可取 1Hz。

根据工程经验，快切相角差可取$\delta=20°\sim40°$。如：取$\delta=20°$发出合闸脉冲，当频差为 1Hz 时，母线断电到恢复供电的总时间为

$$t = \frac{20° - 5°}{360°} \times 1000 + 65 = 107(\text{ms})$$

实际断电时间在 100ms 以内，即实现了厂用电的快速切换。

4）快切低电压闭锁值：快切动作时母线残压较高，快切低电压闭锁值一般可取 60%额定电压，即当机端电压低于 60%额定电压时快切是闭锁的。

有的快切装置中不设低电压闭锁功能；当具有这一功能时需要设置一下"投入"或"退出"，建议设定为"退出"为好。

说明：

a. 快速切换有两种方式：串联切换和并联（同时）切换。串联切换是工作电源断路器跳闸脉冲与备用电源断路器合闸脉冲先后发出；并联（同时）切换是工作电源断路器跳闸脉冲与备用电源断路器合闸脉冲同时发出，但合闸脉冲需带 30～50ms 延时才执行。建议采用串联切换方式。

b. 有些场合启动备用变压器高压侧不带电（冷备用），因此快切装置动作时应将启动备用变压器高、低压侧断路器同时合上。装置中的"备用高低压侧合闸延时"建议取 0s，这样可减少厂用负荷的失电时间。

c. 为使快切装置动作可靠，确保工作电源断路器跳开后备用电源断路器才合闸，应在工作进线断路器上设置"无电流判据"，无电流判据整定值可取工作进线 TA 二次额定电流的 10%～15%。

（4）同期捕捉切换（同相位切换）。这是作为快切不成功时的最佳后备方案，争取厂用电系统失电时间尽可能短些，这样电动机转速下降不太多，且自启动电流较小，电源的等效电抗上的电压降小，对厂用电动机自启动有利。需要整定的参数有：断路器合闸时间、频差、导前相角、低电压闭锁值。

1）断路器合闸时间：快速切换部分已整定，此处无需再设定；

2）频差：由于母线断电后进入捕捉同期区间时间相对较长，母线残压频率相对较低，故频差整定值一般可取$\Delta f=4\sim5$Hz；

3）导前时间 t：应整定为断路器的合闸时间 t_{on}；

4）导前相角δ：可取

$$\delta = -360°\Delta f_{re.2} t_{on}$$

式中　$\Delta f_{re.2}$——切换过程中实际平均频差，对于 300MW 及以上机组的 6kV 厂用电系统，$\Delta f_{re.2}$ 在 2～3Hz 之间。

由于频差变化较大，由整定频差、断路器合闸时间计算得到的导前相角并不完全符合实际情况，故根据工程经验，导前相角一般可取$\delta=85°\sim90°$。

5）低电压闭锁值：可取 30%～50%额定电压。有的快切装置中不设低电压闭锁功能；当具有这一功能时需要设置一下"投入"或"退出"，建议设定为"退出"为好。

说明：

a. 恒定导前时间、恒定导前相角捕捉同期合闸，两者选其一，建议取恒定导前时间捕捉同期合闸的方式。

b. 捕捉同期切换动作时，厂用电失电时间一般在 0.4～0.6s。

c. 同期捕捉是快切不成功时的最佳后备方案。快切装置启动时，经同期检定继电器检测并判断工作母线电压和备用母线或馈线电压之间的同步条件不满足时闭锁快切，之后同期捕捉将继续检测两个电压之间的角度差和频差，一旦条件满足，即提前一个断路器合闸时间，发出合闸脉冲进行切换。厂用电源消失后，从母线残压相量变化轨迹及与备用电源电压的相角差、差拍电压的变化趋势来看，反相后第一个同期点时间为 0.4～0.6s，而残压衰减到允许值的 20%～40%时间为 1～2s，而长延时（根据残压曲线整定）则一般要经几秒。可见，从确保电动机安全、可靠自启动角度来讲，同期捕捉切换较残压切换和长延时切换有明显的优点。

（5）残压闭锁切换是快切与同期捕捉切换的后备，在快切和同期捕捉合闸均未发出合闸脉冲时或由于断路器合闸时间 $t_{on} > 100ms$ 不具备快切要求时，备用电源自动投入可用慢切功能，但应在反馈电压较小时才允许合闸。需整定的参数有：残压闭锁值和动作延时（长延时）。

1）残压闭锁值：可取（20%～40%）U_n。

当 $t_{on} = 60\sim100ms$ 时，残压闭锁整定值可取 $U_{art.set} = 40\%U_n$；

当 $t_{on} > 100ms$ 时，残压闭锁整定值应按反馈电压实际衰减曲线计算，由合闸瞬间反馈电压往前推算，使合闸于残压不大于 $40\%U_n$。例如：当 $t_{on} = 200ms$，而残压由 $60\%U_n$ 衰减到 $40\%U_n$ 所需时间约为 200ms 时，可取残压闭锁整定电压值 $U_{art.set} = 60\%U_n$。

2）长延时 $t_{1.set}$：当（1）、（2）、（3）种切换方式均未发出合闸备用电源断路器脉冲，残压经足够时间已衰减至投入备用电源安全值时，作为最后一次合闸机会，长延时动作时间整定值应躲过工作母线发生相间短路后备保护最大动作时限 t_{max}，即长延时为

$$t_{1.set} = t_{max} + \Delta t$$

一般可取

$$t_{1.set} = 2\sim3s$$

（6）长延时切换。延时一般可整定为 3～9s。

（7）失压切换。失压切换动作时，跳开工作母线进线断路器，之后再合备用进线断路器。整定的参数有：失压电压和失电压延时。

1）失压电压：可取（30%～70%）U_n，如取 $40\%U_n$。

2）失压延时：由"残压切换"长延时 $t_{1.set}$ 确定，应躲过工作母线发生相间短路后备保护最大动作时间。

（8）后备电源监视。后备电源失电电压幅值一般可整定为（70%～80%）U_n。后备电源失

电延时一般可整定为 0.2～0.5s。

【实例 3】　误整定，6kV 厂用电源系统切换失败

某厂 5 号发电机组并网运行，厂用电源由本机高压厂用变压器供电，厂用母线带电运行正常。炉侧动力风机全部运行，机侧动力单侧运行，电泵运行。发电机—变压器组各保护投入正常。

（1）事故经过。

5 号机组进行厂用电源定期切换，6kV 5A1、5A2、5B1、5B2 段工作进线 755A1、755A2、755B1、755B2 断路器在合闸位置，备用进线 705A1、705A2、705B1、705B2 断路器在分闸位置。按操作票操作顺序准备进行 6kV 5A1 段厂用电源快切。

厂用电源快切装置选择"远方""自动、同时"切换方式。值班员得到值长命令后，在 DCS 画面中首先"复位"快切装置，检查 6kV 5A1 段快切装置工作正常后，按下 6kV 5A1 段"切换"按钮。此时，6kV 5A1 段工作进线 755A1 断路器跳闸，705A1 断路器状态变黄，6kV 5A1 段母线电压变为零，发出"6kV 5A1 段快切失败""6kV 5A1 段快切装置闭锁"报警信号，值班员报 6kV 备用进线 705A1 断路器间隔冒烟着火。

（2）检查处理过程。

1）6kV 5A1 段母线失电，5C 电动给水泵、5A 前置泵、5A 磨煤机、5A 一次风机、5A 送风机等高压动力设备失电，厂用电 5A 锅炉变压器及其所带的 5A 保安段、5A 锅炉 MCC、5A 汽机段及 5A 汽机 MCC、31 号照明变压器等重要电源失电。

2）主控值班员接到 705A1 断路器冒烟着火的消息后，立即汇报值长并通知值班员准备用上一级 2115 断路器切除故障断路器。接到值长许可后，值班员手动拉开 30A 启动备用变压器高压侧 2115 断路器。

3）此时机炉部分负荷掉闸，机组因给水流量低、燃料丧失，手动 MFT 停炉。

4）380V 5A 保安段失电，柴油机自启动成功。

5）值班员立即拉开 5A 锅炉变压器低压侧 L451 断路器，合上母联 L450 断路器将 380V 5A 锅炉 PC 倒至 5B 锅炉变压器供电，后拉开 5A 锅炉变压器高压侧 L651 断路器。

6）值班员立即拉开 5A 汽机变压器低压侧 J451 断路器，合上母联 J450 断路器将 380V 5A 汽机 PC 倒至 5B 汽机变压器供电，后拉开 5A 汽机变压器高压侧 J651 断路器。

7）将 380V 5A 保安段由柴油机供电倒为锅炉 PC 供电。

8）将故障断路器拉出间隔后，将备用断路器推入 705A1 断路器间隔，试验位合、跳断路器检查良好后，推入运行位置。

9）通知有关部门，将失电高低压母线逐步恢复供电。

（3）原因分析。

1）6kV 5A1 段备用进线 705A1 断路器拒动，是此次事故的直接原因。经检查为断路器合闸线圈烧毁。

2）厂用电源采用 MFC2000-2 型快切装置，选择"自动、同时"切换方式，使备用断路器在没有合上的情况下跳开工作断路器，造成母线失电，是此次事故的主要原因。"自动、同时"切换方式下，合闸、跳闸命令同时发出，不检测对侧断路器状态，断路器动作时间是断路器的固有动作时间，此种方式断路器合闸、跳闸顺序先后不固定，有可能造成厂用母线失电。

3）对厂用电源快切装置运行方式理解不全面，对并联和同时切换方式认识不够。若为并联切换方式，断路器是先合后断，母线不会失电。

4）厂用电源切换试验事故预想不到位。5C 电泵和 5A 前置泵电源取自同一段，操作时没有考虑到，造成给水流量低。

（4）经验教训。

1）厂用快切装置选择"自动、同时"切换方式，在断路器故障情况下，可能使厂用母线失电，应选择"自动、并联"切换方式，此方式在备用断路器故障情况下，工作断路器不跳闸，以防止源母线失电。

2）因 30A 启动备用变压器除带 5 号机组两段厂用电负荷外，还带有 6 号机组两段厂用电负荷，本次 5 号机厂用电源快切故障时，拉开 30A 启动备用变压器，造成 6 号机两段厂用电源同时失电，在厂用电源事故处理时要兼顾两台运行机组的安全，其他异常情况下的运行方式还需重点考虑。

7. 提高快切装置动作可靠性的措施

（1）备用母线电压与工作母线电压引入快切装置时，不应存在额外相位差，应选取同名相电压引入快切装置；非同名相电压引入时要进行正确的相位补偿。

（2）当工作电源与备用电源分别由两个系统供电时，要求工作电源与备用电源间的电压相角差要小，否则快速切换不易成功。

（3）中、小发电厂的厂用电源切换中，快速切换和同期捕捉切换中的低电压闭锁不宜投入。

（4）高压厂用变压器低压侧后备保护动作，建议不闭锁快切。

（5）当启动备用变压器高压侧具有电流速断保护时，为防止快切装置不正确动作产生较大冲击电流而引起的误动作，可将电流速断保护带 150~200ms 延时躲过影响。

（6）备用电源无压时，快切装置动作变得无意义，因此对备用电源电压要进行监视。动作电压可取 80%额定电压、动作延时可取 0.3~0.5s。

8. 需要注意的几个问题

（1）厂用电源快速切换与发电机自动准同期。

厂用电源快速切换和发电机自动准同期都是发电厂中最重要的电气操作之一，在操作对象、操作管理、功能要求、性能要求等方面有很大的不同，但在具体的实现技术上，有部分相同之处。因此，有人认为："厂用电源正常切换是地道的同期操作，应严格地按同期数学模型控制切换过程"，这是不对的。厂用电源切换与发电机自动准同期最大的区别在于：

1）厂用电源正常切换发生在发电机并网之后，同期的三要素：频率、电压幅值和相位差无法像发电机同期那样可以调整。

频率：工作电源的频率与备用电源相同，不可能调，也没必要调。

电压幅值：正常运行时厂用工作电源与备用电源电压幅值的一致性是由厂用电一次系统的设计来保障的，在不同运行方式下两侧电压幅值差一般较小，不影响厂用电合环。如果电压差很大，理论上可以通过调节发电机端电压来实现，但发电机端电压首先应满足电网调度及发电机安全运行的需要，仅为满足精确同期而调发电机励磁在实际运行中是不现实和不必要的。

相位差：工作电源与备用电源间的相位差取决于备用电源的引接方式及电网不同运行方式下两侧电压的功角差，这是个不可控量，只能通过不同的切换方式来适应它。

而发电机自动准同期则不同，发电机并网前，频率、电压幅值、相位都可调、可控，完全可以实现精确的同期。

因此，厂用电源正常切换，既不是标准的同期操作，也不可能严格按同期数学模型控制切换过程。

2）事故切换等自动切换时，在备用电源投入前，由于工作电源已断电，电动机开始惰行，母线电压的幅值、频率将逐渐下降，与备用电源电压间的相位差持续增大，严格来说，已完全失去了与备用电源同步的可能。另外，此时电动机只有转子衰减电流和惰行转速产生的交变磁场，而没有强迫励磁产生的同步磁场和力矩，如电动机转速下降不太大（一般指母线电压不低于 60%～65%），当备用电源投入时，新的同步磁场很快将异步磁场拉入正常转差范围。

因此，厂用电源事故切换不是标准的同期操作，也不可能严格按同期数学模型控制切换过程。

（2）关于正常并联切换。正常并联切换即先合上备用（工作）电源断路器，后跳开工作（备用）电源断路器，由于存在两个电源的短时并列运行，构成厂用工作电源—发电厂接入系统—电网—发电厂备用电源系统—厂用备用电源—厂用工作电源的环路，因此并联切换也称合环操作。

国内目前只有极少数电厂的厂用电切换发生在不同频率的两个独立电网之间，这种情况下不允许合环操作，而应采用同时切换或串联切换。同频情况下，合环操作对并列点两侧电压的相位差有要求，如不大于 20°。国内有少数电厂的初始相位差在某些运行方式下超过 10°，有的接近 20°，这种情况下，需要当地调度中心进行合环潮流、静态安全分析计算和稳态分析计算等，以确保合环不引起系统问题。

那么这 20°定值是怎么来的？曾有资料称"实际上通过潮流计算完全可以获得这个闭锁角的运行值，一般运行方式下，这个允许值远不止是 20°，而是更大，这意味着实现并联切换的机会更多"，笔者认为这个观点是错误的。

首先，在我国历来颁布的调度规程中明确规定："合环操作，必须相位（序）相同，电压差、相位差应符合规定；应确保合环网络内，潮流变化不超过电网稳定、设备容量等方面的限制……"。合环引起潮流的重新分配，或使某些元件减轻负荷，或使某些元件增大负荷，可以通过合环潮流计算校验是否过载；合环，特别是相角差较大时的合环，将引起较大的有功功率扰动，对电力系统的静态稳定和动态稳定安全构成影响，必须通过复杂的稳定计算进行校验。因此，上述仅以潮流分布来确定合环条件的观点是片面的。实际上，目前各地电力调度中心在进行合环时控制的相角差比 20°还要小。

其次，《电力工程电气设计手册 电气二次部分》中第二十二章"发电厂和变电站的自动装置"，有明确表述："……初始相角的存在，在手动并联切换时，两台变压器之间要产生环流，环流过大，对变压器是有害的……初始相角在 20°时，环流的幅值大约等于变压器的额定电流……故如果厂用工作/备用变压器的引接可能使它们之间的夹角超过 20°时，厂用备用电源切换装置和手动切换时应加同步检查继电器闭锁"。

（3）关于实切过程中安全区域的控制。有观点针对上述关于快速切换和同期捕捉切换的理论进行分析，认为取母线断电前合成负荷的 X_M，以及取备用变压器短路电抗作为 X_S，可实时计算 ΔU 的允许值，厂用电源实切过程中快速切换和同期捕捉切换安全域就以该 ΔU 为界线："为了准确得到与厂用电源运行方式相关的 ΔU 值，……在厂用电源正常运行时不断实时测量厂用负荷的等效阻抗，直到工作分支断路器跳闸，用最后的阻抗值与已知的启动备用变压器短路电抗值就很容易计算出 ΔU 的允许值，确保在投入备用电源瞬间电动机群所承受的电压在容许值……把"快速切换"定义在 ΔU 到达允许值前的整个区间内，此时投入备用电源时的相角差中可能已是 100 多度了……如果由于……无法实现快速切换，……继而进入 $\varphi > 180°$ 的区间实现慢速切换，但不会去捕捉同期点，而仍然是去捕捉电动机群能耐受的 ΔU 点……"。这个观点看起来似乎有道理，但实际上完全似是而非，原因在于：

1）适用模型参数错误。前文的分析是以电动机暂态分析模型为基础的，电抗 X_M 为电动机的暂态电抗。与稳态模型相比，忽略了绕组电阻，且视转子为短路，等同于电动机处于停转状态，此时从定子侧观察到的等效电抗即为 X_M。电动机转动时，转子绕组模型中有一个代表电动机机械功率的等效电阻 $R_r(1-s)/s$，其中 R_r 为转子绕组电阻，s 为转差率。厂用电源自动切换，都发生在机组运行过程中，特别是切换前，电动机的转速通常为额定转速，母线失电前测量出的等效阻抗是转子额定转速下的稳态参数，以此来替代电动机转子静止状态下暂态参数 X_M，显然是错误的。

厂用母线上运行着众多的负荷，从模型上看，有电动机模型、变压器模型，还有恒定阻抗模型，因此，实时测量到的等效阻抗也许仅对分析稳态潮流有意义，而要用它来代表每台电动机的暂态电抗，继而分析电动机的可承受电压，是行不通的。

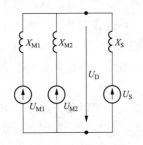

图 7-31　两台电动机分析模型

2）计算公式错误。前述所作的推导是以单台电动机投入备用电源为例的，并对电动机模型本身作了简化。以简化模型为基础，若以两台电动机对备用电源为模型再作分析，可以发现两台电动机绕组承受的电压是不相等的，并不是两台电动机并联的合成电抗与系统电抗之间的分压关系，而变得相对复杂了。两台电动机时的分析模型如图 7-31 所示。

电动机 1 承受的电压为

$$U_{M1} = (X_{M1}X_{M2}U_S + X_{M1}X_S U_{M2} - X_{M1}X_{M2}U_{M1} - X_{M1}X_S U_{M1})/(X_{M1}X_{M2} + X_{M1}X_S + X_{M2}X_S)$$

电动机 2 承受的电压为

$$U_{M2} = (X_{M1}X_{M2}U_S + X_{M2}X_S U_{M1} - X_{M1}X_{M2}U_{M2} - X_{M2}X_S U_{M2})/(X_{M1}X_{M2} + X_{M1}X_S + X_{M2}X_S)$$

注意，这是相量计算，在各电动势幅值相同时若相位不同计算结果将不同。

假设 $U_S = 1.0$，$U_{M1} = 0.8$，$U_{M2} = 0.7$，且 U_S、U_{M1}、U_{M2} 同相；$X_S : X_{M1} : X_{M2} = 1 : 2 : 3$，则

$$U_{M1} = 1.0，\quad U_{M2} = 2.1$$

显然，两台电动机承受的电压相差很大。

原因其实不复杂：单台电动机时，母线断电后，定子绕组开路，电动机反馈电动势等于母线机端电压，备用电压投入时，绕组承受的电压为系统电压与母线电压之间的压差在电动机电抗与系统电抗之间的分配。两台电动机时，由于工作电源断电后两台电动机之间并没有相互断开，定子绕组并没有开路，两台电动机的容量、特性等不同，此时很可能一台转入异

步发电机运行，另一台为异步电动机运行，两台电动机的定子、转子磁场及电动势将重新进行调整，当备用电源投入时，两台电动机均转入异步电动机运行，每台电动机承受的电压将取决于两台电动机的电抗、电动势及备用电源系统的电抗和电动势。

厂用母线上连接着的电动机很多，除了电动机外，还有变压器和其他负荷，厂用电断电及备用电源投入的过程中，各电动机承受的电压计算异常复杂，是不能简单处理的。

3）应用过程错误。对前文的计算模型进行定性分析：在厂用电系统失电后，如有电动机断开，所有电动机总的 X_M 将增大，K 值将增大，允许的 ΔU 将减少。在残压与备用电源电压角度差进入 $\varphi > 180°$ 的区间后，部分辅机可能被切除，这意味着按失电前等效阻抗计算出的安全区域已经变得不安全了。

综上所述，所谓实时捕捉电动机耐受 ΔU 点的办法是缺乏理论基础的，如冒然在实际工程中应用，是完全不负责任的。

关于这个问题，相关的规程其实早已有明示，《电力工程电气设计手册　电气二次部分》中第二十二章"发电厂和变电站的自动装置"中有明确规定："在厂用母线上接有电动机，它们的特性可能有较大的差异，合成的母线残压特性曲线与分类的电动机的相角和残压曲线之间的差异较大。因此，按母线残压为基准来确定所有电动机是否危险是不严格的，最完善的方法是按每台电动机的技术参数和特性来计算或试验确定，这种计算很复杂，美国 EBASCO 公司提供的计算机程序《感应电动机母线切换》可供参考"。

基于以上原因，国内外快切生产厂家都采用相对可靠的、符合工程实际要求的厂用电源切换安全控制办法。在快速切换阶段，以最严酷的情况，即取 $K = 1$、电动机承受的电压不超过额定电压为原则，安全差压 $\Delta U \leqslant U_{De}$，由于实现快速切换时电动机断电时间很短（一般不超过 4~5 个周波），母线电压下降不大，$\Delta U \leqslant U_{De}$ 的条件可以用更直观的方法来表示，即母线电压与备用电压间相位差不超过 60°。对于同期捕捉切换，当然也可以 –60° 作为目标合闸点，但综合考虑下来，0° 合闸点更合适些，因为一方面这一阶段母线的频率已有一定程度的下降，工作电压与备用电压的角差变化得较快，–60° 时刻与 0° 时刻相差时间很小，对电动机自启动影响不大，但另一方面，0° 时压差要比 60° 时小许多，合闸冲击要小得多。采用这种方案的有 SIEMENS AUE 型快切、ABB PARAMID 快切、ABB SUE3000 型快切等。

（4）关于励磁涌流的抑制对策。励磁涌流是指当变压器空载合闸、外部短路切除后电压突然恢复或两台变压器一台在运行，另一台投入并列（称共振励磁涌流）等情况下，引起的变压器暂态电流激增，前两种情况下，励磁涌流的大小有时可以和短路电流相比拟。

电力系统中经常因操作引起突发性的涌流，例如空投变压器、空投电抗器、空投电容器、空投长距离输电线路，归纳起来，涌流实质上是在储能元件（电感或电容）上突然加压引发暂态过程的物理现象，涌流是电力系统运行中经常遇到且危害甚大的强干扰。数十年来人们为此付出了极大的精力，但并未能彻底解决，特别是空投变压器或电抗器时的励磁涌流，一直是采取"躲"的策略，即在励磁涌流已经出现的前提下，用物理和数学方法进行特征识别，以防止励磁涌流导致继电保护装置误动，而励磁涌流引起的其他危害则只能任其肆虐。

近年来，多家专业技术厂家从"抑制"励磁涌流的基点出发，设计了新型的涌流抑制器，其对电感性涌流和电容性涌流都能有效抑制。

抑制器的重要特点是对励磁涌流采取的策略不是"躲避"，而是"抑制"。理论及实践证明，励磁涌流是可以抑制乃至消灭的，因产生励磁涌流的根源是在变压器任一侧绕组感受到外施电压骤增时，基于磁链守恒定理，该绕组在磁路中将产生单极性的偏磁以抵制磁链突变，如偏磁极性恰好和变压器原来的剩磁极性相同时，就可能因偏磁与剩磁和稳态磁通叠加而导致磁路饱和，从而大幅度降低变压器绕组的励磁电抗，进而诱发数值可观的励磁涌流。由于偏磁的极性及数值是可以通过选择外施电压合闸相位角进行控制的，因此，如果能掌握变压器上次断电时磁路中的剩磁极性，就完全可以通过控制变压器空投时电源电压的合闸相位角，实现让偏磁与剩磁极性相反，从而消除产生励磁涌流的土壤—磁路饱和，实现对励磁涌流的抑制。

长期以来，人们认为无法测量变压器的剩磁极性及数值，因而不得不放弃利用偏磁与剩磁相克的想法，从而在应对励磁涌流的策略上出现了两条并不十分奏效的道路，一条路是通过控制变压器空投电源时的电压合闸相位角，使其不产生偏磁，从而避免空投电源时磁路出现饱和；另一条路是利用物理的或数学的方法针对励磁涌流的特征进行识别，以期在变压器空投电源时闭锁继电保护装置，即前述"躲避"的策略。这两条路都有其致命的问题，因捕捉不产生偏磁的电源电压合闸角只有两个，即正弦电压的两个峰值点（90°和270°），如果偏离了这两点，偏磁就会出现，这就要求控制合闸环节的所有机构（包括断路器）要有精确、稳定的动作时间，如动作时间漂移 1ms，合闸相位角就将产生 18°的误差（对频率为 50Hz 而言）。此外，由于三相电压的峰值并不是同时到来，而是相互相差 120°，为了完全消除三相励磁涌流，必须使断路器三相分时分相合闸才能实现，而当前的电力操作规程禁止这种会导致非全相运行恶果的分时分相操作，何况大量 110kV 及以下电压的断路器在结构上根本无法分相操作。

用物理和数学方法识别励磁涌流的难度相当大，因为励磁涌流的特征与很多因素有关，例如合闸相位角、变压器的电磁参数等。大量学者和工程技术人员通过几十年的不懈努力仍不能找到有效的方法，因其具有很高的难度，也就是说"躲避"的策略困难重重，这一策略的另一致命弱点是容忍励磁涌流出现，它对电网的污染及电器设备的破坏性依旧存在。加之为了求解涌流识别数学方程，不得不使继电保护动作延时加长、动作定值提高，加剧了对变压器的危害。

大量的实验研究表明，变压器空载上电时，产生的总磁通由剩磁、偏磁（暂态磁通）及稳态磁通三者组成。在偏磁的情况下，如剩磁为正，则总磁通曲线向上平移，即磁路更易饱和，励磁涌流幅值会更大。如剩磁为负，则励磁涌流将被抑制。随着偏磁 Φ_p 的衰减，总磁通 Φ 将逐步与稳态磁通 Φ_s 重合，变压器进入稳态运行。

图 7-32 所示是铁磁材料的磁滞回线，它描述在磁路的励磁线圈上施加交流电压时，磁势 H 也相应地从 $-H_c$ 到 H_c 之间变化，由 H 产生的磁通 Φ（或磁通密度 $B=\Phi/S$）将在磁滞回线上作相应的变化。如果 H 在回线上的某点突然电流 I 减到零，则 B 将随即落到对应 B 轴的某点上，该点所对应的 B 值即为剩磁

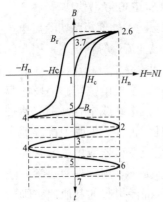

图 7-32　铁磁材料的磁滞回线

B_r。可以看出，剩磁的数值和极性与切断励磁电流的相位角有关，如果在 $B=f(H)$ 曲线第Ⅰ、Ⅱ象限切断励磁电流（即 $H=0$）则剩磁为正或零，在Ⅲ、Ⅳ象限切断励磁电流，则剩

磁为负或零。

变压器在正常带电工作时磁路不饱和，磁路中的主磁通波形与外施电源电压的波形基本相同，即是正弦波。磁路中的磁通滞后电源电压 90°，因此可以通过监测电源电压波形实现对磁通波形的监测，进而获取在电源电压断电时剩磁的极性。变压器空投上电时产生的偏磁 Φ_p 也一样，因偏磁的存在，电源电压上电时的初相角 α 在 II、III 象限区间内产生的偏磁极性为负，而初相角 α 在 I、IV 象限区间内产生的偏磁极性为正。显然，剩磁极性可知，偏磁极性可控，只要空投电源时使偏磁与剩磁极性相反，再与稳态磁通 Φ_s 共同作用，涌流即受到抑制。

由此可知，抑制励磁涌流只要偏磁和剩磁极性相反即可，并不要求完全抵消，因而当合闸角相对前次分闸角有较大偏差时，只要偏磁不与剩磁相加，磁路一般就不会饱和，这就大大降低了对断路器操作机构动作时间的精度要求，为这一技术的实用化奠定了基础。有时磁路的剩磁可能很小，甚至接近于零，这样就不可能出现磁路饱和（因仅仅只有偏磁作用不足以导致磁路饱和）。根据分闸角 α' 选择合适的合闸角 α，使合闸瞬间的偏磁 Φ_p 与原来磁路中的剩磁 Φ_r 极性相反，并不是寄希望于这两个磁通相抵消使磁路不致饱和。而是当 Φ_p 与 Φ_r 极性相反时，稳态磁通 Φ_s 的加入必将使合成磁通不越出饱和磁通值，从而实现对励磁涌流的抑制。

图 7-33 所示为选录了四条变压器励磁涌流实测 I_{inr} 与分闸角 α' 和合闸角 α 的关系曲线，可以看到，在合闸角 α 为 90° 或 270° 时，空投变压器的励磁涌流与变压器的前次分闸角无关，且都为零。原因在于变压器初级电压过峰值时上电不产生偏磁，不论变压器原来是否有剩磁都不会使磁路饱和。当然，如果使用三相联动断路器是不可能做到三相的偏磁都为零；而当合闸角 α 为 0° 或 180° 时则空投变压器的励磁涌流与前次分闸角 α' 密切相

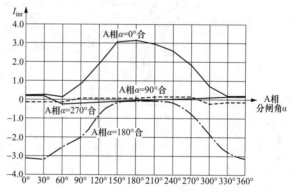

图 7-33　分闸角 α' 与合闸角 α 对励磁涌流影响的实录曲线

关，当 α 与 α' 相近（大约相差在 ±60° 内）时励磁涌流被抑制，此后 α 与 α' 偏离越大，励磁涌流也越大，由此可知，如断路器的合闸时间漂移在 ±3ms 内对涌流的抑制基本无影响。当今的真空断路器和 SF$_6$ 断路器的分、合闸时间漂移都在 1ms 之内，完全可以精确实现对励磁涌流的抑制。

用偏磁与剩磁互克（或反向）的方法实现对励磁涌流的最大限度抑制，并不要求偏磁与剩磁完全抵消，只要它们极性相反即可，这也正是为什么可以在合闸角对分闸角偏差在 ±60° 范围内漂移时，都能很好地实现对励磁涌流的良好抑制，对断路器合闸时间的变化有良好的兼容性。

应该指出，变压器断电后留在三相磁路中的剩磁在正常情况下是不会衰减消失的，更不会改变极性。只有在变压器铁芯受到高于材料居里点的高温作用后剩磁才会衰减或消失，但一般的电站现场不会出现这种情况；另外，剩磁消失是件好事，它降低了引起磁路饱和的概率，也降低了磁路的饱和度。此外，考虑到断路器的主触头在合闸和分闸过程中均会出现预

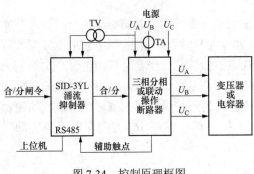

图 7-34 控制原理框图

击穿和拉弧现象，因此在确定分闸角和合闸角时要做一定的修正补偿。

以深圳智能公司生产的 SID-3YL 型涌流抑制器为例，介绍几种典型的应用示例。

涌流抑制器与断路器连接的原理框图如图 7-34 所示。

涌流抑制器接入被控电路的电流及电压信号，获取三相电源电压的分闸角和合闸角。断路器的分、合闸命令经由涌流抑制器发送给断路器的分、合闸控制回路。涌流抑制器的典型应用方式有以下四种，如图 7-35～图 7-38 所示。

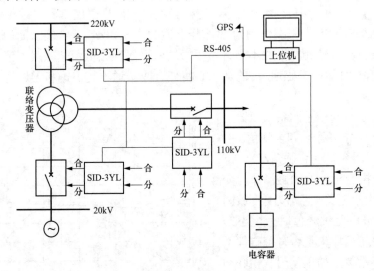

图 7-35 系统联络变压器的涌流抑制器配置图

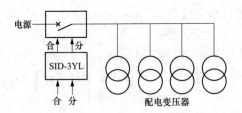

图 7-36 多台变压器共用一个断路器的涌流抑制器配置图

涌流抑制器应安装在变压器或电容器的电源侧的断路器分、合闸控制回路中，对端无电源的馈线断路器则不需要安装；输入的合控制或分控制信号可来自于手动、自动装置或继电保护装置，输出直接控制断路器的合闸与分闸，且支持三相断路器三相联动分、合，也支持三相分相、分时分、合闸；投用涌流抑制器后，由于变压器空投时不产生励磁涌流，因此，相关运行变压器也不会产生"和应涌流"，避免了和应涌流造成的大面积停电；可根据变压器初、次级绕组接线组别的不同实现相位差修正。

电力变压器空投电压合闸相位角与前次切除电源电压相位角匹配原则，从理论及实践上都证明了在使用三相联动操作断路器时能抑制励磁涌流。同样，电力电容器空投充电电压相位角与前次切除电源电压相位角匹配原则，也能实现抑制三相联动断路器合闸时的电容器充电涌流。这一技术对根除保护误动、改善电能质量、提高运行可靠性有重要意义。同样对各种电压等级电力系统的无功补偿、远距离输电线路的串联补偿控制等也有重要意义。

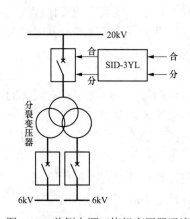

图 7-37　单侧电源三绕组变压器涌流
抑制器配置图

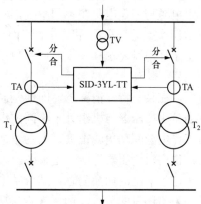

图 7-38　具有涌流抑制器功能的变压器
按负荷自动投退装置

应该指出，变压器的励磁涌流与磁路结构和绕组接线组别有关，此外，还与变压器各侧引出线是否有电容性设备有关，例如连接了电力电缆或挂接电容分压式电压互感器等，涌流抑制器在设计时都针对不同情况确立了不同控制准则，以实现对涌流最大限度的抑制。

（5）关于快速切换时间。快速切换时间主要涉及两个方面，一是断路器固有跳、合闸时间；二是快切装置本身的动作时间。

就断路器固有跳合闸时间而言，当然是越短越好，特别是备用电源断路器的固有合闸时间越短越好。从实际要求来说，固有合闸时间以不超过 3~4 个周波为好，国产真空断路器通常都能满足。若切换前工作电源与备用电源基本同相，快切装置以串联方式实现快速切换时，母线断电时间在 100ms 以内，母线反馈电压与备用电源电压间的相位差在备用电源断路器合闸瞬间一般不会超过 20°~30°，这种情况下，冲击电流、自启动电流、母线电压的降落及电动机转速的下降等因素给发电厂机炉系统的稳定运行带来的影响均不大。对断路器分合闸速度的过分要求是不必要的，因为快速切换阶段频差和相位差的变化较慢，速度提高 10ms，相位差仅减小几度，但对机构的要求却较大。

快切装置本身的固有动作时间包括其硬件固有动作时间和软件固有时间。装置硬件固有时间主要包括开关输入量、开关输出量两部分的光隔或继电器动作时间，再加上出口跳合闸继电器的动作时间等；软件固有时间指软件完成运算、逻辑判断、执行出口等指令所必需的时间。与断路器一样，过分追求快速对快切装置来说同样是不必要的，而且是有害的。从硬件来说，就目前的硬件技术而言，进一步提高速度意味着减少或取消继电器隔离环节，或有的厂家无视反措的要求，采用无物理断点的 MOSFET 继电器；从软件来说，针对断路器断流时灭弧引起的暂态电压波形畸变，必须花一定的时间进行滤波等处理；针对断路器触点抖动，必须保证一定的去抖时间以保障可靠性，省却这些时间只能使装置加快几毫秒，于切换几无影响，但对装置动作可靠性来说却是致命的。

（6）关于大功角切换问题。发电机组的备用电源与工作电源可以是同一系统，也可以是不同系统。一般在同一系统时，两者间功角为 0° 或者很小，厂用电源正常切换可以采用并联方式，即"先合后跳"，两个电源之间可以短时间并联运行，切换期间厂用母线不失电；如果备用电源与工作电源在不同系统，两者间功角一般不为 0°，当这个角度比较大时，厂用电源正常切换就无法采用并联方式，而要采用串联方式，即"先跳后合"，备用电源跳开以后再合上工作电源，这样一来，厂用母线必然有短时的失电。很显然，前者切换方式的安全性高于后者。

然而，在某些特殊情况下，即便是同系统间，备用电源与工作电源也存在较大的功角。例如启动备用变压器与机组处于不同的电压等级，且在远端连接，在有些运行方式下，备用电源与工作电源间功角就很大。大功角情况下的并联切换，必然产生环流，环流可能导致保护误动，也会对变压器造成一定损坏。

对于这种情况的切换问题，结合某电厂 5 号机组整套启动调试实践进行研究，分析并联切换时功角与环流的关系、运行方式与功角的关系，分析了串联切换的失电时间，得出了不同运行方式下的合理的切换方式。

【实例 4】

电厂共三期工程，一期（2×350MW）1、2 号机组送出为 220kV 升压站，二期（2×300MW）3、4 号机组和三期工程（2×620MW）5、6 号机组送出为 500kV 升压站。这两个升压站均经输电线（约 40km）接入河北南网，在保北变电站经联络变压器互联，所以 220kV 升压站和 500kV 升压站属于同一个系统。

5、6 号机组高压厂用电压采用 6kV，设 1 台分裂高压厂用变压器，两台机组设 1 台同容量的启动/备用变压器，启动/备用电源为取自本厂 220kV 母线，因此，高压厂用变压器低压侧与启动备用变压器低压侧也是同一个系统。电气一次接线如图 7-39 所示。

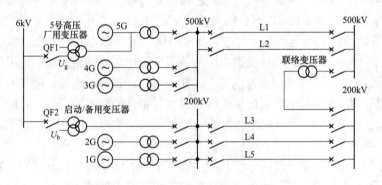

图 7-39 电厂电气一次接线示意图

由图 7-39 可见，虽然高压厂用变压器与启动/备用变压器是同一个系统，但是经过 3 个电压等级的电压转换，以及一定距离、功率的输电线路传输以后，厂用变压器低压侧电压与备用变压器低压侧电压之间已经不再是 0° 了，而是有一个功角 θ。这个 θ 角度的大小与 500kV 线路和 220kV 线路的传输功率、运行方式、电压水平都有关系，其大小为

$$P = \frac{U_{gz}U_{by}}{X_z}\sin\theta \text{ 或 } \theta = \arcsin\frac{PX_z}{U_{gz}U_{by}}$$

式中　P——L1、L2、L3、L4、L5 等效线路传输的有功功率；

　　　X_z——整个环路的电抗之和；

　　　U_{gz}——工作分支的电压；

　　　U_{by}——备用分支的电压。

不难看出，功角 θ 的取值范围为 0°～90°，P 和 X_z 越大，θ 也越大。功角最大的情况出现在各发电机满负荷运行，而若干线路停运检修的时候，即电厂和电网联系比较弱的时候。

5 号机组厂用电源切换采用的是并联手动切换。5 号机整套启动期间，正好赶上一回 500kV 线路 L2 检修，只有一条线路 L1 投运，当机组负荷超过 400MW 以后，厂用变压器低压侧电压与备用变压器低压侧电压之间角度差达到 16°，超过了 15°的切换闭锁定值，导致厂用电源无法手动切换。当 5 号机组功率达到满负荷以后，该 θ 角度最大值一度接近 18°。当检修线路 L2 投运以后，在其他条件不变的情况下，θ 角减小了 2°。为了满足并联手动切换闭锁小于 15°的要求，必须降负荷。实际试验表明，当 5 号机负荷降到约 300MW 以后，θ 角的数值可以减小到 12°。

5 号机组试运期间记录的机组功率与功率角对应关系如表 7-6 所示。

表 7-6　　　　　　　　　　机组不同负荷时的厂用电功角

各机组有功功率（MW）					功率角（°）	备注
1 号	2 号	3 号	4 号	5 号		
330	330	330	300	600	17.7	线路 L1 运行
150	150	150	150	600	16.0	线路 L1、L2 运行
330	330	300	300	300	11.8	线路 L1、L2 运行
330	330	300	300	0	6.5	线路 L1 运行

并联切换时功角、阻抗电压与环流的关系及负荷分配。厂用电源正常切换时，为了保证安全性，一般都采取并联切换方式，即"先合后跳"。这样，厂用高压变压器和启动/备用变压器将有短时的并联运行。这两个变压器并联后是否会产生环流，环流大小如何，与什么因素有关？以下就此进行分析。

理想的变压器并联运行要满足下列条件：

a. 并联连接的各变压器必须有相同的接线组别。

b. 各变压器都应有相同的变比，空载时各变压器的相应各相的二次侧电压相等且同相，因而在副绕组侧所构成的任何闭合回路中都不会产生环流。

c. 各变压器应有相等的短路电压值，在有负荷时，各变压器所分担的负荷电流才能按照它们的容量比例分配。

电厂 5 号高压厂用变压器和启动/备用变压器的组别相同，由于启动/备用变压器可以有载调压，因此两者二次侧电压也可以调整一致，但是两者短路电压不一样。虽然高压厂用变压器和启动/备用变压器容量一样，但是在并联期间，6kV 工作断路器与备用断路器的电流将不会平衡。

由于特殊运行方式下整个环路的电抗较大、无功功率比较小，并且当整个电厂，尤其是5 号机组功率较大时，厂用电源切换点两侧将会产生较大功角。在这个功角下进行 5 号高压厂用变压器和启动/备用变压器的并联切换，必然在变压器低压侧产生环流。所谓环流，指的是并联运行的变压器流过一次侧和二次侧的附加电流，该电流要产生附加损耗。如果环流较大，再加上正常工作电流，有可能使其中某一台变压器的电流超过额定值，使这台变压器绕组因过载而发热，最终导致变压器继电保护动作。并联变压器环流表达式为

$$I_{c} = \frac{\Delta E}{Z_{k1} + Z_{k2}} = \frac{\dot{U}_{by} - \dot{U}_{gz}}{Z_{k1} + Z_{k2}}$$

式中　I_{c} ——环流；

Z_{k1}、Z_{k2} ——分别为高压厂用变压器、启动/备用变压器短路阻抗；

U_{by}、U_{gz} ——分别为备用分支、工作分支的电压。

可以看出，该环流正比于压差，而压差又主要受角差影响，因此在大功角下切换，必然产生很大的环流。

还要指出，大功角下 5 号高压厂用变压器和启动/备用变压器的并联运行，还存在这两个变压器之间的功率交换，还将产生一定的附加电流，这里不再详述。

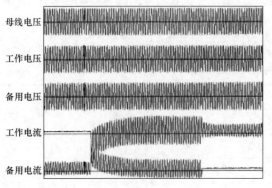

图 7-40　并联切换波形（备用切至工作）

3）并联切换试验。以上分析可见，影响两个变压器并联环流的因素较多，相互影响复杂，定量分析较难。5 号机组整套启动调试期间，在功角不大于 12°的情况下，进行了多次并联切换试验。图 7-40 是典型的试验波形，几次试验的功角与冲击电流关系如表 7-7 所示。

表 7-7　　　　　　　　　　　　　　　　　不同功角下的冲击电流

序号	功角（°）	最大冲击电流（A）		负荷电流（A）	备注
		工作分支	备用分支		
1	10.3	3550	2550	1750	工作切备用
2	10.2	3550	2600	1750	工作切备用
3	11.4	2900	1550	1750	备用切工作
4	11.4	2850	1350	1750	备用切工作

由图 7-40 可见，切换后前几个周波的冲击电流远大于负荷电流，而且波形发生畸变，偏向坐标轴的一侧。在工作分支和备用分支短时并联过程中，环流也比正常负荷电流大得多。由表 7-7 可知，最大的冲击电流幅值达到负荷电流 2 倍多。

尽管以上几次试验都很成功，切换期间厂用母线电压平稳无波动，5 号机组和启动/备

用变压器保护无误动，5 号机厂用系统无异常，说明变压器质量较好，过负荷能力强，保护系统也很可靠。但是要看到，变压器并联环流大小有随机性，有时其瞬时值相当大。虽然短时间内的该环流是允许的，但必然会对变压器造成一定的隐性损害，长期积累也不容小视。

如果环流过大，将会对变压器造成损坏，甚至导致保护误动。之前，该电厂 3 号机组正常运行带负荷 200MW 以上，厂用工作段由启动备用变压器带载，当时同期条件满足，手动快速切换 3A2 段成功，当手动快速切换 3A1 段时，切换成功后单元变压器差动保护动作。事后从变压器保护录波图上看，切换成功后瞬间冲击电流很大，3A1 段 B 相电流有畸变，出现非周期分量，导致保护误动作。

4）串联切换试验。鉴于并联切换方式导致变压器产生环流的问题，有必要考虑采取不会产生环流的串联切换方式。

串联切换也是厂用电源正常切换方式的一种，即切换装置自动跳开工作电源，经小延时同时合上备用电源。由于是"先跳后合"，厂用母线会有短时间的失压。这个时间越短，对厂用电源影响越小，但是由于断路器跳合闸时间的离散性，如果时间太短可能会导致变压器并联；这个时间如果过长，则在失电期间厂用母线电压下降，一些厂用负荷可能会跳掉。因此，串联切换的关键问题是在保证变压器不会并联的前提下，尽量减小母线失电时间。

目前 6kV 真空断路器的跳闸时间在 40ms 左右，合闸时间在 60ms 左右，跳闸时间略小于合闸时间。为了防止断路器跳合闸时间的离散性带来的误差，保证串联切换安全，在快切装置中设置串联切换延时为 0.03s。这样，理论上母线失电时间为 40ms 左右。在 5 号机组带负荷情况下，进行了厂用电源的手动串联切换，切换波形如图 7-41 所示，切换事件顺序记录如表 7-8 所示。

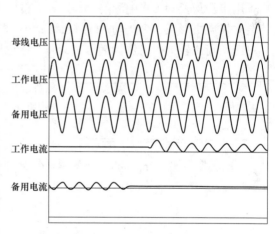

图 7-41　串联切换波形

表 7-8　　　　　　　　　　串联切换过程事件顺序记录

序号	时　　间	事件记录
1	19 时 55 分 18 秒 425 毫秒	启动切换
2	19 时 55 分 18 秒 432 毫秒	发"跳工作"脉冲
3	19 时 55 分 18 秒 459 毫秒	发"合备用"脉冲
4	19 时 55 分 18 秒 465 毫秒	工作分支断路器分位
5	19 时 55 分 18 秒 504 毫秒	备用分支断路器合位

由图 7-41 及表 7-8 可见，工作断路器跳闸到备用断路器合闸时间仅 39ms，时间极短。在此时间内，虽然母线上没有电源供电，但是由于电动机的反馈电动势存在，实际上母线电压几乎没有下降，切换期间厂用母线电压基本平稳，5 号机厂用负荷正常运行，5 号机组和启

动/备用变压器保护无误动。试验结果说明，串联切换方式可以满足正常切换的要求，串联切换延时的设置也是合理的。

需要指出的是，在某些非正常情况下，串联切换也存在切换失败的风险。例如当工作电源断路器跳闸以后，备用电源断路器因故拒合闸，将导致厂用系统失电。有的快速切换装置具备在这种情况下将已经跳开的工作断路器再次合上的功能，但即使如此，此时已经错过了快速切换的最佳时机，只能进行同期切换或者残压切换，厂用电源通常会受到影响，甚至全失。如果手动抢合工作断路器，则母线失电时间更长。这种事件出现的几率非常小，但是在5号机组厂用电源切换系统调试期间曾经发生过，也是采用串联切换时需要考虑到的一个问题。但是，并联切换方式下，如果备用断路器拒合，则切换装置不会跳工作断路器，不会发生因电源切换导致母线失电的异常情况，这是并联切换相比于串联切换的一个优点。

5）厂用电源的切换时机。为了减小并联切换期间的电流冲击，希望在小负荷、小功角的情况下及时进行厂用电源切换。因此，机组并网后厂用电源切换时机就至关重要。

一般来说，现行运行规程和启动方案都规定机组厂用电源切换应该在机组并网后带负荷25%以上进行。有一种观点认为，这是因为当厂用负荷（一般约为机组额定负荷的5%~8%）由备用电源切换到工作电源的过程，等于将厂用负荷由启动/备用变压器转移到发电机，这样将会对发电机形成一个扰动，机组负荷越小，相对扰动越大，不利于启动初期的发电机稳定。当机组负荷比较大时（例如超过25%），进行厂用电源切换对机组的扰动会相对比较小。目前的厂用电源切换也都是在机组并网后带负荷25%以上进行的。

图7-42所示是该电厂5号机组厂用电源切换过程中的发电机、主变压器、高压厂用变压器功率曲线。当厂用电源由备用电源切换到工作电源的过程中，主变压器输出功率瞬时减少了厂用负荷的数量，而发电机功率平稳无波动，即厂用电源切换后厂用负荷并没有对发电机功率产生冲击作用。实际上，规定负荷大于25%进行厂用电源切换的出发点，主要是考虑到负荷小于25%时机组运行不稳定，容易跳机。过早切换厂用电源，当机组跳机以后又要切回备用电源，导致厂用电源反复切换。

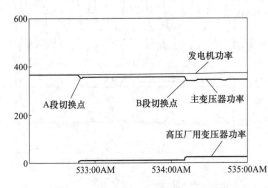

图 7-42 厂用电源切换期间功率曲线

认识到这一点，就明白负荷大于25%进行厂用电源切换的规定并不是绝对的，只要并网后机组运行平稳，随时可以进行厂用电源切换。这样一来，对于类似该电厂5号机组这种大负荷下厂用电功角过大的情况，就可以不必拘泥于"机组负荷大于25%进行厂用电源切换"的常规，可以在小负荷、小功角的情况下及时切换。

同系统间大功角下的厂用电源切换采用何种切换方式宜具体问题具体分析，并联切换和串联切换各有利弊。

从保证厂用电系统安全的角度看，并联切换优于串联切换，但大功角带来的环流问题不容忽视，从试验数据来看，并联切换的功角宜限制在10°以内。因此，应从运行方式上尽量创造适合并联切换的有利条件。事实证明，有功功率大于25%才能进行厂用电源切换是不必要的，只要机组运行平稳，任何时候都可以切换。在低有功功率时厂用电源功角小，有利于并联切换进行。

当某些特殊运行方式下，如果功角超过切换限制定值，或者无法降低到安全范围以内，可以采取串联切换厂用电源。为保证串联切换时断路器动作可靠性，平时需加强对切换断路器的检修维护。

（7）发电厂不同接线形式下高压厂用电源切换方式的选择。发电厂的厂用电源接线形式，根据高压备用电源的不同，厂用电源可分为来自同系统的厂内备用电源和来自不同系统的厂外电源；根据启动/备用变压器容量的不同，厂用电源分为100%容量备用电源和非100%容量备用电源。

来自厂内备用电源典型接线如图7-43所示。高压厂用工作电源和备用电源之间，经高压厂用变压器、主变压器和启动/备用变压器形成较小的电磁环网，两者之间相角差很小，仅1°左右，甚至为0°。

来自厂外备用电源接线如图7-44所示。高压厂用工作电源和备用电源之间，可能不属于同一电网，或者虽然在同一电网，但是之间经过若干级变压器和线路的传输，形成了一个较大的电磁环网，导致两者之间的相角很大。

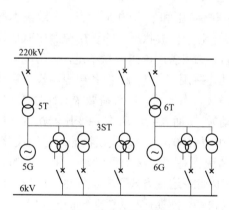

图7-43　厂内备用电源接线

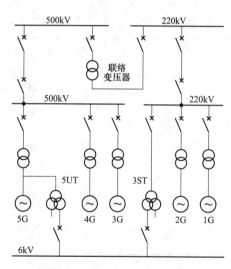

图7-44　厂外备用电源接线

厂内备用电源和厂外备用电源接线方式最根本的区别在于：对于采取并联切换时的厂用电源切换过程而言，相当于电磁环网的短时合环操作，合环时相角差的存在会导致合环点出现功率潮流。功率潮流过大，会损伤变压器，也可能导致保护动作。典型输电线路电阻与电抗相比较小，假设 $R=0$，即线路只有电抗，则电磁环网合环时功率潮流计算公式为

$$P = \frac{|U_1||U_2|}{X}\sin\delta$$

$$Q = \frac{|U_1|}{X}(|U_1| - |U_2|\cos\delta)$$

式中　U_1、U_2——分别为工作电源、备用电源电压；

δ——U_1 与 U_2 之间相角；

X——整个电磁环网的阻抗和；

P、Q——分别为有功潮流、无功潮流。

可见，对于厂内备用电源接线方式，即 $\delta=0°$，合环时有功潮流为零，只有无功潮流，大小主要取决于电压差，尽可能地减小电压差（主要方法是启动/备用变压器有载调压），即可将无功潮流降低到最小。而对于厂外备用电源接线方式，即 δ 较大时，合环时既有有功潮流，也有无功潮流。由于 δ 的存在，不可能完全消除合环时出现的功率潮流，只能利用 δ 受功率影响的特性，抓住 δ 较小的时机（即机组初并网尚未带负荷的时候）进行厂用电源切换，可最大程度减轻功率潮流对变压器的冲击。

100%容量备用电源接线方式。如图 7-43 所示，2 台 600MW 机组设置一台启动/备用变压器，按照厂用电系统设计规程，启动/备用变压器容量不应小于最大一台高压厂用工作变压器的容量。一般工程正常工作时厂用电负荷约为高压厂用变压器容量的 60%～70%，因此认为这种接线属于 100%的备用电源，实际也按 100%备用方式设置切换定值。

非 100%容量备用电源接线方式。按照设计规程，600MW 以上发电机组，高压厂用备用变压器的容量可按一台高压厂用工作变压器容量的 60%～100%选择。如图 7-45 所示，某电厂一期 4×1036MW 工程中，4 台机组仅设 1 台备用变压器做检修电源用，其容量仅等于单台高压厂用变压器容量。

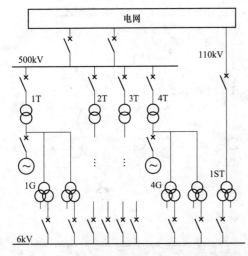

图 7-45 某电厂 4×1036MW 一次系统接线示意图

100%备用和非 100%备用方式最根本的区别在于：对于事故状态下的厂用电源串联切换过程而言，如果备用电源容量不足，有可能当机组保护动作跳闸工作电源，但备用电源投入后满足不了事故状态下的厂用负荷要求（如大电动机成组启动），从而导致启动/备用变压器跳闸的情况出现。由于 100%备用方式在设计时已经校核过，任何情况下备用电源均可满足厂用电源的负荷需求，因此，这种方式下应选择尽可能快的切换方式（快切、同期捕捉方式）。而非 100%备用方式，原则上不作为热备用电源，可以采取慢速切换（长延时、备自投）方式，待所有高压电动机失压延时跳闸后，再合备用电源，切换过程厂用系统失电时间为 5～10s。

为了避免慢速切换时的失电问题，作为改进措施，可以设计一套逻辑回路选择只启动部分厂用工作段快速切换，而闭锁其余厂用工作段切换，或者慢速切换。

1）厂内备用电源切换试验。图 7-43 所示的厂内备用电源接线方式，正常切换应该采取并联切换方式。某电厂的现场试验切换波形如图 7-46 所示。在并联过程中，母线电压平稳，负荷电流大小几乎没有明显变化。这是因为 δ 几乎为 0°，而切换前 U_2 可以通过有载调压调节尽量接近 U_1，因此这种方式下环流很小，只有几十到几百安，并联时间仅 6 个周波，是一种比较安全的正常切换方式。

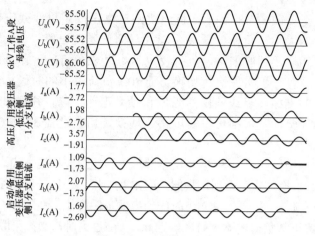

图 7-46　并联切换波形

　　也有人过于担心此环流的影响，在正常切换时采取串联切换方式，但这会导致新的问题出现：首先是串联切换有断流过程，难以保证负荷运行安全；其次，要考虑备用电源断路器拒动的风险。2009 年投产的某电厂 4 号 600MW 机组接线方式属于这种类型，投运初期，正常切换采用串联切换方式。在随后的一次手动切换中，工作电源断开后，因为备用电源断路器本体故障无法合闸，导致切换失败，母线失电。此后，该厂将正常切换改成并联切换方式。

　　那么，到底 δ 多少度才应该闭锁并联切换呢？目前通常的做法是直接给出 15° 或者 20° 作为闭锁值。至于为什么这样选择，这样的角度是否适合所有的机组，似乎很少有人深究。

　　为了合理确定闭锁角度，有必要对此进行工程上的计算。计算闭锁角度的依据，是备用变压器能够承受的最大电流，这个电流包括负荷电流和环流。将电网看做无穷大系统，由主变压器、高压厂用变压器、启动/备用变压器构成的电磁环网合环时的合环电流 I_c 可由下式计算

$$I_c = \frac{\Delta E}{\sum X} = \frac{\dot{U}_1 - \dot{U}_2}{X_1 + X_2 + X_3} = \frac{\sqrt{U_1^2 + U_2^2 - 2U_1U_2\cos\delta}}{X_1 + X_2 + X_3}$$

式中　　ΔE ——压差；

　　　　U_1、U_2 ——分别为工作、备用电源电压；

X_1、X_2、X_3 ——分别为高压厂用变压器、启动/备用变压器、主变压器短路阻抗。注意计算时要将各短路阻抗折算到 6.3kV 的等效阻抗。

　　海门电厂 3 号机组按照上式计算，在 δ=11° 时 I_c 的理论值为 2859A，实际进行厂用电源并联切换波形如图 7-47 所示，实测环流稳态值约 2500A，亦即上式反映出 δ 与合环电流 I_c 的关系基本与实际相符。又因为启动/备用变压器保护电流大小是已知的，即可确定出容许的环流大小，然后根据上式即可求出快切闭锁角度 δ。

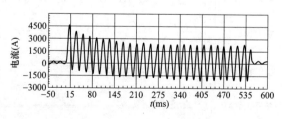

图 7-47　海门电厂并联切换波形图

　　厂内备用电源接线方式中，对于事故切换采用串联切换方式，可投入快速切换、同期捕捉、残压切换、长延时切换四种方式。

事故状态下切换波形如图 7-48 所示，机组跳闸后高压厂用母线残压变化较为复杂，与该段母线所带负荷的大小、负荷性质关系较大，即便是同一段母线，不同负荷下跳闸，残压衰减过程也不相同。一般来讲，负荷较大且电动机负荷所占比重较大的情况下，母线残压衰减越慢，越有利于实现快速切换。而母线负荷很小的时候机组跳闸，由于缺乏电动机反馈电动势的支撑，母线残压的幅值和频率迅速下降，往往难以进行快速切换。根据多个电厂实际经验，基本都可以实现快速切换，切换过程 30～100ms，厂用负荷一般不会跳闸。

2）厂外备用电源切换试验。图 7-44 所示的厂外备用电源接线方式，正常切换在角度允许的情况下采取并联切换方式，否则，只能采取串联切换。切换过程母线电压平稳，但合环电流较大，为负荷电流 2～3 倍。与 δ=0°时的切换波形图相比，在工作电源和备用电源短时并联过程中，环流比正常负荷电流大得多。因此，当 δ 过大时，必须采取降低机组负荷的办法来减小 δ，使其在允许范围内才能并联切换。

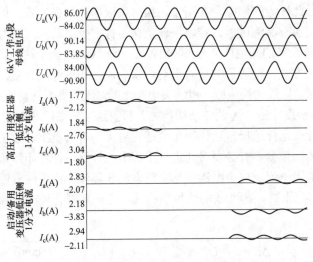

图 7-48 某电厂事故切换波形

如果环流过大，将会对变压器造成损坏，甚至导致保护误动。例如前文所述的电厂 3 号机带 200MW 负荷运行，手动切换 3A2 厂用电段成功。当手动切换 3A1 段时，切换成功后变压器差动保护动作。事后从变压器保护录波图上看到切换后瞬间冲击电流很大，3A1 段 B 相电流有畸变，出现非周期分量，导致保护误动作。

如果机组小负荷时的 δ 角度已经大于 20°，则必须考虑串联切换方式。前文所述的电厂 5 号机组带负荷串联切换试验波形如图 7-49 所示，切换过程仅断流 39ms，母线电压基本没有下降，负

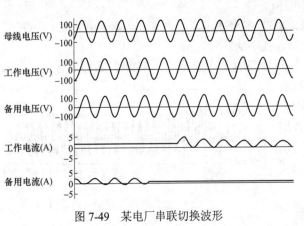

图 7-49 某电厂串联切换波形

荷运行正常。

串联切换风险大于并联切换，但由于目前快速切换装置性能的提高，即使在较大的角度下，采取串联切换的成功率也是很高的。有统计资料显示，即使在大于 60°，甚至 170°的相角差下，也能多次切换成功，除了个别情况是快速切换以外，大部分情况下也可以实现同期捕捉切换。

3）非 100%备用电源切换。图 7-45 所示的非 100%备用电源接线方式，按照设计规程，对于发电机出口装设断路器的主接线方式，厂用电源由主变压器倒送，可靠性极高，不考虑事故情况下的 100%备用，因此 4 台机组仅设 1 台备用变压器，作为安全停机和检修用。这种情况下，由于备用变压器满足不了机组 100%的厂用电负荷，所以不能设厂用电源快速切换方式，而必须采用慢速切换（备自投）的方式。特别要注意的是，慢切的延时一定要与高压电动机失压跳闸延时相配合，以防过早投入备用电源引起高压电动机群自启动导致备用变压器过负荷跳闸。

例如，我国南方某电厂主接线与图 7-45 所示的接线方式相似，某日，该厂 1 号 1000MW机组带负荷运行中主变压器差动保护、重瓦斯保护动作跳闸，机组停机。6kV 厂用电源切换装置动作后，由于备用电源投入时间太短，高压电动机失电压保护尚未动作，电动机成批自启动，导致启动/备用变压器 B 分支过电流跳闸，6kV 厂用母线失电。还因为其他原因，柴油发电机组投入后跳闸、顶轴油泵和盘车因失电未能联起，导致保安段失电，机组惰走 15min，后检查该机组大轴抱死，损失惨重。

作为对非 100%备用电源接线只能采用慢速切换方式的改进，有的电厂对多台机组共用一台启动/备用变压器的快切回路进行了改造，以启动/备用变压器不过载情况下能够实现厂用电源的快速切换。例如，杨柳青电厂 4 台 300MW 机组共用一台启动/备用变压器，其容量仅能满足一台机组的 100%备用，该厂在每台机组的快切启动回路中加入一个中间继电器，当任何一台机组厂用电源切换后，即闭锁其余 3 台机组厂用电源切换。经过这样改进后，在单台机组事故跳闸情况下，可以实现 100%备用电源快速切换；即使在 4 台机组同时跳闸的最严重故障下，也可至少保证一台机组的厂用电源能够切换，极大地提高了机组安全性。

4）两台 600MW 机组共用一台启动/备用变压器的切换问题。两台 600MW 机组共用一台启动/备用变压器，容量不小于最大的一台高压厂用变压器容量，这是目前国内常见的一种主接线配置。一般厂用电源切换装置也都按 100%备用方式设置，依次投入快切、同捕、残压和长延时方式，事故状态下哪种方式能够切换均可，似乎并无不妥。但如果两台机组满负荷同时跳闸，启动/备用变压器的容量是否满足此时两台机组的 100%事故备用，目前有关规程未明确说明，也还未见设计计算资料对此有过考虑。

为了保障极端工况下的机组安全。2009 年 11 月，铜川电厂专门核算了各种工况下厂用电源快速切换和慢速切换时的厂用母线的电压水平。该厂主接线类似图 7-45，发电机功率600MW，启动/备用变压器容量 63/35-35MVA；厂用工作变压器容量：50/31.5-31.5MVA；厂用公用变压器容量 31.5MVA。计算结论如下：

a．根据厂用各段容量计算：启动/备用变压器的容量只可作为任一台工作变压器故障情况下的备用，或满足一台机组负荷的启动容量。

b．根据启动/备用变压器切换时厂用母线电压计算：如工作变压器与公用变压器都选用快切方式时，当快切不成功转为慢切时，厂用母线电压最低为 40V，可能导致厂用电源切换失败而全部失电。

从以上两点可看出，启动/备用变压器从容量上设计余量过小，因此切换方式优先选择保障厂用工作变压器负荷，设置工作变压器为快切方式，公用变压器为慢切方式。

因此，按照目前设计规程设计的两台 600MW 机组共用一台启动/备用变压器的方式作为100%备用是有问题的，不能将全部厂用电源都设为快速切换方式。

5）同时切换方式搭接时间问题。对于厂外备用电源接线方式，正常切换时 $\delta > 20°$，为了减少母线断流时间，还可以采用同时切换方式。这种方式国内应用较少，其风险在于由于断路器合分闸时间的不确定性，有可能有短时的搭接过程，导致电流冲击。实际上，根据目前常用的 6kV 真空断路器现场实测数据，断路器分闸时间一般 40ms 左右，合闸时间 60ms 左右，亦即同时切换方式下跳闸先于合闸结束，不至于搭接。因此，同时切换方式是比较安全的，应该积极考虑正常切换时采用同时切换方式。

通过以上分析，可以得出不同接线形式下厂用电源切换方式的选择：

a. 厂内电源 100%备用接线：厂用电源正常切换应投并联切换方式；事故切换投串联方式。

b. 厂内电源非 100%备用接线：厂用电源正常切换应投并联切换方式；事故切换应投慢速切换（备自投或长延时方式），也可设置事故时厂用电源部分快速切换，部分慢速切换的逻辑回路。

c. 厂外电源 100%备用接线：要计算合环电流，确定允许正常并联切换的最大允许相角，如不允许可串联切换或同时切换，事故切换投串联方式。

d. 厂外电源非 100%备用接线：相角允许时正常并联切换，如不允许可串联切换或同时切换；事故切换应投慢速切换（备自投或长延时方式），也可设置事故时厂用系统部分快速切换，部分慢速切换的逻辑回路。

9. 调试方法和注意事项

（1）调试方法。

1）机械、外观部分检查。

a. 屏柜及装置外观的检查，是否符合本工程的设计要求；

b. 屏柜及装置的接地检查，接地是否可靠，是否符合相关设计规程；

c. 电缆屏蔽层接地检查，是否按照相关规程进行电缆屏蔽层接地，接地是否可靠；

d. 端子排的安装和分布检查，检查是否符合"六统一"的设计要求。

2）屏柜和装置上电试验。

a. 上电之前检查电源回路绝缘应满足要求，装置上电后测量直流电源正、负对地电压应平衡。

b. 逆变电源稳定性试验：直流电源电压分别为 80%、100%、115%额定电压时保护装置应工作正常。

c. 直流电源的拉合试验：给装置施加额定工作电源，进行拉合直流工作电源三次，此时装置不误动或误发动作信号。

3）软件版本及定值检查。装置上电后，检查软件版本号是否符合设计要求；检查定值单是否适用于该软件版本。

4）采样精度检查。电压采样精度检查一般在 50Hz 和 45Hz 下分别取 10%U_n、50%U_n、U_n 三个量；频率采样精度检查一般在 U_n 和 50%U_n 下分别取 45Hz、50Hz、55Hz 三个量；相位采样精度检查一般取-30°、0°、30°、180°四个量；电流精度检查一般取 10%I_n、50%I_n、I_n

（如果有电流模拟量输入）。

5）开关输入、输出量检查。一般快切装置开关输入量设有：远方启动手动切换、远方装置复归、远方闭锁装置、母线 TV 工作位置、保护启动快切、保护闭锁快切、工作进线分支断路器位置、备用进线分支断路器位置等，依次模拟上述开关输入量并在装置的开关输入量检查中确认。

一般快切装置开出量设有：跳工作进线断路器、合工作进线断路器、跳备用进线断路器、合备用进线断路器、合备用高压侧断路器、切换失败、装置闭锁、切换完成等，依次模拟上述开关输出量并用万用表在对应端子排上测量。

6）装置功能检查。

a．并联自动切换下的频差、压差、角差测试。首先满足三个条件中的任两个条件，通过改变另一个条件来测量其是否符合定值单要求。

b．快速切换下的频差、角差测试。满足其中任一个条件，通过改变另外一个条件来测量其是否符合定值单要求。

c．母线低电压测试。通过继保测试仪同时模拟工作电源和备用电源正常运行的条件，缓慢降低母线电压，直至快切装置动作，由工作电源切换至备用电源，记录下此电压值，核对是否与定值通知单一致。

d．母线残压切换测试。通过继保测试仪同时模拟工作电源和备用电源正常运行的条件，将母线低电压功能退出，降低母线电压，直至快切装置动作，由工作电源切换至备用电源，记录下此电压值，核对是否与定值通知单一致。

7）二次回路检查。根据设计院出具的图纸结合快切装置出厂的原理图，检查整个装置与 DCS 的控制和信号回路；到工作分支和备用分支的电流回路、电压回路、控制和信号回路；到厂用系统母线 TV 柜的电压回路、信号回路；到发电机-变压器组保护的二次回路等。

8）装置空载带开关整组传动。首先，做好相关安全措施后，将厂用系统的工作分支断路器合上，备用分支断路器热备用，再通过继电保护测试仪在快切装置上同时模拟工作电源和备用电源正常运行的条件，然后按照表 7-9 所示进行空载切换试验。

表 7-9　　　　　　　　　　　　空载切换实验参照表

序号	切换方向	切换方式	切换过程
1	工作到备用	手动启动串联	自动跳工作，合备用
2	工作到备用	手动启动并联半自动	自动合备用分支、手动拉工作分支
3	工作到备用	手动启动并联自动	自动合备用分支、跳工作分支
4	工作到备用	母线失压启动	自动跳工作，合备用
5	工作到备用	误动启动	自动跳工作，合备用
6	工作到备用	事故串联	先跳工作，后合备用
7	工作到备用	事故同时	跳工作，合备用
8	工作到备用	保护闭锁	不切换
9	备用到工作	手动启动串联	自动跳备用，合工作
10	备用到工作	手动启动并联半自动	自动合工作分支、手动拉备用分支
11	备用到工作	手动启动并联自动	自动合工作分支、跳备用分支

试验结束后，将厂用系统恢复至试验前状态，并恢复相关安全措施。

9）机组并网后装置带负荷切换试验。在做带负荷厂用电源切换试验前，一般要先进行工作电源与备用电源的一次系统核相工作，确认工作电源与备用电源在一次系统上没有错相情况下才能进行切换试验。但鉴于一次系统核相工作存在一定的安全风险，在厂用系统调试的初期（厂用系统倒送电工作已经完成，但机组调试工作刚刚开始的阶段）可以对备用电源和工作电源进行同电源二次系统核相，用来代替以后机组并网后的一次系统核相工作，具体做法如图 7-50 所示。

首先，拉开备用进线断路器 QF2，并将开关拖至试验位置。在图 7-50 中"×"的位置断开工作进线分支与工作变压器低压侧的连接，并做好隔离措施，待安全措施检查完成后，将工作进线分支 TV 推至工作位置，再将工作进线断路器 QF1 推至工作位置并合闸，最后将备用进线断路器 QF2 推至工作位置并合闸。待合闸正常后，进行工作电源与备用电源的同电源二次核相。通过同电源二次核相确认 TV 二次回路正确性，待机组整套启动时，通过并电源二次核相，确认一次系统接线的正确性。

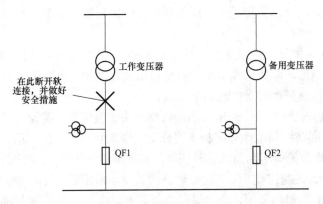

图 7-50　电源切换图

快切装置的带负荷切换试验一般选择在机组并网后负荷带至 15%时进行，如表 7-10 所示。

表 7-10　　　　　　　　　　　快速切换试验参照表

序号	切换方向	切换方式	切换过程
1	备用到工作	手动启动并联半自动	自动合工作分支、手动拉备用分支
2	工作到备用	手动启动并联半自动	自动合备用分支、手动拉工作分支
3	备用到工作	手动启动并联自动	自动合工作分支、跳备用分支
4	工作到备用	手动启动并联自动	自动合备用分支、跳工作分支
5	备用到工作	手动启动串联	自动跳备用分支、合工作分支
6	工作到备用	手动启动串联	自动跳工作分支、合备用分支
7	工作到备用	事故串联	先跳工作，后合备用

试验结束后，厂用电系统的运行方式由运行人员安排。

（2）注意事项。采用快速切换及同期判别的目的，是为了在厂用母线失去工作电源或工作电源故障时能可靠、快速地将备用电源切换至厂用母线上，而从以往快切装置反馈的信息看，往往是快切装置正确动作，而备用电源因速断或过电流保护动作而跳开，从某种意义上说，此时的切换是失败的。究其原因主要是备用电源速断及过电流保护定值整定的依据往往以躲过变压器励磁涌流及所带负荷中需自启动的电动机最大启动电流之和。根据经验，快速切换及同期判别切换一般在 0.5s 左右完成，如果切换期间母线残压衰减较快，所带负荷中的非重要辅机可能还来不及退出，如此时合上备用电源，所有辅机将一起自启动，引起启动/备用变压器过电流，其值可能超过过电流保护定值，甚至达到速断保护定值。为避免出现上述情况，在快速切换及同期判别时，分别增加了母线电压的判据（可通过控制字投退）。当母线电压小于定值时不再进行快速切换或同期判别切换，待切除部分非重要辅机后再进行残压或长延时切换，提高厂用电源切换的成功率。

由于厂用工作和启动/备用变压器的引接方式不同，它们之间往往有不同数值的阻抗，当变压器带上负荷时，两电源之间的电压将存在一定的相位差，这相位差通常称作"初始相角"。初始相角的存在，在手动并联切换时，两台变压器之间会产生环流，此环流过大时，对变压器是十分有害的，如在事故自动切换时，初始相角将增加备用电源电压与残压之间的角度，使实现快速切换更为困难。初始相角在 20°时，环流的幅值大约等于变压器的额定电流，在切换的短时内，该环流不会给变压器带来危害。因此在厂用工作与启动/备用变压器的引线可能使它们之间的夹角超过 20°时，建议采用手动串联切换方式进行。

当工作电源与备用电源引自不同的电压等级时（如工作电源为 500kV 电压系统，备用电源为 220kV 电压系统），一般不建议采用手动并联切换方式，建议使用手动串联切换方式。

10. 600MW 机组单元厂用电源切换简介（仅供参考）

在此仅以平圩电厂、北仑港电厂和石洞口第二电厂的厂用电源切换为例作些介绍。

600MW 机组大多采用发电机-变压器单元接线，厂用电系统工作电源由发电机出口引接，而发电机出口未装断路器，启动/备用变压器都从 220kV 母线或系统引接。各厂的厂用高压系统的电气接线不同，厂用电源切换方式也有所不同。

（1）平圩电厂的厂用电源切换。平圩电厂的厂用电系统工作电源与启动/备用电源之间的切换方式，采用美国的设计原则，即：由于工作电源（或厂用母线的残余电动势）与启动/备用电源之间可能出现非同期情况，故采用带有同期检定厂用母线的快速自动切换装置，并带有"慢速断电切换"作后备。据此原则，采用了美国 GE 公司生产的 SLJ21 型同期检测装置，作为厂用母线的同期快速切换及手动慢速切换。

1）自动切换（事故切换）。正常情况下，SLJ21 型同期检测装置中的两组线圈，分别接在厂用母线及启动/备用变压器的 TV 二次回路中。当工作电源与启动/备用电源之间的电动势夹角不大于 20°时，该装置将发出合闸脉冲信号去启动备用电源断路器的合闸回路。当工作电源断路器事故跳闸时，其辅助触点将接通备用电源断路器合闸回路，使备用电源快速投入，即实现快速切换。若两电源之间的电动势夹角大于 20°，SLJ21 将发出一闭锁合闸脉冲，此时，即使工作电源失去，备用电源断路器也无法合闸，只有当厂用母线残压衰减到 20%额定电压时，SLJ21 中的低电压继电器动作，才能接通备用电源断路器合闸回路，此即所谓"慢速断电切换方式"。

由于启动/备用电源断路器采用的是西门子真空断路器，其合闸时间仅为 5 个周波，而启动/备用电源系统正常情况下与发电机-变压器系统是联网的，即工作电源电动势与启动/备用电源电动势基本上是同相位的，故当工作电源失去时，厂用母线上的残余电动势（母线上接有几台大容量电动机）在 5 个周波内很少会将两电动势夹角拉开 20°，故对真空断路器实现快速切换的成功率是很高的，国内外同类型电厂已有此运行经验。

采用闭锁合闸角为 20°，是从事故快速切换和正常手动并联切换两方面考虑的。当启动/备用电源和工作电源之间的电动势夹角为 20° 时，两电源之间的电动势差大约为 0.34（标幺值）。并联切换时，这个电压将通过启动/备用变压器和厂用工作变压器绕组产生一循环电流，这个电流由于存在时间短不会产生大的影响，它不会使厂用母线上的电压下降过大，电动机暂态电流也比较小，且持续时间短。

慢速切换方式考虑母线电压降至 20% 额定电压时才切换，是因为母线残压下降到 20% 所需的时间为 1～5s。在此期间，部分电动机已被低电压保护切除，以满足部分重要电动机的自启动。另外，当母线残压下降到 20% 额定电压时，对同期相位已无要求，即使最严重的反相（180°）情况也不会对备用变压器及电动机造成危害。

2）手动切换（正常切换）。正常工况下，需将工作电源切换至启动/备用电源供电方式时，只要将工作电源断路器断开，则启动/备用电源断路器经上述同期检定后将自动投入；当发电机启动并网运行后，厂用母线供电需由启动/备用电源供电转为厂用工作电源供电，此时只需将工作电源断路器合上（经同期检定），其断路器辅助触点将自动跳开启动/备用电源断路器。在切换期间将出现两个电源短时并联运行。

（2）北仑港电厂的厂用电源切换。

1）正常切换。厂用电源的正常切换采用手动准同期方式，用于发电机组正常启动或停机过程中，中压厂用母线供电从启动/备用变压器切换到厂用工作变压器或由厂用工作变压器切换到启动/备用变压器的正常切换操作。该切换采用瞬时并列法（即并联切换）。当厂用电源需从启动/备用变压器切换到由厂用工作变压器供电时，合上工作电源断路器的同期开关，利用手动同期监视表计进行同期监视，如同期条件满足，同期鉴定继电器动作，操作对应的操作开关手柄对应的工作电源断路器合上，厂用工作变压器和启动/备用变压器并列运行，手柄复位后，自动跳开对应的备用电源断路器。并列运行时间取决于操作手柄复位时间，如并列运行超过 1～2s，会发出指令，令工作电源断路器跳闸。从工作电源正常切换到备用电源时，其操作与上述类似。

2）事故快速切换。对中压厂用母线的供电还设有快速切换，当发电机、主变压器和厂用工作变压器保护动作出口跳中压厂用母线工作电源断路器的同时，也向中压厂用母线备用电源断路器发出合闸指令，并经快速同期检测继电器检定后，发出合闸脉冲，合上中压厂用母线备用电源断路器。这种切换属快速同时切换。

3）厂用 400V 电源切换方式。在正常运行方式下，成对的 400V 低压厂用母线分段运行，互为暗备用。为防止成对的低压厂用变压器并列运行，其中的联络断路器均与低压厂用母线进线断路器设有闭锁装置，只有在母线分段时（联络断路器处于断开状态），低压厂用母线进线断路器才能手动操作合闸或母线不分段（联络断路器处于合闸状态），一段的进线断路器断开，则另一段的进线断路器能手动操作合闸。只有在任一台进线断路器断开后，联络断路器才能合上。

对于备用电源自动投入装置，由于该厂建设划分为若干岛（相当于车间或分场）分开招标，各承包商有各自的做法。汽机岛的做法为：当低压厂用变压器差动保护动作，则实现备用电源自动投入，即跳开故障变压器所在回路的母线进线断路器，并自动合上联络断路器。除灰岛的做法为：低压厂用母线联络断路器与进线断路器之间设有联锁回路，当母线的进线断路器跳闸后，使联络断路器自动合上。锅炉岛的做法为：进线断路器与联络断路器之间采用机械式钥匙联锁，只有进线断路器跳闸后，才允许合联络断路器，没有备用电源自动投入的功能。该厂低压厂用变压器的高、低压断路器均设有联锁装置，即只有在高压侧断路器合闸后，才允许低压侧断路器合闸，高压侧断路器跳闸后联跳低压侧断路器。在具体做法上，各母线段有各自的方案，汽机岛、锅炉岛、煤岛采用断路器辅助触点联锁，除灰岛则采用无电压检定联锁。

（3）石洞口第二电厂的厂用电源切换方式。

1）6kV厂用电源的正常切换（手动切换）。厂用高压6kV的工作电源与启动/备用电源，正常切换（开机或停机）时，采用经同步检定的手动短时并联切换法，需手动操作同期开关和控制开关，切换回路中未设置电源断路器合上后联跳工作电源断路器的回路。因此，要求手动合闸备用电源断路器后，应立即手动跳开工作电源断路器，两电源并联时间的长短取决于这一操作。

2）6kV厂用电源的自动切换。分快速切换和慢速切换：

a. 当机组与系统并列运行时，因机组内部发生故障（包括锅炉、汽轮机、发电机、主变压器、高压厂用变压器等）由有关保护继电器或自动装置动作，跳开发电机-变压器组的500kV断路器、发电机磁场开关和6kV工作电源断路器时，快速自动合上厂用母线的备用进线断路器，将厂用母线切换至备用电源供电，母线失电时间约为60ms。

b. 机组联锁设有快速切换（FAST CUT BACK）回路，当系统发生故障，保护动作切除发电机-变压器组500kV的两只断路器，但发电机磁场开关和其他母线工作电源断路器（母线进线断路器）仍然处于合闸位置，机组转入仅带厂用负荷运行，以实现系统故障消除后迅速恢复对系统供电。在此情况下，如果因某种内部故障或快速削减厂用负荷失灵，引起机组保护出口跳闸（包括跳开厂用母线的进线断路器），则启动厂用电源切换。若系统故障，发电机-变压器组500kV断路器跳闸至6kV母线进线断路器跳闸的时间小于0.5s，则启动"快速切换"；若上述过程时间大于等于0.5s，则闭锁快速切换回路，启动"慢速切换"回路，作为后备切换。该厂的"慢速切换"定为6kV母线残压下降至额定电压的30%以下时才启动。

快速切换的启动回路，是用厂用母线工作电源断路器（即厂用工作变压器低压侧至6kV母线的断路器，也称其为厂用进线断路器）快速转换的常闭辅助触点来启动备用电源断路器的合闸，这是"快速断电切换"方式。其优点是：①当发电机与系统并联运行时，由于机组内部故障或由于其他原因使工作电源断路器跳闸时，均能简单、可靠、迅速地合上备用电源断路器；②备用电源断路器的合闸必须在厂用电源断路器断开后才可进行，避免了带故障合上备用电源断路器，也就避免了两个不同电源的并列运行。

快速切换过程中母线失电时间约60ms。6kV厂用母线厂用进线断路器及备用进线断路器均采用具有高速、高能操动机构的VCP-W型真空断路器。根据制造厂提供断路器主触头的断开时间、断路器辅助动断触点的返回时间、备用电源断路器主触头的合闸时间等，如图7-51所示。

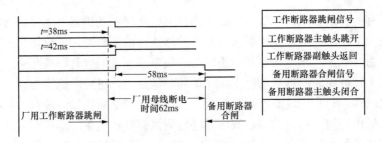

图 7-51 快速断电切换母线失电时间分析

快速切换不经同期闭锁，亦未设滑差闭锁。其考虑是：①采用快速切换，母线失电时间仅 60ms 左右，电动机转速下降不多，滑差较小；②因母线失电时间极短，母线残压与原系统电压相角差不可能拉开较大角度；③经计算，在极端情况下，工作电源与启动/备用电源之间的最大相角差不大于 14°（切换时的初始相角可能的最大值）。

由于快速切换未经同期闭锁，可简化切换回路，提高切换的可靠性，但必须排除非同期下误投切的可能性。

3）400V 厂用电源的切换。主要的厂用 400V 母线均采用两段母线供电，当任一段母线失电后，可手动遥控或就地合上联络断路器，没有装设备用电源自动投入装置。

4）保安母线供电电源的切换。保安母线接有确保机组安全的重要负荷，它有三个供电电源，按一定的顺序自动切换，以确保重要负荷的连续供电。

四、备用电源自动投入装置

备用电源自动投入，顾名思义就是一种工作电源故障后，自动投入备用电源的微机装置，其工作原理是根据工作电源故障后，母线失电压、电源无电流的特征，以及备用电源有电的情况下，自动投入备用电源。

备用电源自动投入主要有桥备自投、分段备自投、母联备自投、线路备自投、变压器备自投等几种型式。在此主要介绍一下常见的母联备自投。

母联自投保护的工作原理为：正常情况下，两路电源进线均投入，母联断路器分开，处于分段运行状态。当检测到其中一路进线失电压且无电流，而对侧进线有电压、有电流时，则断开失电压侧进线断路器，合入母联断路器，另一路进线断路器不动作。

母线电压等级不同，备用电源自动投入的逻辑也有所不同：低压备自投一般采用三合二逻辑+延时继电器；中压备自投一般采用检电压+断路器位置状态；高压备自投一般采用检电压+检电流+断路器位置状态。

（一）备用电源自动投入装置功能及性能要求

（1）在下列情况下，应装设备用电源自动投入装置（以下简称备自投装置）：

1）具有备用电源的发电厂厂用电源和变电站站用电源；

2）由双路电源供电，其中一路电源经常断开作为备用的电源；

3）降压变电站内有备用变压器或有互为备用的电源；

4）有备用机组的某些重要辅机。

（2）备自投装置的功能要求：

1）应保证在工作电源及其进线设备断开后，才能投入备用电源或备用电源设备。备用电源和设备的断路器合闸部分应由供电元件受电侧断路器的动断辅助触点启动。

2）工作电源或电源设备上的电压，不论何种原因消失，除有闭锁备自投动作条件外，备自投装置均应动作，自动投入备用电源。备用电源自动投入装置应有独立的低电压启动部分。

3）当主电源失电时，备自投装置应保证只动作一次，需要在相应的充电条件满足后才能允许下一次动作。控制备用电源或设备断路器的合闸脉冲，使之只动作一次。

4）当一个备用电源同时作为几个工作电源的备用时，如备用电源已代替一个工作电源后，另一个工作电源又被断开，必要时，备自投装置仍能动作。

5）有两个备用电源的情况下，当两个备用电源为两个彼此独立的备用系统时，应装设各自独立的备自投装置；当任一备用电源能作为全厂各工作电源的备用时，备自投装置应使任一备用电源能对全厂各工作电源实行自动投入。

6）备自投装置在条件可能时，宜采用带有检定同步的快速切换方式，并采用带有母线残压闭锁的慢速切换方式及长延时切换方式作为后备；条件不允许时，可仅采用带有母线残压闭锁的慢速切换方式及长延时切换方式。

7）当厂用母线速动保护动作、工作电源分支保护动作或工作电源由手动或分散控制系统（DCS）跳闸时，应闭锁备用电源自动投入装备。

8）若备用电源有电压判断作为备自投的充电条件之一，当备用电源失电压时必须延时放电。

9）备自投装置应具有防止过负荷和电动机自启动所引起误动作的闭锁措施，具有电源自动投于故障母线或故障设备的保护措施。需要校验备用电源的过负荷和电动机自启动情况。

10）备自投装置动作时间以使负荷的停电时间尽可能短为原则；当工作母线和备用母线同时失去电压时，备自投装置不应启动；当备用电源投于故障时，应使其保护加速动作。

（3）备自投的启动方式有：

1）工作母线无电压且主供电源无电流；

2）主供电源断路器分位且无电流。

（4）备自投充电（备自投开放）宜同时满足以下条件：

1）备自投功能投入；

2）主供电源断路器合位，备用电源断路器分位；

3）主供电源断路器对应母线有电压；

4）无外部闭锁条件。

（5）备自投满足以下任一条件时均应放电（备自投闭锁）：

1）备自投功能退出；

2）备自投动作后；

3）外部触点闭锁备自投开入；

4）人工切除主供电源；

5）备用电源断路器合上后放电；

6）备自投跳主供电源断路器后，跳闸失败放电；

7）备自投投入"检查备用电源有电压"功能时，若备用电源失电压须经延时放电。

（6）备自投装置的其他要求。

1）具备断路器位置异常识别功能，在判断出断路器位置异常时应延时放电；

2）当电压互感器二次回路断线时，备自投应发出 TV 断线信号；

213

3）应设置闭锁备自投的开入接口，用于与保护或自动装置配合；

4）应取断路器自身的位置辅助触点（不取位置继电器的触点）；开关量状态值应采用正逻辑，状态值为"1"表示为肯定，状态值为"0"表示为否定；

5）备自投动作失败，应发出相应的告警信号并放电；

6）装置应配有硬、软件监视功能，自动监视硬、软件工作状态。对发现的异常、故障，自动采取告警、自复位、闭锁重要控制回路等措施，并记录发现的异常故障信息；

7）装置的动作指示信号，在直流电源恢复正常后，应能重新显示；

8）装置的各种重要记录信息，包括动作事件信息及事故录波，在失去直流电源的情况下不应丢失；

9）装置应能可靠记录动作的相关信息，如动作时输入的模拟量和开关量、输出开关量、动作元件、动作时间等，并具有存储不少于 8 次故障录波数据的功能。故障录波数据应按 GB/T 22386 规定的格式输出；

10）备自投装置若含有保护功能，应遵循相关继电保护标准的规定。

现场应用时应注意：应校核备用电源或备用电源设备自动投入时过负荷及电动机自启动情况，如过负荷超过允许限度或不能保证自启动时，应有备自投装置动作时自动减负荷的措施。当备自投装置动作，使备用电源或备用电源设备投于故障时，应有保护加速跳闸。

（二）低压厂用变压器备用电源自动投入装置的原理与整定

根据不同的一次系统接线方式，低压厂用备用电源自动投入装置分为以下几种：①公共专用低压备用厂用变压器明备用电源自动投入装置；②低压厂用变压器互为备用时，联络断路器暗备用电源自动投入装置；③保安电源多路备用电源自动投入装置及重要线路故障时电源自动切换装置。

1. 公共专用低压备用厂用变压器明备用电源自动投入装置

公共专用低压备用厂用变压器明备用电源自动投入一次系统接线，如图 7-52 所示。

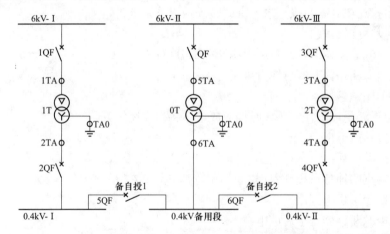

图 7-52　公共专用低压备用厂用变压器明备用电源自动投入一次接线图

1T、2T—工作低压厂用变压器；0T—备用低压厂用变压器

1T、2T 正常同时运行，其中任何一工作厂用变压器故障，或低压进线断路器 2QF（或4QF）任何原因断开，备用电源自动投入装置自动合 5QF（或 6QF），失电段由备用低压厂用

变压器供电。

（1）公共专用低压备用厂用变压器备用电源自动投入装置动作判据。

1）备用电源自动投入允许（准备）条件：①低压厂用变压器高、低压断路器1QF、2QF在合位；②低压断路器5QF在分位；③工作母线电压正常（母线电压不低于正常电压整定值）；④"备用电源电压检查"投入，备用电源电压正常（备用母线电压不低于正常电压鉴定整定值）。以上条件全部满足，提供备用电源自动投入允许条件。

2）备用电源自动投入闭锁（防止多次合闸）条件：①"备用电源电压检查"投入，当备用电源无电压（备用母线电压低于正常电压整定值），闭锁备用电源自动投入；②"手动分闸不闭锁备用电源自动投入装置投/退"投入时，断路器1QF、2QF手动分闸，闭锁备用电源自动投入装置，备用电源自动投入装置不动作（不自动合5QF）；"手动跳闸不闭锁备用电源自动投入装置投/退"退出时，断路器1QF、2QF手动分闸，不闭锁备用电源自动投入装置，备用电源自动投入装置动作（自动合5QF）；"手动跳闸不闭锁备用电源自动投入装置投/退"投入或退出时，由于保护动作跳开断路器1QF、2QF，不闭锁备用电源自动投入装置，备用电源自动投入装置动作（自动合5QF）；③断路器5QF合闸（瞬时合闸后断开），闭锁备用电源自动投入装置，保证断路器5QF合闸仅一次；④当"备用电源自动投入装置投/退"硬压板（由于外力或某种原因）接通时，闭锁备用电源自动投入装置，备用电源自动投入装置为退出状态；当"备用电源自动投入装置投/退"硬压板（由于某种原因）不通（断开）时，不闭锁备用电源自动投入装置，备用电源自动投入装置为投入状态；⑤当"备用电源自动投入装置总投/退"软压板退出时，闭锁备用电源自动投入装置，备用电源自动投入装置为退出状态；当"备用电源自动投入装置总投/退"软压板投入时，不闭锁备用电源自动投入装置，备用电源自动投入装置为投入状态；⑥断路器1QF、2QF分位继电器（或触点）异常，装置检测到2QF有电流，闭锁备用电源自动投入装置；⑦备用电源自动投入装置已发出第一次动作脉冲，闭锁备用电源自动投入装置。

3）备用电源自动投入启动条件：①"备用电源电压检查"投入，备用电源电压正常（备用母线电压不低于正常电压整定值）；②断路器2QF无电流；③工作母线无电压或1QF、2QF在分位，断路器"变位启动自投"投入。以上三个条件同时满足，即备用电源自动投入允许（准备）条件与备用电源自动投入启动条件均满足，动作断路器2QF分闸，动作备用电源断路器5QF合闸。

4）备用电源断路器5QF合闸条件。①启动备用电源自动投入装置启动；②断路器2QF分闸；③工作母线无电压。以上三个条件同时满足时，动作合备用电源断路器5QF。

5）备用电源断路器5QF合闸后，闭锁断路器5QF再次合闸。

6）公共专用低压备用厂用变压器备用电源自动投入动作过程：当工作电源正常工作、备用电源有正常电压，1QF、2QF合闸位置，5QF分闸位置，备用电源自动投入装置在准备等待状态。①此时如2QF突然分闸断开，自动合闸备用电源断路器5QF，并保证只合闸一次；②此时如1QF突然断开，联动断开2QF，自动合闸备用电源断路器5QF，并保证只合闸一次；③正常运行中，当工作母线电压消失（低于正常电压整定值），备用母线电压正常（备用母线电压不低于正常电压整定值），备用电源自投装置动作断开2QF，自动合闸备用电源断路器5QF，并保证只合闸一次；④备用电源断路器5QF合闸后，闭锁断路器5QF再次合闸。

（2）整定计算。

1）工作电源无压鉴定动作电压整定值$U_{op.set1}$

$$U_{op.set1} = (0.25 \sim 0.3)U_n$$

取相电压时：$\qquad U_{op.set1} = (0.25 \sim 0.3) \times 57.5 = 14.4 \sim 17.3(V)$

取线电压时：$\qquad U_{op.set1} = (0.25 \sim 0.3) \times 100 = 25 \sim 30(V)$

2）工作电源与备用电源有压动作电压整定值$U_{op.set2}$

$$U_{op.set2} = 0.7U_n$$

取相电压时：$\qquad U_{op.set2} = 0.7 \times 57.5 = 40.4(V)$

取线电压时：$\qquad U_{op.set2} = 0.7 \times 100 = 70(V)$

3）工作电源无压跳闸时间整定值$t_{op.set1}$：比较以下两条件取较大值：

a．按与高压侧快切动作时间$t_{op.set.qu}$配合整定，即：$t_{op.set1} = t_{op.set.qu} + \Delta t$；

b．按与相邻设备短路故障时相邻设备切除短路故障电压达到$U_{op.set1}$的保护最长动作时间$t_{op.set.max}$配合整定，即：$t_{op.set1} = t_{op.set.max} + \Delta t$；

工作电源无压跳闸时间宜大于本级线路电源侧后备保护动作时间。

4）充电时间整定值$T_{1.set}$：一般取$T_{1.set} = 15 \sim 25s$；

5）母线失压后放电时间整定值$T_{2.set}$：一般取$T_{2.set} = 15s$；

6）自动合备用电源断路器合闸时间整定值T_{h1}：一般取$T_{h1} = 0s$；

7）分合闸脉冲时间整定值T_{hzmc}：为保证可靠分、合闸，经实测断路器 2QF 分闸时间与 5QF 合闸时间计算。一般取$T_{hzmc} = 0.2 \sim 0.5s$。

2．低压厂用变压器互为备用联络断路器备用电源自动投入装置

低压厂用变压器互为备用，联络断路器暗备用电源自动投入一次系统接线如图 7-53 所示。

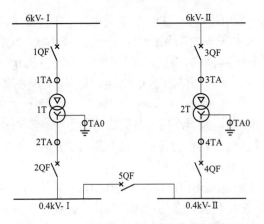

图 7-53 中，1T、2T 为工作低压厂用变压器，正常同时运行，其中任何一工作厂用变压器故障或低压进线断路器 2QF（或 4QF）任何原因断开，自动投入 5QF，失电段由另一段母线供电。

（1）低压厂用变压器互为备用联络断路器备用电源自动投入装置动作判据。

1）"备用电源自动投入装置经投入/退出"软压板投入工作状态。

2）一侧工作电源无电压。

3）另一侧为备用电源，有电压。

4）动作延时：满足上述 1）～3）条件，经延时动作断开无电压侧工作电源断路器

图 7-53　低压厂用变压器互为备用联络断路器
备用电源自动投入一次接线图

2QF（或 4QF），后不再经延时合联络断路器 5QF。

（2）暗（隐）备用电源自动投入装置整定计算。暗（隐）备用电源自动投入装置整定计算与明备用电源自动投入装置整定计算相同。

（三）备自投装置调试

（1）装置接线及插件检查。装置接线正确，各回路绝缘良好；卡件插接牢靠，元器件外观良好，焊接可靠。

（2）上电检查。断开出口压板，通入装置电源后面板显示正常、信号指示正确，测量电源板上+5V、−5V、+24V 电源均正常，记录软件版本。

（3）通道采样检查。按照设计院图纸及厂家原理图要求接线，用继电保护测试仪分别模拟各 TV 电压、装置要求的电流，查看装置显示值并记录。

（4）开入量检查。按照设计院图纸及厂家原理图用短接线在端子排上依次短接所有开入量，查看装置显示并记录。

（5）装置定值校验。

1）过量保护定值校验。首先按照保护逻辑图，使保护动作的其余条件都满足，然后按照设计院图纸及厂家原理图正确接线，设定继电保护测试仪加量初始值低于定值，给定一个合适的步长，加量，直至装置动作，记录该值。

2）欠量保护定值校验。首先按照保护逻辑图，使保护动作的其余条件都满足，然后按照设计院图纸及厂家原理图正确接线，设定继电保护测试仪加量初始值高于定值，给定一个合适的步长，加量，直至装置动作，记录该值。

（6）装置功能校验。根据保护的逻辑图，验证哪一项就使该条件先不满足，其余条件均满足；该条件不满足，保护不动作，该条件一经满足，保护动作。如此逐一验证每项条件的正确性，并做记录。

（7）开出量检查。实际模拟装置开出量所需条件，按照设计院图纸及厂家原理图用万用表在端子排上测量，若测量到信号，则装置开出量输出正确。

（四）备自投切换试验

（1）备自投切换条件。

1）有工作电源和备用电源（备投投入时属热备用状态）。

2）判断逻辑有母线电压、线路电压、线路电流、2 回开关的位置状态。

3）手拉手的备自投模式，也叫远方备自投。

（2）备自投投入条件。

1）工作电源电压低于"母线电压"定值（如 $35\%U_n$）。

2）备用电源电压高于"母线电压"定值（如 $65\%U_n$）。

3）无母线保护动作。

4）TV 投入正确。

5）联锁开关投入。

（3）母联备自投切换试验。试验操作前确认系统运行状态如下：

1）工作 1A 段进线开关在运行位置。

2）工作 1B 段进线开关在运行位置。

3）母联开关在冷备用状态。

4）检查备自投装置整定值已按正式定值通知单执行，且装置无异常报警，备自投充电已完成。

（4）母联备自投切换试验。

1）将母联断路器拉出柜外，在断路器上下端口进行一次系统核相工作，检查结果应正确。

2）将母联断路器恢复并推至试验位。

3）送上母联断路器操作电源。

4）在就地分别合、跳一次母联断路器，然后断开其操作电源。

5）将断路器推至"工作"位置，断路器操作切换开关置"远方"位置，送上断路器操作电源。

6）在 DCS 远方拉开 1A 段电源进线断路器，备自投装置自动动作，合上母联断路器，使 1A 段母线带电，确认 1A 段电源进线断路器跳闸、母联断路器合闸，且 1A 段母线在切换后无异常现象。

7）在 DCS 远方合上 1A 段电源进线断路器，拉开母联断路器。

8）在 DCS 远方拉开 1B 段电源进线断路器，备自投装置自动动作，合上母联断路器，使 1B 段母线带电，确认 1B 段电源进线断路器跳闸、母联断路器合闸，且 1B 段母线在切换后无异常现象。

9）在 DCS 远方合上 1B 段电源进线断路器，拉开母联断路器，恢复至正常运行状态。

（五）其他类型 0.4kV 备用电源自动投入装置

电动阀门电源柜、事故照明电源自动投入装置，多采用双电源自动切换装置，如 ASCO 切换开关。

（1）动作判据。

1）工作电源不正常工作切换判据：

$$\begin{cases} 工作（主）电源 U \leq U_{set1}、f \leq f_{set1} \\ 备用（副）电源 U \geq U_{set2}、f \geq f_{set2} \\ 动作延时整定值 t \geq t_{op.set} \end{cases}$$

2）工作电源恢复正常切换判据：

$$\begin{cases} 工作（主）电源 U \geq U_{set2}、f \geq f_{set2} \\ 动作延时整定值 t \geq t_{op.set} \end{cases}$$

（2）整定计算。

1）工作电源电压频率整定值：$U_{set1} = 0.85U_n$、$f_{set1} = 90\% f_n$；

2）备用电源电压频率整定值：$U_{set2} = 0.9U_n$、$f_{set2} = 95\% f_n$；

3）切换延时整定值：$t_{op.set} = 0s$；

4）工作电源恢复正常切换。当主路电源恢复正常后，经 $t_{op.set2} = 30 min$ 延时自动切至主路运行。

第三节　发电机准同期并列

一、发电机的同期并列方式

电力系统中，为提高供电的可靠性和供电质量并达到经济调度运行的目的，各发电厂内的同步发电机均连接在电网上，并按照一定的条件并列在一起运行。这种运行方式称为同步发电机并列运行。所谓并列运行条件就是系统中各发电机转子有着相同的转速、相角差不超过允许的极限值、发电机出口的折算电压近似相等。

实现并列运行的操作称为并列操作或同期操作，用以完成并列操作的装置称为同期装置。如果发电机非同期投入电力系统，会引起很大的冲击电流，不仅会危及发电机本身，甚至可能使整个电网系统的稳定受到破坏。

国内、外由于同期操作或同期装置、同期系统的问题发生非同期并列的事例屡见不鲜，其后果是严重损坏发电机的定子绕组，甚至造成大轴损坏。因而，发电机和电网的同期并列操作是电气运行较为复杂、重要的一项操作。

在电力系统中，同步发电机采用的并列方式主要有准同期方式和自同期方式两种。两种并列方式可以是手动操作的，也可以是自动的，使用条件与使用情况各不相同。但不论采取哪一种操作方式，应该共同遵循的基本要求和原则是：

（1）并列操作时，冲击电流应尽可能小，其瞬时最大值不应超过允许值（1～2倍额定电流）；

（2）发电机投入系统后，应能迅速拉入同步运行状态，其暂态过程要短，以减少对电力系统的扰动。

1. 准同期并列方式

准同期并列是将待并入系统的发电机转速升至接近同步转速后加上励磁，通过准同期装置调节待并发电机的频率、电压和相角，在满足并列条件（即电压和频率与系统相等、相位相同）时将发电机投入系统。如果在理想同期的情况下使断路器合闸，则合闸瞬间发电机定子回路的电流接近零，这样就不会产生电流或电磁力矩的冲击，这是准同期并列的最大优点。但是，在实际的并列操作中，很难实现上述理想条件，总要产生一定的电流冲击和电磁力矩冲击。一般说来，只要这些冲击不大，不超过允许范围，就不会对发电机产生危害。在并列操作时，如果两者间频率差别较大，即发电机在并列时的转速太快或太慢，则并列后会很快带上过多的正或负的有功负荷，甚至可能失去同步；如果两者间电压差别较大，则在合闸时会出现无功性质的冲击平衡电流；如果合闸时的相角差较大，则会出现有功性质的冲击平衡电流。这些情况在实际的并列操作中都是必须力求避免的。

由于准同期并列能通过调节待并发电机的频率、电压和相角，使同期合闸的三个条件得以满足，所以合闸后冲击电流很小，能很快拉入同步，对系统的扰动也最小。因此，在正常运行情况下，一般都采用准同期并列操作。

采用准同期方式时必须严格防止非同期并列，否则可能使发电机遭到破坏。如果在发电机与系统间的相位差等于180°时非同期合闸，发电机定子绕组的冲击电流将比发电机出口三相短路电流还大。造成非同期并列的主要原因有：有关同期的电路二次接线错误；同期装置动作不正确；运行人员误操作等。为防止发生上述情况，须确保同期装置及其二次电路接线正确、动作可靠（如安装或大修后的发电机同期电压回路应通过核相检查与系统的相序、相位一致），严格执行操作程序，确保操作无误。

实际操作中，准同期并列的条件为：

（1）电压条件：一般待并侧与系统侧电压差不超过5%～10%。

（2）频率条件：一般待并侧与系统侧频率差不超过0.2%～0.5%。

（3）相角条件：当以上两个条件都已被调节得符合要求时，就应在断路器两侧的电压相角重合前，提早一个导前时间给断路器发出合闸脉冲，以便在合闸瞬间，断路器两侧电压的相角恰好趋近于零，此时的冲击电流最小，通常此相角差不应超过 10°。

准同期并列方式的优点是，在满足上述条件时并列，冲击电流小，发电机能较快被拉入同步，对系统扰动小；缺点是，并列操作不准确或同期装置不可靠时，可能引起非同期并列事故。

2. 自同期并列方式

自同期并列是将未加励磁电流的同步发电机升速至接近系统频率（同步转速），在滑差角频率不超过允许值，且机组的加速度小于某一给定值的条件下，先把发电机并入系统，随即将励磁电流加到转子中去，使发电机自行投入同步。在正常情况下，经过 1～2s 后，电力系统即可将并列的发电机拉入同步。自同期并列对于相角及电压条件没有要求，且转速条件亦可放得较宽，通常允许滑差在正常时为 2%～3%，事故情况下可达 10%。

自同期并列最大特点是并列过程迅速、操作简单，不存在调节和校准电压和相角的问题，只是调节发电机的转速，易于实现操作过程的自动化，特别是在系统事故时能使发电机迅速并入系统。自同期并列的这一优点为在电力系统发生事故而出现低频率、低电压时启动备用机组创造了很好条件，这对于防止系统瓦解和事故扩大，以及较快地恢复系统的正常工作起着重要的作用。

此外，由于待并发电机在投入系统时未加励磁，故这种并列方式从根本上消除了非同期并列的可能性。但合闸时的冲击电流和电磁力矩较大，会引起系统电压、频率的短时下降。冲击电流引起的电动力可能对定子绕组绝缘和定子绕组端部产生一定影响，冲击电磁力矩也可能使机组大轴产生扭矩，引起振动。另外，自同期并列时，电网电压的降低值和恢复时间，与投入发电机的容量等因素有关，经常性使用自同期并列方式，冲击电流产生的电动力可能对发电机定子绕组绝缘和端部产生积累性变形和损坏，对定子绕组绝缘已老化或端部固定存在不良情况的发电机，更应限制自同期方式的经常使用。规程规定，在故障情况下，为加速故障处理，水轮发电机可采用自同期方式。

为减少发电机并列时对系统产生的冲击，GB/T 14285—2006《继电保护和安全自动装置技术规程》3.6.2 规定：在正常情况下，同步发电机应采用准同期并列方式，在事故情况下，中、小型水轮发电机可以采用自同期方式，100MW 以下的汽轮发电机，也可以采用自同期方式。

随着微机自动准同期装置的推广和普及，自动准同期的准确性、可靠性得到了保证，并列过程的时间也大大缩短，其快速性完全可以与自同期一较高低，故自同期并列方式使用的越来越少。

二、发电机准同期并列

准同期并列的基本要求和原则：

（1）并列操作时，发电机冲击电流应尽可能小，其瞬时最大值不应超过允许值（如 1.2 倍额定电流）；

（2）发电机投入系统后，应能迅速进入同步运行状态，其暂态过程要短，以减少对电力系统的扰动。

发电机用准同期并列的实际操作中，在合闸前应调节待并发电机电压与频率，必须满足以下四个条件，使合闸冲击电流最小，且能立即进入同步，对系统的扰动最小：

（1）相序条件。该条件通常应在发电机同期并列前已满足，当发电机新安装或大修时其电压或同期回路变动过，必须先通过电压回路核相，核对、检查、确认与电网系统的相序一致，连接同期装置的电压相别、极性正确。所以，发电机进行准同期操作主要是控制和监视后三个条件。

（2）电压条件。应使待并发电机的电压与系统电压近似相等，一般电压差不超过 5%～10%额定电压。如果两者间电压差别较大，则在合闸时会出现无功性质的冲击平衡电流。

（3）频率条件。应使待并发电机的频率与系统频率近似相等，一般频率差不超过 0.2%～0.5%额定频率（50Hz）。如果两者间频率差别较大，即发电机在并列前的转速太快或者太慢，则并列后会很快地带上过多正的或者负的有功负荷，甚至可能导致失去同步。

（4）相角条件。当上述两个条件已被调节得符合要求时，准同期装置捕捉并列用断路器合闸瞬间发电机与系统相位相同，考虑到发电机并网断路器有一固有的合闸时间，应在断路器两侧的电压相角重合前，提前一个导前时间发出合闸脉冲，以便在合闸瞬间断路器两侧电压间的相角差恰好等于零，这时的冲击电流最小，通常此相角差不宜超过 10°。如果合闸时的相角差较大，则会出现有功性质的冲击平衡电流。

同期方式有自动准同期、AVR 自动回路手动准同期、AVR 手控回路手动同期等多种并列方式，具体的并列步骤参照相应的电气运行规程，按标准操作卡执行。在并列过程中，当同步表转动太快、跳动、停滞或同步表连续运行时间超时时，均应禁止合闸。发电机并列后，有功负荷的增加速度按机组设定值执行。

自动准同期装置的特点：现代发电机早已用微机型代替了模拟型自动准同期装置，微机型自动准同期装置的特点是通过数字化计算后，动作判据和动作值均非常准确。现代微机型准同期装置可使同步合闸的导前时间做到真正恒定，这给准同期装置的整定计算带来了便捷。自动准同期装置的动作判据如下：

1）被并两侧电压差判据

$$\Delta U \leqslant \Delta U_{set}$$

2）被并两侧频率差判据

$$\Delta f \leqslant \Delta f_{set}$$

3）同步合闸恒定导前时间判据

$$t_{ah} = t_{ah.set}$$

4）同步合闸恒定导前角判据（辅助判据）

$$\delta_{ah} \leqslant \delta_{ah.set}$$

自动准同期装置需要整定的主要参数有压差、频差、合闸同期角差，现场需要实测断路器合闸时间。

a．压差ΔU。以在同步点合闸时产生的冲击电流最小为宜，同时不因两侧电压平衡要求太高而延误同步时间。根据工程经验，一般取 $\Delta U = \pm 5\% U_{gn}$（$U_{gn}$ 为发电机二次额定电压）。实际运行中，一般要求并网时待并侧电压略高于系统侧电压，以确保并网时系统的稳定性。

b．频差Δf。以在同步点合闸时不对发电机产生强烈的振荡为宜，同时不因两侧电压平衡要求太高而延误同步时间。根据工程经验，一般取$\Delta f = \pm 0.15 \sim 0.25 Hz$。实际运行中，为了避免并网时发电机出现逆功率，一般要求待并侧频率高于系统侧频率。

c．角差$\Delta\delta$。按最不利的同步条件下，限制发电机同步时产生的冲击电流不超过发电机额定电流条件计算。一般取同期合闸角$\delta=15°\sim20°$。

d．断路器合闸时间t_{set}。不能简单地以并网断路器本体合闸时间计算，应实测从同期屏发出合闸指令到同期屏接收到断路器合闸反馈（并网断路器合闸反馈触点）指令的时间。

e．同步合闸导前时间定值$t_{ah.set}$。在恒定频差时，断路器合闸于同步点，使同步时合闸冲击电流为最小。恒定导前时间等于同步装置发出合闸脉冲至断路器合闸的全部时间，即

$$t_{ah.set}=t_{on}$$

式中 t_{on}——断路器全部合闸时间。

f．恒定导前角整定值$\delta_{ah.set}$（辅助条件）。按最不利的同步条件，限制发电机同步时产生的冲击电流不超过发电机的额定电流条件计算。根据运行经验，推荐使用$\delta_{ah.set}=20°$。

g．同期装置闭锁角整定值$\delta_{atr.set}$（辅助条件）。对于大型发电机组的同期装置闭锁角，推荐使用$\delta_{atr.set}=20°$。

h．同期装置自动调频和自动调压脉冲时间整定。一般根据汽轮机的调速响应和自动励磁装置励磁电流的响应进行整定，初设自动调频脉冲时间$\Delta t_{f.set}=0.1\sim0.2s$，自动调压脉冲时间$\Delta t_{u.set}=0.1\sim0.2s$。最后在机组启动过程中根据自动调节响应和自动调节效果，在现场调试时确定。

三、准同期装置

准同期装置按同期过程的自动化，又可分为手动准同期和自动准同期。目前在大型的发电厂和变电站内一般装设手动和自动准同期装置，作为正常并列之用。

1．手动准同期

目前，发电厂广泛应用的手动准同期装置均为非周期闭锁的手动准同期装置，它由同期测量表计、同期检定继电器和相应的转换开关及按钮组成。

手动准同期的主要操作步骤：

（1）发电机升速至额定转速后，投入励磁系统。

（2）调节励磁电流使发电机电压升至额定值，将"同期投入"转换开关至"投入"，则待并侧电压和系统侧电压引入同期测量表计。

（3）将同期闭锁转换开关至"投入"，同期检定继电器启用。

（4）根据同期测量表计中显示的电压差和频率差，手动调节发电机转速和电压，使待并侧和系统侧的电压差、频率差接近于零。

（5）按下同期启动按钮，同步表开始启用。

（6）调节发电机转速，使待并侧频率略高于系统侧，待同步表的指针接近于12点的红线时，按下合闸按钮，使断路器合闸。由于发电机频率略高，故合闸后立即带上少许有功功率，利用其同步力矩将发电机拖入同步。

2．自动准同期

随着微机技术的发展，用大规模集成电路微处理器等器件构成的数字式并列装置，由于硬件简单，编程灵活，运行可靠，且技术上已日趋成熟，成为当前自动并列装置发展的主流。

微机型自动准同期装置具有高速运算和逻辑判断能力，指令周期以毫秒计，这对于发电

机频率为 50Hz、周期 20ms 的信号来说，具有充裕的时间进行相角差和滑差角频率的快速运算，并按照频差值的大小和方向、电压差值的大小和方向，确定相应的调节量，对机组进行调节，以达到较为满意的并列控制效果。微机技术的应用，提高了同期装置的技术性能和同期并列的准确性和可靠性，此外，还可以方便地应用诊断技术对装置进行自检，提高装置的维护水平。

四、同期装置在 DCS 系统中的逻辑组态

目前，大型发电厂在机组控制方面多采用了分布式控制系统（DCS），为方便运行人员更好地进行机组并列操作，除在同期装置操作机组并列外，在 DCS 系统中也设置了远方操作同期并列，且组建相关逻辑以防止误操作。

以某百万机组为例，其一次系统接线如图 7-54 所示，发电机同期并列的有 5021 断路器和 5022 断路器，其同期装置选用的型号为 WX-98F 型。

该机组同期并列在 DCS 系统中的操作画面及逻辑组态如图 7-55 所示。

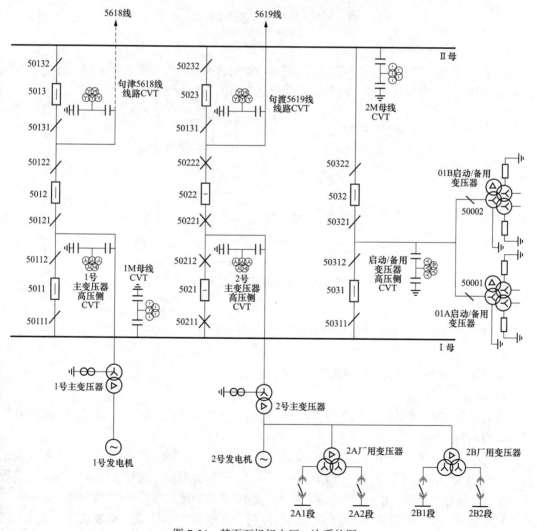

图 7-54　某百万机组电厂一次系统图

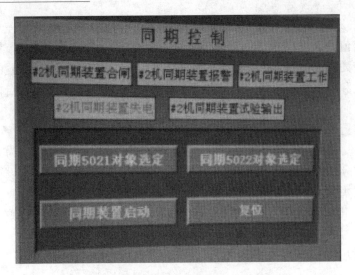

图 7-55　同期并列在 DCS 系统中的操作画面

1. 同期选择

选择 5021 为同期点或选择 5022 为同期点，同期选择的同时同期装置上电，这两个指令之间互相闭锁，输出为长脉冲。同期开关选择逻辑如图 7-56 所示。

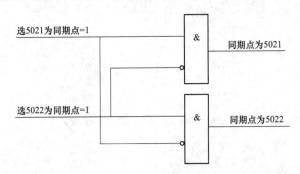

图 7-56　同期开关选择逻辑图

2. 同期允许

输出为长脉冲。同期允许信号逻辑如图 7-57 所示。

3. 同期启动

输出为 2s 脉冲。同期启动逻辑如图 7-58 所示。

4. 复位

将选择 5021 为同期点、5022 为同期点，合闸允许指令复位，输出为 2s 脉冲。同期复位逻辑如图 7-59 所示。

上述电厂的升压站采用 3/2 接线断路器方式，机组在同期并列时有两个同期并列点供选择，即 5021 断路器并列，5022 断路器并列。因此，同期并列操作选择在图 7-59 画面中设置了两个选择按钮"同期 5021 对象选定"和"同期 5022 对象选定"，且两个按钮在一次并列操作中只能选中一个。假定选中 5021 断路器为并列点，按下"同期 5021 对象选定"按钮，同期装置上电且将待并侧与系统侧电压引入同期装置，同时 DCS 系统根据预先设定的"同期允许"逻辑（如图 7-57 所示）进行相关的逻辑判断，再按下"同期装置启动"按钮，若同期允许逻辑判断满足条件则同期装置投入工作，并在判别待并侧与系统侧同期条件满足后，将5021 断路器同期并列合闸；否则同期装置不启动。

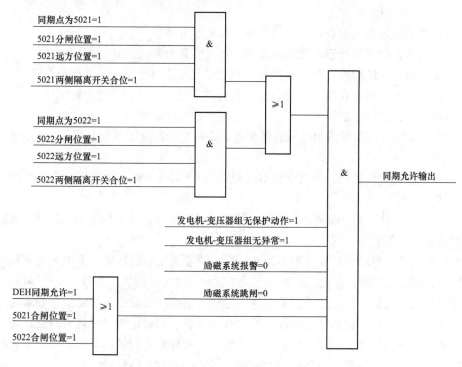

图 7-57　同期允许信号的逻辑图

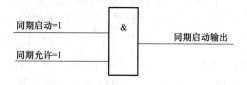

图 7-58　同期启动的逻辑图

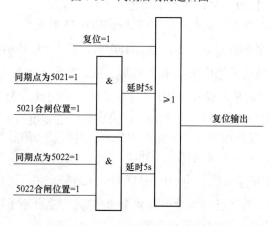

图 7-59　同期复位的逻辑图

五、调试方法和注意事项

1. 同期装置的调试

同期装置按以下方法进行调试。

（1）机械、外观检查。

1）屏柜及装置外观的检查，是否符合本工程的设计要求；

2）屏柜及装置的接地检查，接地是否可靠，是否符合相关设计规程；

3）电缆屏蔽层接地检查，是否按照相关规程进行电缆屏蔽层接地，接地是否可靠；

4）端子排的安装和分布检查，检查是否符合"六统一"的设计要求。

（2）屏柜和装置上电试验。

1）上电之前检查电源回路绝缘应满足要求，装置上电后测量直流电源正、负对地电压应平衡。

2）逆变电源稳定性试验。直流电源电压分别为80%、100%、115%额定电压时保护装置应工作正常。

3）直流电源拉合试验。装置加额定工作电源，进行拉合直流工作电源各三次，此时装置不误动和误发动作信号。

（3）同期装置上电后进行软件版本检查、整定值及系统参数设定。上电后装置显示应正常，人机对话功能应正常，并记录装置的型号、软件版本号、管理版本号、校验码以备查验。将切换把手切至"设置"位，从设置菜单进入定值及系统参数设定，按定值单要求对定值及系统参数进行设定，检查定值整定过程中是否存在问题，同时检查定值是否符合设定要求。

（4）辅助继电器检验。自动准同期装置一般都会设计独立的辅助继电器用于相关控制命令的输出，例如调压继电器（包括增磁和减磁）、调速继电器（包括增速和减速）、合闸继电器、中间继电器、同步检定继电器等，这些继电器应当分别校验，以保证继电器可靠的工作。

测试内容包括直流电阻测量、动作电压测量、返回电压测量、动作时间测量等。

（5）采样值校验。按实际接线加入待并侧电压 U_g 与系统侧电压 U_s，将电压引入装置，进行采样精度的检查。电压一般取频率50Hz下的 $10\%U_e$、$50\%U_e$、$100\%U_e$ 三个测量点；频率一般取额定电压下的49、49.5、50、50.5、51Hz五个点进行采样精度测量。

（6）自动准同期装置校验（将切换把手切至"工作"位）。

1）装置同期点校验。当待并侧电压 U_g 与系统侧电压 U_s 相位一致时，装置应指示在同期点。当待并侧电压 U_g 与系统侧电压 U_s 相位差为180°时，装置应指示两侧电压相位差为180°。

2）调压功能检查。使待并侧电压频率 f_g 略高于系统侧电压频率，且频差 Δf 小于频差整定值，系统侧电压 U_s 为额定值，使待并侧电压 $U_g < U_s$，同时压差 ΔU 大于压差整定值，则装置应间歇性的发出升压指令，随着 ΔU 的增大，升压脉冲的宽度有变宽的趋势。当 ΔU 小于压差整定值时，装置不再发升压指令，同时在相位一致时将发合闸脉冲。

使待并侧电压频率 f_g 略高于系统侧电压频率，且频差 Δf 小于频差整定值，系统侧电压 U_s 为额定值，使待并侧电压 $U_g > U_s$，同时压差 ΔU 大于压差整定值，则装置应间歇性的发出降压指令，随着 ΔU 的增大，升压脉冲的宽度有变宽的趋势。当 ΔU 小于压差整定值时，装置不再发降压指令，同时在相位一致时将发合闸脉冲。

3）调频功能检查。保持 U_g、U_s 为额定值，系统侧电压频率 $f_s = 50\text{Hz}$，使待并侧电压

频率 $f_g < f_g$，并且频差 Δf 大于频差整定值，则装置应间歇性的发出增速指令，随着 Δf 的增大，加速脉冲的宽度有变宽的趋势。当 Δf 小于频差整定值时，装置不再发增速指令，同时在相位一致时将发合闸脉冲。

保持 U_g、U_s 为额定值，系统侧电压频率 $f_s = 50\text{Hz}$，使待并侧电压频率 $f_g > f_s$，并且频差 Δf 大于频差整定值，则装置应间歇性的发出减速指令，随着 Δf 的增大，减速脉冲的宽度有变宽的趋势。当 Δf 小于频差整定值时，装置不再发减速指令，同时在相位一致时将发合闸脉冲。

使待并侧电压频率 $f_g = f_s$，装置应间歇性的发增速指令。

4）低电压闭锁功能检查。使系统电压 U_s 为额定值，待并侧电压 U_g 小于低电压闭锁定值，则装置面板上将显示低电压报警信号，逐步增加 U_g 使其大于低电压闭锁定值，同时复归装置，则低电压报警信号将消失。

5）同步继电器校验。加入待并侧电压及系统电压，检验同步继电器是否有闭锁合闸功能。

（7）交直流回路绝缘检查。

1）交流电压回路绝缘电阻。在端子排处断开所有与外部的接线，用 1000V 绝缘电阻表检查装置交流电压回路对地以及之间的绝缘电阻应大于 $10\text{M}\Omega$。

2）控制、信号二次回路绝缘电阻检查。一般仅测量外回路电缆，至 DCS 等设备的回路需在对侧相应端子排上解除，用 1000V 绝缘电阻表检查电缆对地以及电缆芯之间的绝缘电阻应大于 $10\text{M}\Omega$。

3）电压二次回路接地点检查。公用的电压二次回路只允许在控制室一点接地。

（8）同期装置系统回路检查。

1）DCS 至同期装置遥控量的检查。一般自动准同期装置都设计有与 DCS 控制系统接口的控制量，即 DCS 控制同期装置上电、启动、复归以及退出的 DO 量。不同型号的同期装置，其遥控量开入定义不同。一般测试时，安排在 DCS 同期控制逻辑组态以及同期控制画面完成后，从 DCS 依次模拟 DO 量输出，在同期装置中接收并确认与发出的命令一致。

2）同期装置至 DCS 的信号检查。一般自动准同期装置都设计有与 DCS 控制系统接口的信号量，即同期装置已上电、同期装置报警、同期合闸的 DI 量。一般测试时，安排在 DCS 同期控制逻辑组态以及同期控制画面完成后，从同期装置依次模拟 DI 量输出，在 DCS 同期控制画面中接收并确认与发出的命令一致。

3）同期增减速、升降压回路检查。一般测试时，安排在 DCS 同期控制逻辑组态以及同期控制画面完成后，在同期装置中模拟发出同期增速、减速命令，对应的汽轮机数字电液控制系统（DEH）中能收到该命令并对应的启动增速或减速；在同期装置中模拟发出同期增磁、减磁命令，对应的励磁调节器能接收到该命令并对应启动增磁或减磁。

4）断路器合闸回路检查。一般测试时，安排在 DCS 同期控制逻辑组态以及同期控制画面完成后，且同期装置相关二次回路检查结束后，通过仪器模拟并网条件，实际带并网断路器整组测试。

（9）静态条件下同期装置带断路器整组试验。

1）模拟加入待并侧电压及系统侧电压，使其压差和频差满足并网条件；

2）由 DCS 启动同期装置，同期装置将发合闸脉冲，将并网断路器合上；

3）根据装置显示的时间记录断路器合闸导前时间。

（10）假同期和准同期试验。大型发电机组在同期并列时，为了测试同期装置的功能以及相关参数的设置是否合理（特别是导前时间的设置），一般都采取先模拟并列的假同期试验，同时测录并网时的压差、合闸脉冲、断路器合闸位置，以便于分析此时的同期装置是否能满足真正同期并列的要求。由于各个电厂采用的断路器设备以及同期装置各不相同，其导前时间整定也不尽相同，具体根据现场的实际测试情况进行调整。图 7-60 所示为江苏某大型发电机组假同期并列时的录波图，从图中可以看出，从合闸脉冲发出到收到断路器位置变位所经历的时间，根据这个时间对应此时的压差是否为最小，来调整同期装置中的导前时间。图 7-61 所示为该机组准同期并列时的录波图。

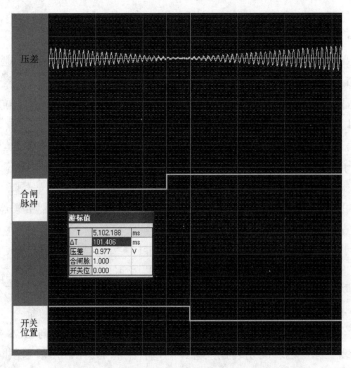

图 7-60　某大型发电厂 1 号机组假同期录波图

（11）检同期试验。发电机带母线升压，额定电压下用同频电源检查同期回路、同期装置的电压回路接线极性的正确性，防止非同期并网。

2. 注意事项

（1）根据国家能源局颁布的《防止电力生产事故的二十五项重点要求》〔2014〕161 号文件中第 10.9.1 条规定：微机自动准同期装置应安装独立的同期鉴定闭锁继电器，且该继电器的出口回路必须串接在自动准同期装置出口合闸回路当中。

（2）同期装置在调试前，必须先确定其引入待并侧和系统侧电压（如二次电压是采用 100V 还是 57.7V），根据电压查看其同期装置配置的继电器是否符合。例如，某电厂的同期装置引入的待并侧和系统侧电压为 57.7V，其配置的同步检定继电器为 100V（DT-1/200），必须更换成 60V（DT-1/120）才能使用。

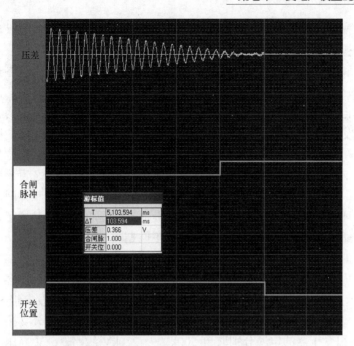

图 7-61　某大型发电厂 1 号机组准同期录波图

（3）同期在 DCS 系统中的逻辑必须与 DCS 系统的厂家技术人员沟通：该逻辑能否在其系统中实现。且必须经运行人员确认后再通过调试单位、监理单位、建设单位以及运行单位的共同讨论会签后才能实施。

六、发电厂同期装置与快切装置功能的合理匹配

我国各类发电厂的同期装置只用于完全解列的两电源之间的同期操作，最典型的应用就是发电机与系统的同期并列，而发电厂及变电站大量断路器的操作还保持在手动水平。例如出线断路器、母联断路器、分段断路器、旁路断路器、3/2 和 4/3 接线断路器、厂用系统断路器等，由于它们经常面临当今同期装置不能胜任的合环操作，导致不得不由运行人员手动进行操作。合环操作的直接结果是新投入的线路要分流合环前运行另半环的负荷，即引起潮流的重新分配。显然，新投入线路所分得的负荷过大时可能导致继电保护再次断开合环点的断路器，其原因可能是负荷电流超过电流保护定值，或负荷功率超过该线路的稳定极限，诱发振荡而跳闸。正是因为合环操作可能导致前述后果，而人们又始终没有重视分析这一后果的产生原因，并寻找规避措施，所以几十年来人们一直在采取用一个固定角度定值（一般取 30°）的同期检查继电器来闭锁合环点断路器的合闸回路。当在合环点测得的角度 δ'（此角度在一定程度上反映合环前运行的另半环的功角 δ，此角度与该半环线路的负荷成比例）超过继电器定值时，合闸回路被闭锁，从而避免合环操作引起再跳闸。但至今无人回答同期检查继电器的定值为什么是 30°，40°、50° 甚至更大行不行？于是人们对此不加深究始终说不清道理的措施沿用至今，快切装置也用它来闭锁厂用电源断路器的合闸回路，因大型火力发电厂的厂用电断路器合环操作的概率极高。

从自动装置合理配置的角度来看，同期装置控制的对象是有需要同期的断路器。这里指的同期应包含两解列电源之间的并列和开环点的合环操作。快切装置控制的对象是在厂用电源失电时迅速按规定程序控制备用电源断路器投入备用电源。显然，同期装置是解决正常运行时的断路器的操作，而快切装置是解决事故情况时的厂用电源断路器的操作。但是由于厂用电源断路器的操作大多为开环或合环性质，而长期以来同期装置不考虑应对合环操作的需要，因而发电厂和变电站的同期接线设计中，从来都没安排同期装置去控制有合环操作可能的断路器。然而，快切装置的控制对象就是有合环操作可能的厂用电断路器，于是出现了一个非常不合逻辑但又迫于无奈的分工模式，即同期装置只管差频并网（即两解列电源并网）的断路器，例如发电机出口断路器和发电机-变压器组高压侧断路器等，而把厂用电源断路器的正常切换交给了仅有粗糙检同期功能的快切装置。显然，这一功能的错位是极不合理的。首先是快切装置的性质和继电保护装置一样专司事故状态下故障处理之责，用不着它去作断路器的正常操作；其次当今的快切装置不具备精确和安全实施正常差频并网及合环操作的品质，特别是当合环操作 $\delta > 30°$ 时必须人工介入，此时它将不再是自动装置了，而是一个可能因人工盲目操作酿成新的事故的隐患。因此，纠正同期装置与快切装置的功能错位已是设计部门及运行部门的当务之急。

以火力发电厂断路器的实际操作为例，分析断路器的操作特征及合环容许角差。

图 7-62 所示为一座 2×600MW 机组火力发电厂的电气主接线，发电机-变压器组高压侧 500kV 为 3/2 接线方式，发电机出口设有断路器，6kV 高压厂用工作分支接入 A、B 两段厂用母线，启动/备用变压器的电源分别取自 500kV 及 220kV 线路，6kV 高压厂用备用分支分别接到两台机的厂用 A、B 段母线作为备用电源。共有断路器 20 个，它们在不同运行方式下将面临不同的操作模式，现分述如下：

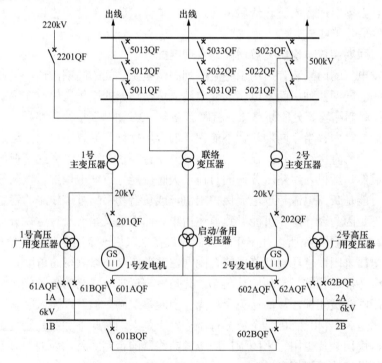

图 7-62 2×600MW 火力发电厂电气主接线图

（1）发电机出口断路器 201QF、202QF。这两个断路器在任何情况下都属差频并网性质，即断路器在分位时两端为两个独立的电源，理想的同期操作是在压差及频差满足要求的前提下于相角差为零度时刻实现同期。

（2）500kV 3/2 接线断路器 5012QF、5011QF 和 5023QF、5022QF。在断路器 201QF 及 202QF 已合上的情况下，5012QF、5011QF 二者中及 5023QF、5022QF 二者中先行合闸的与 201QF 和 202QF 同样为差频并网性质，而后来合闸的则将面临合环性操作，因发电机将通过 500kV 出线进入系统，并通过其他发电厂、变电站与该发电机形成合环。

（3）500kV 3/2 接线断路器 5013QF、5033QF、5032QF、5031QF、5021QF。这些断路器在正常运行方式下基本为合环性操作，只有在出线停运后再次充电会面临单侧无压合闸。

（4）220kV 出线断路器 2201QF。此断路器为合环性操作。

（5）6kV 高压厂用工作及备用分支断路器 61AQF、61BQF、601AQF、601BQF、602AQF、602BQF、62AQF、62BQF。这些断路器合闸时会面临三种情况，即单侧无压合闸、差频并网、合环操作，现分别列出 1 号机开、停机过程的操作。

发电机开机过程：断开 61AQF 和 61BQF，将 601AQF 和 601BQF 按单侧无压（1A 及 1B 母线无压）方式合闸，启动/备用变压器向厂用母线供电，发电机进入开机过程。发电机冲转完成后通过 201QF 和 5012QF（或 5011QF）并入系统；接着通过 61AQF 及 61BQF 按合环操作方式使厂用母线 1A、1B 由发电机供电，继而断开备用分支断路器 601AQF 及 601BQF。有些电厂为避开 61AQF 和 61BQF 进行合环操作，往往采取发电机冲转成功后先不并入系统，而是使 61AQF 及 61BQF 进行差频并网后，断开 601AQF 及 601BQF 实现厂用工作电源及备用电源的切换，这种操作程序是不规范的，因汽轮发电机组不能长时间低负荷运行，一般应保证负荷不小于 30%额定功率，而厂用负荷不到 10%，所以在厂用电源切换之后再实行发电机并网是不可取的。

从上例可以看出，不仅在发电厂，甚至在变电站里绝大部分断路器都有面临合环操作的问题，而合环操作后必将导致潮流的重新分配。因此，合环操作用一个固定角度定值的同期检查继电器闭锁合闸回路的做法是错误的，正确的做法是通过潮流计算，得出合环操作后新投入线路分得的负荷电流。进而确定合环操作是否会失败。当然，不同运行方式的潮流计算应由调度部门完成，因为他们掌握了所有计算需要的数据及计算工具。由于在合环点断路器两侧可以测量到一个角度 δ'，这个角度反映合环前正在运行的那半环的功角，如图 7-63 所示，当线路 L1 的 B 站端断路器 8QF 合上，而需在 2QF 进行合环操作时，则通过母线 A 及线路 L1 的 A 站端电压互感器取得的电压可先测量到一个角度 δ'，这个角度直接反映 L2 及 L3 线路的运行功角 δ，即 A 厂电源电动势 E_A 对 B 变电站母线电压 U_B 的功角，其表达式为

$$\delta = \arcsin\left(\frac{PX_\Sigma}{E_A U_B}\right)$$

式中　P——L2、L3 传输的有功功率；

　　　X_Σ——E_A 到 U_B 间的电抗。

可见，L2、L3 传送的有功功率 P 越大则功角 δ 越大，因 δ 为一正弦函数，在不计及其他因素（例如发电机励磁的变化），δ 的最大取值可为 90°，当 δ 超过 90°时线路两端电源将失步。从上式还可看到，电抗 X_Σ 越大，即线路越长，δ 也越大。因此，对含有长距离重负荷线路的系统里，功角 δ 是应予以重视的运行参数，其对合环操作的后果具有重要

影响。

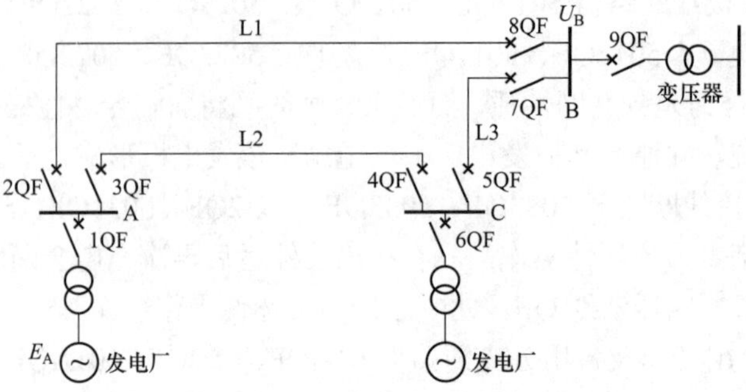

图 7-63　简单环网示意图

不难看出，在图 7-63 中的 2QF 进行合环操作前，由于取用的采样信号是 2QF 两侧的 TV 二次电压，因此继电保护装置和自动装置测量到的 δ' 不是真正的功角 δ，因其没有计及 E_A 电源内阻抗及主变压器阻抗产生的分量，但 δ' 的值在一定程度上反映 L2、L3 的负荷大小，亦即反映在 2QF 进行合环操作后 L1 将分得负荷的大小，这就为评价合环操作可行性提供了依据。事实上调度部门通过遥信和遥测设备可以获得不同运行方式下的系统结构及潮流分布，加上已知的系统中发电机、变压器、线路等设备的电气参数，完全可以计算出各开环点断路器合环操作后将分流的负荷及与之相应的 δ' 值。显然，在计算出来后，将其下达给各开环点断路器的自动装置（或同期鉴定继电器 TJJ）作为定值，这样既保证了合环操作的安全，又不致因定值过小（例如传统的 30°）失去合环机会。当然，不排斥在不同运行方式下可能计算出不同的 $\delta'_{\max}$ 值，为简便计，可取诸值中的最小值，这比千篇一律的 30°要合理得多。

同期装置和快切装置的共同点都是实现断路器的自动操作，但它们的本质区别是同期装置专司有同期需求的断路器的正常操作，而快切装置是在事故情况下进行备用电源取代已发生故障的工作电源的操作。断路器的正常操作和事故操作混在一起，是当前快切装置设计的重大弊端，而只管差频并网操作，不管合环并网操作也是当前同期装置设计的重大错误。

从当前林林总总的快切装置中，暴露最致命的错误是不论正常切换或事故切换都竭力回避工作电源和备用电源的直接"交锋"，所谓的串联切换、同时切换的引入就是明显的例子，因为设计者没有使用严密的数学算法确保不论是差频并网的两电压"交锋"，还是合环操作的两电压"交锋"都做得既快速又安全，而几乎类似的大部分装置都没有摆脱用固定相角定值闭锁合闸回路的俗套，这就不得不使运行人员在厂用电源断路器正常合环操作相角大于定值时盲目地进行冒险操作，其实完全可以在正常差频并网操作时精的在相差为 0°时完成，而正常合环操作时使用经过计算的 $\delta'_{\max}$ 定值确保快速安全地完成操作。同时，快切装置最本质的任务是确保在事故情况下第一时间切除故障工作电源及接入备用电源，这就需要用更为精确的算法去捕捉备用电源与厂用母线电动机群反馈电压的最佳同期时机，以使几乎全部厂用负荷在反馈电压的频率及电压下降不多的情况下安全地重新获得电源。除了算法以外，还需要大大提高执行速度，实现捕捉第一次出现的最佳接入时机。

而对于同期装置来讲，必须具备自动识别差频并网和合环并网特征的能力，确保差频并网时无冲击、合环并网时一次成功。合环并网成功与否取决于装置实测 δ' 是否小于 $\delta'_{\max}$，当然，开环点的压差ΔU也应在允许值内，在$\delta' < \delta'_{max}$及$\Delta U < \Delta U_{max}$时可保证合环成功，而在$\delta' > \delta'_{max}$或$\Delta U > \Delta U_{max}$时同期装置一方面应闭锁合闸回路，另一方面应将信息通过RTU上传到调度中心，以期在调度的指挥下，创造$\delta' < \delta'_{max}$和$\Delta U < \Delta U_{max}$的条件，一旦条件满足，同期装置随即安全完成合环操作，这是实现发电厂或变电站操作真正自动化的必由之路，绝不能重复现在流行的不具备合环条件就退出的做法。

一个大型火力发电厂的断路器只有极少数的合闸操作属差频并网性质，其他都存在合环操作问题。显然，应该使用具备前述特征的同期装置来控制这些断路器，包括厂用电系统的断路器。而快切装置放弃现行既粗糙又不安全的正常切换功能，保留并提高事故切换功能是最合理的设计。

大型火力发电厂中机组均实施了分布式控制（DCS），同期装置及快切装置都是DCS的现场智能终端。DCS控制同期装置对各相关断路器进行同期操作，它们之间有相应的握手信号，例如DCS在需要同期装置对某断路器进行同期操作时，首先通过现场总线（或以太网）启动同期装置，同期装置自检完毕后将向DCS发回"同期装置就绪"信号，DCS在收到此信号后待同期条件准备成熟即向同期装置发出"同期装置进入工作"命令，直至完成同期操作并退出同期装置。而快切装置与同期装置不同，是24h全天候工作，因此，DCS与快切装置始终保持着通信联系，以便DCS在需要的时候获取装置启动前或动作后的信息。由于电厂内包括厂用电系统的全部断路器的正常同期操作都由同期装置实施，而且同期装置的每一次操作都受命于DCS，因此，任一断路器的分闸也应受命于DCS。

通过以上分析，我们清楚了对同期装置与快切装置的基本要求及其分工。接下来，仍以图7-62所示的火力发电厂为例，梳理一下更加趋于合理的同期装置与快切装置功能的匹配方案。

图7-62中的20个断路器都有差频并网和合环操作问题，可以把它们分为三大类。

（1）涉及两台发电机同期操作的20kV及500kV断路器。即：

1号机：201QF、5011QF、5012QF；

2号机：202QF、5022QF、5023QF。

（2）涉及出线同期操作的220kV及500kV断路器。此类包括2201QF、5013QF、5031QF、5032QF、5033QF、5021QF。

（3）涉及两台机组6kV高压厂用电系统正常切换的断路器，即：

1号机：61AQF、61BQF、601AQF、601BQF；

2号机：62AQF、62BQF、602AQF、602BQF。

按上述分类可选用如下自动装置：

1号机的201QF、5011QF、5012QF、61AQF、61BQF、601AQF、601BQF共用一台发电机线路复用微机同期装置，作正常同期操作用；

2号机的202QF、5022QF、5023QF、62AQF、62BQF、602AQF、602BQF共用一台发电机线路复用微机同期装置，作正常同期操作用；

出线2201QF、5013QF、5031QF、5032QF、5033QF、5021QF共用一台线路微机同期装置，作正常同期操作用。

1号机厂用电系统61AQF、601AQF用一台微机快切装置，作事故切换用；

1号机厂用电系统61BQF、601BQF用一台微机快切装置，作事故切换用；

2 号机厂用电系统 62AQF、602AQF 用一台微机快切装置，作事故切换用；

2 号机厂用电系统 62BQF、602BQF 用一台微机快切装置，作事故切换用。

这样配置条理清晰，同期装置及快切装置各尽其长，更重要的是保证了自动操作的安全可靠。

国内已有制造厂家推出了同期自动选线器，例如深圳智能设备开发有限公司的 SID-2X 系列同期自动选线器，实现了一台同期装置为多同期点共用时同期信号切换的全部自动化，废除了传统的同期开关及同期小母线，使全厂的同期操作都由 DCS 指挥，实现真正的断路器操作自动化。

图 7-64 所示为同期自动选线器与同期装置配套使用的示意图。按前述配置方案将需要三台具有 8 个同期点的同期装置及两台 7 个同期点，一台 6 个同期点的同期自动选线器。选线器可由上位机通过现场总线进行选线控制，也可通过上位机一对一的开关量进行选线控制。

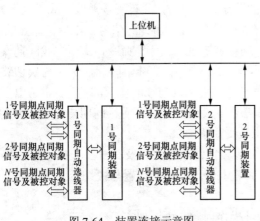

图 7-64　装置连接示意图

选线器接收到上位机的选线指令后立即将相应的同期信号及被控对象（调速、调压及合闸回路）与同期装置联通，并同时启动同期装置。同期操作结束后，同期装置将同期操作结束信号返送到选线器，选线器随即切断同期装置，自身进入扫查上位机新的选线命令状态。

同期装置和快切装置是大型火力发电厂的重要自动装置，前者担负着发电厂正常运行时断路器的同期操作，后者担负着工作及备用厂用电源断路器的事故切换。基于技术及传统习惯的原因，这两种自动装置的功能存在着严重错位的配置。同期装置应属于断路器正常操作范畴的自动装置，快切装置则属于事故情况（厂用电源消失）下进行备用电源快速投入操作范畴的自动装置。然而，目前的现实是该同期装置管辖的断路器它没管，例如具有合环操作方式的断路器。而不该快切装置管辖的断路器它却在粗糙的管，例如用粗糙的角度闭锁或捕捉同期方式去操作具有合环操作特征的断路器。同期装置管理所有有同期（包括合环）需求的断路器，快切装置专司厂用电源快速事故切换之责，才是最佳的功能匹配。

客观分析传统及现行技术措施的可靠性及合理性是非常必要的，以往由于技术水平的限制，使一些问题无法合理解决，用一些显然不完善甚至深藏隐患的方法来应对是可以理解的。然而随着理论及技术水平的不断提高，已经具备解决这些历史遗留问题的条件时，就应该当机立断予以解决，那些不明究里但盲目保守的做法只会降低电力生产的安全及可靠性，应予以充分重视。

七、数字化准同期新技术

准同期的同期点两侧 TV 距离准同期装置较远，如 GCB 断路器同期并网时需要机端 TV 及主变压器高压侧 TV；当有多个同期点时，需要拉很多电缆到同期屏；合并单元及智能终端在现场的应用，也需要准同期装置支持数字化采样、调节及合闸。

基于上述现状与需求，提出了通过合并单元采集各同期点各侧电压来解决的方案，即数字化准同期技术。如图 7-65 所示。

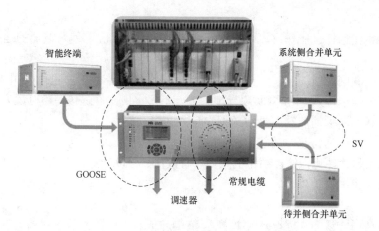

图 7-65　数字化准同期技术原理示意图

该新技术具有接线简单的特点，只需少量光纤，尤其在多个同期点的时候效果更明显。

第四节　故障录波器装置

一、故障录波器简介

故障录波器应用于电力系统，可在系统发生故障时自动、准确地记录故障前、后过程的各种电气量的变化情况，通过这些电气量的分析、比较，对分析处理事故、判断保护是否正确动作、提高电力系统安全运行水平均有着重要作用。故障录波器是提高电力系统安全运行的重要自动装置，当电力系统发生故障或振荡时，它能自动记录整个故障过程中各种电气量的变化。

故障录波器的作用主要有以下几方面：

（1）根据所记录波形，可以正确地分析判断电力系统、线路和设备故障发生的确切地点、发展过程和故障类型，以便迅速排除故障和制定防范措施。

（2）分析继电保护和高压断路器的动作情况，及时发现设备缺陷，揭示电力系统中存在的问题。

（3）积累第一手材料，加强对电力系统规律的认识，不断提高电力系统运行水平。

二、故障录波器的特点与技术指标

1. 故障录波器的启动方式

故障录波器启动方式的选择，应保证在系统发生任何类型故障时，故障录波器都能可靠的启动。一般包括突变量启动、超限量启动、开关量（变位）启动、故障启动等启动方式。

2. 故障录波装置的特点

（1）装置系统软件以 Windows 或 NT 操作系统为平台，装置所有功能实现了多任务运行。录波启动、运行监视、实时波形、实时数据、故障数据分析、数据通信等功能可同时运行，互不影响。

（2）装置不仅具有完备的录波功能，还可以对接入的模拟量和开关量进行实时显示。

（3）数据存储可转化为 comtrade 格式。

（4）数据处理分析系统内部采用 10M/100M 自适应以太网连接协议为 TCP/IP，保证了网络的高速稳定。

（5）自动生成运行、操作日志，详细记录录波的运行状况，使录波器的运行、操作有据可查。

（6）强大的联网功能。录波装置可接入当地 MIS 网共享数据，也可利用 MODEM 采用拨号方式或以太网卡接入 MIS 网实现异地控制，不仅实现文件远传，还可远方浏览、修改定值，查看装置状态，手动启动，录波数据自动上传等功能。

（7）完备的看门狗自复位功能。

（8）调试工作软件化，如自动比例系数、有效值、相位计算，主要配置文件自动备份等，大大减少了调试维护的工作量。

3．技术指标

（1）录波通道容量为 32/64/96 路模拟量和 64/128/192 路开关量。

（2）模拟量采样频率 10kHz；模数转换精度 16 位；开关量事件分辨率 1ms。

（3）故障动态记录时间：记录故障前 0.5s 及故障后 3s 的录波数据，采样频率为 6kHz。通过设置可附加记录 10min 有效值，其中前 5min 每间隔 0.1s 记录一次，后 5min 每间隔 1s 记录一次。

（4）装置前置机的微机系统内存容量可完整记录 6 次连续故障和 10min 的有效值数据，后台机硬盘保存的故障录波数据文件可由用户任意设定 20～1000 个。

（5）额定参数。

1）交流输入信号：额定电压有效值 U_n=57.7V 或 100V；允许过电压：$2U_n$；

额定电流有效值 I_n=5A 或 1A；允许过电流：$20I_n$。

2）励磁系统的交、直流输入信号可根据机组的实际情况灵活调整。

3）开关量：无源空触点输入。

4）工作电源：AC 220V±10%；50Hz±0.5Hz；DC 220V±10%。

（6）故障启动方式：故障启动方式包括模拟量启动、开关量启动和手动启动。

1）模拟量启动。正、负、零序启动量，交、直流电压、电流稳态量和突变量启动，任何一路输入的模拟量均可作为启动量，启动方式包括突变量启动和稳态量启动（过量或欠量启动）。

逆功率启动：通过判断发电机机端有功功率的方向来启动逆功率判据。

2）开关量启动。任何一路或多路开关量均可整定作为启动量，开关量启动方式可整定选择为开关闭合启动或开关断开启动。

3）手动启动。

（7）录波数据输出方式。录波结束后，录波数据自动转存到故障录波装置硬盘保存。打印机输出故障报告的打印，报告内容包括机组名、故障发生时刻、故障启动方式、开关量变位时刻表及相关电气量波形等。其中电气量波形的打印时间长度和内容可由用户整定。

（8）装置可接入 GPS 时钟信号、秒脉冲或分脉冲进行校时，保证全网统一时钟。

（9）通信。

1）通过调制解调器（MODEM）和电话交换网组成通信网，可在远方调用录波数据（选配）。

2）通过以太网卡和 MIS 网组成通信网，可在远方调用录波数据（选配）。

三、装置的软、硬件功能

1. 硬件说明

装置屏体采用分层分布式结构，由主机系统、数据变换单元和打印机组成。主机系统内部通过通信网卡相连，构成局域通信网络。

（1）主机系统。主机系统主要是工控机，具有良好的抗电磁干扰能力和防尘、防潮能力，特别适合环境恶劣的工业现场使用。

主要板卡：工控机主板，对时复位板，A/D板，光电隔离开出板，光电隔离开入板。

功能：主要完成数据采集，故障启动判别，运行、调试管理，定值的整定，录波数据的存储，故障报告打印，远传，对时等功能。

（2）数据变换单元。包括独立的电源和输入、输出插件，可完成交、直流模拟量的隔离变换，开出信号显示及报警触点；机箱为后插结构，抗干扰能力强，运行可靠，维护、调试方便。

面板：含电源、调试、运行，录波启动等指示灯和总清按钮。

1）功能指示。

电源指示灯：常亮为电源正常指示。

运行指示灯：装置正常运行时该灯闪烁。装置工作异常时，该灯常亮或常灭。

数据上传指示灯：传送录波数据时，该灯亮。

录波启动指示灯：当装置启动录波后，该灯亮。

自检故障指示灯：装置发生故障，该灯亮。

装置异常指示灯：装置在规定的时间段内未收到定时发出的巡检或互检命令时，该灯亮。

通讯故障指示灯：主机系统之间通信故障时，该灯亮。

调试指示灯：装置进入调试状态时，该灯亮。

2）总清按钮：用于手动复归各告警继电器及其指示。

（3）电源告警插件：电源开关、电源保险、±15V电源供通道板及直流模块、24V电源供开入板使用；下述告警信号继电器和LED指示灯：

1）装置自检故障告警继电器：装置一旦自检发现故障，继电器动作告警。

2）录波起动信号继电器：当装置启动录波后，继电器动作告警。

3）装置异常告警继电器：当前置机在规定的时间段内未收到后台机定时发出的巡检命令，继电器动作告警。

（4）信号总清继电器：用于手动复归各告警继电器。所有告警继电器均有自保持，可利用插件面板设置的信号总清按钮进行手动复归，也可通过装置外引的信号总清触点实现远方复归。每个告警继电器动作后，除在面板给出LED指示灯信号外，同时提供独立的继电器触点（无源常开空触点），可用于接入中央信号回路。

2. 软件功能概况

装置软件均采用中文菜单方式，便于现场运行人员掌握、使用。

（1）监控分析单元监控功能软件。监控软件主要完成整个装置的运行和调试的监控管理、装置的定值整定、录波数据的存储以及简要故障报告的形成和打印等。运行监控管理程序主要包括自检、与数据采集单元的定时互检和对时；调试监控程序主要完成装置的调试管理。主要包括：模拟量通道调试；开关量输入通道调试；信号板插件调试。

（2）故障录波数据综合分析软件。为方便分析装置记录的故障数据，故障录波装置设计有数据分析软件，可再现故障时刻的电气量数据及波形，并完成机组故障分析需要的各种电气量的分析计算，如：谐波分析，相序量计算，幅值计算，有功功率及无功功率计算，频率计算，机端测量阻抗等。

四、故录装置的整定原则

故障录波装置的整定，应躲过机组正常运行过程中出现的电流、电压等电气量的波动，并能准确及时启动。依据《继电保护和安全自动装置技术规程》及《220～500kV 电力系统故障动态记录技术准则》，故障录波定值的整定原则如下：

相电压突变量 ΔU 整定为：$\pm 10\% U_\mathrm{n}$（U_n 为额定电压）；

相电压上限 U_H 整定为：$110\% U_\mathrm{n}$（U_n 为额定电压）；

相电压下限 U_L 整定为：$90\% U_\mathrm{n}$（U_n 为额定电压）；

零序电压越限量 U_0 整定为：$10\% U_\mathrm{n}$（U_n 为额定电压）；

零序电压突变量 ΔU_0 整定为：$5\% U_\mathrm{n}$（U_n 为额定电压）；

负序电压越限量 U_2 整定为：$5\% U_\mathrm{n}$（U_n 为额定电压）；

负序电压突变量 ΔU_2 整定为：$2\% U_\mathrm{n}$（U_n 为额定电压）；

频率突变量 Δf 整定为：$0.1\mathrm{Hz}$；

频率上限量 f_H 整定为：$50.05\mathrm{Hz}$；

频率下限量 f_L 整定为：$49.90\mathrm{Hz}$；

相电流突变量 ΔI 整定为：$\pm 10\% I_\mathrm{n}$（I_n 为额定电流）；

相电流上限 I_H 整定为：$110\% I_\mathrm{n}$（I_n 为额定电流）；

相电流下限 I_L 整定为：$90\% I_\mathrm{n}$（I_n 为额定电流）；

零序电流越限量 I_0 整定为：$10\% I_\mathrm{n}$（I_n 为额定电流）；

零序电流突变量 ΔI_0 整定为：$5\% I_\mathrm{n}$（I_n 为额定电流）；

负序电流越限量 I_2 整定为：$5\% I_\mathrm{n}$（I_n 为额定电流）；

负序电流突变量 ΔI_2 整定为：$2\% I_\mathrm{n}$（I_n 为额定电流）。

五、调试方法和注意事项

1. 故障录波装置的调试

（1）机械、外观部分检查，包括：

1）屏柜及装置外观的检查，是否符合本工程的设计要求；

2）屏柜及装置的接地检查，接地是否可靠，是否符合相关设计规程；

3）电缆屏蔽层接地检查，是否按照相关规程进行电缆屏蔽层接地，接地是否可靠；

4）端子排的安装和分布检查，检查是否符合"六统一"的设计要求。

（2）屏柜和装置上电试验，包括：

1）上电之前检查电源回路绝缘应满足要求，装置上电后测量直流电源正、负对地电压应平衡。

2）逆变电源稳定性试验。直流电源电压分别为 80%、100%、115%的额定电压时保护装置应工作正常。

3）电源检查试验。拉合直流工作电源和交流电源各三次，装置不误动和误发动作信号。

（3）模拟量通道采样精度检查：根据设定的测点，先对故障录波器的模拟量通道进行定义。电压通道采样精度检查一般采取 $10\% U_\mathrm{n}$、$50\% U_\mathrm{n}$、U_n 三个量；电流通道采样精度检查

一般采取 $10\%I_n$、$50\%I_n$、I_n 三个量；频率通道采样精度检查一般采取 45、50、55Hz 三个量；直流通道采样精度一般采取 4、12、20mA 三个量。

（4）开关量通道采样精度检查：根据设定的测点，先对故障录波器的开关量通道进行定义。依次在对应端子排上模拟开关量输入，同时在故障录波器的开关量检查中确认。

（5）模拟量启动功能测试：根据定值单，依次对模拟量启动进行测试。一般模拟量启动分为：过量启动、欠量启动、突变量启动。

（6）整组试验：一般安排在所有二次回路检查结束后，从开关量的源头进行模拟，观察录波器启动报文是否与设置相一致。

2. 现场工作注意事项

（1）定值的投放方法和原则。

1）工频电压模拟量每一个通道稳态量启动可以整定为过电压或欠电压启动，原则为 $\pm10\%$ 的额定值。如额定值 57.7V，过压可以整定为 64V，欠压可以整定为 –50V（欠压加"–"号）。

2）工频电流模拟量每一个通道稳态量启动可以整定为过电流启动，原则为 10% 的额定值。如额定值 5A，过电流可以整定为 5.5A。

3）突变量启动定值整定为额定值的 10%，如额定值 5A，突变量可以整定为 0.5A，额定值 57.7V，突变量可以整定为 6V。需要注意：录波器主要录制故障状态的电气量，不要受到正常运行状态值的影响，定值设置不能过小。

4）零序电压、电流突变量定值，考虑到三次谐波成分比较多，定值应该再大一些。大约为 13% 左右。

5）励磁电压、电流通道（包括 100Hz 和 400Hz）只有稳态量启动，不设突变量定值。定值为额定励磁电压、电流的 110%。

注意：额定值是指电压、电流互感器的二次值。

（2）直流通道设置的方法。在录波监控软件调试状态下，同时按下 Ctrl+Shift+Windows 键 +F12，弹出人机对话框，输入直流起始通道号和截止通道号。如果现场接入+对地、地对–，需把下面相邻的通道号输入到"励磁极间电压通道号"；100Hz 电量起始通道号按实际情况输入。

（3）比例系数的制作方法。后台监控软件在调试状态下进行：

第一步：对应通道加入相应的量，例如，做发电机 A 相电压通道的比例系数，在发电机 A 相电压模拟量通道施加 50V 电压，然后选择"录波器调试"菜单下"计算比例系数"子菜单命令：

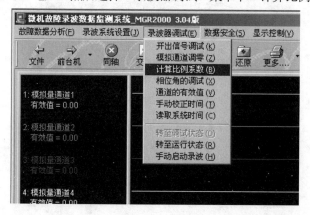

第二步：出现"系统调试密码"提示框：

第三步：输入密码，单击【确定】按钮，显示"计算比例系数"：

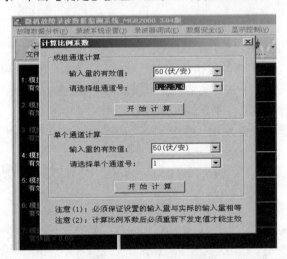

1）当输入量为多路时，选择"成组通道计算"，首先将实际加入的量通过键盘输入到"输入量的有效值"编辑框中，然后在"请选择组通道号"编辑框中选择实际加入量的通道号（最多选择四个通道），设置完毕单击"开始计算"按钮。

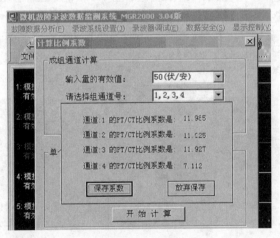

单击【保存系数】按钮，即完成成组比例系数制作，返回主界面，查看结果。

2）当输入量为一路时，选择"单个通道计算"，首先将实际加入的量通过键盘输入到"输入量的有效值"编辑框中，然后在"请选择单个通道号"编辑框中选择实际加入量的通道号，设置完毕单击"开始计算"按钮。

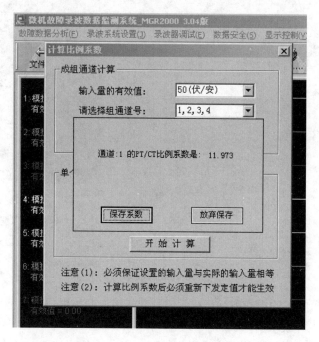

第四步：单击【保存系数】按钮，即完成单个通道比例系数制作，返回主界面，查看结果。

注：重做比例系数通道一定要准确无误，施加量与输入量一致，建议做完比例系数要进行手动启动录波进行校验。

（4）判断前置机主板及程序的方法。

1）关掉前置机电源，接上显示器，重新启动前置机，通过显示画面可以监视前置机启动状态，如果黑屏，证明前置机主板坏，需更换。如果上电自检错误，可进入 CMOS 重新配置。如果还不能启动，说明主板坏，需更换。

2）关掉前置机电源，接上显示器，重新启动前置机，通过显示画面可以监视前置机启动状态，如出现硬盘 DOS 系统引导失败，可能有两种原因：①小硬盘 DOM、CF 卡找不到；②小硬盘 DOM、CF 卡程序存在病毒，一般为 boot 字样的病毒。处理方法是将小硬盘 DOM、CF 卡重新分区格式化，再写入相应的程序。如程序不能分区或格式化，说明小硬盘 DOM 已损坏，需更换。否则，应正常。

（5）频繁启动的制止方法：

1）首先将后台录波主画面转到"调试"状态。

2）选择"录波系统设置"下"后台机运行参数"出现子菜单。

3）选择前置机开机初始转台（运行/调试）运行状态，去掉"对勾"；确定。

4）输入密码确定。

5）复位三个前置机按"复位键"。待前置机启动后，应为调试状态，再修改定值确定。

6）改完定值后，将录波软件重新启动一次。

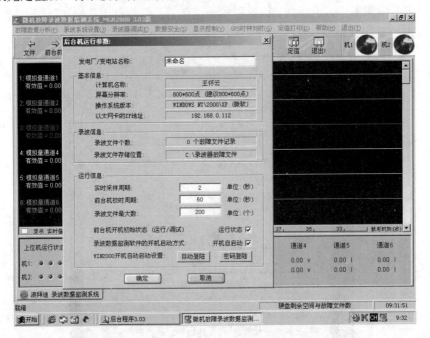

（6）信号变换箱电源的更换方法。卸下信号变换箱电源的联接电缆插头，拆下电源插板，更换相应的备件或电源模块。

（7）机组大修后对于录波器用户自己作精度和启动试验的方法。

1）首先将录波器调到"调试"状态下，去掉原来的所有定值（主要是欠量定值对启动有影响）。

2）校通道精度：对应每一路模拟量施加电压或电流，观察有效值，如果误差超出范围，可以调整比例系数。

3）启动试验：对应一路模拟量施加电压或电流设定值，将录波器转到运行状态，施加电压或电流，观察启动值。

（8）主机系统不启动的处理方法。首先按工控机箱相对应的复位键，观察对应的主机系统是否可以正常运行，一般可以解决。

其次接上显示器，重新启动前置机，通过显示画面可以监视前置机启动状态，如果黑屏，说明前置机主板坏，需更换。

（9）GPS 脉冲对时使用方法。

1）GPS 脉冲对软件启机后自动运行 GpsSyn.exe 文件，图标在右下角任务栏托盘中。

双击所指图标即可设置对时方式，设置完毕后点击"应用"按钮。

2）对时 DB9 接口接线说明。如图 7-66 所示。

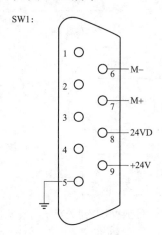

图 7-66　对时接口对应端子说明

现场为无源信号时，24V 接录波器装置电源输出的 24V 端子。

第五节　继电保护及故障信息子站

继电保护故障信息系统在电力系统运行中起着非常重要的作用，为电力系统故障分析和处理提供可靠依据，进一步提高电网安全运行的调度系统信息化与智能化水平。其主要功能是收集和管理电网中各厂、站的继电保护装置、安全自动装置等涉及电网异常或保护动作信号、断路器的分合及保护装置的异常信号，微机保护装置和故障录波器的录波数据和报告、保护定值等，以及对这些数据、信号的综合、统计、计算和分析等处理与管理。

继电保护及故障信息处理系统简称保护及故障信息子站，是通过数据采集、数据处理和通信传输等新一代信息子站技术，根据电网公司关于继电保护及故障信息处理系统最新技术规范和在满足实际应用的基础上，快速准确地接收和处理继电保护故障信息，帮助电网运行人员和继电保护技术人员快速了解电网故障性质和继电保护装置的动作情况，进而达到快速处理事故，快速恢复供电的目的。

一、保护及故障信息子站装置功能与配置

保护及故障信息子站系统结构如图 7-67 所示。

1. 基本功能

保护及故障信息子站系统能够监视子站系统所连接的装置运行工况及装置与子站系统的通信状态，监视与主站系统的通信状态。

（1）完整地接收并保存子站系统所连接的装置在电网发生故障时的动作信息，包括保护装置动作后产生的事件信息和故障录波报告。

（2）能够响应主站系统召唤，将子站系统的配置信息传送到主站系统。能够根据主站系统的信息调用命令上送子站系统详细的信息，也可根据主站的命令访问连接到子站系统上的

各个装置。

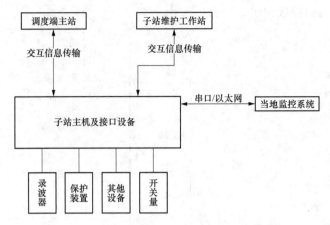

图 7-67 继电保护故障信息处理子站系统总体结构图

（3）实现对保护装置和故障录波器的动作信息进行智能化处理，包括信息过滤，信息分类及存储。

（4）装置可以采用 IEC 60870-5-103 规约（或其他规约）向站内自动化系统（监控系统）传送保护装置动作信息。

（5）能遵循相关的主—子站系统通信接口规范向主站传送信息，并保证传送的信息内容与对应的接入设备内信息内容保持一致。

（6）子站维护工作站能以图形化方式显示子站系统信息，并提供友好的人机交互界面。

（7）为了减少信息传送环节，提高系统的可靠性，子站系统与所有保护装置和故障录波器采用直接连接方式，不经过保护管理机转接。

（8）为提高抗干扰能力，在适应保护提供的接口基础上，采用光纤连接方式。

（9）任一套接入的设备退出或发生故障不影响子站系统与其他设备的正常通信。

（10）接入新的设备不改变现有的网络结构，不需改动其他设备的参数设置。

（11）能适应各种类型的接入设备的通信速率。

2. 子站系统信息收集与处理

保护装置信息包括装置通信状态、保护测量量、开关量、压板投切状态、异常告警信息、保护定值区号及定值、动作事件及参数、保护录波等数据。

故障录波器信息包括录波文件列表、录波文件、录波器工作状态和录波器定值。

子站系统信息的处理：

（1）总体要求。子站系统能对收集到的数据进行必要的处理，对收集到的数据进行过滤、分类、存储等，并能按照定制原则上送到各调度中心的主站系统，由主站系统进行数据的集中分析处理，从而实现全局范围的故障诊断、测距、波形分析、历史查询等高级功能。

（2）规约转换。为保证信息传送的准确性和快速性，保护装置和故障录波器接入子站装置时使用原保护和故障录波器厂家的原始传送规约接收数据。

（3）数据的存储。子站系统的数据存储能力能保证在主子站通信短时中断时，不丢失任何数据；通信长时间中断时，重要事件不丢失。

（4）信息分类。子站系统支持对装置信息的优先级划分。提供信息分级配置原则及配置手段。

3. 子站系统的高级应用

（1）故障报告的形成。保护动作时，子站系统能够根据收集的信息自动整理故障报告，内容包括一二次设备名称、故障时间、故障序号、故障区域、故障相别、录波文件名称等。故障报告以文本文件（.txt）格式保存，并通知到主站系统，在主站系统召唤时按照通用文件上送。

（2）简化故障录波功能。子站系统通过分析收集到的故障录波器的波形文件，判断出故障元件，将其对应的电压、电流和原波形中的开关量重新形成一个新的简化波形文件。

（3）时间补偿功能。对支持召唤时标的保护装置，为防止保护设备的时间误差过大，子站系统能根据保护装置与子站系统的时间差对接收到的保护事件和波形的时间进行调整。

（4）接收来自主站系统的强制召唤命令。子站系统接收到主站系统发出的对接入设备的强制召唤命令后，能够中断当前的处理过程，立即执行该命令。

（5）检修信息的标记。当保护装置处于检修或调试时，子站系统通过对本系统提供的智能压板采集装置中的压板退出，提供对相应保护信息增加特殊标记上送主站系统的功能。

（6）通过开关变位信息触发子站系统与保护通信。在总线型通信方式下，子站系统能通过获取断路器等一次设备的开关位置变化信息，进而触发子站系统与相应保护进行通信，提高子站系统获取信息的有效性。

（7）通过波形文件触发子站系统与保护通信。子站系统能从录波器的波形信息中获取开关变位信息，进而触发子站系统与相应保护进行通信，提高子站系统获取信息的快速性。

（8）定值比对。子站系统具备召唤定值并自动进行定值比对功能，当发现定值不一致时，给出相应的提示信息。

（9）接入设备状态监视。子站系统对接入设备运行状态进行监视，在检测出接入设备异常时，给出相应的提示信息。

（10）远程控制。子站系统可根据需要，对接入设备进行远程控制，通常包括以下几种：

1）定值区切换：能够通过必要的校验、返校步骤，远方完成对指定接入设备的定值区切换操作，使其工作的当前定值区实时改变。

2）定值修改：能够通过必要的校验、返校步骤，远方完成对指定接入设备的定值修改操作，使其保存的定值实时改变；支持批量的定值返校和批量的定值修改操作。

3）软压板投退：能够通过必要的校验、返校步骤，远方完成对指定装置的软压板投退操作，使其软压板状态实时改变；支持批量的软压板返校和批量的软压板投退操作。

4. 子站系统信息发送

（1）向监控系统传送信息。子站系统向监控系统传送监控系统所需的信息。向监控系统传送的信息具有比向故障信息主站传送的信息更高的优先级，以保证监控系统工作的实时性。

（2）向主站系统发送信息。子站系统能够支持按照不同主站定制信息的要求向主站发送不同信息；支持定制信息的优先级。

5. 其他功能

（1）通信监视功能。子站系统能够监视与各个主站系统之间的通信状态，以及与保护装置和录波装置通信的状态，当发生通信异常时，能给出提示，并上送至主站系统和监控系统。

（2）子站系统自检和自恢复功能。子站系统在运行过程中随时对自身工作状态进行巡检，如发现异常，主动上送至主站系统和监控系统，并采取一定的自恢复措施。

（3）远程维护支持功能。子站系统支持远程维护功能，通过网络远程对子站系统进行配置、调试、复位等。

（4）时钟同步。子站系统能接收串口、脉冲、IRIG-B 等各种形式的时钟同步信号，并可根据需要对所接保护装置和故障录波器等智能设备完成软件对时。

6. 子站系统的安全性

子站系统在安全区划分上属于安全Ⅱ区，当它与安全Ⅰ区的各应用系统（如监控系统等）之间网络互联时加装安全隔离设备，实施逻辑隔离措施。

子站主机采用安全的嵌入式 linux 操作系统，保证病毒防护的安全性。子站系统具备对抗各种网络攻击的能力，不因此而影响数据收集、传输的正确性。

子站维护工作站具有严格的权限管理，支持用户按照需要设置具有不同权限的用户及用户组。所有的登录、查询、召唤、配置等功能都需有相应权限才能执行。

继电保护故障信息系统配置如图 7-68 所示。组屏需满足以下要求：

（1）故障信息子站系统可按一块、两块、多块屏安装，典型的分为两面屏柜，子站主机屏和子站通讯屏，其中主机屏柜安装子站装置和后台管理机，另一块通信屏上安装交换机、窗口服务器及相关的接口设备。

（2）子站系统的设备放置于保护小室内，采用嵌入式装置化的产品，设备包括：数据采集、处理单元，数据存储设备、通信管理设备等，网络交换机，光纤收发器及其他通信接口设备和附属设备。现场配置的工控机用于现场检测和调试，接入子站装置专用网口。

（3）所有安装在屏柜上的成套设备或单个组件，皆保证有足够的结构强度以及在指定环境条件下满足对电气性能的要求。为方便使用和维护设备，采用标准化元件和组件。屏柜上设备采用嵌入式或半嵌入式安装和背后接线。

（4）柜内设备的安排及端子排的布置，保证各套装置的独立性，在一套装置检修时不影响其他任何一套装置的正常运行。

（5）屏柜内部接线采用耐热、耐潮和阻燃的交联聚乙烯绝缘铜线，一般控制导线应不小于 $1.5mm^2$。导线无损伤，导线的端头采用压紧型联接件，接到端子排上的导线有标志条和标志套管标明。

（6）端子排保证足够的绝缘水平，端子排分段，至少有 10% 备用端子，外部接入的一根电缆中所有导线接于靠近的端子上。

（7）直流电源采用双极快速小开关，并具有合适的断流能力和指示器。

（8）屏柜及装置（包括继电器、控制开关、控制回路的熔丝、开关及其他独立设备）都有标签框，以便于清楚的识别，外壳可移动的设备，在设备本体上也有同样的识别标记。

（9）对于那些必须按制造厂的规定才能运行更换的部件和插件，有特殊的符号标出。

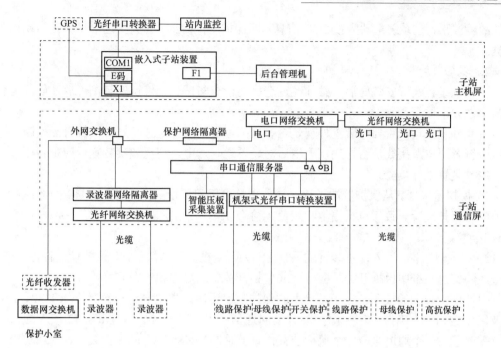

图 7-68　嵌入式继电保护故障信息系统配置图

二、现场调试试验

现场调试按时间顺序大致分为前期准备阶段、调试阶段、试运行阶段、验收阶段。

（一）前期准备阶段

首先对整个发电厂或变电站的二次设备进行全面的了解，包括主变压器保护、线路保护、母差保护、录波器以及母联保护的数量和主要功能，了解保护装置的厂家、型号及版本号；了解厂、站的一次系统主接线，各保护间隔的实际位置及运行状态等信息；清楚每个保护装置的接口类型。

注意：做子站系统设备设计时，保护装置的通信接口要留有裕度。

（二）调试阶段

调试阶段需结合设计要求和系统功能进行全面细致的试验，以满足试运条件。

1. 出厂前试验

为了确保继电保护故障信息子站在现场能够安全稳定运行，出厂前的调试尤为重要。出厂前试验分为安装程序调试、通信测试、可靠性测试和模拟故障试验四部分。

（1）安装程序调试。主要完成数据库引擎的安装、运行程序的安装、控制文件的注册以及其他可选择文件的安装，安装调试后系统能正常运行。

（2）通信测试。测试应是整个系统经过 72h 连续运行后，且硬件和软件均正常的情况下进行。通信测试主要是对各类厂家的线路和主变压器保护装置进行测试。

（3）可靠性测试。包括装置发生故障时连续发调定值命令；几个保护装置同时连续做故障；故障动态库异常，管理机自恢复；进程进入锁死状态，计算机能自动重启恢复到原始状态等。

（4）模拟故障试验。对实验室的保护装置做试验，在子站管理机上应采集有显示动作时刻的故障波形，在系统主站应报 SOE 信息，即保护动作信息、开关变位信息和显示动作时刻数据。

2. 现场试验

子站系统各装置安装好后，必须经过严格的检查与试验，确认安装正确后才能投运。具体需要做如下检查：

（1）外观检查。主要有装置外观是否有破损，屏内组件是否完好，接线有无折断、脱落等；检查各屏电源接线是否正确，无误后对装置逐一送电，注意观察装置反应是否正常。

（2）装置采样校验。

1）模拟量采样。从保护屏端子逐一加入单相电压和单相电流，检查故障信息系统所调采样值应与保护装置一致（包括幅值和相角，检查 I_A、I_B、I_C、$3I_0$、U_A、U_B、U_C、$3U_0$ 和 U_X 是否齐全）。

2）开关量采样。进入保护装置的采样运行环境，根据现场情况，对开关量进行逐一变位，检查故障信息系统中保护开关量应一致（包括开关量的名称和状态）。

（3）保护装置的接入。在子站接入的保护装置通信口类型中，一般都是 RS232、RS485 以及以太网口。为确保子站和保护装置之间通信正常，建议对于通过 RS232 接入的保护装置，需要子站一个通道对应一个保护装置；对于通过 RS485 接入的保护装置，子站可以一个通道对应两个或三个保护装置；对于通过以太网接入的保护装置，则直接通过网络交换机接入子站。

（4）子站数据库的调试。这里主要对数据库的以下几个表进行配置，EQUIPER、gendef、"装置名称+_ang"和"装置名称+_swi"。表 EQUIPER 需要设置装置的设备名称、IP 地址、信道号、线路编号等；表 gendef 需要设置装置编号、定值和模拟量的组号等；表"装置名称+_ang"和"装置名称+_swi"是子站装置的码表配置，其中，ang 表包括定值、遥测值、故障录波通道，swi 表包括软压板、开关量定值、硬压板、动作量、告警，两个表最重要的一个字段就是 ID，对任何装置，每个条目的 ID 都是唯一的。

（5）组态配置调试。子站组态配置主要在组态的开发系统里进行，组态的运行界面主要是为了测试用。组态现场操作的重点是树形菜单的编辑，在编辑菜单里建立保护所在的线路名称、保护装置名称，并在保护装置名称命令语言内输入实际地址，这个地址必须是唯一的，同时要与连接的保护装置地址一致，与数据库的 EQUIPER 表的 ID 一一对应。配置好以后，进入运行界面，对所接装置进行发送召唤命令，调试结束至所接入保护装置的定值、软压板、硬压板、模拟量和开入量信息都可以全部上送。

（6）保护装置码表核查。为确保保护信息子站上送的信息准确无误，码表核查工作是必要的，首先要打印现场接入保护装置的定值码表，然后与子站组态召唤的定值、软压板、硬压板、模拟量和开关量信息进行一一核查，若有不正确的，应查看子站数据库里码表是否正确，再看组态配置是否正确。

（7）与主站通信。继电保护信息子站与主站之间是电力数据专网的路由器，子站与路由器是用以太网进行通信的。根据现场要求，网线并不是直接接在路由器上，而是接在路由器非实时性接口引出的网络交换机上，子站接入电力专网路由器及其网络交换机，现场大多安装在电能计量采集屏柜内。

1）按调度下达参数，对子站进行配置并通信成功；

2）模拟信息（故障、开关量），调度端应能正确调用、接收本地上传信息。

（8）现场故障试验。现场故障试验同出厂的故障试验，先在子站装置上查看保护装置动作故障波形，然后在主站端应报 SOE 信息，若子站没有波形文件或主站没有收到突发报文，应先检查子站通道是否正确，装置 IP 地址是否正确，再查看子站是否有该装置的动态库，若无，则应在程序执行文件下添加该动态库，调试结束至主站端能看到完整的故障动作信息。

1）模拟保护区内单相瞬时故障。

a. 投入保护功能压板，退出跳闸压板（同时退出失灵启动及失灵总投入压板），加故障量模拟单相瞬时性故障；

b. 打印保护报文及录波图；

c. 从故障信息系统调保护报文信息，核对保护动作类型、动作时间、故障电流、故障测距、故障选相是否与保护报文一致，并做好记录；

d. 从故障信息系统调录波图信息与保护打印的录波图核对，检查 I_A、I_B、I_C、$3I_0$、U_A、U_B、U_C、$3U_0$ 和开关量是否齐全，瞬时值和有效值是否正确，故障波形中开关量动作情况是否与实际相一致，并做好记录。

2）模拟保护区内单相永久性故障。

a. 投入保护功能压板，退出跳闸压板（同时退出失灵启动及失灵总投入压板），加故障量模拟单相永久性故障；

b. 打印保护报文及录波图；

c. 从故障信息系统调保护报文信息，核对保护动作类型、动作时间、故障电流、故障测距、故障选相是否与保护报文一致，并做好记录；

d. 从故障信息系统调录波图信息与保护打印的录波图核对，检查 I_A、I_B、I_C、$3I_0$、U_A、U_B、U_C、$3U_0$ 和开关量是否齐全，瞬时值和有效值是否正确，故障波形中开关量动作情况是否与实际相一致，并做好记录。

（9）系统完善调试。调试的最后阶段是对整个故障信息系统子站建设进行如下完善工作：

1）系统的防雷抗干扰处理，通信线屏蔽层可靠接地；各通信端口可靠保护；交流电源接地正确。

2）屏上各标签框完整准确，任一组件应有明显标识；控制保护屏上开关、指示灯及装置名称标签框，各屏后端子排按单位做标识；在子站管理机通信线的插头上做标识标明用途。

3. 应注意的几个关键问题

（1）当接入一个新的保护装置时，首先看子站管理机上是否有该保护装置的动态库文件，若没有则需要拷贝一个相应保护装置的动态库文件；其次要为新的保护装置设置一个通道，包括物理通道和虚拟通道，物理通道是指从保护装置接一根通信线到子站管理机上，虚拟通道是指从数据库的 EQUIPER 表中配置一个相应的通道；最后确定数据库中要有保护装置的 ang 表和 swi 表，若没有则需要在数据库中新建配置这两个表。

（2）装置的连接过程中，LFP-900 系列保护和 RCS-900 系列保护比较容易接入，后台接收的信息也与装置本体差不多，但对于早期投产的微机型装置（如 WDS 系列线路保护、变压器保护及录波器），如果进行组网，必须对设备进行升级，且联网后能够调取的信息非常有限，运行中问题也较多。所以，在建立保护故障信息系统时，早期的微机型保护装置是否接入，其必要性有待于进一步探讨。

（3）变电站端与保护和录波装置通信的管理软件时序配合上应合理，应能确保与设备连接畅通，否则管理屏会经常出现与设备连接不上的现象。

（4）为防止病毒干扰，调试结束后务必恢复子站保护信息管理机 C 盘只读功能，同时防止非维护人员的误操作，还要恢复子站管理机上的键盘锁功能。

（5）在接入不同的微机型保护设备时，所采用的通信规约不同，操作软件也不一样，施工中要充分了解新设备的功能及接线原理，这样才能很好地完成施工技术工作。

（三）试运行阶段

试运阶段即在所有一、二次设备带电、保护装置全部功能均投入运行的情况下，检验继电保护故障信息子站运行的稳定性，期间，子站装置及系统要保持不间断运行。维护人员通过远程查看组态监视系统记录的历史数据，判断子站是否安全良好运行，并在系统主站端定期调取保护定值、模拟量以及开关量等信息。当电力系统发生故障，查看是否有完整的保护装置动作报告和录波报告迅速传送至主站端；若在此期间发现装置异常或子站数据上传有误，应及时予以解决。

（四）验收阶段

试运行结束后，针对试运过程中反映出的问题进行逐项消缺处理，之后与相关人员共同按验收大纲要求进行验收。

在调试收尾阶段，还要做好维护和人员培训，以及相关文件资料的整理和移交。

（五）试验过程中的注意事项

（1）交、直流试验电源质量和接线方式等要求，参照《继电保护及电网安全自动装置检验条例》有关规定执行。

（2）为保证检验质量，应使用微机型继电保护试验装置，其技术性能应符合 DL/T 624—2010《继电保护微机型试验装置技术条件》的规定，其计量精度应满足计量法规的要求。

（3）试验回路的接线原则，应使加入保护装置的电气量与实际情况相符合，保护装置应按照保护正常运行的同等条件下加入装置的试验电流和电压。

（4）按某保护退出运行（旁带或退保护）一天考虑，以检查 POFIS 系统与保护的连接及检验保护相关信息的正确性；其他相同类型保护带电接入，只检查开关量、模拟量和定值的正确性。

（5）检验过程中需要临时短接或断开的端子，应按照安全措施要求做好记录，并在试验结束后及时恢复。

第六节　电力系统的自动电压控制（AVC）

一、概述

发电厂生产运营的作用，是将热能转换成电能量，发往电网，供接入系统的负荷用户使用。发电机组发出的电能量（称为机组有功功率）是无法储存的，所以要并网发电，但是对于一个区域而言，一台电池机组发电量需要多少？能发多少？如何自动控制与调节？这就需要 AGC 系统来完成，它的控制权是调度主站。

AGC 是自动发电控制的简称，是能量管理系统 EMS 中的一项重要功能，它控制着调频机组的出力，以满足不断变化的用户电力需求，并使系统处于经济的运行状态，AGC 是并网发电厂提供的有偿辅助服务之一，发电机组在规定的功率调整范围内，跟踪电力调度交易机构下发的指令，按照一定调节速率实时调整发电功率，以满足电力系统频率和联络线功率控制要求的服务。或者说，自动发电控制（AGC）对电网部分机组的功率进行二次调整，以满足控制目标要求。由远方调度通过 SCADA 数据通信/通道，下发 AGC 指令到电厂远动装置，再由远动装置将 AGC 指令转换成 4～20mA 电流信号送至厂内 DCS 发电机组协调控制系统，最终由 DCS 完成对机组的发电功率控制。

AGC 是一个开环控制系统，是由调度人员分别在不同的时段，根据当前机组实发有功功率与计划值进行比较，将修整的指令值下发给发电厂的 AGC 系统完成的。也就是说，AGC的基本功能为：负荷频率控制（LFC），经济调度控制（EDC），备用容量监视（RM），AGC性能监视（AGC PM），联络线偏差控制（TBC）等，以达到其基本的目标：维持发电机输出功率与负荷平衡，保证系统频率稳定在额定值，使净区域联络线潮流与计划相等，最小区域化运行成本。

发电机组投运后，首先要被考核的指标就是 AGC。

AGC 系统框图如图 7-69 所示。

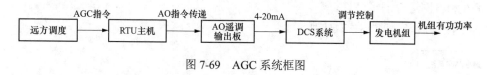

图 7-69　AGC 系统框图

自动发电控制的发展历史已有 40 多年，并在 20 多个省级电网得到应用，其系统网络示意图如图 7-70 所示。

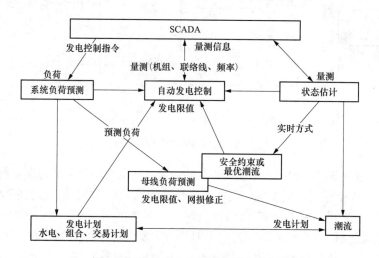

图 7-70　自动发电控制系统网络示意图

在电力系统中，电压、频率和波形是表征电能质量的三大主要指标。随着电网规模不断扩大、装机容量迅速增长，对提高电网电压质量、降低系统网损、提高电压稳定的呼声日益强烈。电源品质是否合格，直接影响电网运行的经济性和安全性。电压偏差大，不仅会对用电设备造成威胁和损害，而且直接危及电网运行，严重时由于电压不稳定，甚至可能引起电网崩溃。因此，电压是否能够维持在合理的范围内运行，一直是电力行业特别重视的问题之一，这就需要用 AVC 手段来确保电网的电压质量。电网统一的自动电压控制（AVC）是进一步提高电网电能质量，安全稳定、优质经济运行，维护电力企业合法权益的有效措施，而发电厂 AVC 功能的实现最终由励磁系统执行，因此实际运行中需考虑 AVC 与励磁系统间的配合关系。

频率和电压是衡量电能质量的两大指标。AGC 侧重频率控制，AVC 则侧重于电压控制。二者都是发电机组投运后被考核的重要指标。

AVC 是自动电压控制的简称，系指以电网调度自动化系统的 SCADA 系统为基础，利用计算机系统、通信网络和可调控设备，根据电网实时运行工况在线计算控制策略，通过自动调整机组的无功功率来保持母线电压在合格范围内。AVC 是一个闭环控制系统，一般由远方调度通过 SCADA 的数据通信/通道，（自动）下发 AVC 目标值（电压或无功功率）至电厂 AVC 装置，由 AVC 装置软件合理地分配给出每台机组无功功率增/减磁量，并给出控制脉冲信号（增/减磁）至 AVR（或 DCS），最后由励磁调节控制系统完成对机组无功功率的调整（增/减）；实测机端电压或母线电压直接反馈至远方调度或 AVC 后台，与给定目标值进行比较，即形成负反馈的闭环控制。通过这样逐次循环控制，从而改变发电厂高压侧母线电压，最终达到调节目标（合格的母线电压值），实现发电厂多台机组电压无功自动控制，提高电网的可靠性和电网运行的经济性。

AVC 控制系统原理如图 7-71 所示。

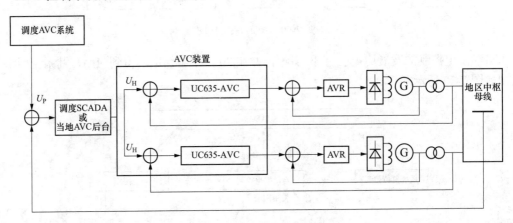

图 7-71　AVC 控制系统原理图

自动电压控制是第 27 届中国电网调度运行会议上提出的现代电网调度发展新技术之一。经过多年努力，AVC 获得迅猛发展，已从原来传统的厂站端 VQC 发展到整个电网范围内的自动电压控制。国内最早的省级 AVC 项目由湖南省于 2000 年立项，至 2003 年 4 月试运行。AVC 的复杂程度远远大于 AGC，因为它不但要考虑发电机组的无功功率控制，还要兼顾电容器、电抗器以及变压器分接头的投切和控制，且约束条件也远多于 AGC，因此 AVC 系统是一项复杂的系统工程。

电力系统 AVC 主要强调以下两个方面：

（1）无功可控设备的自动化。包括发电机、有载调压器、电容/电抗器、SVC（静态无功补偿装置）、STATCOM（静止同步补偿器）及其他无功补偿设备的自动控制。

（2）全网无功电压的最优化。AVC 着重于从全局角度实现无功电压的自动优化控制，属于最优潮流（OPF）的研究范畴，对于提高电力系统安全、优质、经济运行以及提高电力系统的调度自动化管理水平具有重要意义。

AVC 自动电压控制系统，如图 7-72 所示。

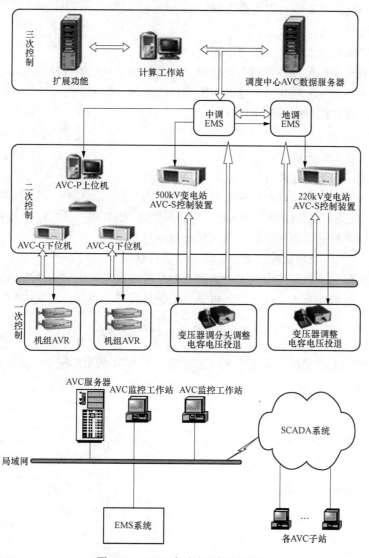

图 7-72　AVC 自动电压控制系统

在自动装置的作用和给定电压约束条件下，发电机的励磁、变电站和用户的无功补偿装置的功率以及变压器的分接头都能按指令自动进行闭环调整，使其注入电网的无功功率逐渐接近电网要求的最优值——Q 优，从而使全网有接近最优的无功电压潮流。它是现代电网控制的一项重要功能。

二、电力系统的无功功率与电压调整

1. 电力系统电压调整的必要性

电压是衡量电能质量的重要指标。电力系统的运行电压水平取决于无功功率的平衡，系统中各种无功电源的无功功率应能满足系统负荷和网络损耗在额定电压下对无功功率的需求，否则电压就会偏离额定值。

电压偏移过大对电力系统本身以及用电设备都会带来不良影响：

（1）频率下降，经济性变差；

（2）电压过高，照明等设备寿命下降，影响绝缘；

（3）电压过低，电动机发热；

（4）系统失去电压平衡，导致电压崩溃。

虽然系统电压不稳定存在上述不良影响，但由于系统及设备性质的原因，又不可能使系统所有节点电压都保持为额定值。造成电压偏移（波动）的因素有：

（1）设备及线路运行必然产生的压降；

（2）负荷的波动；

（3）系统运行方式的改变；

（4）系统无功不足或过剩等。

电力系统一般规定一个电压偏移的最大允许范围，例如，35kV 及以上供电系统电压正、负偏移的绝对值之和不超过 10%；10kV 及以下系统在 7%以内。因此，必须要配置相应的设备及策略方式以实时进行电压调整，确保系统电压稳定。

2. 电力系统中的无功负荷、无功电源与无功损耗

（1）无功负荷。电力系统中的无功负荷主要是异步电动机。其等值电路如图 7-73 所示。根据异步电动机的基本工作原理，电动机的无功损耗（推导过程从略）可表示为

$$Q_M = Q_m + Q_\sigma = \frac{U^2}{X_m} + I^2 X_\sigma$$

异步电动机的无功功率与端电压之间的关系如图 7-74 所示。图中，β 为受载系数，即实际负荷与额定负荷之比。

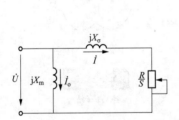

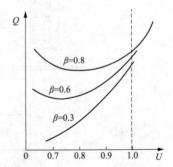

图 7-73 异步电动机的简化等效电路   图 7-74 异步电动机的无功功率与端电压的关系

在额定电压附近，电动机的无功功率随电压的升降而增减。

可见，当系统（母线）电压下降时，异步电动机转差增大，定子电流增大，必将造成电动机过热，影响电动机使用寿命。

（2）电力系统中的无功损耗。电力系统中除少数白炽灯、同步电动机外，大多数用电设备均消耗电力系统无功功率，其中主要的无功损耗为变压器和输电线路。如变压器中励磁支路损耗约为 1%，绕组漏抗损耗为 10%左右，二者均为无功损耗；对于电力线路，并联电纳无功损耗为负值（即输出无功功率），串联电抗无功损耗为正值（即消耗无功功率），因而电力线路是否消耗无功功率视实际情况而定。

以一个五级变压的电网为例，10/220kV 升压，网络中由 220/110、110/35、35/10、10/0.4kV 四个降压等级至用户，典型计算的结果如表 7-11 所示。

表 7-11　　　　　　　　　　　五级变压电力系统中变压器各系统无功损耗

无功损耗	所有变压器满载（%）	所有变压器半载（%）
变压器的励磁支路损耗	7	7
变压器的绕组涌抗损耗	50	12.5
变压器中总损耗	57	19.5
变压器损耗/变压器负荷	57	39

可见，多电压等级的电力系统中变压器无功损耗是相当可观的。

电力变压器的无功损耗（推导过程从略）可简化表示为

$$Q_{LT} = \Delta Q_0 + \Delta Q_T \approx \frac{I_0(\%)}{100} S_N + \frac{U_S(\%)S^2}{100S_N}\left(\frac{U_N}{U}\right)^2$$

假定一台变压器的空载电流 $I_0(\%) = 2.5$，短路电压为 $U_S(\%) = 10.5$，在额定满载下运行时，无功功率的消耗将达到额定容量的 13%。如果从电源到用户需要经过几级变压，则变压器中无功功率损耗的数值是相当可观的。

输电线路可用 Π 型等效电路表示，如图 7-75 所示。

可见，输电线路的无功损耗包括感性无功损耗 ΔQ_L 和容性无功损耗 ΔQ_B 两部分（推导过程从略），可表示为

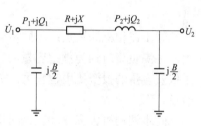

图 7-75　输电线路的Π型等效电路

$$Q = \Delta Q_L + \Delta Q_B = \frac{P_1^2 + Q_1^2}{U_1^2} X - \frac{U_1^2 + U_2^2}{2} \cdot B$$

一般情况下，35kV 及以下系统是消耗无功功率的；110kV 及以上系统，在轻载或空载时成为无功电源，传输功率较大时才消耗无功功率。

（3）无功功率电源。电力系统中的无功功率电源有发电机、同步调相机、电容器及静止补偿器，后三种装置又称为无功补偿装置。

1）发电机。在额定状态下运行时，发出的无功功率（如图 7-76 所示）可用下式表示

$$Q_{GN} = S_{GN} \sin \varphi_N = P_{GN} \tan \varphi_N$$

发电机在非额定功率因数下运行时，可能发出的无功功率有如下特征：

a. 当发电机低于额定功率因数运行时，会增加输出的无功功率，但发电机的视在功率因数取决于励磁电流不超过额定值的条件，将低于其额定值。

b. 当发电机高于额定功率因数运行时，励磁电流不再是限制条件，原动机的机械功率又成了限制条件。

c. 发电机只有在额定电压、额定电流和额定功率因数（即运行点 C）下运行时，视在功率才能达到额定值，使其容量得到最充分的利用。

2）同步调相机。同步调相机相当于空载运行的同步电动机，在过励磁运行时，它向系统供给感性无功功率而起无功电源的作用，能提高系统电压；在欠励磁运行时（欠励磁最大容

量只有过励磁容量的 50%～65%），它从系统吸取感性无功功率而起无功负荷作用，可降低系统电压。也就是说，同步调相机能够根据装设地点电压的数值平滑地改变输出（或吸取）的无功功率，进行电压调节，因而调压可控性能较好，电压幅值和相位可快速调节；不受端电压变化影响。

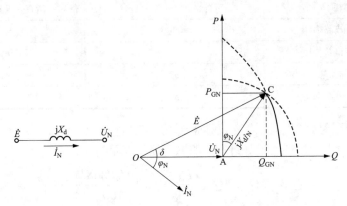

图 7-76　发电机的 P-Q 极限

同步调相机的缺点：①同步调相机是旋转机械，运行维护比较复杂；②有功功率损耗较大，在满负荷时约为额定容量的 1.5%～5%，容量越小，百分比越大；③小容量的调相机每千伏安容量的投资费用也较大，故同步调相机宜大容量集中使用，容量小于 5MVA 的一般不装设。

同步调相机大多安装在枢纽变电站使用。

3）电容器。电容器可按三角形和星形接法连接在变电站母线上，它供给的无功功率 Q_C 值与所在节点电压的平方成正比，即

$$Q_C = U^2 / X_C$$

电容器的装设容量可大可小，既可集中使用，也可以分散安装，且电容器每单位容量的投资费用较小，运行时功率损耗亦较小，维护较为方便。缺点在于其无功功率调节性能比较差，且需要机械投切。

4）静止补偿器。静止补偿器由静电电容器与电抗器并联组成。由于电容器可发出无功功率，电抗器可吸收无功功率，二者结合起来，再配以适当的调节装置，就能够平滑地改变输出（或吸收）的无功功率。静止补偿器的工作原理如图 7-77 所示。

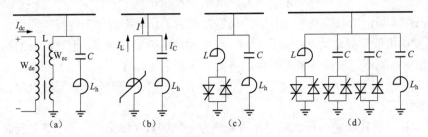

图 7-77　静止无功补偿器

（a）可控饱和电抗器型；（b）自饱和电抗器型；（c）晶闸管控制电抗器型；

（d）晶闸管控制电抗器和晶闸管投切电容器组合型

上述几种无功电源在各方面性能的比较，如表 7-12 所示。

表 7-12　　　　　　　　　　　　　几种无功电源的比较

比较参数	电容器	静止补偿器			同步调相机	发电机
		TCR	TSC	SR		
调节范围	容性	感性/容性	容性	感性/容性	感性/容性	感性/容性*
控制方式	不连续	连续	不连续	连续	连续	连续
调节灵活性	不	好	好	差	好	好
承受过压能力	差	一般	差	好	一般	
自生谐波量	无	多	无	少	少	少
电压调节效应	负	正**	负	正**	正	
有功损耗	<0.5%	<1%	<0.5%	<1%	<1%	无
单位容量投资	低	中	中	中	高	低
控制手段	易	复杂	复杂	易	复杂	
检修维护	方便	较复杂	较复杂	方便	较复杂	
使用场合	站侧负荷	站侧负荷	站侧负荷	站侧负荷	站侧负荷	厂侧

*　表示发电机感性无功指向外发出无功；
**　表示在一定范围内。

3. 无功功率平衡

电力系统无功功率平衡的基本要求是：系统中的无功电源可以发出的无功功率应该大于或等于负荷所需的无功功率和网络中的无功损耗，即

$$Q_{GC} - Q_{LD} - Q_L = Q_{res}$$

$Q_{res} > 0$，表示系统中无功功率可以平衡且有适量的备用；

$Q_{res} < 0$，表示系统中无功功率不足，应考虑加设无功补偿装置。

系统中无功平衡指正常电压水平下保证无功功率的平衡，因此，系统中无功功率电源不足时的无功功率平衡是由于系统电压水平的下降、无功功率负荷（损耗）本身具有正值电压调节效应，使全系统的无功功率需求有所下降而达到的。电力系统的无功功率平衡应分别按正常运行时的最大和最小负荷进行计算。经过无功功率平衡计算发现无功功率不足时，可以采取如下措施：

（1）要求各类用户将负荷的功率因数提高到现行规程规定的数值；

（2）挖掘系统的无功潜力。例如，将系统中暂时闲置的发电机改作调相机运行；动员用户的同步电动机过励磁运行等；

（3）根据无功平衡的需要，增添必要的无功补偿容量，并按无功功率就地平衡的原则进行补偿容量的分配。小容量的、分散的无功补偿可采用静电电容器；大容量的、配置在系统中枢点的无功补偿则宜采用同步调相机或静止补偿器。

应力求在额定电压下的系统无功功率平衡。

由此可见，和有功功率一样，系统中应保持一定的无功功率备用（储备）；否则负荷增大

时，电压质量仍无法保证。

无功功率平衡与系统电压的关系，如图 7-78 所示。

4. 电力系统的电压调整

电力系统在运行中由于一些不可抗拒的因素，必将造成运行中的电压偏移，电压偏移所造成的影响包括用电效率下降、设备发热、绝缘老化，直至系统电压崩溃。电压崩溃将引起系统振荡、发电设备失步，如图 7-79 所示。

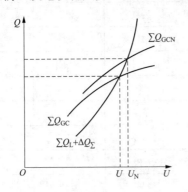

图 7-78 无功功率平衡与系统电压水平的关系　　　　图 7-79 电压崩溃现象

由于电压偏移对电力系统、用电设备、发电设备都将产生影响，因此，我国规定，电压的允许偏差范围一般都在 ±5%（35kV 及以上电压供电负荷）、±7%（10kV 及以上电压供电负荷）。

电力系统结构复杂，电压管理和监视是通过调整中枢点电压实现的。中枢点是指能反映电力系统电压水平的发电厂母线或枢纽变电站母线，由于很多负荷由中枢点供电，控制住枢纽点电压，也就意味着控制住了系统中大部分负荷电压。

电力系统调压方式一般有逆调压、顺调压和常调压三类。

逆调压：是指在最大负荷时，提高系统中枢点电压至 105% 倍标准电压（即 $1.05U_N$），以补偿线路上增加的电压损失，最小负荷时降低中枢点电压至标准电压（即 $1.0U_N$），以防止受端电压过高的电压调整方式，即："高峰升压，低谷降压"方式。

顺调压：是指在最大负荷时适当降低中枢点电压，但不低于 102.5% 倍线路额定电压，最小负荷时适当加大中枢点电压的电压调整方式，但不高于 107.5% 倍线路额定电压，即："高峰略降，低谷略升"方式。

常调压：是指系统中枢点电压基本保持不变的电压调整方式，一般保持中枢点电压在 102%～105% 倍额定电压〔即（1.02～1.05）U_N〕，不随负荷变化来调整中枢点的电压，即"保持"方式。

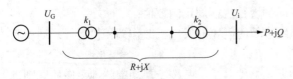

图 7-80 电压调整原理图

AVC 通常采用逆调压方式。电力系统电压调整原理，如图 7-80 所示。

通过节点电压分析法可知

$$U_i = (U_G k_1 - \Delta U)/k_2 = \left(U_G k_1 - \frac{PR + QX}{U_N}\right)\bigg/k_2$$

故，可通过以下几种方式进行系统电压调节：

（1）调节发电机励磁电流以改变发电机机端电压U_G（优先）。根据运行情况调节励磁电流来改变机端电压。适合于由孤立发电厂不经升压直接供电的小型电力网；在大型电力系统中发电机调压一般只作为一种辅助性的调压措施。

（2）改变变压器的变比k_1、k_2（有载调压）。改变变压器的变比调压实际上就是根据调压要求适当选择变压器的分接头。

有载调压变压器可以在带负荷的条件下切换分接头而且调节范围也比较大，一般在15%以上。目前我国暂定，110kV级的调压变压器有7个分接头，即$U_N \pm 3 \times 2.5\%$；220kV级的调压变压器有9个分接头，即$U_N \pm 4 \times 2.0\%$。

采用有载调压变压器时，可以根据最大负荷算得的$U_{1.max}$值和最小负荷算得的$U_{1.min}$，分别选择各自合适的分接头，这样就能缩小次级电压的变化幅度，甚至改变电压变化的趋势。

（3）改变功率分布$P+jQ$（主要是Q），使电压损耗ΔU变化。

（4）改变网络参数$P+jX$（主要是X），使电压损耗ΔU变化。

电力系统中的电压调节设备及特点，如表7-13所示。

表7-13　　　　　　　　　　　　电力系统中的电压调节设备及特点

调压设备	特　点	控制能力
发电机 调相机	可连续调节，没有调节次数约束，能及时快速响应系统中无功电压的扰动	系统中主要无功源，建立和维持电压水平，保证系统无功平衡，降低网损
并联电容器 并联电抗器	机械投切，有投切次数约束，切换速度较慢	重要的无功补偿设备，维持电压水平，降低网损
有载调压 分接头	机械调节，有调节次数约束，调节速度较慢	改善无功电压分布，降低网损

三、自动电压控制

电源中的无功功率是保证电力系统电能质量、提高功率因数、降低网络损耗及安全运行的必要因素。无功失衡会使系统电压下降，严重时可能导致设备损坏。保证系统无功平衡，实现无功控制和补偿是电网运行的一项关键技术。

自动电压控制（Automatic Voltage Control，AVC），通过实时系统数据的分析和计算，将系统的无功调节进行分配、自动优化处理，从而满足系统运行需要的一种控制，其作用是在满足运行约束条件下，控制无功调节设备的自动工作，使系统的运行成本最低，同时系统的可靠性大大提高。

（一）国内外研究现状

1968年，日本Kyushu电力公司首先在AGC系统上增加了系统电压自动控制功能，这可以看作是从全局的观点出发进行电压/无功控制的第一步。

1972年，在国际大电网会议上，Bertigny等人提出了在系统范围内实现协调性电压控制的必要性，详细介绍了法国EDF以"中枢母线""控制区域"为基础的电压控制方案的结构。现在这种电压分级方案已经在法国、意大利等国家付诸实施，并取得了满意的效果。

电力系统的电压调整通常是分层控制的，即具有递阶结构的电压控制系统，如图7-81所示。

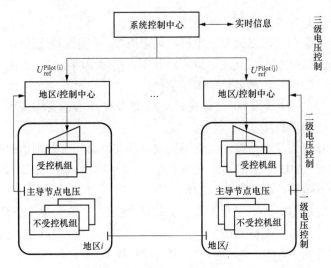

图 7-81　具有递阶结构的电压控制系统示意图

一级电压控制（基层控制，本地控制）：机端电压或主变压器高压侧电压的快速无规则变化，由发电机组励磁调节器（AVR）实现快速、自动控制（秒级），类似机组一次调频，只用到本地的信息，控制时间常数一般为几秒钟，控制器由本区域内控制发电机的自动电压调节器（AVR）、有载调压分接头（OLTC）及可投切的电容器组成。按制设备通过保持输出变量尽可能地接近设定值来补偿电压的快速、随机变化。

二级电压控制（区域电压控制）：一个区域内某个或某些枢纽母线电压的慢速变化（分钟级）由对该区域具有较大影响意义的一台或多台发电机进行联合控制（由 AVC 功能实现），时间常数约为几十秒钟到分钟级，控制的主要目的是保证中枢母线电压等于设定值，如果中枢母线的电压幅值产生偏差，二级电压控制器则按照预定的控制策略改变一级电压控制器的设定参考值。

三级电压控制（全系统协调电压控制）：以全网经济运行为目标，以状态估计和无功电压优化算法为基础，给出各区域中枢节点电压设定值，控制周期一般为 15～30min，是区域间的电压协调控制。一般来说它的时间常数在十几分钟到小时级，是其中的最高层级。它以全系统的经济运行为优化目标，并考虑稳定性指标，最后给出中枢母线电压幅值的设定参考值，供二级电压控制使用。在三级电压控制中要充分考虑到协调的因素，利用整个系统的信息来进行优化计算。

国内大部分在线运行的无功电压控制装置，基本上都是以就地无功电压控制为目标，可能对整网的无功分布、电压水平产生不利影响；系统范围内的无功电压控制的研究处于起步阶段，个别省网开始实施局部的电压控制试点工作；AGC 取得了成效，为实施全网闭环无功优化控制积累了经验；AVC 的研究已经取得实质进展，部分厂站 AVC 装置投入闭环控制，为今后全网无功控制的实现奠定了基础。

（二）电网自动电压控制策略

实时自动电压控制（AVC）系指在正常运行情况下，通过实时监视电网无功电压，进行在线优化计算，分层调节控制电网无功电源及变压器分接头，调度自动化主站对接入同一电压等级电网的各节点无功补偿可控设备实行实时最优闭环控制，满足全网安全电压约束条件下的优化无功潮流运行，达到电压优质和网损最小，即在电网调度自动化系统 SCADA、EMS 与现场装置之间通过闭环控制实现 AVC。

电力系统自动电压控制（AVC）主要强调以下两个方面：①无功可控设备的自动化。包括发电机、有载调压器、电容/电抗器、SVC、STATCOM 及其他无功补偿设备的自动控制；②全网无功电压的最优化。AVC 着重于从全局角度实现无功电压的自动优化控制，属于最优潮流（OPF）的研究范畴，对于提高电力系统安全、优质、经济运行以及提高电力系统的调度自动化管理水平具有重要意义，对全网的无功补偿设备实行统一管理和协调控制，可避免电压稳定破坏事故的发生，防患于未然；全网无功电压的实时闭环优化控制，有效地提高电力系统调度的自动化水平；有效地降低网损，提高电网运行的经济效益。

1. 电力系统电压分层控制

电力系统电压控制由单元控制、本地控制、全网协调电压控制构成。

单元控制：控制时间为毫秒～秒级，由发电机组励磁调节器通过保持输出变量尽可能地接近设定值，补偿电压快速和随机的变化，以保证机端电压等于给定值，类似于机组一次调频，单元控制必须是自动的。

区域电压控制：控制时间为秒～分钟级，由该区域的一台或多台发电机通过无功闭环联合控制，实现对区域内枢纽母线电压慢速变化的调节。

全网协调电压控制：控制时间为分钟～小时级，一般为 15～30min，以全网安全、经济运行为优化目标，以状态估计和无功电压优化算法为基础，给出各区域中枢节点电压设定值。

发电厂 AVC 正是基于上述电压分层控制而实现，通过 AVC 主站、AVC 子站、机组励磁系统共同实现系统母线电压调整。如图 7-82 所示。

2. AVC 的控制流程

电网调度中心以系统母线电压作为 AVC 调节的目标，而发电厂是通过对励磁电压、励磁电流的调节来间接实现系统母线电压的控制。具体实现方式如图 7-83 所示。FVR/FCR 通过励磁电压

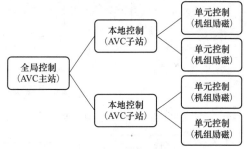

图 7-82　电力系统电压分层控制结构图

或励磁电流的闭环调节控制发电机转子电压或电流，AVR 通过改变发电机转子电压或电流实现对机端电压的闭环调节，而 AVC 将系统母线目标电压按一定的计算方式转换为发电机组的无功功率目标或直接给定机端电压目标，通过无功闭环或机端电压调节实现对系统母线电压的控制。

AVC 功能的实现最终需通过对励磁系统的调节而完成。由 2014 年 7 月常山燃机 1 号机组因 AVC 未设置内部通讯故障闭锁，在 50%负荷时发生通信故障导致母线电压不刷新，AVC 判定调节未到位，机端电压持续上升，同时励磁系统限制也未动作，最终导致机组跳闸的事故可以看出：实际运行中 AVC 的有功、无功，机端电压等限制因素应该与励磁系统的限制合理配合，以避免 AVC 约束条件超出励磁限制范围，而励磁限制又失败时将造成严重后果。

AVC 总体方案如图 7-84 所示。

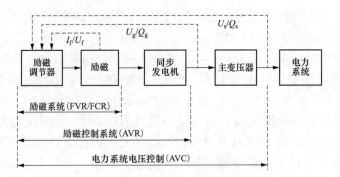

图 7-83 励磁系统对电力系统电压控制示意图

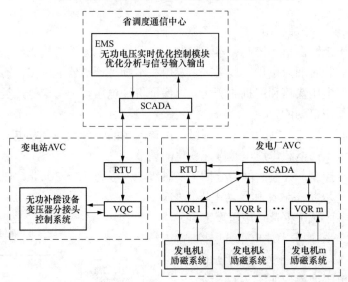

图 7-84 AVC 总体方案

其实施的基本结构如图 7-85 所示。

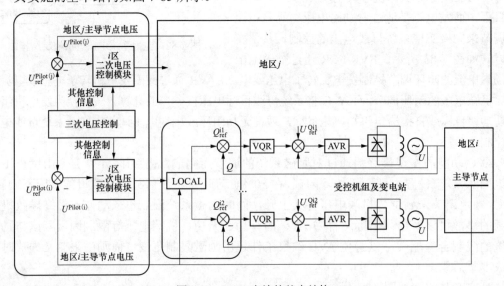

图 7-85 AVC 实施的基本结构

主站侧实施电压控制，即：①三次电压控制，包括无功电压优化、控制灵敏度计算和安全监视；②二次电压控制，包括电压分区、数据滤波和电压控制器。

电厂侧子站端自动电压调节装置实现无功电压的实时调整，既可以按当地设置的电压无功曲线自动调节，也可以按省调发来的电压或无功目标值进行调节。如图 7-86 所示。

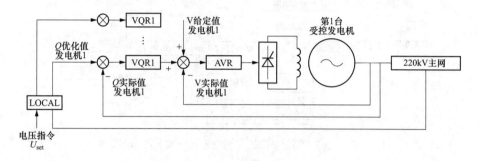

图 7-86　电厂侧子站的实施方案示意图

同时电厂侧大多采用发电机侧无功电压调节装置（VQR），其工作原理如图 7-87 所示。

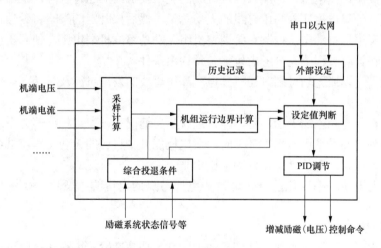

图 7-87　发电侧无功电压调节装置（VQR）原理框图

变电站侧子站端通常采用无功电压控制装置（VQC），具备测量、控制、通信功能，可接收省调发送的控制信息，也可根据预先设定值自行调节，实现无功就地平衡。其工作原理如图 7-88 所示。

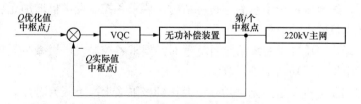

图 7-88　无功电压控制装置原理框图

变电站侧无功电压控制装置（VQC）结构如图 7-89 所示。

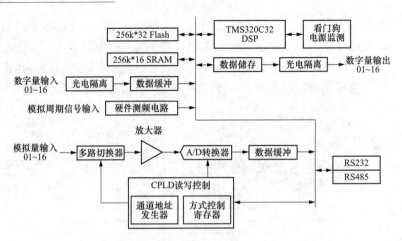

图 7-89　变电站侧无功电压控制装置（VQC）的基本结构

（三）电厂侧 AVC 装置的控制策略与作用

1. 控制方法

由发电厂高压母线电压值、注入高压母线的无功及机组的运行状态，根据设定的高压母线电压目标值，计算出需注入高压母线的无功总量，然后按既定的策略将无功量合理分配给各机组，利用发电厂自动电压控制系统调整机组无功功率或机端电压，使高压母线电压达到系统给定值，在计算过程中充分考虑机组各种约束条件。

在系统急需无功或无功过剩时连接到电厂高压母线的发电机能及时调节。受控发电机应具备的条件是：

（1）发电机具有相当的无功储备，即在系统紧急情况下，发电机能够为系统提供必要的无功支持；另外，当系统电压水平过高时，发电机能减少自己的无功功率，甚至吸收系统多余的无功功率，以保证系统具有良好的电压水平。

（2）发电机无功功率变化能有效地改变电厂节点的电压幅值变化，改善本区域的电压水平。

2. 控制策略

通常，发电机经升压变压器连接到母线上，其无功功率输出大小和裕度可由机端电压参数得以检测。在考虑机端电压是否合适、发电机的稳定裕度等因素基础上，发电厂内各发电机组间的无功功率按功率因数相近的原则分配。运行经验表明，自动控制发电厂无功功率，应保证每台机组机端电压合格且每台机组有相似的调整裕度，这就要求在不同的机组运行情况下采用不同的控制策略：

（1）当高压母线电压低于系统给定目标值时，要求各控制发电机增加无功功率，其大小应根据各控制发电机的无功裕量进行分配；

（2）当高压母线电压高于系统给定目标值时，要求各控制发电机减少无功功率，其大小应根据各控制发电机的无功裕量进行分配；

（3）某个控制发电机发出的无功功率已经达到极限（上、下限）时，计算时需排除无功功率越限的控制发电机。

发电厂 AVC 控制策略的确定，应充分考虑运行机组的各种极限指标和约束条件，以保证发电机在允许的参数下安全、稳定运行。按照就地设置的高压母线目标值或远方发来的电压目标值，控制各台机组的无功功率或电压调整量，使高压母线电压达到控制目标区域以内。根据负荷的变化情况确定是否需要实行逆调压，就地设置电压曲线初期通过经验来确定典型时段。具体的考虑因素有：

1）母线电压设定。母线电压设定改变或本地/远方切换时保证可实现无扰切换；

2）系统阻抗计算。多次修正计算结果，保证计算准确性；

3）电压与无功死区。死区限制，可有效减少调节次数；

4）信号采集准确性。保证装置信号采集准确，信号异常退出；

5）约束条件。机组约束条件、调节器、母线连接方式、辅机等；

6）自动投退。装置异常、信号异常、软件异常等均能退出。

电力系统无功功率优化和补偿是电力系统安全经济运行的一个重要组成部分。通过对电力系统无功电源的合理配置和对无功负荷的补偿，不仅可以维持电压水平和提高电力系统运行的稳定性，而且可以降低网损，使电力系统安全经济运行。电厂侧的 AVC 系统由一个上位机和多个下位机组成，结构如图 7-90 所示。

电力系统无功功率优化和补偿电力系统技术特点：

1）上位机采用多进程程序结构，各个程序进程完成相对独立的功能，分别实现无功调节、通信、事件记录、历史数据记录/显示、接口信号管理配置。如将各个程序同时启动，实际与单个程序实现的功能基本完全一致。

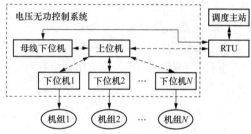

图 7-90　电厂侧电压无功控制系统

2）稳定工控设备，硬件结构简化。

3）装置具有自动复位功能，在程序异常后经断电重启能自动恢复，重新显示接入信号的当前状态。

4）严格的闭锁逻辑判别，异常时闭锁出口，防止误调节。

5）程序输入信号可配置，针对不同电厂、不同机组分别设置。

6）机组无功调节范围可设置，必要时阻止机组进相运行。

7）定值参数可根据不同时段自行调整，满足特殊运行要求。

8）通信接口可满足与其他智能设备接口要求。

3. 原理与结构

（1）控制原理。通过采集母线电压、母线无功（主变压器高压侧无功）功率等实时母线数据，机组有功功率、无功功率、定子电压、定子电流、励磁电压、励磁电流，实时计算出电厂侧的系统阻抗，通过特定算法预测出在设定目标电压值下注入电网的母线无功功率；根据机组 P-Q 曲线图，确定机组无功限制，并将无功变化量以母线机组可调无功权系数的方式，将机组无功功率合理分配至各机组控制器。各机组控制器送出控制命令，通过变更机端电压给定值，调整机组无功，达到实时调节电厂高压侧母线电压的目的。

装置具备系统阻抗的自辨识与在线计算功能，即

$$X = \frac{U_+ - U_-}{\dfrac{Q_+}{U_+} - \dfrac{Q_-}{U_-}}$$

式中 U_-，Q_-——前一次计算系统阻抗时的母线电压和母线送出的总无功功率；

U_+，Q_+——本次计算系统阻抗时的母线电压和母线送出的总无功功率。

算式忽略了母线电压的相位和有功功率对母线电压的影响。

预测系统无功功率

$$Q_{target} = \frac{(U_{target} - U_+)U_{target}}{X} + \frac{Q_+ U_{target}}{V_+}$$

式中 Q_{target}——目标无功功率值；

U_{target}——目标母线电压值。

系统无功功率先用系统阻抗上限进行计算，母线电压随着无功功率调节开始变化，当母线电压变化超过死区值时，将得到较准确的系统阻抗值 $X = \dfrac{U_+ - U_-}{\dfrac{Q_+}{U_+} - \dfrac{Q_-}{U_-}}$，因此可得到精确的系统无功功率预测值。

1）无功功率分配预处理原则为：

a. 如果母线电压和目标电压在死区范围外。

b. 在预测出的系统无功功率中扣除不可调节机组的无功功率，加上所有可调机组的主变压器无功损耗。

$$Q_{target} = Q_{target} - \Sigma Q_{不可调} + \Sigma Q_{unit可调}$$

c. 根据每台机组的 P-Q 图获得每台可调机组当前运行点的无功功率上、下限，得到可调总无功功率上、下限。

$$Q_{adj.max} = \Sigma Q_{unit.max}$$

$$Q_{adj.min} = \Sigma Q_{unit.min}$$

2）无功功率在机组间的分配：

每台机组的无功功率分配

$$Q_{unit} = (Q_{unit.max} + Q_{unit.min}) \times 0.5 + P_{offset}(Q_{unit.max} - Q_{unit.min}) \times 0.5$$

其中：

$$P_{offset} = \frac{Q_{target1} - (Q_{adj.max} + Q_{adj.min}) \times 0.5}{(Q_{adj.max} - Q_{adj.min}) \times 0.5}$$

为每台机组的无功权系数。

现场调试中，分别按平均、比例、等功率因数及向最佳无功运行点调节方式，为参与调压的不同机组分配无功功率目标值。

综合应用上述几种分配方式，以获取最佳的无功功率分配效果。

3）机组无功功率闭环控制。将分配至各在线可调节机组的目标无功功率作为闭环控制器中的设定，再通过控制器内的算法，送出励磁增减调节脉冲，实现机组励磁调节，最终实现机组无功功率闭环控制，达到母线无功功率调节目标，使母线电压跟踪目标电压。

（2）硬件构成。装置由上位机为处理核心，下位机作为控制机构组成，下位机由 PLC 和输入输出回路及控制面板组屏实现，一般配置是一台上位机和一面屏组成一个完整的控制系统。n 为机组台数，该系统的完整配置如下：

1）上位机（工控机）　1 台；

2）上位机中运行的系统软件　1 套；

3）下位机（PLC）　$n×1$ 台；

4）下位机控制软件　$n×1$ 套；

5）AVC 屏及附件　1 面。

电厂侧 AVC 装置构成如图 7-91 所示。

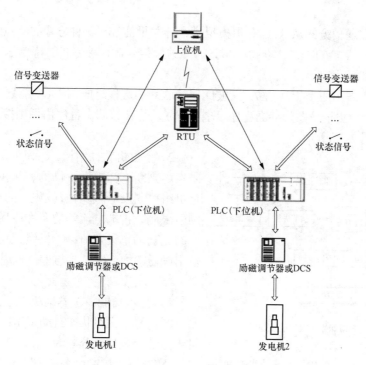

图 7-91　电厂侧 AVC 装置构成示意图

（3）信号接口。AVC 信号一般以通信方式或直接从外部采集获取，当采用通信方式时，需提供与特定设备的通信规约及数据格式。

当从外部获取时，一般信号接口如下配置：

模拟量输入　16 路；

开关量输入　16 路；

开关量输出　16 路；

模拟量输出（可根据现场要求提供）。

1）输入信号包括：

a. 实时母线侧数据：母线电压、无功功率，母线开关位置；

b. 实时机组数据：机组电压、电流、无功功率、有功功率，机组主开关位置；

c. 调节器：励磁电流、励磁电压，励磁调节器投/退、自动/手动方式、告警/异常信号；

d. 主站控制数据：采集主站投退命令和目标电压值。

2）输出信号包括：

a. 励磁调节器：增磁、减磁控制；

b. 主站：装置投退、本地/远方、异常；

c. DCS（可选）：装置投退、本地/远方、异常；

d. 屏柜显示：显示装置的投退、异常、增减磁控制。

3）接口方式。

a. 方式 1。模拟量输入信号从变送器输出得到，要求为 4～20mA 接入，装置输入电阻 250Ω。开关量要求为空触点输入/输出。这种方式的特点是实现容易，且不影响机组及运行设备。

b. 方式 2。通信方式从 RTU 获得模拟量、开关量信号，这种方式的特点是硬件简化。

c. 方式 3。从 TV/TA 二次获得模拟量、开关量信号，这种方式的特点是直接获取信号。

（4）软件结构。

1）上位机程序由四个相互独立，又彼此保持联系的进程组成，按其功能划分为通信程序、调节控制程序、历史记录图形界面程序、事件记录程序。该四个程序由调用接口/同步锁进行调用执行。如图 7-92 所示。

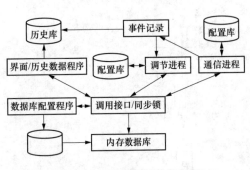

图 7-92 上位机软件结构框图

2）下位机软件结构。①模拟量、开关量实时采集、判断；②根据下位机工况和外部命令，决定机组控制投退；③计算发电机的运行边界条件、励磁限制、机端电流等的允许边界，决定用于控制的无功功率设定值；④机组无功功率闭环调节输出励磁的增或减；⑤与上位机通信。

（5）实现功能。

1）基本功能。①本地/远方无功电压自动控制；②信号、机组状态自动识别；③自动投/退，机组无功合理自动分配。

2）扩展功能。①实时显示采集数据与信号、实时输出控制命令；②最少调次数、最优调节效果；③无功调节限制、机端电压变动限制；④历史数据记录/查询、历史事件追忆；⑤独立的投退控制，机组控制不相互影响；⑥用户权限管理；

3）上位机功能。①经 RS485 总线通信，从下位机获得输入信号数据，无功分配给各下位机，实现整个装置闭环运行；②机组状态识别，实时无功优化与分配；③必要的数据显示与事件记录、事故追忆；④参数限制可配置，适用性好，机组无功调节精确控制；⑤从 RTU 获得主站控制命令；⑥本地/远方控制的无缝切换，自动投退下位机控制输出。

4）下位机功能。①实时信号采集与上传，接收无功控制指令；②机组无功闭环控制；③信号异常识别与控制输出闭锁；④输出装置状态至多个控制设备，便于运行监控。

（6）使用与维护。

1）软件的简单维护。①运行软件检查。查看调节程序，是否系统退出；查看通信程序，通信是否正常；关注事件记录程序是否有新事件信息产生；查看设置管理程序，是否有信号异常。②AVC 调节退出的检查。调节程序、是发电机的调节退出、还是 AVC 系统退出；设置管理程序中信号量是否均正常；事件记录程序当前或最近的信息；屏柜压板和开关是否投入运行。

2）硬件的简单维护。熟悉输入输出信号与接线，理解屏柜图纸；查看屏内是否有异常，操作面板压板或开关有无断开；PLC 是否断电，PLC 是否有告警产生；查看模块指示灯显示与工作方式是否一致。

3）AVC 或机组异常时的处理。机组异常时，若 AVC 没有自动退出，击"停止"；AVC 异常时，查看事件记录程序，必要时击"停止"；若异常消失，则切换到"手动"投入。

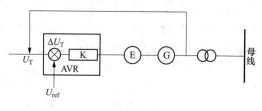

四、AVC 调节原理

脉冲方式增减励磁控制回路，如图 7-93 所示。

图 7-93　脉冲方式增减磁控制回路

图 7-94 为 AVC 软件调节实现过程示意图。

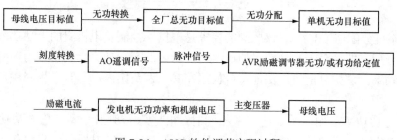

图 7-94　AVC 软件调节实现过程

发电厂的母线电压由机组的机端电压所决定，而机端电压随其无功功率变化，无功功率又受其励磁电流的影响。这样，可以通过动态调节励磁调节器的电压给定值来控制发电机的机端电压，从而实现发电厂电压无功自动调控的目的。

AVC 有三种分配原则，即等裕度分配、等功率因数分配、平均分配。发电厂的机组间无功功率分配时，应在保证各机组机端电压在安全极限内的前提下，同时尽可能同步变化，保持相似的调控裕度。但为了满足不同机组的需求，装置提供了多种分配原则。

五、AVC 算法及控制模式

1. AVC 计算原则

（1）AVC 无功控制策略一般明确采用"分层分区、就地平衡"原则，如出现 500kV 系统大量无功功率穿越主变压器送至 220kV 系统，且导致临近 220kV 电厂发电机组通过调低机端电压吸收过剩无功功率则不是一种合理的运行工况。

（2）不同 AVC 主站间甚至在同一 AVC 主站内不同控制目标如出现协调机制不合理现象，则会影响机组及整个电网的经济性与安全性。

（3）AVC 子站缺少总体设计，设备管理未考虑多专业间的协调配合。目前大多利用原有手动增减励磁回路、有些地方增设了人工增减励磁调节功能的互锁逻辑，从而限制了运行人员对应异常情况的快速处理。

2. AVC 算法

AVC 算法包括等功率因数分配、等裕度分配、等容量分配、平均分配等 4 种分配方式。

（1）等功率因数法。该原则是按照功率因数相同的原则进行各控制发电机的无功功率分配，分配量与各机组的有功功率成线性关系，达到各机组无功功率的上、下极限范围内不再参与调节。

首先判断是否越限全厂总无功上、下限，如越限则取限值，再结合当前总有功功率计算出全厂目标功率因数。对于指定机组，结合其有功功率和算出的功率因数，算出其无功功率目标值，无可调能力的机组不计算，也不参与调控。当有机组无功目标值越限后，需要将该机组的无功功率结合功率因数进行二次分配，即将该机组的无功功率分配至其他有调节能力的机组，如分配后的无功功率与当前无功功率比较进入死区，则无须执行指定机组调控

$$\cos\varphi_1 = \cos\varphi_2 = \cdots = \cos\varphi_i$$

$$\cos\varphi = \frac{\Sigma P_{可调机组}}{\sqrt{\Sigma Q_i^2 + \Sigma P_{可调机组}^2}}$$

$$Q_i = P_i \cdot \frac{\sqrt{1 - \cos^2\varphi}}{\cos\varphi}$$

（2）等裕度分配法（推荐）。该原则的要求是根据各控制发电机组的无功功率裕量大小进行无功功率分配，即剩余无功功率多的机组，提供多的无功功率；剩余无功功率少的机组提供少的无功功率。这样分配可以保证每台机组在其可调范围内总是具有相同额定（百分比）的调控容量。

各机组无功功率增加或减少值比率相同时，根据总无功指令算出总无功功率目标值占全厂总无功功率上、下限的比率，全厂总无功功率上、下限根据每台机组的无功功率上、下限求得。用下发全厂的总无功功率目标和当前全厂总无功功率求出总无功功率目标差值，每台机组的无功功率目标值为在当前的无功基础上加上无功目标差值乘以比率，如机组中有越限的需要进行二次分配，直至无功功率分配完成。若分配后的指定机组无功功率目标值与当前无功功率比较进入死区，则指定机组调控无须执行。

$$\frac{Q_1 - Q_{1.min}}{Q_{1.max} - Q_{1.min}} = \frac{Q_2 - Q_{2.min}}{Q_{2.max} - Q_{2.min}} = \cdots = \frac{Q_i - Q_{i.min}}{Q_{i.max} - Q_{i.min}} = \lambda$$

（3）等容量法。综合考虑总有功功率、无功功率及可调机组的功率范围。

$$Q_i = Q_{n\Sigma} \times \frac{Q_{i.max}}{\sum_{i=1}^{n} Q_{i.max}}$$

（4）平均分配法。该原则是将总无功功率统一平均分配给各台发电机组，而与各发电机组本身的容量大小无关，这种分配极为简单，但不科学，一般实际控制不推荐采用。

$$Q_i = \frac{Q_{m\Sigma}}{n}$$

3. AVC 的主要技术指标

（1）母线日电压曲线电压 $U=f(t)$ 调节单位 0.1kV，$t=0\sim24h$；

（2）电压死区带宽可达 $\pm U=1kV$ 调节单位 0.1kV；

（3）机端电压上下限为额定机端电压的 +/-5%，调节单位 0.1kV；

（4）厂用电压下限为设备运行的允许下限，调节单位 1V；

（5）定子电流上限为定子电流额定值，调节单位 1A；

（6）转子电流上限为转子电流额定值，调节单位 1A；

（7）无功下限和功率因数上下限按运行规程设定；

（8）AVC 软件平均无故障时间（MTBF）：>100000h；

（9）AVC 控制精度：|母线电压−目标电压|<0.5kV；

（10）|机端无功−目标无功|应根据机组的响应特性，控制在 2～10Mvar 以内；

（11）AVC 跟踪速度：调节母线电压变化 1kV，时间小于 300s。

另外还有两项考核指标：

$$AVC功能月投运率 = \frac{AVC月投入闭环运行时间}{机组出力满足AVC运行时间} \times 100\%$$

$$AVC月控制合格率 = \frac{AVC月控制成功次数}{全月控制总次数} \times 100\%$$

4. AVC 控制模式

电厂侧 AVC 控制有闭环控制和开环控制两种。

（1）电厂闭环控制（远方控制）：调度主站系统实时向电厂侧 AVC 子站下发电厂母线电压控制目标，根据该电压目标值，按照一定的控制策略，计算出各台机组的无功功率目标值；或者 AVC 主站实时向电厂侧 AVC 子站系统直接下发各机组的无功功率目标，由 AVC 子站系统直接或通过 DCS 系统向发电机的励磁系统发送增减励磁信号以调节发电机无功功率，使各机组无功功率向目标逼近，形成电厂侧 AVC 子站系统与调度主站系统的闭环控制。

（2）电厂开环控制（就地控制）：调度主站定时向电厂侧 AVC 子站系统下发电厂变压器高压侧母线电压计划曲线，当由于 AVC 主站通信故障使电厂侧 AVC 子站系统退出闭环运行时，将自动跟踪下发的电压计划曲线进行调节。

5. 母线电压控制模式

电厂侧子站系统接收调度主站系统下发的电厂主变压器高压侧母线（节点）电压控制目标后，根据电压控制目标值，按照一定的控制策略，通过计算自动得出电厂需要承担的总无功功率，经总无功功率合理分配给对应每台机组，AVC 子站直接或通过 DCS 系统向发电机的励磁系统发送增减励磁信号以调节发电机无功功率，使电厂主变压器高压侧母线电压达到控制目标值。

6. 单机无功控制模式

电厂侧子站系统直接接收调度主站系统下发的每台机组的无功功率目标值，AVC 子站系统直接或通过 DCS 系统向发电机的励磁系统发送增减励磁信号以调节发电机无功功率，最终使无功功率达到目标值。

六、AVC 异常响应及调节性能要求

1. 异常响应

（1）与调度主站通信中断处理原则。远方控制方式下，如 15min 内未收到调度主站下发的设定值命令，判为通信中断，此时，切换为本地控制方式，原则同 AVC 子站投入运行的处理原则。

（2）机组无功功率单次最大调节量。单机控制模式下，当调度主站下发的机组无功功率设定值与机组当前无功功率值相比，如大于该阈值判为非法命令。AVC 子站维持 15min 内调度主站最后一次下发的正常设定值，并返送调度主站，如无 15min 内最后一次下发的正常设定值，按通信中断处理原则进行处理。

（3）机组无功功率允许设定的最大值/最小值。单机控制模式下，当调度主站下发的机组无功功率设定值超过允许设定的最大值/最小值时，判为非法命令，AVC 子站维持 15min 内调度主站最后一次下发的正常设定值，并返送调度主站，如无 15min 内最后一次下发的正常设定值，按通信中断处理原则进行处理。

（4）母线电压单次最大调节量。母线电压控制模式下，当调度主站下发的电压设定值与母线当前电压值相比，如大于该阈值判为非法命令。AVC 子站维持 15min 内调度最后一次下发的正常设定值，按通信中断处理原则进行处理。

（5）AVC 装置故障、异常、失电。如发生在下位机，对应机组的 AVC 调节异常信号应为 1（异常），对应的机组不再进行电压调节；如发生在上位机，所有机组 AVC 调节异常信号应为 1（异常），所有机组不再进行电压调节。

（6）当 AVC 对应机组长期（超过 15min）调节无效果时，对应机组 AVC 调节异常信号应为 1（异常），暂停对该机组进行 AVC 控制，同时 AVC 子站应发出报警信号到电厂值班员。

（7）当机组 AVR 出现异常信号时，对应机组 AVC 调节异常信号应为 1（异常），暂停对该机组进行 AVC 控制，同时 AVC 子站应发出报警信号到电厂值班员。

（8）当机组 AVC 因异常暂停控制时，该机组设定值取实时值，当该机组异常解除时，取实时值作为其初始设定值。

（9）母线电压控制模式下，当 AVC 子站检测到合环运行的两段母线电压偏差大，如果两段母线电压量测均为有效量测，此时处理原则为：暂停 AVC 控制，发出告警信号到电厂值班员，并将上传调度的控制母线状态设为异常。如检查发现为测量装置问题，应将故障量测置为无效量测，此时，如一段母线无有效量测，修复期间，不再进行两段母线电压偏差检测，恢复相应的 AVC 控制。

（10）本地控制方式下，AVC 子站如接收到调度主站下发的机组无功功率设定值命令，此时应予以忽略，不予采用。

（11）母线电压控制模式下，AVC 子站如接收到调度下发的机组无功设定值命令，应忽略，不予采用，但须返回调度主站下发的命令原值。

（12）单机模式下，AVC 子站如接收到调度主站下发的母线电压设定值命令，应忽略，不予采用，但须返回调度主站下发的命令原值。

（13）测量异常。如：220kV 母线电压测量值超出 90%～110%额定电压范围时判为测量异常。

2. 单机无功控制调节性能要求

（1）无功调节精度在 2～10Mvar 范围内；

（2）调节结束后，机组无功稳定在（无功目标值±无功调节死区）的范围内；

（3）机组无功的调节速度大于 10Mvar/60s；

（4）调节过程中不出现超调，即不超过（无功目标值±无功调节死区）的范围；

（5）机组无功向上调节，当出现电气量到闭锁值时，机组 AVC 下位机发生上调节闭锁信号；

（6）机组无功向下调节，当出现电气量到闭锁值时，机组 AVC 下位机发生下调节闭锁信号；

（7）当所有电气量恢复到闭锁值范围以内时，闭锁信号消失；

（8）当对一台机组无功进行调节时，其他受控机组的无功能稳定在目标值死区范围内。

3. 母线电压控制调节性能要求

（1）电压调节死区在 0.5kV 范围内；

（2）调节结束后，母线电压稳定在（电压目标值±电压调节死区）的范围内，且各机组无功满足既定分配策略；

（3）母线电压的调节速度大于 1.0kV/300s；

（4）调节过程中不出现超调，即不超过（电压目标值±电压调节死区）的范围；

（5）母线电压向上调节，当出现电气量到闭锁值时，机组 AVC 下位机发出上调节闭锁信号；

（6）母线电压向下调节，当出现电气量到闭锁值时，机组 AVC 下位机发出下调节闭锁信号；

（7）当所有电气量恢复到闭锁值范围以内时，闭锁信号消失。

4. 电压曲线控制调节性能要求

（1）电厂 RTU 或 AVC 子站能正确接收调度主站通过国网规约下发的至少后 10 天的电压上、下限值曲线；

（2）AVC 子站母线电压执行值为根据电压限值曲线得到的设定值；

（3）AVC 子站机组无功执行值为计算模块计算得到的机组无功功率设定值；

（4）当母线电压偏离给定的上、下限值范围时，AVC 子站能及时、正确动作，将电压拉回限值范围内，偏离时间不超过 5min；

（5）AVC 子站能长时间保持母线电压运行在给定的上、下限值范围内。

七、AVC 安全约束条件和保护策略

系统对影响机组正常运行的参数具有保护功能，使机组在正常工作条件下尽量满足系统的要求，例如，与主站通信中断、指令超过偏差、机端电压越限、母线电压越限、机组无功越限、AVR 手动控制、机组投退、继电器控制异常等，所有的保护参数均可根据现场实际情况配置，并且根据现场可以提供的保护信号增加或减少保护条件。

通过下位机专用控制输出模块来控制继电器的脉冲和脉宽输出，可以实现输出保护的功能。如果专用控制输出模块断电，继电器失电就自动释放；对于下位机装置断电而输出装置有电的情况，继电器也会自动释放；对于上位机主控模块失电或死机而其他模块均有电的情况，控制输出模块内部自带一个可调节的时间计时器，从继电器吸合开始计时，当达到所设定的时间，若继电器还未释放则发一个命令将继电器释放。

表 7-14 所示是具体的 AVC 软件保护策略。

表 7-14　　　　　　　　　　　　　　AVC 软件保护策略

序号	安全约束条件	触发事件	保护策略
1	母线电压越上限闭锁保护	实测母线电压超过用户指定的上限闭锁保护值	该段母线暂时退出 AVC 调节，待线电压小于上限值时，该段母线重新加入到 AVC 调节
2	母线电压越下限闭锁保护	实测母线电压低于用户指定的下限闭锁保护值	该段母线暂时退出 AVC 调节，待线电压高于下限值时，该段母线重新加入到 AVC 调节
3	母线电压越上限报警	实测母线电压超过用户指定的上限报警值	点亮 AVC 后台母线电压越上限报警光字牌

序号	安全约束条件	触发事件	保护策略
4	母线电压越下限报警	实测母线电压低于用户指定的下限报警值	点亮 AVC 后台母线电压越下限报警光字牌
5	母线 TV 断线闭锁保护	母线实测电压低于用户指定 TV 断线闭锁保护值	AVC 软件退出调节
6	DCS（或 AVR）就地控制闭锁保护	DCS（或 AVR）就地控制信号为真	受该 DCS（或 AVR）控制的发电机组暂时退出无功控制；待该信号为假时，退出的发电机组自动重新参与无功控制
7	AVR 低励磁闭锁保护	AVR 低励磁信号为真	受该 DCS（或 AVR）控制的发电机组暂时退出无功控制；待该信号为假时，退出的发电机组自动重新参与无功控制
8	AVR 过励磁闭锁保护	AVR 过励磁信号为真	受该 DCS（或 AVR）控制的发电机组暂时退出无功控制；待该信号为假时，退出的发电机组自动重新参与无功控制
9	AVR 强励磁闭锁保护	AVR 强励磁信号为真	受该 DCS（或 AVR）控制的发电机组暂时退出无功控制；待该信号为假时，退出的发电机组自动重新参与无功控制
10	励磁装置告警闭锁保护	励磁装置告警信号为真	受该 DCS（或 AVR）控制的发电机组暂时退出无功控制；待该信号为假时，退出的发电机组自动重新参与无功控制
11	励磁装置故障闭锁保护	励磁装置故障信号为真	受该 DCS（或 AVR）控制的发电机组退出无功控制
12	发电机-变压器组 U/f 限制器动作闭锁保护	发电机-变压器组 U/f 限制器动作信号为真	该发电机组暂时退出无功控制；待该信号为假时，退出的发电机组自动重新参与无功控制
13	励磁变压器超温报警闭锁保护	励磁变压器超温报警信号为真	受该 DCS（或 AVR）控制的发电机组暂时退出无功控制；待该信号为假时，退出的发电机组自动重新参与无功控制
14	整流器过热报警闭锁保护	整流器过热报警信号为真	受该 DCS（或 AVR）控制的发电机组暂时退出无功控制；待该信号为假时，退出的发电机组自动重新参与无功控制
15	单机机端电压越上限闭锁保护	实测机端电压超过用户指定的上限闭锁保护值	该发电机组暂时退出无功控制；待机端电压小于上限值时，退出的发电机组自动重新参与无功控制
16	单机机端电压越下限闭锁保护	实测机端电压低于用户指定的下限闭锁保护值	该发电机组暂时退出无功控制；待机端电压高于下限值时，退出的发电机组自动重新参与无功控制
17	单机机端电压越上限告警	实测机端电压超过用户指定的上限报警值	点亮 AVC 后台该机组机端电压越上限报警光字牌
18	单机机端电压越下限告警	实测机端电压低于用户指定的下限报警值	点亮 AVC 后台该机组机端电压越下限报警光字牌
19	单机定子电流越上限闭锁保护	实测定子电流超过用户指定的上限闭锁保护值	该发电机组暂时退出无功控制；待定子电流小于上限值时，退出的发电机组自动重新参与无功控制
20	单机定子电流越下限闭锁保护	实测定子电流低于用户指定的下限闭锁保护值	该发电机组暂时退出无功控制；待定子电流高于下限值时，退出的发电机组自动重新参与无功控制
21	单机定子电流越上限告警	实测定子电流超过用户指定的上限报警值	点亮 AVC 后台该机组定子电流越上限报警光字牌

序号	安全约束条件	触发事件	保护策略
22	单机定子电流越下限告警	实测定子电流低于用户指定的下限报警值	点亮AVC后台该机组定子电流越下限报警光字牌
23	单机有功功率越上限闭锁保护	实测有功功率超过用户指定的上限闭锁保护值	该发电机组暂时退出无功控制；待有功功率小于上限值时，退出的发电机组自动重新参与无功控制
24	单机有功功率越下限闭锁保护	实测有功功率低于用户指定的下限闭锁保护值	该发电机组暂时退出无功控制；待有功功率高于下限值时，退出的发电机组自动重新参与无功控制
25	单机有功功率越上限告警	实测有功功率超过用户指定的上限报警值	点亮AVC后台该机组有功功率越上限报警光字牌
26	单机有功功率越下限告警	实测有功功率超过用户指定的下限报警值	点亮AVC后台该机组有功功率越下限报警光字牌
27	单机无功功率越上限闭锁保护	实测无功功率超过用户指定的上限闭锁保护值	该发电机组暂时退出无功控制；待无功功率小于上限值时，退出的发电机组自动重新参与无功控制
28	单机无功功率越下限闭锁保护	实测无功功率低于用户指定的下限闭锁保护值	该发电机组暂时退出无功控制；待无功功率高于下限值时，退出的发电机组自动重新参与无功控制
29	单机无功功率越上限告警	实测无功功率超过用户指定的上限报警值	点亮AVC后台该机组无功功率越上限报警光字牌
30	单机无功功率越下限告警	实测无功功率低于用户指定的下限报警值	点亮AVC后台该机组无功功率越下限报警光字牌
31	厂用电压越上限闭锁保护	实测厂用电压超过用户指定的上限闭锁保护值	控制该段厂用电的发电机组暂时退出无功控制；待厂用电压小于上限值时，退出的发电机组自动重新参与无功控制
32	厂用电压越下限闭锁保护	实测厂用电压低于用户指定的下限闭锁保护值	控制该段厂用电的发电机组暂时退出无功控制；待厂用电压高于下限值时，退出的发电机组自动重新参与无功控制
33	单机转子电流越上限闭锁保护	实测转子电流超过用户指定的上限闭锁保护值	该发电机组暂时退出无功控制；待转子电流小于上限值时，退出的发电机组自动重新参与无功控制
34	单机转子电流越下限闭锁保护	实测转子电流低于用户指定的下限闭锁保护值	该发电机组暂时退出无功控制；待转子电流高于下限值时，退出的发电机组自动重新参与无功控制
35	AVC子站长时间接收不到主站命令闭锁保护	主站下发一次命令后不再下发命令	AVC子站在超过所设定的时间（1~10min）未收到新的指令，按事先所设定切换到本地曲线或保持上次目标值或闭锁保护
36	系统低频振荡闭锁保护	机组有功功率持续增减变化且变化率超过所设门槛值	AVC子站收到交流采样装置发出的低频振荡遥信后闭锁保护
37	系统大扰动闭锁保护	机组机端电压或定子电流变化率超过所设门槛值	AVC子站收到交流采样装置发出的系统大扰动遥信后闭锁保护

八、AVC子站实现方法及与发电机组励磁系统、DCS的关系

1. AVC子站实现方法

AVC子站无功分配策略最终都需要励磁装置保持无功或电压达期望值水平。目前能实现的接口方式有开关量、模拟量和数字通信方式，数字通信方式牵涉机组现地控制单元（LCU）与励磁之间控制方式可靠性问题，没有广泛应用，暂不予以讨论。

由于AVC控制是一个无功闭环控制系统，无论是开关量还是模拟量都需要实现机组闭环

控制,而开关量和模拟量控制的本质区别是机组无功闭环是在励磁系统还是机组 LCU 中实现的问题。

如果是模拟量控制方式,则机组无功闭环控制在励磁系统中实现。优点是无功控制精确,调节时间短;缺点是模拟量控制可能受到干扰,且由于励磁系统工作在无功闭环控制模式,存在一定的安全性问题,个别地区调度部门曾明确禁止励磁系统长期运行在此方式下。

如果是开关量控制方式,则机组无功闭环控制在 LCU 中实现。优点是励磁控制模式不受影响,原有监控系统与励磁之间的控制方式不变;缺点是机组 LCU 无功调节时间长,且容易超调。

(1)DCS 实现 AVC 子站功能。通过 RTU 与中调的通信通道,接收来自调度的"AVC 目标电压指令"和"AVC 投入/退出指令",并在 RTU 中将"目标电压值"转换为 4~20mA 模拟信号,将"投入/退出指令"转换为开关量信号,送至 DCS。同时读取 DCS 中发电机组当前的运行参数,如发电机端电压、220kV 母线电压、6kV 母线电压、发电机定子电流、转子电流、发电机无功功率、发电机有功功率以及与调节有关的一些约束条件,如端电压限制、定子电流限制等。当完成所需模拟量数据的采集后,DCS 系统就进入判断和执行程序,对励磁系统下发控制指令。

(2)专用 AVC 子站功能。调度中心 AVC 主站每隔一段时间对网内装设子站的发电机组或电厂下发母线电压指令或无功功率目标指令,发电厂侧 AVC 子站同时接收主站的母线电压指令或无功功率指令和远动终端采集的实时数据。通过对主站目标指令及终端数据计算,并综合考虑系统及设备故障以及 AVR 各种限制、闭锁条件后,给出当前运行方式下,在发电机调整能力范围内的调节方案,然后经由 DCS 系统(或直接)向励磁调节器发出控制信号,通过增减励磁调节器给定值来改变发电机励磁电流,进而调节发电机无功功率,使机组无功功率或母线电压调节至调度中心下达的母线电压或无功功率目标。

2. 专用 AVC 子站与 DCS 关系

AVC 子站系统励磁调节器信号与发电机励磁系统接口应满足两种方式,即励磁调节信号可直接输出至发电机的励磁调节器(AVR),可以输出至电厂 DCS 系统,再由 DCS 系统通过 AVR 对发电机励磁进行调节。无论是否经 DCS 系统,机组人工手动增、减励磁操作涉及机组安全、属于机组运行调控的重要功能。AVC 投运后不应将运行人员对于机组无功的调节控制权限全部取消,而是应当允许其在一定的前提条件下可以根据机组运行情况直接进行主动干预,共同保障机组安全、经济运行,从而实现"在信息技术下的人员、产品与机器之间的互动"。

一般要求机组通过 DCS(或 ECD、或 DEH)接入 AVC 子站,AVC 通过 DCS 系统控制切换逻辑,借用原 AVR 控制物理通道调控 AVR,严禁 AVC 新增 AVR 控制通道与原 DCS 系统 AVR 控制通道物理并联。

AVC 需手动投入,自动退出功能。

3. AVC 子站与 DCS 操作流程

(1)正常投入流程。DCS 发出投入指令 10s 内收到 AVC 反馈的 AVC 投入状态信号后,DCS 需要把 AVR 增/减磁控制权限切至 AVC 自动控制方式,同时屏蔽 DCS 手动增/减磁方式;若 10s 后仍未收到 AVC 投入状态信号,DCS 不切换 AVR 增/减磁控制权限,并且输出 AVC

装置异常告警。

（2）正常退出流程。DCS 发出退出指令，AVR 增/减磁控制权限切回 DCS 手动控制方式。如果 10s 内 DCS 装置未收到 AVC 装置应反馈 AVC 退出状态信号，DCS 装置发出 AVC 装置异常告警。

（3）DCS 增/减磁设置。DCS 装置在 AVC 投入状态下收到 AVC 装置发出的增/减磁指令后，需按照固定脉宽输出至 AVR 励磁装置。

在上述过程中，DCS 采用上升沿检测方式检测 AVC 的增/减磁指令；DCS 装置输出至 AVR 的增/减磁脉宽应在线设置。

4. AVC 数据采集与人机界面的要求

AVC 数据采集系统包括模拟量采集数据和开关量采集数据。

（1）模拟量采集数据。AVC 子站必须能够实时获取的运行数据（模拟量）包括发电厂高压母线电压、发电机端电压、发电机定子电流、发电机有功功率、发电机无功功率、厂用电母线电压。其中，电压类数据要求精确 0.2%，电流类数据要求精确 0.2%，功率类数据要求精确 0.5%。AVC 子站所获取的实时运行数据源（交流采样装置或变送器）必须进行专项现场校验，参照标准《交流采样远动终端技术条件》（DL/T 630—1997）。AVC 子站实时运行数据优先采用 RTU/NCS 等系统同步数据，推荐采用 104 数据通信规约；没有条件采用 104 规约设计的，必须采用 101 规约。数据通信要求数据源数据变化死区为 0。

（2）开关量采集数据。开关量采集数据包括：相关机组断路器、隔离开关信号；各机组励磁系统正常、异常新信号；相关保护动作信号；相关故障告警信号。

（3）对于采集数据的要求。

1）能够处理实时数据的量测质量位，防止使用无效量测。

2）具备数字滤波功能。对所生成数据进行数字滤波，保证无功电压控制数据源的准确性，防止数据突变引起误控。

3）能够对 SCADA 数据进行辨识，检查错误量测、开关状态，并列表显示，对重要数据错误具备报警功能。

AVC 子站系统采集的信号量包括遥测量和遥信量，分别从下位机（采集数据）和省调 AVC 主站采集（通过调度数据网）。

为了保证 AVC 控制的安全性和可靠性，防止由于量测的原因造成 AVC 子站系统误调节，AVC 子站对用于无功电压控制的电厂主变压器高压侧母线电压和机组无功功率等关键量测必须具备双量测，并进行双量测处理。

当 AVC 子站检查到双量测偏差大于允许的限值时，应暂停 AVC 控制，同时相应机组的 AVC 下位机的上调节或下调节闭锁信号应为闭锁，如检查发现为测量装置问题，可将故障量测置为无效量测，故障恢复期间仅有一个有效量测，不再进行双量测偏差检测，恢复相应的 AVC 控制。如双量测偏差小于允许的偏差限值，此时需选取其中一个量测作为主量测，主量测的选取原则为必须与中调 AVC 主站所选主量测同源。

（4）DCS 界面要求。要求在 DCS 中设计安全防护逻辑，并设计相应的操作（AVC 投入/退出模块）和报警画面（AVC 总报警信号）。

（5）AVC 界面要求。

1）提供 AVC 系统运行工况监视画面（包括 DCS 送给 AVC 的信号；AVC 本身逻辑产生

的信号；各种限制信号等）；

2）提供机组/母线运行工况监视画面（包括发电机有功功率、无功功率，机端电压、电流，励磁电流等）；

3）提供界面支持参数配置与系统管理；

4）提供界面支持通过软开关投入、退出电厂 AVC 系统功能；

5）提供界面支持进行母线电压控制模式和单机无功控制模式的切换；

6）提供界面支持人工输入各高压侧母线电压目标值进行控制；

7）提供界面支持人工输入各机组无功功率目标值进行控制；

8）提供界面支持人工输入电压计划曲线进行控制；

9）可以绘制、修改主接线图；

10）可绘制饼图、棒图、实时曲线和趋势曲线。

5. 发电厂 AVC 子站与励磁配合关系

（1）励磁系统数据采集。励磁系统采集的实时运行数据包括发电机机端电压、定子电流、有功功率、无功功率、转子电流等。电压、电流类数据要求精确 0.2%，功率类数据要求精确 0.5%。一般情况下励磁系统与 AVC 采集的发电机机端电压、电流、功率等数据非同源，但应特别注意 AVC 闭锁用的发电机机端电压、定子电流、有功功率、无功功率、转子电流等数据应与励磁系统采集到的数据一致。

（2）励磁系统限制。

1）定子电流限制。定子电流限制可以区分为进相、滞相过流限制，根据进相侧和滞相侧运行区间分别设定限制参数。限制方式有定时限、反时限两种，限制值可按照不超过发电机过负荷保护定值设置，定时限部分一般为 1.05～1.10 倍发电机额定电流。

2）低励磁限制器（包括 P/Q 限制、最小励磁电流限制）。用于防止发电机进相深度过大而失去静态稳定，定子绕组端部磁密过高引起发热，机端电压、厂用母线电压过低致使机组异常运行。一般低励磁限制曲线可以整定成一条直线，或几段折线（N 点拟合曲线），现场应用多为多段折线（曲线），实际限制值依据进相试验数据整定。

进相试验一般限制条件：

a. 试验发电机定子电压不得低于 0.9（标幺值）。

b. 试验发电机高压厂用母线电压不得低于 0.95（标幺值）。

c. 试验中发电机定子电流的限制值为 1.0（标幺值）。

d. 试验发电机功角 δ 应限制在 70°以内。

e. 试验发电机定子铁芯及端部绕组温度低于 100℃。

最小磁场电流限制器：可能在较深的进相状态下运行，对应的励磁电流有可能接近于零。这种情况下，最小磁场电流限制器确保磁场电流不小于最小限制值，限制值可根据最大进相深度时的励磁电流设定。

3）过励磁限制器（包括空载过励磁限制、负荷过励磁限制）。空载过励磁限制为防止空载误强励磁引起设备损坏，负荷过励磁限制功能是用于防止发电机运行中励磁电流长时间过大，导致发电机转子绕组过热而损坏。限制方式有定时限、反时限两种，定时限动作值按照不超过发电机转子过负荷保护设定，不应超过 1.1 倍额定励磁电流；反时限部分可按保证强励磁时 10s 时间内 2 倍额定励磁电流设定。

4）U/f（V/Hz）限制器。U/f（V/Hz）限制为防止电压过高或频率过低引起发电机或主变压器的过励磁将造成铁芯过热，因此在励磁调节器内部设置了 U/f（V/Hz）限制器即过激磁限制器。限制方式有定时限、反时限两种，定时限一般取 1.05～1.10（标幺值），反时限限制值可设定为低于发电机-变压器组保护过激磁动作值。

5）过电压限制。过电压限制防止发电机过电压，一般为定时限。可按照不超过发电机额定电压的 1.05 倍设定。

（3）AVC 数据采集。AVC 子站需获取的模拟量数据包括发电厂主变压器高压母线电压、发电机端电压、定子电流、有功功率、无功功率、转子电流、高压厂用电母线电压。其中，电压类数据、电流类数据要求精确 0.2%，功率类数据要求精确 0.5%。AVC 子站实时运行数据优先采用 RTU/NCS 等系统同步数据，推荐使用 104 规约，没有条件使用 104 规约设计的，必须使用 101 规约，数据通信要求数据源数据变化死区为 0。

采集的开关量数据有：相关机组断路器、隔离开关信号，励磁系统正常、异常、限制信号，发变组保护动作信号等。

AVC 子站采集数据的要求：

1）能够处理实时数据的量测质量，检查错误量测、开关状态，并列表显示，对重要数据具备错误报警功能，防止使用无效量测。

2）具备数字滤波功能。对所生成数据进行数字滤波，保证无功电压控制数据源的准确性，防止数据突变引起误调控。

3）为了保证 AVC 控制的安全性和可靠性，防止由于量测的原因造成 AVC 子站系统误调节，AVC 子站对用于无功电压控制的电厂主变压器高侧母线电压和机组无功功率等关键量测必须具备双量测。当 AVC 子站检查到双量测偏差大于允许的限值时，应暂停 AVC 控制，同时相应机组的 AVC 下位机的增磁或减磁闭锁信号应为闭锁，特别注意主量测的选取原则必须与中调 AVC 主站所选主量测同源。

（4）AVC 的闭锁条件及与励磁配合。在机组投入 AVC 运行时，应保证发电机的电压、电流、功率等参数在正常范围之内，当机组运行出现异常情况时应闭锁 AVC 调节，以保证机组安全可靠运行。AVC 闭锁条件如下：

1）系统及自身闭锁：与主站通信中断、系统振荡、增减励磁同时出现、控制超时等，无需与励磁系统配合。

2）开关量闭锁：励磁系统中过励磁限制、欠励磁限制、U/f 限制、定子电流限制、发电机机端电压限制等闭锁增减励磁的信号，励磁系统运行异常或退出自动运行方式的信号，发电机-变压器组保护动作等信号均应该直接或间接（经 DCS）送至 AVC，AVC 对相关信号逻辑处理后闭锁自身对励磁系统的调节。

3）模拟量闭锁：发电机组定子电压、定子电流、有功功率、无功功率、转子电流、高压厂用母线电压、主变压器高压侧电压等，一般采用定时限方式，设定值可按照与励磁设定值 5%～10%的级差配合。

a. 发电机定子电压高限应小于励磁系统过电压限制值，可设为 1.03～1.04（标幺值），低限应大于进相试验时发电机最低机端电压，可设为 0.91～0.92（标幺值）。

b. 发电机定子电流应小于励磁系统定子电流定时限限制设定值，可设定为发电机额定电流。

c. 发电机最大励磁电流应低于过励磁限制定时限设定值，可设为发电机额定励磁电流，最小励磁电流应大于进相试验时的最小励磁电流限制设定值，可取 1.05～1.1 倍最小励磁电流设定值。

d. 发电机组无功高限可按照不超过发电机额定无功功率设定，无功低限建议采用几段折线（曲线）的形式，曲线在发电机运行 P/Q 平面上应高于励磁调节器 P/Q 限制曲线，对应同一有功功率下的无功设定值，可按照励磁无功设定值的 90%～95%设定（例如，励磁系统 P=300MW 时 Q 设定为–50MW，此时 AVC 在 P=300MW 时 Q 可设定为–45～–47.5MW）。

e. 发电机组高压厂用母线电压高限设定值可设定为 1.05（标幺值），低限应大于进相试验时高压厂用母线电压最低电压，可设定为 0.96（标幺值）。

f. 发电厂主变压器高压侧母线电压按照调度要求设定，无需与励磁系统配合。

（5）DCS 与 AVC 励磁接口要求。AVC 子站与发电机励磁系统接口应满足两种方式，即励磁调节信号可直接输出至发电机的励磁调节器（AVR），可以输出至电厂 DCS 系统，再由 DCS 系统通过 AVR 对发电机励磁进行调节。但为保证机组安全运行，AVC 投运后不应将运行人员对于机组无功的调节控制权限全部取消，而是应当允许其在一定的前提条件下可以根据机组运行情况直接进行主动干预，因此建议通过 DCS 接入 AVC 子站，AVC 通过 DCS 系统控制切换逻辑，借用原 AVR 控制物理通道调控 AVR，严禁 AVC 新增 AVR 控制通道与原 DCS 系统 AVR 控制通道物理并联。

同时励磁系统状态信号可先送至 DCS，经 DCS 逻辑处理后再送至 AVC，可减少励磁、DCS 与 AVC 与之间的状态量传输，提高运行可靠性。

励磁系统状态信号应该以无源触点方式输出至 DCS 或 AVC 子站。AVC 增减励磁输出信号也要求使用无源节点，以脉宽、脉冲信号输出，可适应各种 AVR 的接口特性。但由于脉宽方式在触点发生粘连，会导致机组运行不稳定甚至非停，因此建议 AVC 输出为脉宽可调的脉冲信号，并且两次发出的脉冲间隔的时间可调。

AVC 与励磁系统均是电力系统电压调节的重要组成部分，在实际应用中有各自的调节范围及限制条件，通过 AVC 与励磁系统的合理配合，可有效提高发电机组及电力系统运行的可靠性。

九、AVC 装置调试方法和注意事项

（一）调试项目

1. 设备间接口调试

AVC 系统内部主控单元与执行终端接口调试；

AVC 系统与 DCS 接口调试；

AVC 系统与远动系统接口调试；

AVC 系统与调度主站接口调试。

2. AVC 子站系统运行调试

AVC 子站系统与调度主站闭环运行常态试验；

AVC 子站系统本地开环运行常态试验；

AVC 子站系统调控精度试验；

AVC 子站系统调控速度试验；

AVC 子站系统安全性能试验。

（二）调试方法

1. 调试步骤和内容

（1）硬件检查。AVC 电源控制模块的检查：AVC 电源控制模块的工作电源选用与控制板相同的电源模块，即二者必须同电源。

AVC 输出驱动模块，适用于现场采用脉冲调节方式和脉宽调节方式情况下，AVC 系统增磁和减磁调控命令的输出。AVC 输出驱动模块与控制板相配套使用，遥调量采用电压型的 0～5VDC 信号输出来驱动 AVC 输出驱动模块。

现场所用的 AVC 输出驱动模块数量应与现场参与调节的发电机组的数量一致，即每台发电机组配备一块 AVC 输出驱动模块。

（2）AVC 装置的仿真运行测试。AVC 整套装置（上位机和下位机）通电长时间运行，检查系统硬件有无异常，PLC 是否正常工作，工控机操作系统的运行有无异常。检查内容：

1）屏柜上电，无电源电压跌落或设备损坏；

2）允许 PLC 模块有异常出现，PLC 程序更改后消失；

3）屏柜操作面板指示灯无异常，确认故障灯亮的原因；

4）工控机上电，显示器显示工作正常；

5）PLC 断电，开入量模块应能显示接入的信号；

6）PLC 断电恢复后，程序能自动运行、无异常。

运行上位机和下位机中 AVC 的控制程序，上位机所需的输入信号以模拟方式（强制）实现，实际信号没有接入，运行 AVC 程序，各个程序能实现基本功能，界面操作无异常或退出，能实现预定各项功能。

上位机程序检查内容：

a. 查看调节程序界面，输入信号是否有效；

b. 对程序界面、图形文字显示部分测试，是否有异常；

c. 运行的程序无异常中止或退出现象；

d. 查看运行中程序，检验调节程序无功优化的功能。

（3）主站至 RTU 和 AVC 装置的通道信号调试。

1）主站发送主站投入、主站退出命令，AVC 装置接收；

2）主站发送目标电压值，AVC 装置接收；

3）AVC 装置上传 AVC 装置状态信息，主站接收。

（4）AVC 与 DCS 接口试验。DCS 内部 AVC 相关逻辑如图 7-95 所示。

1）DCS 接收状态信号试验。

试验条件：AVC 软件处于运行状态；DCS 系统处于运行状态。

试验步骤：

a. 在 AVC 系统软件运行时，进入"开关量输入/输出试验"状态；

b. 在机组 DCS 进入 AVC 画面，监控状态信号；

c. 选择"自检正常"，设置长输出；

d. 选择"闭环运行"，设置长输出；

e. 选择"增磁闭锁"，设置长输出；

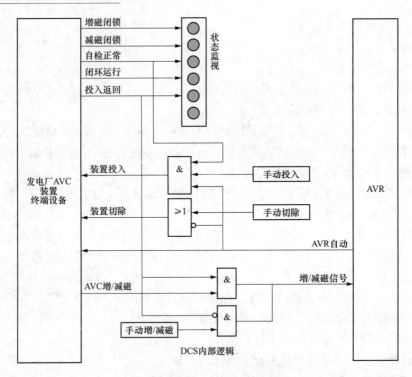

图 7-95 DCS 内部 AVC 相关逻辑

f. 选择"减磁闭锁",设置长输出。

2）DCS 手动投切 AVC 试验。

试验条件：AVC 软件处于运行状态；DCS 系统处于运行状态。

试验步骤：

a. 在机组 DCS 画面手动投入机组 AVC,观察机组执行终端和中控单元界面。

b. 在机组 DCS 画面手动切除机组 AVC,观察机组执行终端和中控单元界面。

3）AVC 与 DCS 增/减磁互锁试验。

a. DCS 增/减磁试验。

试验目的：检验 AVC 增/减磁与 DCS 原手动增/减磁互锁。AVC 投入时,DCS 的手动升压降压是否被闭锁,AVC 切除后,DCS 是否能增减励磁。

试验条件：AVC 软件处于开关量输入/输出试验状态；DCS 系统处于运行状态。

试验步骤：

a）在"开入开出试验"画面上选择"投入返回"信号设置长输出；

b）在 DCS 输出"增磁"信号,在 AVR 侧观察/记录增磁灯是否亮；

c）在 DCS 输出"减磁"信号,在 AVR 侧观察/记录减磁灯是否亮；

d）在"开入开出试验"画面上取消"投入返回"信号输出；

e）在 DCS 输出"增磁"信号,在 AVR 侧观察/记录增磁灯是否亮；

f）在 DCS 输出"减磁"信号,在 AVR 侧观察/记录减磁灯是否亮。

注意：机组不停机试验时,增/减励磁试验应严密监视机组运行情况,发现异常立即停止试验。

b. AVC 增/减磁试验。

试验目的：检验机组执行终端增减励磁信号输出是否正常。

试验条件：AVC 软件处于开关量输入/输出试验状态；各执行终端上电。投入各执行终端 AVC 压板。

试验步骤：

a）在"开入开出试验"画面上选择"投入返回"信号设置长输出；

b）在"开入开出试验"画面上选择"增磁"信号输出 1000ms，在 AVR 侧观察/记录增磁灯是否亮；

c）在"开入开出试验"画面上选择"减磁"信号输出 1000ms，在 AVR 侧观察/记录减磁灯是否亮；

d）在"开入开出试验"画面上取消"投入返回"信号输出；

e）在"开入开出试验"画面上选择"增磁"信号输出 1000ms，在 AVR 侧观察/记录增磁灯是否亮；

f）在"开入开出试验"画面上选择"减磁"信号输出 1000ms，在 AVR 侧观察/记录减磁灯是否亮。

注意：机组不停机试验时，增/减励磁试验应严密监视机组运行情况，发现异常立即停止试验。

（5）AVC 与远动系统接口试验。

接收远动系统转发遥测数据试验：

试验目的：检验 AVC 是否能正确接收远动系统转发的遥测数据。

试验条件：AVC 软件处于运行状态；远动系统处于运行状态。

试验步骤：

1）切除所有执行终端，拔下各执行终端压板；

2）远动厂家人员配合、调试远动装置，并转发电厂母线及机组遥测数据；

3）在中控单元界面观察/记录接收到的遥测数据。

（6）AVC 子站与调度端主站系统接口试验。

包括调度下发的指令［220kV（500kV）母线电压指令］；上传调度主站遥信数据试验（上传信息包括：AVC 系统上传遥信信息【AVC 投入/退出、机组投/退、AVC 增磁闭锁、AVC 减磁闭锁】；AVC 系统上传遥测信息【电压调控目标】）；

（7）AVC 增/减磁脉宽整定试验。

试验目的：得出近似的脉冲调控斜率。

试验条件：AVC 软件处于运行状态，其他接口设备运行正常。

试验步骤：

1）AVC 软件处于操作状态，进入"开关量输入/输出试验"；

2）投入执行终端增减励磁压板；投入机组 AVC；

3）设置机组增磁、减磁脉宽，并记录无功功率变化；

4）切除机组 AVC，解开压板。

（8）AVC 投入离线调试（输出压板不投入）。

1）AVC 装置所有模拟量信号通道的精度、开关量输入信号通道准确度、开关量输出信号通道的准确度测试；

2）输入信号全部正确接入，反映母线、机组和调节器的当前状态；模拟量输入正确有效；

3）启动上位机调节程序，程序能正确显示输入量，程序预测与分配无功正确。

（9）AVC 投入在线调试（输出压板投入）。

1）"手动调节"设定电压目标值。在 AVC 装置上位机的 AVC 调节程序（无功优化调节）画面中，手动设定目标电压值，观察电厂母线的无功预测及机组无功分配、各在线机组无功调节状况。

2）"本地计划"设定电压目标值。调节程序画面中，预先设置调试当天的 AVC 电压计划曲线，曲线设置依据运行日志。单击"本地预设"，目标电压取自程序文件的数据库中的电压点的电压值，观察电厂母线的无功预测及机组无功分配、各在线机组无功调节状况。

3）"RTU 远方调节"设定电压目标值。当主站发送投入命令后，单击"RTU 远方调节"，主站发送目标电压值，观察电厂母线的无功预测及机组无功分配、各在线机组无功调节状况。

2. 注意事项

（1）进行装置性能和接入信号的离线测试（不投入增减励磁回路压板）时，不影响在线机组的工作状态。

（2）进行在线方式调试（投入增、减励磁回路压板）时，要监视机组无功的变化，考虑受试机组有进相运行的可能，如励磁系统告警应停止试验。

（3）在本地闭环控制时，应允许机组无功有较大的调节范围，调节母线电压时，应关注厂用母线电压变化，保证在厂用电调整范围内调压，运行人员应监视机组相关数据/状态变化。

（4）试验前必须得到调度的许可或批准，且调试时间在许可或批准时间内，超出则提早向调度申请。

（5）试验过程中若出现机组或系统某一线路跳闸或其他事故，应立即停止试验，并根据事故情况迅速按运行规程规定及时进行处理。

（6）试验过程中，如发生振荡发散应立即切换到手动调节方式运行，如仍然振荡应立即增加励磁，并同时减小有功负荷，必要时解列机组。

（7）参加试验的工作人员要服从电厂工作人员的安排。

（8）试验开始与终止都应由电厂运行当班值长向调度汇报。

（三）AVC 系统常态试验

1. 电压控制试验

试验目的：验证远方电压控制时，AVC 子站运行是否正常。

试验条件：AVC 软件处于运行状态，其他接口设备运行正常。

试验步骤：

（1）投入执行终端增减磁压板；投入机组 AVC；

（2）申请调度分别下发增电压指令和减电压指令；

（3）观察/记录机组 AVC 运行，并记录电压，无功变化。

2. 电压死区测试试验

试验目的：检验 AVC 在电压进入调节死区时是否控制。

试验条件：AVC 软件处于运行状态，其他接口设备运行正常。

试验步骤：

（1）设置 AVC 为远方；

（2）解除机组执行终端增减励磁压板，投入机组 AVC；

（3）申请调度主站下发母线电压设定值为当前电压；

（4）观察/记录 AVC 中控单元。

（四）AVC 子站系统安全性能试验

1. 中控单元与执行终端通信中断试验

试验目的：检验中控单元在与执行终端通信中断时，是否放弃对该执行终端的控制。

试验条件：AVC 软件处于运行状态，其他接口设备运行正常。

试验步骤：

（1）解除机组执行终端增减励磁压板，投入机组 AVC；

（2）解开屏柜端子排上对应机组执行终端与上位机的通信线；

（3）在中控单元侧观察/记录机组执行终端状态。

2. 中控单元与远动系统通信中断试验

试验目的：检验 AVC 与远动通信中断时，是否正确控制。

试验条件：AVC 软件处于运行状态，其他接口设备运行正常。

试验步骤：

（1）解除机组执行终端增减励磁压板，投入机组 AVC；

（2）设置 AVC 为远方控制，切换模式为自动；

（3）从主机屏端子排处解开对应 AVC 与 RTU 通信线，观察/记录 AVC 系统运行状态；

（4）5min 后恢复 AVC 与 RTU 通信线，观察/记录 AVC 系统运行状态。

3. 母线电压越限试验

试验目的：检验 AVC 在母线电压越限时，是否正确控制。

试验条件：AVC 软件处于运行状态，其他接口设备运行正常。

试验步骤：

（1）解除机组执行终端增减励磁压板，投入机组 AVC；

（2）设置母线电压高限制值在当前电压之下，观察/记录 AVC 系统运行；

（3）设置母线电压有效高限制值在当前电压之下，观察/记录 AVC 系统运行；

（4）设置母线电压低限制值在当前电压之上，观察/记录 AVC 系统运行；

（5）设置母线电压有效低限制值在当前电压之上，观察/记录 AVC 系统运行；

（6）恢复母线电压限制值设定。

4. 机组有功越限试验

试验目的：检验 AVC 在机组有功越限时，是否正确控制。

试验条件：AVC 软件处于运行状态，其他接口设备运行正常。

试验步骤：

（1）解除机组执行终端增减励磁压板，投入机组 AVC；

（2）设置机组有功高限制值在当前有功之下，观察/记录 AVC 系统运行；

（3）设置机组有功有效高限制值在当前有功之下，观察/记录 AVC 系统运行；

（4）设置机组有功低限制值在当前有功之上，观察/记录 AVC 系统运行；

（5）设置机组有功有效低限制值在当前有功之上，观察/记录 AVC 系统运行；

（6）恢复机组有功限制值设定。

5. 机组无功越限试验

试验目的：检验 AVC 在机组无功越限时，是否正确控制。

试验条件：AVC 软件处于运行状态，其他接口设备运行正常。

试验步骤：

（1）解除机组执行终端增减励磁压板，投入机组 AVC；

（2）设置机组无功高限制值在当前无功之下，观察/记录 AVC 系统运行；

（3）设置机组无功低限制值在当前无功之上，观察/记录 AVC 系统运行；

（4）设置机组无功有效高限制值在当前无功之下，观察/记录 AVC 系统运行；

（5）设置机组无功有效低限制值在当前无功之上，观察/记录 AVC 系统运行；

（6）恢复机组无功限制值设定。

6. 机组机端电压越限试验

试验目的：检验 AVC 在机组机端电压越限时，是否正确控制。

试验条件：AVC 软件处于运行状态，其他接口设备运行正常。

试验步骤：

（1）解除机组执行终端增减励磁压板，投入机组 AVC；

（2）设置机组机端电压高限制值在当前机端电压之下，观察/记录 AVC 系统运行；

（3）设置机组机端电压低限制值在当前机端电压之上，观察/记录 AVC 系统运行；

（4）设置机组机端电压有效高限制值在当前机端电压之下，观察/记录 AVC 系统运行；

（5）设置机组机端电压有效低限制值在当前机端电压之上，观察/记录 AVC 系统运行；

（6）恢复机组机端电压限制值设定。

7. 机组机端电流越限试验

试验目的：检验 AVC 在机组机端电流越限时，是否正确控制。

试验条件：AVC 软件处于运行状态，其他接口设备运行正常。

试验步骤：

（1）解除机组执行终端增减励磁压板，投入机组 AVC；

（2）设置机组机端电流高限制值在当前机端电流之下，观察/记录 AVC 系统运行；

（3）设置机组机端电流低限制值在当前机端电流之上，观察/记录 AVC 系统运行；

（4）设置机组机端电流有效高限制值在当前机端电流之下，观察/记录 AVC 系统运行；

（5）设置机组机端电流有效低限制值在当前机端电流之上，观察/记录 AVC 系统运行；

（6）恢复机组机端电流限制值设定。

8. 增/减励磁调节无效试验

试验目的：检验 AVC 在增/减励磁调节无效时，是否正确控制。

试验条件：AVC 软件处于运行状态，其他接口设备运行正常。

试验步骤：

（1）解除机组执行终端增减励磁压板，投入机组 AVC；

（2）分别输入增/减电压指令，观察/记录 AVC 系统运行。

十、AVC 系统投运

1. AVC 控制系统投入运行前的检查

（1）执行终端。执行终端指示灯如表 7-15 所示。

表 7-15 执行终端指示灯

序号	指示灯名称	含 义	正常状态	备注
1	AVR 自动	励磁调节器当前手/自动及运行正常状态	亮	AVR 自动及运行正常时亮
2	投入返回	该机组 AVC 系统执行终端当前投入/切除状态	亮	DCS 已投入 AVC 时亮
3	通信正常	执行终端与中控单元当前的通讯状态及中控单元与网调和 RTU 通信是否正常	亮	
4	闭环运行	指示执行终端的运行状态，网调母线指令运行还是使用本地电压曲线指令	亮	
5	自检正常	指示执行终端设备是否正常	亮	
6	增磁闭锁	指示该机组执行终端不能增磁	—	当该机组的数据越高闭锁值及有效范围时，指示灯亮
7	减磁闭锁	指示该机组执行终端不能减磁	—	当该机组的数据越低闭锁值及有效范围时，指示灯亮
8	增励磁	正在增励磁	—	正在增磁
9	减励磁	正在减励磁	—	正在减磁
10	保护启动	闭锁增/减励磁保护已经启动	灭	当增/减磁输出的脉宽大于 3s，增/减磁出口被保护电路断开，保护启动灯亮

执行终端装置上有增、减励磁功能连片，用来判断装置是否处于投入状态，能进行励磁调节。该连接片不需要运行人员操作，正常处于投入状态。压板摆放位置：压板增、减励磁方向是单一的，左增、右减；压板凹口朝上投入，朝下退出。

（2）AVC 控制系统投运。

1）执行终端正常投运。

a. 合上对应执行终端屏柜后电源开关；

b. 将对应机组执行终端上的 POWER 电源开关置于"ON"位置；

c. 在执行终端屏上投入对应机组增磁、减励磁压板；

d. 在 DCS 画面上投入对应机组 AVC 运行或控制台上投入对应机组 AVC 运行。

2）AVC 控制系统正常投运条件。

a. AVC 装置上位机及其监控软件运行正常，计算模块状态指示正确；

b. 电厂 RTU 系统和 AVC 装置之间通信正常（远动正常信号）；

c. 省调和电厂 AVC 装置之间通信正常（主站正常信号）；

d. AVC 系统中控单元和执行终端之间通信正常（自检正常信号）；

e. 单元机组 AVR 装置在远方自动控制方式运行，AVR 装置投至"电压"控制方式运行正常（AVR 自动信号）；

 f. 单元机组 AVC 装置没有闭锁信号指示；

 g. 单元机组运行工况稳定，负荷在 40%机组功率以上运行；

 h. DCS 的励磁画面无"自检异常""增励磁闭锁""减励磁闭锁""电源异常"信号；

 i. 220kV（或 500kV）系统两段母线合环运行，220kV（或 500kV）母线电压正常；

 j. 发电机-变压器组出线电压合环运行。

 3）AVC 控制系统正常投运操作步骤。

 a. 确认省调和电厂 AVC 装置之间的专用通道运行正常；

 b. 确认 AVC 装置与 RTU 之间通信正常；

 c. 确认 AVC 装置上位机计算模块状态正常；

 d. 确认各运行机组负荷均在 40%以上运行，发电机组各主要运行参数正常；

 e. 向省调申请投入各机组 AVC 装置运行；

 f. 申请批准后在 DCS 画面投入运行机组 AVC 控制方式运行，即投入各机组 AVC 装置运行；

 g. 投入后确认机组 DCS 与 AVC 装置之间通信正常；

 h. 确认各单元机组已投入 AVC 正常运行后，将 AVC 系统投入到远方控制模式运行，接收省调下达的电压目标指令进行机组无功功率的自动控制调整。

 2. AVC 控制系统退出

 （1）AVC 控制系统执行终端的正常停运。在 DCS 画面上和控制台上退出对应机组 AVC 运行，在执行终端屏上退出对应机组增励磁、减励磁压板，合上执行终端屏后的总电源开关及对应机组的执行终端电源开关，将对应机组执行终端上的 POWER 电源开关置于"OFF"位置。

 （2）AVC 控制系统中控单元的正常停运。在 DCS 画面退出对应机组 AVC 运行，在执行终端屏上退出对应机组增励磁、减励磁压板，合上执行终端屏后的总电源开关及对应机组的执行终端电源开关，将对应机组执行终端上的 POWER 电源开关置于"OFF"位置，关闭公控机和显示器，关闭总电源开关。

 （3）AVC 控制系统异常退出。当装置面板出现"保护启动"信号时，首先注意增减励磁灯是否常亮，如没有可手动复归装置面板"保护复位按钮"，如复归不掉，可通知继电保护人员处理，如增减励磁灯亮 AVC 应紧急停运，退出 AVC（退出压板，关闭 AVC 执行终端的电源）。

 当 AVC 投入后的状态信号出现以下报警时需退出 AVC，报警消除后，可再次投入：

 1）自检异常报警；

 2）增减励磁闭锁报警同时出现；

 3）AVR 选择手动信号出现；

 4）励磁系统故障信号出现。

 当发电机组及 220kV（500kV）高压母线 TV 断线时、机组负荷小于 40%运行时，应先退出 AVC。

 3. AVC 控制系统的投、退规定

 （1）机组 AVC 控制的正常投退应按省调调度员的指令进行。

（2）设备异常情况下，现场可人工将机组 AVC 控制紧急退出运行，并及时汇报省调调度员。

（3）AVC 装置因某一安全约束条件退出运行时，应及时汇报省调调度员。

（4）220kV（500kV）高压母线各馈线倒母线操作或 220kV（500kV）高压母线停役操作前，应先联系省调调度员暂时先退出机组 AVC 控制方式运行，待倒闸操作完成且 220kV（500kV）高压三段母线恢复合环运行正常后再投入机组 AVC 控制方式运。

4. AVC 控制系统运行注意事项

（1）机组投入 AVC 自动控制方式运行时，应严密监视机组的运行工况及 220kV（500kV）高压母线电压的变化情况，若发现运行参数越限（增减励磁闭锁同时出现），但 AVC 装置没有自动退出运行时应人工紧急将 AVC 控制退出运行，并汇报省调调度员（可以由运行人员在 DCS 画面退出运行机组 AVC 控制方式运行）。

（2）因某种原因机组 AVC 自动退出时，DCS 画面及报警信息清单中将有相应报警，此时机组运行人员应及时监控，并检查机组运行参数是否越限，如因通信方面的原因引起 AVC 自动退出，无法投入运行时应及时汇报省调调度员并联系检修人员检查处理。

运行人员应每班定期检查 AVC 设备的运行情况，并做好记录。

运行人员不可随意修改 AVC 系统中的有关安全约束条件和其他有关设置参数。AVC 系统中有关参数的修改应以省调下达的通知单或经电厂生产主管部门批准的变更通知单执行，由检修人员负责修改。

十一、EGS 系统

我国的燃煤发电厂是二氧化硫排放的主要来源，导致一些地区酸雨污染严重，酸雨不仅危害农作物的生长，还会腐蚀建筑、金属物等。为进一步推动电力行业的节能环保工作，2007年 8 月，国务院下达了《节能发电调度办法》，在确保电力系统安全稳定运行和连续供电的前提下，以节能、环保为目标，实施优化调度，要求火力发电机组必须安装实时运行烟气在线监测装置，并与省级调度机构联网，未按规定安装监测装置或监测装置运行不稳定的，不再列入发电调度范围。

EGS 系统是脱硫检测系统的简称，它是解决环保发电、考核发电厂脱硫发电数据用的检测计量系统。

受技术条件和时间限制，目前大多发电厂的脱硫监测系统均采取了将现场脱硫信息接入 RTU 远传至省调 EMS 系统的做法，信息大体上可分为两类：一类是状态量，如开关信号等单点状态信号，可作为节点信号采集；另一类是数值量，即脱硫监测系统的检测结果，通过通信接口实现采集。随着脱硫电价的正式实施，这个方案存在着两大缺点：

（1）RTU 装置的特点是采集实时信息，现场不可能保存有较长时间的脱硫状态信息，在通信通道异常情况下，无法实现缺失信息的自动补采，因脱硫状态信息关系到厂网之间的经济利益，容易引起不必要的经济纠纷。

（2）监测结果与结算电量之间的结合方面存在着较大的困难，脱硫电量是指脱硫效率达到规定指标（环保局制定）的那段时间内的发电量，其综合电价不仅要考虑目前已执行的分时电价，还要考虑环保优惠电价（在原价基础上上浮电价）。因此，EMS 系统监测结果如何与电量计费系统的电量统计计算、报表生成（分机组、分时、分环保与否）准确地自动结合存在着极大的困难。

脱硫在线监测系统就是要很好地解决上述问题。通过采集、保存电厂脱硫系统运行信息，解决因 RTU 装置的特点而造成的，在通信通道异常情况下无法实现缺失信息的补采问题。同时，准确完成脱硫运行电量的统计，解决现有脱硫信息采集系统无法准确统计脱硫运行电量的问题，为企业执行脱硫电价提供依据。

第七节　自动发电控制（AGC）

电力系统调频与自动发电控制称为"电力系统频率与有功功率的自动控制"，简称"电力系统自动调频"，目前广泛采用 AGC，即自动发电控制。AGC 是电网调度中心实时控制系统（又称能量管理系统 EMS）的重要组成部分，其功能为按电网调度中心的控制目标将指令发送到有关发电厂或机组，通过发电厂或机组的控制系统实现对发电机功率的自动控制。

众所周知，频率是电能质量的三大指标之一，电力系统的频率反映了发电有功功率和负荷之间的平衡关系，是电力系统运行的重要控制参数，与广大用户的电力设备以及发供电设备本身的安全和效率有着密切的关系。

自动发电控制是保证系统频率质量的重要技术手段。第一，传统的频率调节方法是依靠调度员指令或指定的调频电厂的调节来保持电力系统频率的质量，但随着电力系统规模的不断扩大，负荷的变化速率不断提高，在负荷快速变化的情况下依靠传统的频率调节手段，很难将电网频率始终控制在规定的范围以内。第二，电力系统负荷除了有瞬间波动以外，在一天 24h 中还会有较大幅度的变化，通常早晨和晚间有两段时间负荷较高，而凌晨前后直至黎明负荷较低，这就需要改变众多发电机组的功率，使发电有功功率在一天中随时与负荷之间取得平衡。同时，发电厂在执行发电计划曲线时，存在着未能精确按照规定时间加减功率的情况，因此，在未实施自动发电控制的电力系统中，发电有功功率和负荷之间未能取得平衡的现象时有发生。第三，电力系统中意外故障的发生，也会影响发电有功功率与负荷之间的平衡。随着电力系统的发展，发电机组单机容量的增大，输电线路传输容量的提高，电网中单台设备故障带来的发电功率损失越来越大，这些故障都会造成发电有功功率与负荷之间的严重失衡，而靠人工调整发电机功率则需要较长时间才能达到新的平衡，显然不能满足要求。

针对这些问题，出路只有一个，即采用自动发电控制的技术手段，对电力系统中的大部分发电机组，根据机组本身的调节性能及其在电网中的地位，分类进行控制，自动地维持电力系统中发电功率与负荷的平衡，以保证电力系统频率的质量。

一、自动发电控制的重要功能

AGC 的一项重要功能是调频作用（即频率调整）。按照调整范围和调节能力的不同，电网的 P/f 调整分为：一次调频、二次调频和三次调频，其中：在电网并列运行的机组当外界负荷变化引起电网频率改变（偏离目标频率）时，利用系统固有的负荷频率特性，以及发电机调速系统频率静态特性而改变发电机功率所引起的调频作用，阻止系统频率偏离标准的调节方式叫一次调频。一次调频的特点是响应速度快，能够控制一分钟以下的负荷变化，在电力系统负荷发生变化时，仅靠一次调频是不能恢复的，即一次调频是有差调节，不能维持电网频率不变，只能缓解电网频率的改变程度。

一次调频的作用

（1）自动平衡电力系统的第一种负荷分量，即那些快速的、幅值较小的负荷随机波动。

（2）频率一次调节是控制系统频率的一种重要方式，但由于它的调节作用的衰减性和调整的有差性，因此不能单独依靠它来调节系统频率，要实现频率的无差调整，必须依靠频率的二次调节。

（3）对异常情况下的负荷突变，系统频率的一次调节可以起到某种缓冲作用。

为使原动机的功率与负荷功率保持平衡，通过运行人员手动或调度自动化系统自动改变发电机功率，即改变原动机的功率，使系统频率恢复到目标值，叫二次调频，也称为自动发电控制（AGC）。二次调频，使发电机组提供足够的可调整容量及一定的调节速率，在允许的调节偏差下实时跟踪频率，以满足系统频率稳定的要求。二次调频可以做到频率的无差调节，且能够对联络线功率进行监视和调整。

二次调频控制几分钟至几十分钟的负荷变化，是无差调整。二次调频主要由 AGC 机组自动完成，所以 AGC 属于二次调频。二次调频对机组功率往往采用简单的比例分配方式，常使发电机组偏离经济运行点。

二次调频有两种实现方法：①电网调频由区域调度中心根据负荷潮流及电网频率，给各厂下达负荷调整命令，由各发电单位进行调整，实现全网的二次调频；②采用自动控制系统（AGC），由计算机（电脑调度员）对各机组进行遥控，实现调频全过程，参与该系统的各机组必须具有几路协调控制系统。

二次调频的作用：

（1）由于系统频率二次调节响应速度较慢，不能调整那些快速变化的负荷随机波动，但它能有效地调整分钟级及更长周期的负荷波动；

（2）频率二次调节可以实现电力系统频率的无差调整；

（3）由于响应时间的不同，频率二次调节不能代替频率一次调节的作用，而频率二次调节的作用开始发挥的时间，与频率一次调节作用开始逐步失去的时间基本相当，因而两者若在时间上配合好，对系统发生较大扰动时快速恢复系统频率相当重要；

（4）频率二次调节带来的使发电机组偏离经济运行点的问题，需要由频率的三次调节（功率经济分配）来解决，同时，集中的计算机控制也为频率的三次调节提供了有效的闭环控制手段。

机组一次调频功能是指当电网频率超出规定的正常范围后，电网频率的变化将使电网中参与一次调频的各机组的调速系统根据电网频率的变化自动地增加或减小机组的功率，从而达到新的平衡，并且将电网频率的变化限制在一定范围内的功能。一次调频功能是维护电网稳定的重要手段。

负荷波动导致频率变化，可以通过一次和二次调频使系统频率限制在规定范围内变化。对于负荷变化幅度小，变化周期短所引起的频率偏移，一般由发电机的调速器来进行调整，这叫一次调频。对负荷变化比较大，变化周期长所引起的频率偏移，单靠调速器不能把它限制在规定范围里，就要用调频器来调频，这叫二次调频。

为了保证电网的频率稳定，一般要对电力环节进行调频，即一次调频和二次调频，频率的二次调整是指发电机组的调频器，对于变动幅度较大（0.5%～1.5%）、变动周期较长（10s～30min）的频率偏差所作的调整。一般由调频厂进行这项工作。

电网频率是随时间动态变化的随机变量，含有不同的频率成分。电网的一次调频是一个随机过程，因为系统负荷可看作由以下三种具有不同变化规律的变动负荷所组成：

1）变化幅度较小、变化周期较短（一般 10s 以内）的随机负荷分量；

2）变化幅度较大、变化周期较长（一般为 10s～3min）的负荷分量（如电炉、轧钢机械等）；

3）变化缓慢的持续变动负荷，引起负荷变化的主要原因是工厂的作息制度，人民的生活规律等。

一次调频所调节的正是叠加在长周期变化分量上的随机分量，这就决定了电网一次调频的随机性质。

系统规模不大时，电力系统的调峰和调频问题的研究主要从静态的角度开展。例如，在 20 世纪 80 年代中期以前，研究的重点主要是电厂负荷的静态经济分配、安全经济的静态调度、静态最优潮流等，它们对系统的许多动态信息，尤其是许多时间方向上的动态约束信息关心不够，这在系统规模和负荷发展相对有限的早期是可以接受的。然而，随着系统规模和负荷的迅速发展，电网的调峰和调频出现了许多新的问题和特点，这时再从静态的角度进行解决已很难达到多方协调的效果。

三次调频亦称发电机组有功功率经济分配，是根据负荷预计曲线，经济、高效地调整各厂或各机组按计划功率输出，使功率和负荷达到平衡。三次调频不仅要对实际负荷的变化做出反应，更主要的是根据预计的负荷变化，对发电机组有功功率事先做出安排，不仅要解决功率和负荷的平衡问题，还要考虑成本费用问题，需控制的参变量更多，需要参考的数据也更多，算法复杂，执行周期长，因此三次调频控制半小时以上的负荷变化。

三次调频的实质是完成在线经济调度，其目的是在满足电力系统频率稳定和系统安全的前提下合理利用能源和设备，以最低的发电成本获得更多的、优质的电能。

三次调频的作用：主要是针对一天中变化缓慢的持续变动负荷安排发电计划，在发电功率偏离经济运行点时，对功率输出重新进行经济分配，其在频率控制中的作用主要是提高控制的经济性。但是，发电计划安排的优劣对二次调频的品质有重大的影响，如果发电计划与实际负荷的偏差较大，则频率二次调节所需的调节容量就越大，承担的压力越重。因此，应尽可能提高频率三次调节的精确度。

频率调整除一次调频、二次调频和三次调频外，还有一种系统自身特性决定的自然调频，即：当电网频率偏离目标频率而调速系统未动作时，仅靠系统的自平衡能力来稳定电网供电频率的过程。当电网出现功率负荷不平衡后，电网中旋转机械的动能会随着电网频率的变化而变化，因此可吸收或释放部分能量来补偿系统能量的变化，同时用电设备的负荷也会随电网频率的变化而变化，从而可减缓供电频率的变化。

在电网频率按自然调频过程变化的同时，调节系统探测到机组转速的变化后，通过转速反馈作用迅速调整各发电机组的输出功率（对于汽轮机组来说就是改变调门开度，利用机组的蓄热），以降低频率变化的幅度，对频率实现有差调整。

自动发电控制是实现有功功率在线经济分配的必备条件。有功功率的在线经济分配一般采用等微增率的原则，其计算所得的结果正好与调度人工控制的习惯相反。在电力系统频率人工调节方式下，调度员无力监视系统中众多的中、小型发电机组的功率，只能通过控制少量大机组的功率来进行调节；而根据经济分配的原则，那些经济性较高的大型发电机组大部分时间应该满负荷或接近满负荷运行，主要由经济性较差的中、小型机组改变功率承担调节任务。这样，理想做法和实际操作出现了极大的反差。实际上，要保持电力系统真正的经济运行，理论上需要调整所有机组的功率，另外，在线经济调度需要每 5～15min 对机组功率进行一次调整，这些要求都是人工控制所无法做到的，特别是在大型电力系统中更难实施。因此，在线经济调度必须依靠自动控制的手段，而自动发电控制正是为在线经济调度的实现提供了良好的条件。

在现代电力系统调度机构的能量管理系统中，自动发电控制（AGC）软件包中一般都包含两部分主要功能：负荷频率控制（LFC）和经济调度（ED）。负荷频率控制（LFC）最基本的任务是通过控制发电机组的有功功率，使系统频率保持在额定值，或按计划值来维持区域间的联络线交换功率，LFC 对发电机组的控制量一般由经济调节分量和区域控制偏差（ACE）调节分量两种分量组成，其中 ACE 调节分量根据频率偏差和联络线功率偏差计算得到，而经济调节分量则是由"经济调度"软件给出的。经济调度（ED）的任务是根据给定的负荷水平，安排最经济的发电调度方案，它最终的计算结果是一组发电机组的经济基点功率值（即机组通常的基本功率）和一组经济分配系数，并将其传送给 LFC 做控制机组功率用。

二、电力系统频率波动的原因

电力系统频率波动的直接原因是发电机输入功率和输出功率之间的不平衡。众所周知，单一电源的系统频率是同步发电机转速的函数

$$f = n \times p / 60$$

式中　f——电力系统频率，Hz；

　　　n——发电机的转速，r/min；

　　　p——发电机的极对数；

　　　60——分钟转换为秒的转换系数。

一般的火力发电机组，发电机的极对数为 1，额定转速为 3000r/min，额定频率为 50Hz。此时系统频率又可以用同步发电机角速度的函数来表示，即

$$f = \omega / 2\pi$$

根据同步发电机的运动规律可知，当原动机功率和发电机电磁功率之间产生不平衡时，必然引起发电机转速的变化，亦即引起系统频率的变化。

在众多发电机组并联运行的电力系统中，尽管原动机功率不是恒定不变的，但它主要取决于本台发电机的原动机和调速器的特性，因而是相对容易控制的因素；而发电机电磁功率的变化则不仅与本台发电机的电磁特性有关，更取决于电力系统的负荷特性，是难以控制的因素，而这正是引起电力系统频率波动的主要原因。

电力系统负荷变化是引起电力系统频率波动的主要原因，因此研究负荷变化的规律是进行电力系统调频的首要任务。

对于电力系统各类负荷的变化规律，需要研究以下几个问题：

（1）与适应该类负荷变化所需的发电容量有关的负荷变化的幅值；

（2）与适应该类负荷变化所需的发电容量升降速率有关的负荷变化率；

（3）为适应该类负荷变化而实施的控制所引起的发电机组效率下降、维护成本提高而增加的成本有关的负荷变化方向、改变的次数。

电力系统负荷变化规律可分为正常情况下的负荷变化规律和异常情况下的负荷变化规律

两种。正常情况下的负荷变化从时间上看呈现出一定的周期性，如夏、冬两季出现的高峰负荷、重要节日出现的低谷负荷均以年为周期。电力系统负荷的异常变化是指因故障引起的发电机组跳闸、失去与相邻电力系统的功率交换、失去大量用电负荷等突发性的原动机功率和发电机电磁功率之间的不平衡事件，其中最为常见的是发电机组突然跳闸，与电力系统解列。故障情况下的负荷变化规律随故障类型和发展过程而不同，一般情况是故障开始后系统负荷大量失去，且呈单调减的态势发展。电力系统异常情况下负荷变化的规律为：

（1）负荷变化的幅值大，在仅考虑单一故障情况下，最大的变化幅值为最大的单个电源的容量。

（2）负荷变化率大，整个变化过程在瞬间完成。

（3）负荷变化是单方向的，不会自行改变方向。

归纳起来，电网频率基本特性及对应的调频方式为：

（1）基本负荷区：由用户的生活习惯和作息时间来决定，依负荷计划正常调节；

（2）负荷正常区：由用电负荷较小，随机变化的用户来决定，由 AGC 自动控制系统调节；

（3）事故工况：由于系统内机组、线路跳闸或大用户发生跳闸时，电网频率发生瞬间变化。一般变化幅度较大，变化周期在 10s 到 2～3min，由一次调频功能实现调节作用。

三、自动发电控制系统的构成

AGC 控制系统主要由电网调度中心的实时控制系统、信息传输通道、远动控制装置（RTU）、单元机组控制系统组成。电网调度中心利用控制软件对整个电网的用电负荷情况及机组的运行情况进行监视，对掌握的数据进行分析，并对电厂的机组进行负荷分配，产生 AGC 指令。AGC 指令通过信息传输通道传送到电厂的 RTU；同时电厂将机组的运行状况及相关信息通过 RTU 和信息传输通道送到电网调度中心的实时控制系统。自动发电控制系统结构如图 7-96 所示。

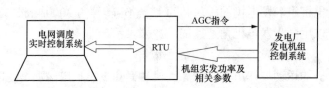

图 7-96　AGC 与电网调度中心的实时控制系统信息传输

电网调度中心的实时控制系统主要由以下几部分组成：

LFC：即负荷频率控制，其功能是通过 ACE 即区域控制误差，如频率变化量Δf、时钟差Δt、潮流等计算，再经过控制运算得到机组的暂时发电调整量Δp。

EDC：即经济调度控制，其功能为根据全网负荷水平，以及全网经济运行为目标，根据成本微增率原则计算出当前机组的经济运行值，该运行值作为发电基值加上由 LFC 计算出的暂时发电调整量Δp 即为 AGC 目标负荷，发电量基值还可由计划输入或人工置入。

APM：即自动性能监视，其功能为监视 AGC 机组的运行状况。

RM：即备用监视，其功能为监视运行机组的备用功率。

四、AGC 的技术特点

1. AGC 涉及的信号

AGC 指令是电网调度中心计算产生的被控机组的目标功率，按照 RTU 通信规则生成

AGC 遥控报文传送到电厂 RTU，RTU 将 AGC 控制信号转换成 4～20mA 信号传输到单元机组的控制系统。同时，机组的实发功率经过变送器转换成 4～20mA 信号，经过 RTU 转换成线性比例的二进制遥测数据，经过高频载波信号传输到电网调度实时控制系统。

电网调度实时控制系统和单元机组的控制系统除上述两个重要参数沟通外，还将一些反映机组及控制系统状态、AGC 运行品质及机组的负荷限制信号通过 RTU 传输到电网调度实时控制系统，如：机组所允许的负荷高、低限，机组的负荷变化速率，机组的运行方式等。

2. AGC 指令的生成

AGC 指令是由电网调度实时控制系统经过 EDC（即经济调度控制）系统预测的负荷调度计划（即发电基值），加上 LFC（即负荷频率控制）系统对频率变化量Δf、时钟差Δt、潮流等计算，再经过控制运算，得到机组的暂时发电调整量Δp 形成的，由基本负荷分量和调整负荷分量组成。基本负荷分量是在短期预测的基础上制定的日负荷发电计划中包含的基本发电量；调整负荷分量是指超短期负荷系统，对当前几分钟负荷变化情况运算预测出下一时间段要求改变的系统负荷调整量。所以在负荷预测中，如果基本负荷预测的准确度比较高，不仅可以减少调整分量的大辐变化，避免参与 AGC 控制的机组频繁大辐调整，而且从根本上保证了电网的控制目标和调节品质，确保参与 AGC 控制机组的稳定运行和设备的安全。

3. 发电机组对 AGC 指令的响应

实现 AGC 的基础是机组热控系统采用 DCS，AGC 指令直接作用于 DCS 中协调控制系统（CCS），所以 AGC 是发电机组实现电网调度自动化的标志，而 CCS 是实现 AGC 的基础，也是实现 AGC 的前提，但 AGC 与 CCS 具有本质的区别，AGC 对 CCS 及其他控制系统提出了更高的要求。

（1）要求 CCS 及其他控制系统具有更广的适应性，要求各控制系统在机组的调峰范围具有较好的控制品质；

（2）要求 CCS 及其他控制系统具有随机适应负荷变化的能力，机组的自动化程度必须达到无人值班的水平；

（3）对机组控制系统的特殊工况提出了更高的要求，如 CCS 的 RB 功能、一次调频功能等；

（4）控制系统的连锁保护功能相当完善，以保证在机组或控制系统异常的情况下，不会危及机组的安全、稳定运行。

AGC 是一项庞大而复杂的系统工程，单就机组的控制系统而言，涉及热控系统乃至整个机组的方方面面，如机组的设备状况和设备的可控性，锅炉的燃烧状况，汽轮机的调节特性和运行的经济性等。AGC 控制系统如图 7-97 所示。

五、AGC 的其他方式

AGC 控制电厂的总负荷，作为电网调度来说，无需对电厂的每台机组运行情况了如指掌，而只需掌握电厂机组的大概运行情况，电网调度系统将 AGC 电厂作为一台等效机组，计算并下达该电厂的期望功率，将 AGC 指令发送到电厂的 RTU，由电厂的负荷分配系统根据机组的设备状况和经济性能运用优化策略，分配各台机组的负荷，同时将电厂的总负荷通过 RTU 送到电网调度系统。如图 7-98 所示。

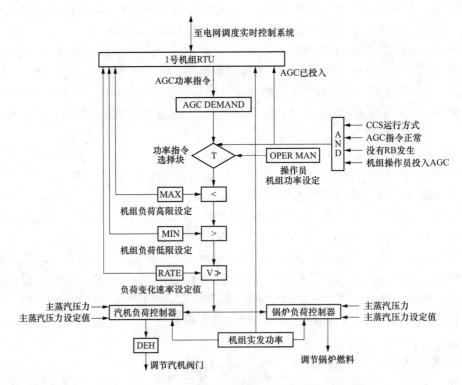

图 7-97 AGC 控制系统示意图

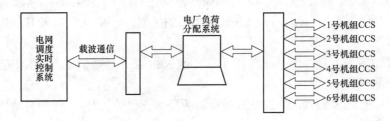

图 7-98 AGC 的其他控制方式

六、AGC 性能指标计算及补偿考核度量办法

1. 频率控制策略

在电力系统的频率波动中，根据频率波动周期及幅度的大小，大致可以分为以下三种成分，不同成分均采取相应的控制策略积极应对。

第一种，系统频率波动周期在 10s 以内，幅度为额定频率的 0.05%以下，由周期性的负荷变化引起。对于这种频率波动，通过系统负荷的频率响应和区域发电机组的调速器在超过其设置的频率死区的调节特性变化来自动响应，即由频率的一次调节系统来完成。

第二种，系统频率波动周期在 10s 至 2～3min 之间，幅值为额定频率的 0.1%～1%之间，由带冲击性的负荷变化引起，与电力系统的总容量有密切关系。这种频率变化，原因可能是负荷预计与实际负荷的偏差造成发电计划安排的不足或过多，冲击负荷引起的负荷变化，区域交换计划与实际联络线功率偏差等，由自动发电控制进行调节。

第三种，频率波动周期在 3～20min 之间，由生产、生活、气候等因素导致负荷变化而引起频率波动。在电力系统中，对引起频率波动的负荷变化，均采取适当的方式进行控制。一般情况下，对较长周期的负荷变化，采取对电力系统的负荷进行预测，并在机组的发电计划上事先进行安排，以取得预期的效果。

电力系统中，为了有效地控制系统频率，必须做好系统频率的一次调节、二次调节之间的配合，提高系统负荷预计精度，安排适当的发电计划，以达到预期的目的。

2. AGC 机组调节过程

如图 7-99 所示，这是一次典型的 AGC 机组设点控制过程。

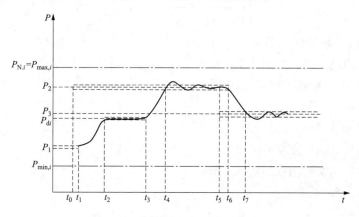

图 7-99　某机组 AGC 设点控制过程

图 7-99 中，$P_{\min,i}$ 是该机组可调的下限功率，$P_{\max,i}$ 是其可调的上限功率，$P_{N,i}$ 是其额定功率，$P_{d,i}$ 是其启停磨煤机临界点功率。

整个控制过程可以这样描述：t_0 时刻以后至 t_1 时刻以前，该机组稳定运行在功率值 P_1 附近，t_0 时刻，AGC 控制程序对该机组下发功率为 P_2 的设点命令，机组开始涨功率，到 t_1 时刻可靠跨出 P_1 的调节死区，然后到 t_2 时刻进入启磨区间，一直到 t_3 时刻，启磨过程结束，机组继续涨功率，到 t_4 时刻第一次进入调节死区范围，然后在 P_2 附近小幅振荡，并稳定运行于 P_2 附近，直至 t_5 时刻，AGC 控制过程对该机组发出新的设点命令，功率值为 P_3，机组随后开始降功率过程，t_6 时刻可靠跨出调节死区，至 t_7 时刻进入 P_3 的调节死区，并稳定运行于其附近。

3. 各类性能指标的具体计算方法

定义两类 AGC 补偿考核指标，即可用率、调节性能。可用率反映机组 AGC 功能良好可用状态；调节性能是考查调节速率、调节精度与响应时间三个因素的综合体现。

各类指标的计算方法为：

（1）可用率。计算公式为

$$K_A = \frac{可投入AGC时间}{月有效时间}$$

其中，可投入 AGC 时间指结算月内机组 AGC 保持可用状态的时间长度，月有效时间指月日历时间扣除因为非电厂原因（含检修、通道故障等）造成的不可用时间。

计算频率为：每月统计一次。

（2）调节性能。

1）调节速率。是指机组响应设点指令的速率，可分为上升速率和下降速率。调节速率的考核指标 K_{1i} 计算过程描述为：在涨负荷阶段，即 $t_1 \sim t_4$ 区间，由于跨启磨点，在计算其调节速率时必须消除启磨的影响；在降负荷区间，即 $t_5 \sim t_6$ 区间，未跨停磨点，计算时无需考虑停磨的影响。综合这两种情况，实际调节速率计算式为

$$v_i = \begin{cases} \dfrac{P_{Ei} - P_{Si}}{t_{Ei} - t_{Si}} & P_{di} \notin (P_{Ei}, P_{Si}) \\[4mm] \dfrac{P_{Ei} - P_{Si}}{(t_{Ei} - t_{Si}) - t_{di}} & P_{di} \in (P_{Ei}, P_{Si}) \end{cases}$$

式中　v_i ——第 i 台机组的调节速率，MW/min；

　　　P_{Ei} ——结束响应过程时的功率，MW；

　　　P_{Si} ——开始动作时的功率，MW；

　　　t_{Ei} ——结束的时刻，min；

　　　t_{Si} ——开始的时刻，min；

　　　P_{di} ——启停磨临界点功率，MW；

　　　t_{di} ——启停磨实际消耗的时间，min。

$$K_{1i} = \frac{v_i}{v_N}$$

式中，v_i 为该次 AGC 机组调节速率；v_N 为机组标准调节速率，MW/min，其中：一般的直吹式制粉系统的汽包炉火电机组为机组额定有功功率的 1.5%；一般带中间储仓式制粉系统的火电机组为机组额定有功功率的 2%；循环流化床机组和燃用特殊煤种（如劣质煤，高水分低热值褐煤等）的火电机组为机组额定有功功率的 1%；超临界定压运行直流炉机组为机组额定有功功率的 1%，其他类型直流炉机组为机组额定有功功率的 1.5%；燃气机组为机组额定有功功率的 10%；水力发电机组为机组额定有功功率的 50%。K_{1i} 衡量的是该 AGC 机组第 i 次实际调节速率与其应达到的标准速率相比达到的程度。

计算频率为每次满足调节速率计算条件时计算。

2）调节精度。是指机组响应稳定以后，实际功率与设置点功率之间的差值。

调节精度的考核指标 K_2 计算过程可以描述为：在第 i 台机组平稳运行阶段，即 $t_4 \sim t_5$ 区间，机组负荷围绕 P_2 轻微波动。在类似这样的时段内，对实际负荷与设点指令之差的绝对值进行积分，然后用积分值除以积分时间，即为该时段的调节偏差量，即

$$\Delta P_{i,j} = \frac{\int_{t_{Sj}}^{t_{Ej}} |P_{i,j}(t) - P_j| \times \mathrm{d}t}{t_{Ej} - t_{Sj}}$$

式中　$\Delta P_{i,j}$ ——第 i 台机组在第 j 计算时段内的调节偏差量，MW；

　　　$P_{i,j}(t)$ ——其在该时段内的实际功率，MW；

　　　P_j ——该时段内的设定指令值，MW；

　　　t_{Ej} ——该时段终点时刻；

　　　t_{Sj} ——该时段起点时刻。

$$K_{2i} = \frac{\Delta P_{i,j}}{\text{调节允许的偏差量}}$$

式中　　$\Delta P_{i,j}$——该次 AGC 机组的调节偏差量，MW。

调节运行的偏差量为机组额定有功功率的 1%。

K_{2i} 衡量的是该 AGC 机组第 i 次实际调节偏差量与其允许达到的偏差量相比达到的程度。

计算频率为每次满足调节精度条件时计算。

3）响应时间。是指 EMS 系统发出指令之后，机组负荷在原出力点的基础上，可靠地跨出与调节方向一致的调节死区所用的时间。即

$$t_{i-1} = t_1 - t_0 \quad \text{和} \quad t_i = t_6 - t_5$$

$$K_{3i} = \frac{t_i}{\text{标准响应时间}}$$

式中　　t_i——该次 AGC 机组的响应时间。

火电机组 AGC 响应时间应小于 1min，水电机组 AGC 响应时间应小于 10s。

K_{3i} 衡量的是该 AGC 机组第 i 次实际响应时间与标准响应时间相比达到的程度。

计算频率为每次满足响应时间计算条件时计算。

4）调节性能综合指标。每次 AGC 动作时按下式计算 AGC 调节性能（其中，考虑到 AGC 机组在线测试条件比并网测试条件更苛刻，因此对调节速率指标的要求降低为规定值的 75%）。

$$K_{Pi} = \frac{K_{1i}}{0.75 K_{2i} K_{3i}}$$

式中，K_{Pi} 衡量的是该 AGC 机组第 i 次调节过程中的调节性能好坏程度。

调节性能日平均值 K_{Pd}

$$K_{Pd} = \begin{cases} \dfrac{\sum\limits_{i=1}^{n} K_{Pi}}{n} & \text{被调用 AGC 的机组}（n>0） \\ 1 & \text{未被调用 AGC 的机组}（n=0） \end{cases}$$

式中，K_{Pd} 反映了某 AGC 机组一天内 n 次调节过程中的性能指标平均值。未被调用的 AGC 机组是指装设 AGC 但一天内一次都没有被调用的机组。

调节性能月度平均值 K_{P}

$$K_{P} = \begin{cases} \dfrac{\sum\limits_{i=1}^{n} K_{Pi}}{n} & \text{被调用 AGC 的机组}（n>0） \\ 1 & \text{未被调用 AGC 的机组}（n=0） \end{cases}$$

式中，K_{P} 反映了某 AGC 机组一个月内 n 次调节过程中的性能指标平均值。未被调用的 AGC 机组是指装设 AGC 但考核月内一次都没有被调用的机组。

计算频率为每次 AGC 指令下发时计算，次日统计前一日的平均值，月初统计上月的平均值。

5）AGC 控制模式说明。AGC 主站控制软件在对 AGC 机组进行远方控制时，可以采取

多种控制模式，如：

a．自动调节模式。自动调节模式又包括若干子模式：无基点子模式；带基点正常调节子模式；带基点帮助调节子模式；带基点紧急调节子模式；严格跟踪基点子模式。

b．人工设定模式。

七、一次调频性能

并网发电厂均应具备一次调频功能并投入运行，其一次调频性能需满足所属电力调度结构的要求。

1. 一次调频的技术背景

一次调频是指当电力系统频率偏离目标频率时，发电机组通过调速系统的自动反应（汽轮机的进汽量或水轮机的进水量），调整有功功率以维持电力系统频率稳定。一次调频的特点是响应速度快，但是只能做到有差控制。

当电力系统频率偏离目标频率，而调速系统未动作时，仅靠系统的自平衡能力来稳定电网供电频率的过程。当电网出现功率负荷不平衡后，电网中旋转机械的动能会随着电网频率的变化而变化，因此可吸收或释放部分能量来补偿系统能量的变化，同时用电设备的负荷也会随电网频率的变化而变化，从而可减缓供电频率的变化。

在电网频率按自然调频过程变化的同时，调节系统探测到机组转速的变化后，通过转速反馈作用迅速调整各发电机组的输出功率（对于汽轮机组来说就是改变调门开度，利用机组的蓄热），以降低频率变化的幅度，对频率实现有差的调整。

如前文所述，在网运行的负荷分为基本负荷区、正常负荷区和事故工况区，其分别所对应的调频方式分别为发电负荷计划、AGC 自动控制及一次调频。负荷工况与对应的调频方式如图7-100 所示。

图7-100 中：a→b 为电网功率出现不平衡、自然调频的过程；b→d 为一次调频过程；c→d 为二次调频过程。

在正常工况下，负荷的低频慢变部分较多，因此在正常工况下一次调频投入与否的差别并不明显；电网事故发生多为突发情况，全网功率及供电负荷在短时间内会出现较大波动，对于负荷或功率的高频快变扰动，仅依靠二次调频的作用很难将频率控制在理想范围内，并有可能在二次调频未发生作用时电网已经发生频率崩溃等大型电网事故。即虽然表面上两种控制手段在正常工况下都可以使电网频率有较好的频率质量，但是两种情况下电网应付突变负荷的能力却是截然不同的。

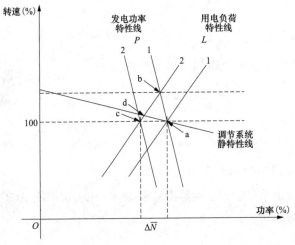

图 7-100　负荷工况与对应的调频方式

2. 一次调频的表征指标

机组在电网频率发生波动时典型的一次调频调节过程，如图7-101 所示。

表征一次调频贡献的各项指标中，最重要的四项指标是：转速死区、响应时间、稳定时间和速度变动率。

（1）迟缓率。是指不会引起调节汽门位置改变的稳态转速变化的总值，以额定转速的百分率表示。

$$\varepsilon = (\Delta n / n_0) \times 100\%$$

迟缓率过大可能会引起转速不稳、事故工况调门无法快速关死、一次调频响应差等后果。

实际运行中，迟缓率一般均满足要求，不会对一次调频造成影响，并且迟缓率主要由调速系统（包括调速器、调门等部件）中的机械卡涩、摩擦、间隙等因素决定，在此不做深究。

（2）转速死区。是特指系统在额定转速附近对转速的不灵敏区。为了在电网频率变化较小的情况下，提高机组运行的稳定性，一般在电调系统设置有转速死区。但是过大的死区会减少机组参数一次调频的次数及性能的发挥。发电机组一次调频的转速死区应不超过2r。

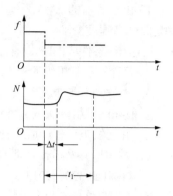

图 7-101　机组在电网频率发生波动时的一次调频调节过程

（3）响应滞后时间。机组参与一次调频的响应滞后时间（如图 7-101 中的 Δt），是指从电网频率变化达到一次调频动作值到机组负荷开始变化所需的时间。设置的目的是要保证机组一次调频的快速性。发电机组一次调频的响应滞后时间应不超过 3s。

（4）稳定时间。机组参与一次调频的稳定时间（如图 7-101 中的 t_1），这一指标是为了保证机组参与一次调频后，在新的负荷点尽快稳定。发电机组一次调频的稳定时间应不超过60s。

（5）速度变动率（也称转速不等率）。是在机组单机运行下给出的定义，对于液调系统在同步器给定不变的情况下，机组从满负荷状态平稳过渡到空载状态过程中，转速的静态增加与额定转速的相对比值（以额定转速的百分率表示），即为调速系统的速度变动率。即

$$\delta = \frac{n_1 - n_2}{n_0} \times 100\%$$

式中　n_1——空载转速（负荷设定点不变）；

　　　n_2——满负荷转速（负荷设定点不变）；

　　　n_0——额定转速。

转速不等率 δ 一般为 4%～5%，δ 越低，机组功率对网频变化的灵敏度越高，即对机组的一次调频能力要求越高。发电机组一次调频的速度变动率应不高于 5%。

（6）调频幅度。火电机组为了其运行稳定和安全，可以设置一定的幅度限制（调频过大容易对锅炉造成大幅度的冲击，并且锅炉蓄热能力有限，过大的调频幅度也达不到预计的效果）；水电机组参与一次调频的负荷变化幅度不应加以限制。

（7）综合指标。根据目前的管理现状，对机组一次调频性能主要考核速度变动率这一项指标。考核综合指标 K_0 的计算公式为

$$K_0 = (1\sim5)\% / L$$

式中　L——机组的速度变动率。

注意：

1）由于目前的 EMS 系统并不能完全计算出所有机组的 4 个指标（转速死区、响应时间、稳定时间和速度变动率），而在建的发电机组调节系统运行工况在线上传系统可以计算出上述 4 个指标。待条件成熟时，若转速死区、响应时间、稳定时间之一不满足规定的要求，则 $K_0=1$。

2）若计算出某机组的速度变动率 $L \geqslant 30\%$，则该机组视为未投入一次调频运行，则 $K_0=1$。

3. 一次调频要求及考核

目前在网机组一次调频考核所依据的相关规程及标准、文件有：

a. 并网发电厂辅助服务管理实施细则（侧重规定义务辅助服务和补偿）；

b. 发电厂并网运行管理实施细则（侧重规定管理和处罚，合称两个细则）；

c. GB/T 30370—2013 火力发电机组一次调频试验及性能验收导则；

d. DL/T 824—2002 汽轮机电液调节系统性能验收导则。

具体考核规定的指标为：发电机组一次调频的速度变动率不大于 5%；发电机组一次调频的转速死区应不超过 2 转；发电机组一次调频的响应滞后时间应不超过 3s；发电机组一次调频的稳定时间应不超过 60s；发电机组一次调频的调频幅度根据机组容量不同要求不同。

以华北电网为例（具体细节以实际执行文件为准）：

（1）投入与否考核。未经电力调度机构批准停用机组的一次调频功能：

发电厂每天的考核电量为

$$P_n \times 1(\mathrm{h}) \times \alpha$$

式中　P_n——机组容量，MW；

　　　α——一次调频考核系数。

（2）投入率考核

$$每月考核电量 = (100\% - \lambda) \times P_n \times 10(\mathrm{h}) \times \alpha$$

式中　P_n——机组容量，MW；

　　　α——一次调频考核系数。

$$一次调频月投运率 = (一次调频月投运时间/机组月并网时间) \times 100\%$$

（3）动作正确率考核。当某台机组并网运行时，在电网频率越过机组一次调频死区的一个积分期间，如果机组的一次调频功能贡献量为正（或者机组的一次调频动作指令表明机组在该期间机组一次调频动作），则统计为该机组一次调频正确动作 1 次，否则，为不正确动作 1 次。即

$$正确率 = f_{\mathrm{correct}}/(f_{\mathrm{correct}} + f_{\mathrm{wrong}})$$

式中　f_{correct}——每月正确动作次数；

　　　f_{wrong}——每月错误动作次数。

正确率不低于 80%，低于 80% 按月度考核。

$$每月考核电量 = (80\% - \lambda_{动作}) \times P_n \times 2(\mathrm{h}) \times \alpha$$

式中　$\lambda_{动作}$——月正确动作率；

　　　P_n——机组容量，MW；

　　　α——一次调频考核系数，数值为 3。

（4）性能指标考核

$$每月考核电量 = K_0 \times P_n \times 1(\mathrm{h}) \times \alpha$$

式中 K_0 ——一次调频综合指标；

P_n ——机组容量，MW；

α ——一次调频考核系数，数值为 3。

4. 一次调频基本控制策略

火力发电机组一般采用 DEH+CCS 的一次调频实现方案。其中：

DEH 侧是执行级，是有差、开环调节，保证快速性。DEH 瞬间调整汽轮机高压进汽调节门，利用机组蓄热能力，快速增、减机组功率。如图 7-102（a）所示。

CCS 侧是校正级，是无差、闭环调节，保证持续性和精度。根据设计的速度变动率指标进行功率校正。如图 7-102（b）所示。

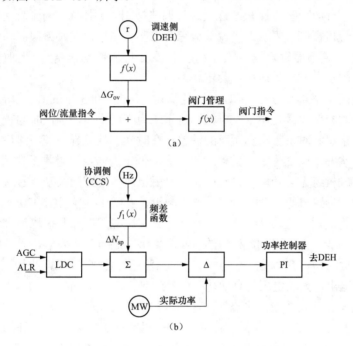

图 7-102 火力发电机组一次调频方案

5. 现场实例分析

【实例 5】 一次调频设置不合理，机组失磁保护动作

事故经过：

某日 08:18:52～08:25:56，某汽轮发电机组转速在 2996.9～3003.8r/min 之间波动，机组一次调频动作，调频功率在−2.66～1.26MW 之间波动，有功功率在 125.35～131.32MW 之间波动，无功功率在−28.7～−7.0Mvar 之间波动。机端电压波动范围为 14.6092～14.6830kV。8:25:46～8:25:56，有功功率在 118.625～135.199MW、无功功率在−33.3～−23.1Mvar 之间摆动，3 号机组控制仪表盘发"调节器综合限制"光字，运行人员手动增磁，"调节器综合限制"光字自动复归。

当日 08:31:47，机组转速波动逐步增大，在 30s 内，转速由 2999.9～3003.8r/min 增大至 2991.7～3012.3r/min，波动周期为 1s（即 1s 内，转速最大有 20.6r 的波动），调频功率最大为−15.39MW，同时 3 号机组控制仪表盘"调节器综合限制"光字再次发出。8:32:32，3 号机组

303

控制仪表盘发"失磁保护"光字，3 号发电机—变压器组 A、B 保护柜失磁 t_1、t_2 保护动作，跳开发电机出口 2203 断路器、灭磁开关，机组甩负荷到 0MW，0PC 动作，高调门、中调门全关，汽轮机转速最高飞升至 3160r/min，之后汽轮机维持在 3000r/min 运行。

向中调申请停备，检查、分析事故原因。

原因分析：

（1）事故直接原因：失磁保护动作机组掉闸。

（2）事故诱发原因：由于 8:18:52～8:25:56 期间电网频率发生波动，超过一次调频死区，机组一次调频动作调节使实发功率一直处于波动状态。机组处于进相方式运行，8:25:46～8:25:56，有功功率在 123.5～145.3MW、无功功率在–33.3～–23.1Mvar 之间摆动，无功功率随有功同频波动，自动励磁装置 PSS 连续进行调整抑制低频振荡。当无功功率达到欠励磁限制动作值时，3 号机控制仪表盘发"调节器综合限制"光字，欠励磁限制动作。在运行人员进行手动增磁后，"调节器综合限制"光字复归，欠励磁限制动作复归，此时有功功率的小幅波动和无功功率的小幅波动处于相对稳定状态。

8:31:46，电网频率再次波动，48s 时汽轮机转速达到 3003.8r/min，此时机组一次调频再次处于动作状态。分析原因是由于发电机励磁系统为三机励磁，惯性时间较大；加上一次调频对机组转速的采集和对机组实际频率的调整存在时间上的差异，调整滞后；同时，机组处于深度进相运行状态，1、2 号机组的停运也大大降低了 3 号机组吸收无功功率的能力，有功功率大幅波动造成机组无功功率、励磁电压、励磁电流等均跟随波动，且造成机组电功率与机械功率不匹配，导致机组转速逐步增大波动幅度，8:32:09 已经达到 20r/s 左右，同时，由于有功功率波动的加剧，无功功率低值又一次达到欠励磁限制值且振幅加大低于欠励磁限制值，欠励磁限制功能已无法限制，机组的有功功率调节逐步趋于发散，无功电压与有功功率更加不匹配，最后几秒，有功功率在 40ms 内的振荡已经达到 80MW 以上，已超出 PSS 抑制调整范围，PSS 退出，无功电压与有功功率偏差达到 180°，同时，机端电压迅速下降，电流迅速增加，机组失稳。8:32:32，失磁保护达到保护定值后动作。

1）失磁保护定值。异步动作阻抗：36～2Ω；机端低电压：85V；延时 t：1s。

2）动作报告。机端 AB 线电压：81.62∠57°V；机端 BC 线电压：81.58∠296°V；

机端 CA 线电压：81.17∠176°V；机端 AB 线电流：6.36∠99°A；

机端 BC 线电流：6.47∠338°A；机端 CA 线电流：6.30∠218°A；

电抗 X：8.7477Ω；发电机侧低电压 U_{g1}：81.5818V。

经验教训：

（1）核查励磁调节系统 PSS 功能。核查结果表明南瑞励磁系统 PSS 逻辑与限制参数是叠加关系，即不受限制参数影响，根据有功功率大小（>80MW 投入）和有功功率周期波动（2 个周期 40ms，有功功率变化 80MW）进行投退。从事故前的故障分析中也明显看出 PSS 功能一直处于有效抑制的工作状态。

（2）对机组故障录波器记录波形数据不全进行原因分析。机组录波器为哈尔滨科力公司早期的 FG-2 型设备，2000 年投入运行，该设备在录波功能上存在以下缺陷：对有效的连续故障信息，只能连续记录 3 个共计 15s 的故障信息，且因串口通信和波特率限制，传输 3 个故障后第四个故障距离第 3 个（第一次）故障至少间隔时间为 65s，第一个故障时间为 8:31:46，第 4 个故障时间最快是 8:33:06，此时机组已经掉闸（8:32:32），故没有记录。针对这一缺陷，联系厂家进行设备的更新换代。

（3）检查发电机功角。对故障前录波系统进行功角检查，其范围在 44.8°～64.3°之间，低于进相运行试验角度 70°。

（4）调整变压器分接头。为提高发电机进相运行能力，经专家论证对 3 号主变压器高压侧分接头进行调整，以提高发电机机端电压，提高发电机进相运行能力。

（5）对 3 号机组一次调频动作情况进行统计。在历史站上对近 3 个月的一次调频动作情况进行统计，对三次动作求平均值为 188 次/h。

（6）对有关自动调节系统调节参数和品质进行梳理分析。协调系统中的汽机主指令形成回路中的汽机主调节器参数设置 G 为 0.4 和 T_I 为 40，锅炉主调节器参数设置 G 为 4.5 和 T_I 为 80（在机组上升、下降负荷和静态工况下均满足要求），在电调系统中的负荷控制回路中的负荷主调节器参数设置 G 为 0.3 和 T_I 为 15，根据 3 号机组在协调运行方式下的状态来看，在机组升降负荷过程中，均满足动态偏差±2MW 的要求，且在静态运行中也达到了偏差不超过±1MW 的要求，由此可以判断设置的参数满足 3 号机组的运行要求。

（7）发电机进相运行试验及参数优化调整：试验确认机组运行参数相符，不用作参数调整。与电网公司联系沟通，3 号主变压器调整分接头后对机组进相运行能力做试验，修改优化进相深度参数。

（8）针对目前 3 号机组所处环境，沟通调度尽可能使发电机不进相运行。

（9）根据一次调频动作情况，对以下逻辑和参数进行修改：将一次调频的动作幅度加以限制：修改 DEH5011 中的 FG012 逻辑块，在 2993～3007r/min 范围内时保持速度变动率为 4.5，超出此范围调整到 5.0，其他功能不变。

第八节　同步相量测量装置（PMU）

随着全球经济一体化发展，能源分布和经济发展的不平衡，电网互联运行的巨大效益，使大电网互联、跨国联网输电的趋势不断发展。电网互联产生电网稳定运行问题日益突出，提出构建 WAMS 系统。目前国内大多数区域已将其作为除保护/安控装置外的第三道防线。

电力系统稳定按性质可分为功角稳定、电压稳定和频率稳定三种。同步相量测量装置 PMU 可为功角稳定提供最直接的原始数据。

由于缺乏有效的监视手段，导致的美国 8·14 大停电事故，给世界各国的电力系统监测与稳定控制敲响了警钟。随着我国电网规模的逐步壮大，对电力系统的监控手段也提出了更高要求。

传统的电力系统监测手段主要有侧重于记录电磁暂态过程的各种故障录波装置和侧重于监测系统稳态运行状况的 SCADA 系统。但二者都存在不足：传统的故障录波器只能记录故障前后几秒的暂态波形，由于数据量大，难以全天候保存，而且不同地点之间缺乏准确的共同时间标记，记录数据只是局部有效，难以用于对全系统动态行为的分析；SCADA 系统虽能大约提供 4s 刷新一次的稳态数据，但对电网的动态状态预测、低频振荡、故障分析等几乎不能提供任何帮助。所以说，传统的电力系统监测手段都存在弊端，电力学术界提出用"同步相量测量理论"和"实时动态监测系统"来解决这一问题。

在电力系统重要的变电站和发电厂安装同步相量测量装置（PMU），构建电力系统实时动态监测系统，并通过调度中心站实现对电力系统动态过程的监测和分析。该系统已成为电力系统调度中心的动态实时数据平台的主要数据源，并逐步与 SCADA/EMS 系统及安全自动控制系统相结合，以加强对电力系统动态安全稳定的监控。

从 20 世纪 90 年代中期，国内的一些高校和研究机构开始研究相角测量装置（当时大部分为正序相角，每秒 1 次上送），并有部分投入试运行。2006 年 4 月，国家电网公司正式发布了《电力系统实时动态监测系统技术规范》，并作为三峡（左岸）电力系统实时动态监测系统项目的主要技术规范，从此拉开了 PMU 在全国电力系统的广泛应用的序幕。目前 PAC2000、CSS-200、SMU 等 PMU 装置已在全国各区域电网普遍应用。

一、PMU 装置

广域测量系统由五部分组成：

（1）相量测量装置（PMU）：用于进行同步相量的测量和输出以及进行动态记录的装置。PMU 的核心特征包括基于标准时钟信号的同步相量测量、失去标准时钟信号的守时能力、PMU 与主站之间能够实时通信并遵循有关通信协议。

（2）数据集中器（DC）：用于站端数据接收和转发的通信装置，能够同时接收多个通道的测量数据，并能实时向多个通道转发测量数据。

（3）子站：安装在同一发电厂或变电站的相量测量装置和数据集中器的集合。子站可以是单台相量测量装置，也可以由多台相量测量装置和数据集中器构成，一个子站可以同时向多个主站传送测量数据。

（4）主站：安装在电力系统调度中心，用于接收、管理、存储、分析、告警、决策和转发动态数据的计算机系统。

（5）电力系统实时动态监测系统：基于同步相量测量以及现代通信技术，对地域广阔的电力系统动态过程进行监测和分析的系统。

以 SCADA/EMS 为代表的调度监测系统，是在潮流水平上的电力系统稳态行为监测系统，缺点是不能监测和辨识电力系统的动态行为。部分带有同步定时的故障录波装置由于缺少相量算法和必要的通信联系，也无法实时观测和监督电力系统的动态行为。随着"西电东送、全国联网"工程的建设，我国电网互联规模越来越大，电网调度部门迫切需要一种实时反应大电网动态行为的监测手段。

全球定位系统（GPS）向电力系统监控设备提供高精度同步时钟，将电网各状态量直接反应统一时间断面上，使电网中各节点之间的相角测量成为可能。随着我国电力通信系统的发展，各大电网普遍具备了光纤通信条件，电力数据网也深入到发电厂和变电站，它为电力系统动态监测提供了高速数字通信通道。总之，我国已经具备实施电网动态监测系统的基础条件。

同步相量测量系统也称广域测量系统（WAMS），是相量测量单元（PMU）、高速数字通信设备、电网动态过程分析设备的有机组合体。它是一个实时同步数据集中处理平台，为电力部门充分利用同步相量数据提供进一步支持；它逐级互联可以实现地区电网、省电网、大区域电网和跨大区电网的同步动态安全监测。

二、PMU 功能

1. PMU 设计思路

（1）功能实现方式主要有：相量测量+故障录波（采用的比较多）；相量测量+电能质量

（采用的比较多）；相量测量+继电保护（采用的比较多）；相量测量+RTU（采用的比较少）。

（2）硬件设计方式主要有：嵌入式采集（可靠性高，采用的比较多）；计算机插板（可靠性受制于计算机及 WIN 软件，采用的比较少）。

（3）通信实现方式主要有：RS232（采用的比较少）；10/100M 以太网（采用的比较多）。

2．PMU 主要技术指示

PMU 主要技术指标及国内外比较，如表 7-16 所示。

表 7-16　　　　　　　　　　　PMU 主要技术指标及国内外比较

技术指标	国外	国内
开关分辨率	0.1ms	0.1ms
模拟精度	0.1%	0.1%
A/D 位数	16	16
采样点/周	384	200
对时	GPS/1μs	GPS/1μs
通信	10M	10/100M
功能	非单一	单一
相量刷新速度	25 次/s	100 次/s
多线路测量	1～2 条线路/单元	>8 条线路/单元
发电机键相测量	无	有

3．PMU 的组成

PMU 主要由核心单元、辅助单元和配套软件包组成。其中：

（1）核心单元包括：

同步相量采集单元：用于电压、电流和开关量的实时同步测量；

GPS 授时单元：提供统一的时钟基准，支持级联扩展；

数据集中处理单元：完成数据处理、远方通信和数据存储；站内可配置多台数据集中处理单元，构成冗余记录模式。

PMU 核心单元（即测量硬件单元）如图 7-103 所示。

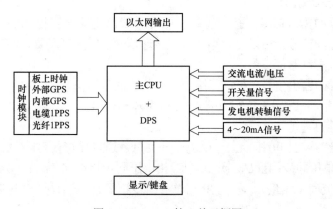

图 7-103　PMU 核心单元框图

（2）辅助单元包括：

电力系统通信接口装置：工业级的以太网光电转换装置；

以太网交换机：工业级的 16 口 10M/100M 自适应以太网交换机；

内电动势测量装置：直接测量发电机功角和内电动势绝对角；

子站本地监视工作站：实时监视、分析子站数据。

PMU 的硬件结构如图 7-104 所示。

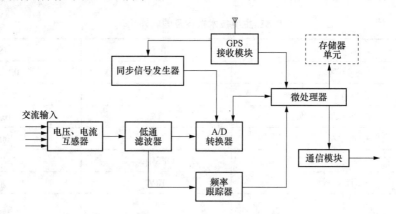

图 7-104　PMU 的硬件结构框图

（3）配套软件包。

1）装置测试软件：用于完成装置的软硬件测试及参数设定功能。

2）离线数据分析软件：用于下载回放记录的相量数据及模拟量采样数据，并提供必要的分析功能。

3）PMU 主要软件模块有：GPS 授时信号处理模块；模拟量信号采集处理模块；开关量信号采集处理模块；发电机内电动势信号采集处理模块；数据转换模块（如将三相电压转换成正序量传送）；通信模块；扰动录波模块；控制输出模块（输出 4～20mA 控制信号）。

4. PMU 的主要功能

作为电网动态安全监测系统的子站测量单元，即通常所说的 PMU 子站或功角测量子站，其主要功能包括：

（1）装置的输入/输出信号。

1）PMU 装置的输入信号包括：①线路电压、线路电流（监控 TA）；②开关量信号；③发电机轴位置脉冲信号，可以是键相信号或转速信号；④用于励磁、AGC 等的 4～20mA 控制信号；⑤GPS 标准时间信号。

2）PMU 装置的输出信号包括：①用于中央信号的告警信号；②用于通信用的 10/100M 以太网及 RS232 接口；③用于控制用的 4～20mA 输出信号。

（2）同步测量相量。

1）测量每条线路三相电压、三相电流、开关量，通过计算获得：①A 相电压同步相量 U_a / φ_{ua}；②B 相电压同步相量 U_b / φ_{ub}；③C 相电压同步相量 U_c / φ_{uc}；④正序电压同步相量 U_1 / φ_{u1}；⑤A 相电流同步相量 I_a / φ_{ia}；⑥B 相电流同步相量 I_b / φ_{ib}；⑦C 相电流同步相量 I_c / φ_{ic}；⑧正序电流同步相量 I_1 / φ_{i1}；⑨开关量。

2）测量发电机机端三相电压、三相电流、开关量、转轴键相信号，通过计算可获得以下数据：①机端 A 相电压同步相量 U_a / φ_{ua}；②机端 B 相电压同步相量 U_b / φ_{ub}；③机端 C 相电压同步相量 U_c / φ_{uc}；④机端正序电压同步相量 U_1 / φ_{u1}；⑤机端 A 相电流同步相量 I_a / φ_{ia}；⑥机端 B 相电流同步相量 I_b / φ_{ib}；⑦机端 C 相电流同步相量 I_c / φ_{ic}；⑧机端正序电流同步相量 I_1 / φ_{i1}；⑨内电动势同步相量 $\varepsilon / \varphi(\varepsilon)$；⑩发电机功角 δ；⑪开关量。

3）同步测量励磁电流/励磁电压，用于分析机组的励磁特性。

4）同步 AGC 控制信号，用于分析 AGC 控制响应特性。

5）获取高精度的时间信号。

（3）判别并获取事件标识。

1）当电力系统发生下列情况时应建立事件标识：①频率越限；②频率变化率越限；③幅值越上限，包括正序电压、正序电流、负序电压、负序电流、零序电压、零序电流、相电压、相电流越上限等；④幅值越下限，包括正序电压、相电压越下限等；⑤线性组合，包括线路功率振荡、低频振荡等；⑥相角差越限，即发电机功角越限。

2）当装置监测到继电保护或/和安全自动装置跳闸输出信号（空触点）或接到手动记录命令时应建立事件标识，以方便用户获取对应时段的实时动态数据。

3）当同步时钟信号丢失、异常以及同步时钟信号恢复正常时，装置应建立事件标识。

（4）实时监测功能。

1）装置应具备同时向主站传送实时监测数据的能力；

2）装置应能接收多个主站的召唤命令、传送部分或全部测量通道的实时监测数据；

3）装置实时监测数据的输出速率应可以整定，在电网正常运行期间应具有多种可选输出速率，但最低输出速率不低于 1 次/s；在电网故障或特定事件期间，装置应具备按照最高或设定记录速率进行数据输出的能力；

4）装置实时监测数据的输出时延（相量时标与数据输出时刻之间的时间差）应不大于 30ms。

（5）实时记录功能。

1）装置应能够实时记录全部测量通道的相量数据；

2）装置实时记录数据的最高速率应不低于 100 次/s，并具有多种可选记录速率；

3）装置实时记录数据的保存时间不少于 14 天。

（6）广域启动或扰动启动录波。

1）具备暂态录波功能。用于记录瞬时采样的数据的输出格式符合 ANSI/IEEE PC37.111-1991（COMTRADE）的要求；

2）具有全域启动命令的发送和接收，以记录特定的系统扰动数据；

3）可以以 IEC 60870-5-103 或 FTP 的方式和主站交换定值及故障数据。

（7）就地数据管理及显示。

1）装置的参数当地整定；

2）装置的测量数据可以在计算机界面上显示出来。

（8）同步相量数据传输。装置根据通信规约将同步相量数据传输到主站，传输的通道根据实际情况而定，如：2M/10M/100M/64K/Modem 等，传输通信链路一般采用 TCP/IP。

（9）与当地监控系统交换数据。装置提供通信接口用于和励磁系统、AGC 系统、电厂监控系统等进行数据交换。

（10）数据存储。存储暂态录波数据；存储实时同步相量数据（14 天）2.4G/（1 天，48 路）。

三、PMU 的用途

作为 WAMS/WAMAP 系统的基础，PMU 为电网的安全提供丰富的数据源，包括：正常运行的实时监测数据；小扰动情况下的离线数据记录；大扰动情况下的录波数据记录，对电网安全监测具有重要意义。

PMU 的主要用途体现在以下几个方面：

（1）进行快速的故障分析。在 PMU 系统实施以前，对广域范围内的故障事故分析，由于不同地区的时标问题，进行故障分析时，迅速地寻找故障点分析事故原因比较困难，需要投入较大的人力物力；而通过 PMU 实时记录的带有精确时标的波形数据，对事故的分析提供有力保障，同时，通过其实时信息，可实现在线判断电网中发生的各种故障以及复杂故障的起源和发展过程，辅助调度员处理故障，给出引起大量报警的根本原因，实现智能告警。

（2）捕捉电网的低频振荡。电网的低频振荡的捕捉是 PMU 装置的一个重要功能，通过传统的 SCADA 系统分析低频振荡，由于其数据通信的刷新速度为秒级，不能够很可靠地判断出系统的振荡情况，而基于 PMU 高速实时通信（每秒可高达 100Hz 数据）可快速地获取系统运行信息。

（3）实时测量发电机功角信息。发电机功角是发电机转子内电动势与定子端电压或电网参考点母线电压正序相量之间的夹角，是表征电力系统安全稳定运行的重要状态变量之一，是电网扰动、振荡和失稳轨迹的重要记录数据。

（4）分析发电机组的动态特性及安全裕度分析。通过 PMU 装置高速采集的发电机组励磁电压、励磁电流、汽门开度信号、AGC 控制信号、PSS 控制信号等，可分析出发电机组的动态调频特性，进行发电机的安全裕度分析，为分析发电机的动态过程提供依据。监测发电机进相、欠励磁、过励磁等运行工况，异常时报警；绘制发电机运行极限图，根据实时测量数据确定发电机的运行点，实时计算发电机运行安全裕度，在异常运行时告警。

四、PMU 关键技术

1. 测量精度问题

PMU 对模拟量的测量精度可达 0.1%，前提是需要解决以下问题：

（1）高精度测量：电流范围 $0\sim3I_n$，16 位 A/D，分辨率 1V/65536=15μV，需要较好的电磁兼容性设计。

（2）高速计算，多次迭代：双 CPU 快速采样，FFT 计算，每周波 200 点，1~99 次谐波。

PMU 对频率的测量精度可达 0.001Hz，前提是需要解决以下问题：

（1）高精度计数源；

（2）软件频率计算/平滑。

2. 授时/守时精度

授时精度可达 5μs，需要考虑：

（1）GPS 模块精度误差限制在 100ns 以内；

（2）1PPS 上升沿误差限制在 100ns 以内；

（3）CPU 采样时间响应误差限制在 1μs 左右；

（4）光纤传输延迟误差限制在 5μs/1km 以内（可校）。

守时精度可达 55μs/2h，需要考虑：

（1）GPS 传导微波信号，易受到干扰；

（2）GPS 受到干扰时时间精度无参考价值；

（以上是目前 GPS 时间不准的主要原因）

（3）采用高稳定度晶振实现守时；

（4）采用原子钟技术实现守时（9μs/天）。

目前采用（$10e^{-9}$）的 XTAL 实现 55μs/2h 守时精度，如图 7-105 所示。

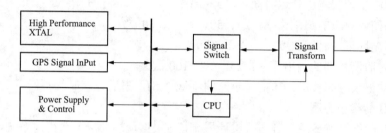

图 7-105　采用（$10e^{-9}$）的 XTAL 实现 55μs/2h 守时精度

未来采用（$10e^{-10}$ 以上）的 XTAL 实现 9μs/24h 守时精度，如图 7-106 所示。

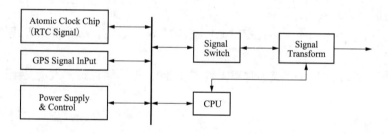

图 7-106　采用（$10e^{-10}$ 以上）的 XTAL 实现 9μs/24h 守时精度

PMU 装置一般利用 GPS 系统的授时信号 IPPS 作为数据采样的基准时钟源，利用 GPS 的秒脉冲同步装置的采样脉冲，采样脉冲的同步误差不大于 ±1μs。为保证同步精度，宜使用独立的 GPS 接收系统；装置内部造成的任何相位延迟必须被校正。当同步时钟信号丢失或异常时，装置应能维持正常工作，要求在失去同步时钟信号 60min 以内装置的相角测量误差不大于 1°，同时，对于装置的同步时钟锁信能力还要求满足：

（1）温启动（停电 4h 以上、半年以内的 GPS 主机开机）时间不大于 50s；

（2）热启动（停电 4h 以内的 GPS 主机开机）时间不大于 25s；

（3）重捕获时间不大于 2s。

3. 发电机内电动势相角测量

发电机内电动势相角测量主要用于：发电机内电动势数值计算、发电机内电动势初相角自动测定。另外，通过 PMU 有助于实现利用键相信号测量发电机功角的工程化实施。

4. PMU 装置的技术指标

（1）模拟量采样频率：4800Hz；

（2）GPS 时标精度：1μs；

（3）相角测量误差：0.1°；

（4）相量幅值测量相对误差：0.2%（测量回路）；

（5）功率测量相对误差：0.5%（测量回路）；

相量幅值和功率测量误差计算

$$测量误差 = \frac{测量值 - 实际值}{实际值} \times 100\%$$

（6）频率测量误差：0.001Hz；

（7）相量测量装置输出延迟时间：＜30ms；

（8）稳态循环记录的记录速率：25、50、100、200 次/s；

（9）稳态循环记录时间长度：不少于 14 天；

（10）实时监测数据的输出速率：25、50、100 次/s；

（11）扰动记录时间长度：超前记录时间不低于 5s，事后记录时间不低于 15s。

五、PMU 的实施方案

PMU 装置的组屏方案遵循分布式设计思想，可根据现场要求灵活搭建系统，既能集中组屏，也能将测量单元下放到各个小间实现分布组屏。

在选择工程组屏方案时，PMU 装置一般遵循以下原则布置：

1）同步相量采集单元（测量电压、电流、开入）：为施工方便，缩短二次电缆铺设的距离，建议在测量点就近安放。

2）GPS 授时单元（为测量装置提供 GPS 授时信号）：选择架设 GPS 天线较为方便的位置，例如网控室。

3）数据集中处理单元（完成实时数据处理功能）：选择运行维护人员易于监视和维护的地点。

4）电力系统通信接口装置（以太网光电转换器）：通常安装在数据集中处理单元所在屏柜和通信机房。

5）以太网交换机：与数据集中处理单元放置在一个屏柜上。

6）内电动势测量装置（实测发电机功角和内电动势绝对角）：为缩短键相脉冲的传输距离，减小信号干扰，一般就近安装在发电机集控室。

以北京四方公司 CSS-200 系列 PMU 为例，其组屏方式分集中组屏和分布组屏两种方式。

（1）集中组屏方式。图 7-107 所示为集中组屏方式，其特点是测量单元、GPS 授时单元与数据集中处理单元都布置在一面屏柜上，此方案要求所有二次电缆均集中到测量屏。

图 7-107 中连接线的箭头表示信号流向。GPS 授时单元 CSS-200/1G 通过光纤跳线为本屏的测量装置 CSS-200/1A、CSFU-107 提供 GPS 授时信号，测量装置、数据集中处理器 CSS-200/1P 均通过以太网双绞线和以太网交换机 CSC-187D 连接，CSS-200/1P 完成数据处理、远方通信、数据存储功能，同时驱动显示器实现图形界面显示。

（2）分布式组屏方式。图 7-108 所示为分布式组屏方式，其特点是站内的测量单元采用分布式布置，与数据集中处理单元和 GPS 授时单元间采用光纤连接，根据电厂或变电站的实际情况，可将测量单元就近安装，减少二次电缆铺设，但会增加测量屏柜、光缆和测量装置，造价相对集中方式要高。

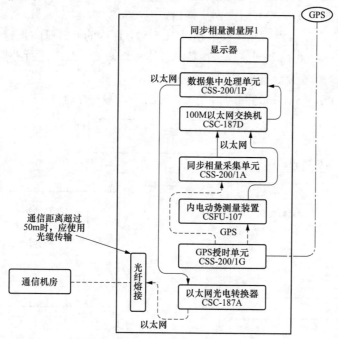

图 7-107 CSS-200/1 系列集中组屏方式示意图

实线—以太网双绞线；虚线—光纤或光缆；点划线—其他信号线

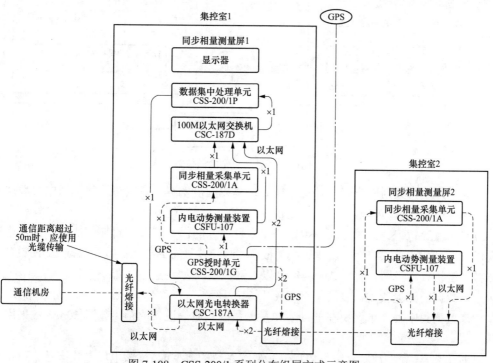

图 7-108 CSS-200/1 系列分布组屏方式示意图

实线—以太网双绞线；虚线—光纤或光缆；点划线—其他信号线。"×1""×2"—信号连接线的路数分布式布置时 PMU 装置的连接原理与集中式类似，差别仅在于 GPS 授时信号通过光缆传输至布置在小间的测量装置，测量装置上送的数据也通过光缆传输至主屏柜，经以太网光电转换器转换为电信号后再接入以太网交换机。

分布组屏方式下 GPS 授时光缆长度超过 1km 时，造成的光纤延时将超过 5μs，直接影响相量测量精度，CSS-200/1 系列装置采用特殊技术可以对光纤延时进行补偿，保证最终提供给测量装置的 GPS 授时信号精度达到 1μs。

PMU 子站和 WAMS 主站之间通信方式（见图 7-109）有两种：

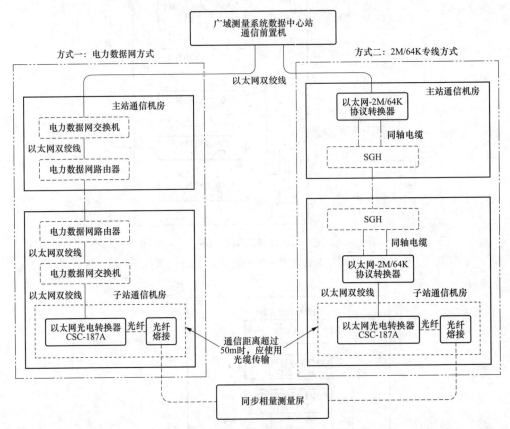

图 7-109　子站与主站的通信方式

方式一：电力数据网方式。数据集中处理单元的以太网口直接与通信机房电力数据网交换机的 RJ45 以太网口连接。

方式二：2M/64K 专线方式。数据集中处理单元的以太网口与附加的协议转换器连接，实现以太网到 2M/64K 的转换，然后经两根（一收一发）同轴电缆接入子站端 SDH 设备，主站侧再通过协议转换器，实现 2M/64K 到以太网转换，然后接入主站通信前置机；由于 PMU 实时上送数据的流量较大，一般不推荐使用 64K 通道；

如果数据集中处理单元所在的同步相量测量屏到通信设备的距离超过 50m，应采用光缆传输方式。

以浙江某发电厂为例，介绍发电厂同步监测系统的典型配置。该电厂是我国首个 1000MW 机组的火电厂，PMU 装置采用分布式布置方案，在 500kV 继电器室、电控楼 1 和电控楼 2

各布置一面测量屏柜。如图 7-110 所示。

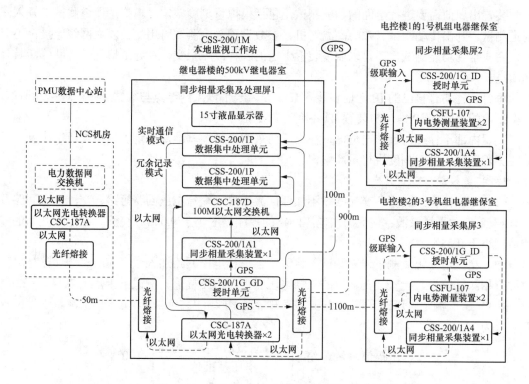

图 7-110 某电厂 PMU 子站系统连接示意图

电控楼的两面测量屏各配置 1 台 CSS-200/1A4 和 2 台 CSFU-107，测量 2 台发电机的机端电压电流、发电机功角和内电动势绝对角。500kV 继电器室屏配置 1 台 CSS-200/1A1，测量 500kV 线路的电压电流。

500kV 继电器室测量屏配置 1 台 CSS-200/1G，向本屏的 CSS-200/1A1 提供 GPS 时钟信号，并经过光缆向发电机电控楼测量屏两台级联 CSS-200/1G 装置提供光纤级联信号，几个测量屏间的距离较远，光缆长度在 1km 左右，延时不可忽略，电控楼的 CSS-200/1G 装置可以对输入的 GPS 级联信号进行延时补偿，保证最终输出给本屏测量装置的授时信号精度达到 1μs（普通电厂或变电站采用分布式布置方案时连接光缆的长度远远小于 1km，因此通常没有必要对 GPS 信号进行延时补偿）。

500kV 继电器室的屏柜上安装了 2 台 CSS-200/1P 装置，构成冗余记录模式，两台 CSS-200/1P 均与以太网交换机 CSC-187D 连接，利用以太网组播方式共享站内测量装置上送的数据，第一台 CSS-200/1P 工作在"实时通信模式"，负责数据集中处理、远方通信和数据存储；第二台 CSS-200/1P 工作在"冗余记录模式"，独立完成数据的冗余存储。

电厂与主站的通信采用电力数据网方式，CSS-200/1P 的以太网信号经光缆传输后接入位于 NCS 机房的电力数据网交换机。

本地监视工作站 CSS-200/1M 布置在运行操作台上，通过以太网与数据集中处理器 CSS-200/1P 连接，方便运行人员监视机组和线路的实时曲线、分析离线数据、监视发电机运行裕度。

六、PMU 调试

装置出厂前需要进行全面的功能测试，包括模拟量刻度整定、模拟量通道测试、开入量通道测试、开出传动测试、72h 高温烤机、参数设置等，测试时用交叉以太网线连接，不仅可以完成常规功能测试，还可以监视装置上送的各种故障报文，在异常情况下协助诊断具体故障点。

每台装置均有自己的 IP 地址和装置 ID，作为一个以太网结点与数据集中处理单元通信，一个站内的装置的 IP 地址与装置 ID 不允许重复。

装置内部不存在可调节电位器，在出厂前采用高精度基准源整定了模拟量通道刻度，因此在工程现场无需对刻度进行重新整定。

1. 装置校验

（1）零漂检查。装置各交流回路不加任何激励量（交流电压回路短路、交流电流回路开路），人工启动采样录波；交流二次电压回路的零漂值应小于 0.05V，交流二次电流回路的零漂值应小于 0.05A。

（2）交流电压幅值测量误差测试。将装置各三相电压回路加入频率 50Hz、无谐波分量、对称三相测试信号，检查装置输出的三相电压和正序电压幅值。测试电压范围 $0.1U_n \sim 2.0U_n$（U_n 指 TV 二次额定电压，下同），电压幅值测量误差应不大于 0.2%。电压幅值测量误差的计算公式为

$$电压幅值测量误差 = \left| \frac{幅值测量值 - 实际幅值}{电压基准值} \right| \times 100\%$$

注：相电压幅值的基准值为 1.2 倍的额定电压值，即 70V。

（3）交流电流幅值测量误差测试。将装置各三相电流回路加入频率 50Hz、无谐波分量、对称三相测试信号，检查装置输出的三相电流和正序电流幅值、测试电流范围 $0.1I_n \sim 2.0I_n$（I_n 指 TA 二次额定电流，下同），电流幅值测量误差应不大于 0.2%。电流幅值测量误差的计算公式为：

$$电流幅值测量误差 = \left| \frac{幅值测量值 - 实际幅值}{电流基准值} \right| \times 100\%$$

注：相电流幅值的基准值为 1.2 倍的额定电流值，即 1.2A（额定 1A）或 6A（额定 5A）。

（4）交流电压电流相角误差测试。将装置各三相电流和电压回路加入 50Hz、无谐波分量、对称三相测试信号，检查装置输出的三相电压、电流相角和正序电压、电流相角。

（5）频率误差测试。将装置各三相电压回路加入 $1.0U_n$、无谐波分量、对称三相测试信号。在 $45 \sim 50$Hz 范围内，频率测量误差应不大于 0.002Hz。

（6）交流电压电流幅值随频率变化的误差测试。将装置各三相电流和电压回路加入 $1.0I_n$ 和 $1.0U_n$、无谐波分量、对称三相测试信号，频率范围 $45 \sim 55$Hz，检查装置输出的三相电压、电流和正序电压、电流的幅值。

基波频率偏离额定值 1Hz 时，电压、电流测量误差改变量应小于额定频率时测量误差极限值的 50%；基波频率偏离额定值 5Hz 时，电压、电流测量误差改变量应小于额定频率时测量误差极限值的 100%。

（7）交流电压电流相角随频率变化的误差测试。将装置各三相电流和电压回路加入 $1.0I_n$ 和 $1.0U_n$、无谐波分量、对称三相测试信号，信号频率范围 $45 \sim 55$Hz，检查装置输出的三相

电压、电流和正序电压、电流的幅值。

基波频率偏离额定值 1Hz 时，相角测量误差改变量应不大于 0.5°；基波频率偏离额定值 5Hz 时，相角测量误差改变量应不大于 0.5°。

（8）电压幅值不平衡的测试。将装置各三相电流和电压回路加入 $1.0I_n$ 和 $1.0U_n$、无谐波分量、对称三相测试信号。C 相电压幅值变化范围为 $0.8U_n \sim 1.2U_n$，检查装置输出的三相电压和正序电压的幅值和相位，电压幅值测量误差应不大于 2%，相角误差应不大于 0.2°。

（9）电压相位不平衡的测试。将装置各三相电流和电压回路加入 $1.0U_n$、$1.0I_n$、50Hz、无谐波分量、三相测试信号。保持 A 相电压相位 0°，B 相电压−120°，C 相电压相角变化范围为 120°～300°，检查装置输出的三相电压和正序电压的幅值和相位，电压幅值测量误差应不大于 0.2°，相角误差应不大于 0.2°。

（10）电流幅值不平衡的测试。将装置各三相电流和电压回路加入 $1.0U_n$、$1.0I_n$、50Hz、无谐波分量、三相测试信号。A 相电流幅值变化范围为 $0.8I_n \sim 1.0I_n$，检查装置输出的三相电流和正序电流的幅值和相位。电流幅值测量误差应不大于 0.2%，相角误差应不大于 0.5°。

（11）电流相位不平衡的测试。将装置各三相电流和电压回路加入 $1.0U_n$、$1.0I_n$、50Hz、无谐波分量、三相测试信号。保持 A 相电流相位 0°、B 相电流−120°，C 相电流相角变化范围为 120°～300°，检查装置输出的三相电流和正序电流的幅值和相位。电流幅值测量误差应不大于 0.2%，相角误差应不大于 0.5°。

（12）谐波影响测试。输入装置额定三相电压，信号基波频率分别为 49.5、50Hz 和 50.5Hz，在基波电压上叠加幅值为 20% 的二次谐波至 13 次谐波。测量误差为实际测量值与基波（无失真）之差，幅值和角度的测量误差的改变量应不大于 100%。

（13）幅值调制。输入装置的额定三相对称电压，基波频率分别为 49.5、50Hz 和 50.5Hz。幅值调制量为 $10\%U_n$，调制频率范围 0.1～4.5Hz。波谷、波峰时刻的基波幅值测量值误差不大于 0.2%，相角误差应不大于 0.5°。

（14）频率调制。输入装置额定三相对称电压，基波频率分别为 49.5、50Hz 和 50.5Hz。调制周期分别为 10、5、2.5、1、0.5s，调制信号的幅度为 0.5Hz，频率的测量误差应不大于 0.002Hz。

（15）有功功率及无功功率误差测试。将装置三相电压和电流回路加入 $1.0U_n$ 和 $1.0I_n$，改变功率因数角分别为 0°、30°、60°、90°，装置在 49～51Hz 频率范围内，有功功率和无功功率的测量误差应不大于 0.5%。功率测量误差的计算为

$$功率测量误差 = \left| \frac{功率测量值 - 功率实际值}{功率基准值} \right| \times 100\%$$

注：功率基准值为电压基准值与电流基准值乘积的 3 倍。

（16）实施记录功能检查。动态数据应能准确可靠地进行本地储存。装置运行 1min 后应能正确记录动态数据，时间同步异常、装置异常等情况下应能够正确建立时间标识。

2. 整组试验

根据设计要求，联系热控专业进行联调对点。根据调度下达的调度信息表，联系调度自

动化专业进行联调对点。

第九节 发电机功率突降保护

一、发电机功率突降保护的作用

发电机零功率切机保护又称发电机低功率保护、主变压器正功率突降保护。

随着我国特高压、大电网的形成，在电力输送通道建设中大量采用了超高电压等级、同杆架设、远距离输电、串联补偿、中间开关站、紧凑型线路等各种新技术，减少了线路数量，节约了线路走廊。目前新建大型火力发电厂大多只安装 1～2 回输电线路，同杆并架方式接入系统由于电厂输电通道的减少，输电线路同时故障的概率增大，更易造成电厂输出功率突然缺失。可能造成机组功率突降的原因有：

1）双回线线间故障或异常、杆塔故障等；

2）线路故障或异常相继跳闸；

3）对侧变电站母线故障或其他原因导致全站停电；

4）断路器失灵保护动作；

5）系统解列保护停线未停机；

6）断路器偷跳、误碰、手跳、误跳等；

7）其他原因造成的发电厂输送通道断开。

例如：广东某电厂 6 台 135MW 机组功率缺失后导致孤网运行，引起系统振荡，直至系统瓦解，6 台机组全部跳闸，导致全厂停电事故。

大型汽轮机组容量大、蒸汽参数高、转子转动惯量大，当发电机组特别是大容量机组满载工况下，因非继电保护动作原因发生功率突降时，高压侧电压迅速升高、机组转速迅速上升，锅炉水位急剧波动；由于发电机没有灭磁、锅炉没有灭火，机组从超压、超频演变为低频过程，甚至可能出现频率摆动过程，对汽轮机叶片也有伤害。因此，当发电机发生功率突降时，发电机无法输出功率，如不及时采取锅炉熄火、关闭主汽门、灭磁等一系列措施，必将严重威胁机组安全（引发汽轮机组超速），甚至损坏热力设备（热力系统超温超压等）。

（1）机组功率突然缺失对汽轮机设备的影响。

1）汽轮机的输出功率与机组电气负荷不匹配，会导致机组转速飞升，甚至超速；机组超速触发 OPC 快关调节汽门，转速下降到一定程度后 OPC 超速保护复归，由于控制逻辑判断机组仍处于并网状态，功率输出（流量）指令设定值不变，OPC 复位后进入汽轮机的蒸汽量大于实际需求，转速又会迅速上升，反复调节使机组转速出现频繁波动。

2）机组转速波动，汽轮机叶片在频率摆动过程中出现材料疲劳损伤，影响设备寿命。

3）机组振动加剧，转子轴向位移加大。

（2）机组功率突然缺失对锅炉设备的影响。

1）机组甩负荷后，若大量工质通过高低压旁路排到再热器和凝汽器，易造成高低压旁路过负荷、高压缸排汽温度超温和凝汽器超温超压。

2）多数机组的汽轮机旁路系统仅在机组启动时使用，旁路容量较小，一般不投压力跟踪模式，若发生正功率突降，除了对旁路系统造成严重冲击外，还造成锅炉超温、超压，缩短锅炉设备的使用寿命。

3）易引起汽包炉锅炉汽包水位剧烈波动，造成汽包干锅、汽包满水，冲击汽轮机。

4）易引起直流炉锅炉中间点温度的急剧波动，严重时引发锅炉爆管。

（3）机组功率突然缺失对厂用电系统及设备的影响：

1）由于厂用电源不能及时切换，厂用电系统将在短时期内经受过电压、过频率的冲击，设备绝缘以及旋转电动机的机械部件将承受冲击。

2）变频运行的辅机可能因过电压、过频率退出运行。

可见，发电机零功率切机保护应用于大型机组上是十分必要的。

二、发电机功率突降保护动作条件

欲确定零功率切机保护动作条件，必须首先了解机组功率突降时的电气特征与机组功率突降保护需要达到的动作效果。

（1）机组功率突降时的电气特征。

1）突然甩负荷，发电机输出电流突降到一个低值；

2）调速系统和励磁控制装置由惯性环节组成，转速将上升；

3）由于励磁电流不能突变，发电机电压短时间内会上升。

（2）机组功率突降切机装置动作结果。

发电机零功率切机保护动作后，应迅速切换厂用电并对发电机灭磁；同时作用于锅炉灭火保护"MFT"和汽机紧急跳闸保护"ETS"，快速稳定停机，才能可靠保证热力设备的安全。

发电机零功率切机保护不能单纯以主变压器高压侧断路器处"分位"与该断路器无电流来构成。同时，在发电机失步振荡、发电机逆功率、电力系统故障、发电机正常停机等工况下，发电机零功率切机保护均不应发生误动作。

发电机零功率切机保护由启动部分、判据部分、闭锁部分组成。

保护逻辑原理如图7-111所示。

（1）启动部分。因发电机功率突降为零时，主变压器高压侧电压迅速升高、机组频率迅速升高，故采用 $\frac{\Delta U_1}{\Delta t}>$、$\frac{\Delta f}{\Delta t}>$ 作为启动量，两者构成"或门"关系。

另外，当机组输出功率小于 $P_{set.1}$ 时，即使发生发电机功率突降为零，对热力设备并不构成安全威胁，因此，$P>P_{set.1}$ 构成了启动的另一条件，与前一启动条件构成"与门"输出关系。

为保证保护动作可靠，$P_{set.1}$ 元件应具有延时返回性质；同时启动部分也应具有延时返回特点。

（2）判据部分。判据部分由以下四部分"与门"关系输出。

1）机组功率小于 $P_{set.2}$。发电机功率突降为零时，主变压器高压侧一次功率突降为零，考虑到二次功率并不突降到零，故保护应设 $0<P<P_{set.2}$ 判据，其中 $P>0$ 可防止振荡时保护误动。

2）主变压器高压侧 $\frac{\Delta I_1}{\Delta t}<$ 判据，即正序电流"突降"判据。发电机功率突降为零时，高压侧一次三相电流突降为零，考虑到TA二次三相电流并不突降为零，采用正序电流"突降"

可较灵敏地反映高压侧一次三相电流突降为零的情况，因此设 $\dfrac{\Delta I_1}{\Delta t} <$ 判据。

3）主变压器高压侧至少两相电流小于 $I_{\varphi.set}$ 判据。发电机功率突降为零时，主变压器高压侧三相电流为零，可采用任两相电流小于 $I_{\varphi.set}$ 判据来反映这一情况。

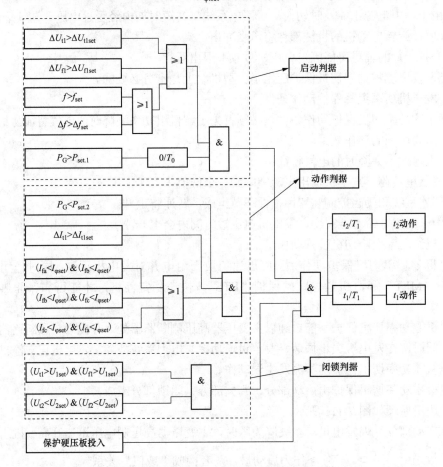

图 7-111 发电机零功率保护逻辑原理图

主变压器高压侧 TA 二次电流为衰减过程，采用正序电流小于 $I_{\varphi.set}$ 判据更为灵敏。

4）主变压器高压侧三相电压（或正序电压）大于 U_{set} 判据。发电机功率突降为零时，主变高压侧三相电压对称性升高不会降低。

（3）闭锁部分。发电机功率突降为零时，三相处对称状态，无负序电压，因此可用负序电压作闭锁判据。

系统三相短路故障或发电机发生短路故障，因主变高压侧三相电流不降低，所以保护不会误动作。

三、整定原则与取值建议

（1）启动部分

1）$\dfrac{\Delta f}{\Delta t} >$ 元件。当发电机功率突降为零时，在不计及调速器的作用下，机组频率要升高；

升高的数值与 P_{G*}（功率突降为零前发电机的输出功率 P_G 以发电机额定容量 S_N 为基准的标幺值）大小几乎成正比；大机组的机组惯性常数 M 值较大，所以频率变化时间常数 T_f 较大，特别在较小负荷情况下 T_f 更大。

通过理论分析与计算，一般可取 $\left(\dfrac{\Delta f}{\Delta t}>\right)_{\text{set}}=0.25\text{Hz/s}$。

发电机功率突变为零后，机组频率先是上升，而后在调速器作用下开始下降，甚至可能出现频率摆动现象。对 $\dfrac{\Delta f}{\Delta t}>$ 元件来说，只要在时间窗长度 Δt（可取 1s）内，频率上升值达到整定值，该元件即动作，并且与以后频率的变化无关。

当然，$\dfrac{\Delta f}{\Delta t}>$ 元件也可用频率元件取代，只要频率元件一动作就将动作状态保持下来。

2）$\dfrac{\Delta U_1}{\Delta t}>$ 元件。发电机功率突降为零后，无功功率在发电机电抗、主变压器电抗上的电压降消失，在很短时间内发电机励磁调节器来不及反应，必将引起主变压器高压侧正序电压突升。

以发电机容量 S_N 为基准，计及 AVR 作用后发电机功率突降为零引起主变压器高压侧正序电压突升值 ΔU_{1*} 可计为

$$\Delta U_{1*}=\frac{P_G}{P_N}\sin\varphi\left(X_d'+U_k(\%)\frac{S_N}{S_T}\right)$$

式中　X_d'——以发电机容量为基准的暂态电抗标幺值；

P_G——功率突降为零前发电机的输出功率；

P_N——发电机的额定功率；

$U_k(\%)$——主变压器短路阻抗；

S_T——主变压器的额定容量。

取时间窗 $\Delta t=0.2\sim0.5$s、灵敏系数 $K_{\text{sen}}=1.5$ 时，可得 $\dfrac{\Delta U_1}{\Delta t}>$ 元件的整定值为

$$\left(\frac{\Delta U_1}{\Delta t}\right)_{\text{set}}=\frac{P_{G*}}{K_{\text{sen}}}\cdot\sin\varphi\cdot\left(X_d'+U_k(\%)\frac{S_N}{S_T}\right)\cdot\frac{100\text{V}}{(0.2\sim0.5)\text{s}}$$
$$=(3.11\sim3.88)\text{V}/(0.2\sim0.5)\text{s}$$

式中　P_{G*}——功率突降为零前发电机的输出功率以发电机的额定功率 P_N 为基准的标幺值。

可以看出，$\dfrac{\Delta U_1}{\Delta t}>$ 元件与 $\dfrac{\Delta f}{\Delta t}>$ 元件具有相同的特性，$\dfrac{\Delta U_1}{\Delta t}>$ 元件一动作，则与以后的电压变化情况无关。

3）$P_{\text{set.1}}$ 值。取

$$P_{\text{set.1}}=(20\%\sim25\%)P_N$$

折算到二次值，有

$$P_{\text{set.1j}}=(20\%\sim25\%)\frac{P_N}{n_{\text{TA}}n_{\text{TV}}}$$

4）有关的动作时限 t_1、t_2 值。一般取 $t_1=(0.5\sim1)$ s、$t_2=1.5$s。

（2）判据部分。

1）$P_{set.2}$ 值。$P_{set.2}$ 应小于发电机的最低功率，同时考虑到发电机功率突降为零后，TA 二次电流有一个衰减过程，形成不平衡输出功率，分析表明，最大不平衡输出功率在第一周波内约为额定功率的 5%，$P_{set.2}$ 值应大于最大不平衡输出功率。一般取

$$P_{set.2}=(8\%\sim12\%)P_N$$

折算到二次值，有

$$P_{set.2j}=(8\%\sim12\%)\frac{P_N}{n_{TA}n_{TV}}$$

2）$\frac{\Delta I_1}{\Delta t}$ <元件。发电机功率突降为零，主变压器高压侧一次三相电流突降为零值，但 TA 二次电流并不突降为零值，而是在原有负荷电流的基础上以一定的时间常数衰减，因此，采用 $\frac{\Delta I_1}{\Delta t}$ <元件要比采用 $\frac{\Delta I_\varphi}{\Delta t}$ <元件灵敏，而且不受功率突降时负荷电流相角影响。

通过理论分析与计算，$\frac{\Delta I_1}{\Delta t}$ <元件的定值可整定为：时间窗Δt=0.5s，$\Delta I_{set}=20\%I_N$。

式中：I_N 是发电机额定电流时主变压器高压侧的电流。

需要指出，$\frac{\Delta I_1}{\Delta t}$ <元件本身动作有小量延时，无需另外再设延时；时间窗长度不影响元件动作速度；发电机输出功率越大，元件动作延时越小。此外，随着时间推移，ΔI_1 越来越大，因此，$\frac{\Delta I_1}{\Delta t}$ <元件无需考虑灵敏度问题。

3）$I_{\varphi.set}$ 值。该判据描述为：主变压器高压侧至少两相电流小于 $I_{\varphi.set}$。$I_{\varphi.set}$ 应小于正常运行时的最小负荷电流。

通过理论分析与计算，$I_{\varphi.set}$ 可整定为：时间窗Δt=0.5s，$I_{\varphi.set}=20\%I_N$。

式中：I_N 为发电机额定电流时主变压器高压侧的电流。

4）U_1>元件。取动作电压 $(U_1>)_{set}=(80\%\sim85\%)U_N$，如取 $(U_1>)_{set}=85$V。

5）有关时限。

t_3：保护第一出口动作延时，取 t_3=0.05~0.1s；

t_4：保护动作保持时间，取 t_4=8s；

t_5：保护第二出口动作延时，取 t_5=0.05~0.1s。

（3）闭锁部分。负序电压按躲过不平衡电压整定，取 U_2=6V（线电压）。

四、各种工况下的保护行为

（1）程序跳闸。

在主汽门关闭、主变压器高压侧断路器跳开前，因 $\frac{\Delta U_1}{\Delta t}$ >元件、$\frac{\Delta f}{\Delta t}$ >元件不会动作，故装置不会启动（功率元件 $P<0$），同时，$\frac{\Delta I_1}{\Delta t}$ <元件不动作；当主变压器高压侧断路器跳开时，又因 t_1 自保持时间小于程跳延时，此时 $P<P_{set.1}$，故装置同样不启动。

可见，发电机程序跳闸时，零功率保护不会动作。

（2）发电机正常停机。

发电机停机时，$P>P_{set.1}$ 元件不动作、$\dfrac{\Delta f}{\Delta t}>$ 元件不会动作、$\dfrac{\Delta U_1}{\Delta t}>$ 元件不动作；$\dfrac{\Delta I_1}{\Delta t}<$ 元件不动作，因此保护不会动作。

（3）发电机振荡。

当发电机与系统发生振荡时，δ 角作 $0°\sim360°$ 周期变化。在由 $0°$ 向 $180°$ 的变化过程中，$\dfrac{\Delta I_1}{\Delta t}<$ 元件、至少两相 $I_\varphi<I_{\varphi.set}$ 元件不动作；$\dfrac{\Delta U_1}{\Delta t}>$ 元件不动作，所以保护不会动作。在由 $180°$ 向 $360°$ 的变化过程中，虽然发电机仍有较大的输入功率，但因 $P<0$，故 $P>P_{set.1}$ 元件、$0<P<P_{set.2}$ 元件不动作，防止了保护的误动作。

（4）发电机故障。

发电机发生相间故障、匝间故障、定子绕组接地、转子一点接地，以及发电机失磁等异常情况时，$\dfrac{\Delta U_1}{\Delta t}>$ 元件、$\dfrac{\Delta f}{\Delta t}>$ 元件、$0<P<P_{set.2}$ 元件、$\dfrac{\Delta I_1}{\Delta t}<$ 元件均不动作，故保护不会动作。

（5）TV 二次回路断线。

$\dfrac{\Delta U_1}{\Delta t}>$ 元件、$\dfrac{\Delta f}{\Delta t}>$ 元件、$\dfrac{\Delta I_1}{\Delta t}<$ 元件、$I_\varphi<I_{\varphi.set}$ 元件（任两相）均不动作，故保护不会动作。

（6）TA 二次回路断线。

$I_\varphi<I_{\varphi.set}$ 元件（任两相）、$0<P<P_{set.2}$ 元件、$\dfrac{\Delta U_1}{\Delta t}>$ 元件、$\dfrac{\Delta f}{\Delta t}>$ 元件不动作，故保护不会动作。

（7）电力系统发生故障。

$\dfrac{\Delta U_1}{\Delta t}>$ 元件、$\dfrac{\Delta f}{\Delta t}>$ 元件、$\dfrac{\Delta I_1}{\Delta t}<$ 元件、$I_\varphi<I_{\varphi.set}$ 元件（任两相）均不动作，同时有 U_2，故保护不会动作。

（8）发电机逆功率运行。

$\dfrac{\Delta U_1}{\Delta t}>$ 元件、$\dfrac{\Delta f}{\Delta t}>$ 元件、$0<P<P_{set.2}$ 元件、$P>P_{set.1}$ 元件不动作，故保护不会动作。

发电机组功率突降切机保护采用纯电气量判据，无需任何开关辅助触点，因此可靠性高；综合利用功率、频率、电压、电流等多个电气特征量作为逻辑判据，可靠防止由于 TA、TV 断线导致的保护误动情况。

五、提高保护动作可靠性措施

（1）为提高保护动作可靠性，电流和功率计算所使用的电流量应分别采用不同的 TA 提供。

（2）由于保护逻辑环节多，保护宜配置在主变压器高压侧，因而该保护也称主变压器正功率突降保护。

（3）主变压器高压侧断路器处"分位"与三相无电流，不能完全反应发电机功率突降为零的情况。如主变压器高压侧双母线一回出线运行、主变压器高压侧 3/2 接线断路器一回出线运行等情况，线路因故（含继电保护动作）跳开，发电机功率突降为零，而此时主变压器高压侧断路器并未断开。

（4）发电机功率突降到零后，机组的频率、电压要升高，而后发生回摆，甚至可能出现频率摆动过程。$\frac{\Delta U_1}{\Delta t} >$ 元件、$\frac{\Delta f}{\Delta t} >$ 元件是在时间窗长度 Δt 内电压、频率升高的变化值达到设定值而动作的元件，与电压、频率是否回摆无关。为使元件动作可靠，时间窗长度 Δt 不宜取得过小。且 $\frac{\Delta f}{\Delta t} >$ 元件的时间窗应比 $\frac{\Delta U_1}{\Delta t} >$ 元件的时间窗要长。

（5）$\frac{\Delta U_1}{\Delta t} >$ 元件、$\frac{\Delta f}{\Delta t} >$ 元件动作具有延时，为使起动可靠，$P > P_{\text{set.1}}$ 元件延时返回时间 t_1 应大于该延时时间，同时小于程跳延时时间。

（6）发电机功率突降到零时，一次电流突降到零值，TA 二次电流并不突降到零值，而是在原有负荷电流的基础上以一定的时间常数 τ 衰减。τ 值与二次电缆长度、截面、TA 铁芯剩磁大小、铁芯有无气隙等因素有关。因此，$\frac{\Delta I_1}{\Delta t} <$ 元件、至少两相 $I_\varphi < I_{\varphi.\text{set}}$ 元件中的时间窗长度 Δt 并不影响保护元件的动作速度。

（7）当发变组系统在发电机与主变压器之间有出口断路器时，零功率保护逻辑中还需要引入机端处的 $\frac{\Delta U_1}{\Delta t} >$、$\frac{\Delta f}{\Delta t} >$ 作启动量。

六、调试

1. 调试内容及方法

（1）机械、外观部分检查。

1）屏柜及装置外观检查，是否符合本工程的设计要求；

2）屏柜及装置接地检查，接地是否可靠，是否符合相关设计规程；

3）电缆屏蔽层接地检查，是否按照相关规程进行电缆屏蔽层接地，接地是否可靠；

4）端子排的安装和分布检查，检查是否符合"六统一"的设计要求。

（2）屏柜和装置上电试验。

1）上电之前检查电源回路绝缘应满足要求，装置上电后测量直流电源正、负对地电压应平衡。

2）逆变电源稳定性试验：直流电源电压分别为 80%、100%、115% 的额定电压时保护装置应工作正常。

3）直流电源的拉合试验：装置加额定工作电源，进行拉合直流工作电源三次，此时装置不误动和误发动作信号。

（3）保护装置的交流采样校验。零功率切机保护一般采取发电机电流、主变压器高压侧电流、发电机机端电压、主变压器高压侧电压作为装置功能判别的模拟量输入。

1）电流回路的采样精度检查采取三个量：$10\%I_n$、$50\%I_n$、I_n 进行检查，在检查幅值的同时还要检查其相位是否正确；

2）电压回路的采样精度检查采取三个量：$10\%U_n$、$50\%U_n$、U_n 进行检查，在检查幅值的同时不仅要检查其本身的相位是否正确、还要检查与其对应的电流之间的相位关系是否正确。

（4）装置开入、开出量检查。

1）开入量检查。一般开入量设有保护投退压板、复归按钮等，通过投退压板在装置开入设置中检查是否接收到正确状态信息。

2）开出量检查。一般开出量包括保护出口、保护信号的输出。模拟保护动作出口或者相关信号输出，在对应端子排用万用表测量是否收到正确的保护动作信息。

（5）装置各功能校验。

1）保护启动判据校验。启动判据一般包括电压突增判据、频率突增判据、过频判据和电流突降判据。各启动判据之间为逻辑"或"的关系，任一条件满足，且当前功率大于"保护投入功率定值"，装置应启动。因此，通过试验仪器首先模拟功率满足大于"保护投入功率定值"，然后再分别依次模拟上述判据满足条件，观察保护装置是否发启动信号。

2）保护动作判据校验。动作判据一般由正向低功率、主变压器正序电流突降和发电机低电流三个条件构成。首先满足零功率切机保护启动判据，再同时满足上述三个条件，零功率切机保护应动作。

3）电压闭锁判据的校验。试验过程中，首先满足零功率切机保护的启动判据和动作判据，然后通过改变相关电压量来检验闭锁判据。

4）TA 断线报警校验。

5）TV 断线报警校验。

（6）保护整组传动。装置校验结束后，带实际断路器进行整组传动，模拟相应的保护动作，检查断路器和相应的设备动作情况是否正确。

2. 注意事项

（1）在投入使用前必须经带负荷校验，确保功率方向的正确性。

（2）保护在动作时序上要与热控专业相配合，防止在汽轮机调节功率过程中，零功率切机误动作或抢先动作。

参 考 文 献

[1] 王维俭. 电气主设备继电保护原理与应用 [M]. 北京：中国电力出版社，2002.

[2] 李基成. 现代同步发电机励磁系统设计及应用 [M]. 北京：中国电力出版社，2002.

[3] 孟凡超，吴龙. 同步电机现代励磁系统及其控制 [M]. 北京：中国电力出版社，2009.

[4] 孟凡超，吴龙. 发电机励磁技术问答及事故分析 [M]. 北京：中国电力出版社，2009.

[5] 朱声石. 高压电网继电保护原理与技术 [M]. 北京：中国电力出版社，2005.

[6] 李玮. 发电厂全厂停电事故实例与分析 [M]. 北京：中国电力出版社，2015.

[7] 李玮. 电力系统继电保护事故案例与分析 [M]. 北京：中国电力出版社，2012.

[8] 华北电力科学研究院. 电力系统及发电厂反事故技术措施汇编 [M]. 北京：中国电力出版社，2009.

[9] 中国电机工程学会继电保护专业委员会. 继电保护原理及控制技术的研究与探讨 [M]. 北京：中国水利水电出版社，2014.

[10] 高中德，舒治淮，王德林. 国家电网公司继电保护培训教材 [M]. 北京：中国电力出版社，2009.

[11] 高春如. 大型发电机组继电保护整定计算与运行技术 [M]. 北京：中国电力出版社，2010.

[12] 张保会，尹项根. 电气系统继电保护 [M]. 北京：中国电力出版社，2007.

[13] 贺家李，宋从炬. 电力系统继电保护原理 [M]. 北京：中国电力出版社，2004.

[14] 桂林. 大型发电机主保护配置方案优化设计的研究 [D]. 北京：清华大学出版社，2003.

[15] 刘取. 电力系统稳定性及发电机励磁控制 [M]. 北京：中国电力出版社，2007.

[16] 竺士章. 发电机励磁系统试验 [M]. 北京：中国电力出版社，2005.

[17] 何仰赞. 电力系统分析 [M]. 武汉：华中科技大学出版社，2002.

[18] 蒋建民. 电力网电压无功功率自动控制系统 [M]. 沈阳：辽宁科学技术出版社，2010.

[19] 陆安定. 发电厂变电所及电力系统的无功功率 [M]. 北京：中国电力出版社，2003.

[20] 周全仁，张海主. 现代电网自动控制系统及应用 [M]. 北京：中国电力出版社，2004.